ANZHUANG GONGCHENG SHITU YU SHIGONG GONGYI

安装工程识图与施工工艺

（第4版）

主　编 / 边凌涛

副主编 / 代端明　肖　露　廖成成

主　审 / 文桂萍

重庆大学出版社

内容提要

本书根据工程造价、建设工程管理等专业的安装工程识图及施工工艺的基本要求，结合教学改革实践经验并融入土木建筑类职业技能标准编写而成，包括给水排水、采暖通风、空调、供配电、电气照明、防雷接地、智能化等系统。

本书适用高等职业教育和继续教育工程造价、建设工程管理等专业建筑设备类课程的教学，或者作为课程设计、实训的辅导资料。此外，也可作为给排水工程、暖通工程和电气工程的设计、施工、运维人员的自学用书。

图书在版编目(CIP)数据

安装工程识图与施工工艺/边凌涛主编. --4版
. --重庆:重庆大学出版社,2023.8(2024.8重印)
高等职业教育建设工程管理类专业系列教材
ISBN 978-7-5689-0115-4

Ⅰ.①安… Ⅱ.①边… Ⅲ.①建筑安装—建筑制图—识图—高等职业教育—教材②建筑安装—工程施工—高等职业教育—教材 Ⅳ.①TU204.21②TU758

中国国家版本馆CIP数据核字(2023)第029846号

高等职业教育建设工程管理类专业系列教材
安装工程识图与施工工艺
(第4版)
主　编　边凌涛
副主编　代端明　肖　露　廖成成
主　审　文桂萍
责任编辑:刘颖果　　版式设计:刘颖果
责任校对:王　倩　　责任印制:赵　晟
*
重庆大学出版社出版发行
出版人:陈晓阳
社址:重庆市沙坪坝区大学城西路21号
邮编:401331
电话:(023) 88617190　88617185(中小学)
传真:(023) 88617186　88617166
网址:http://www.cqup.com.cn
邮箱:fxk@cqup.com.cn(营销中心)
全国新华书店经销
重庆正文印务有限公司印刷
*
开本:787mm×1092mm　1/16　印张:31.25　字数:782千
2016年8月第1版　2023年8月第4版　2024年8月第13次印刷
印数:46 001—50 000
ISBN 978-7-5689-0115-4　定价:69.00元

前　言

“安装工程识图与施工工艺”是技术性、实践性很强的课程，既涵盖多专业的知识，也涉及国家相关的规范。本书以努力培养造就更多数字化安装人才为目标，以服务于建设中国特色社会主义事业为己任，参考《建筑给水排水及采暖工程施工质量验收规范》（GB 50242—2002）、《通风与空调工程施工质量验收规范》（GB 50243—2016）、《建筑电气工程施工质量验收规范》（GB 50303—2015）等现行国家规范，并根据作者多年的工程实际经验及教学实践，在课堂教案与自编教材的基础上经多次修改、补充完善而成。

本书经过多次修订完善，具有以下特色：

（1）教材以“立德树人”为出发点，挖掘了知识点对应的育人元素，为教师提供了课程思政实施方案的数字资源，融入了思想政治教育、职业素养教育元素和创新能力培养内容，达到了“润物细无声”的效果。

（2）教材以典型“核心技能项目”贯穿实践教学，实现教学目标“岗位化”、教学内容“任务化”、教学过程“职业化”、能力考核“工程化”。

（3）教材广泛吸纳行业专家参编，贯彻“实践为主、理论为辅”的原则。在内容安排上淡化理论，体现新技术、新工艺、新规范，有助于读者对知识的掌握以及实际操作能力的培养，具有实用性、针对性和通俗性。

（4）教材配有微课、仿真视频、三维模型、课程思政资源包、教学 PPT、习题库及答案、案例 CAD 文件等数字化资源，供选用本书作为教材的教师参考，需要者可以扫描二维码下载或加入工程造价教学交流群（群号：238703847）获取。

本教材由重庆电子工程职业学院边凌涛担任主编，广西建设职业技术学院代端明，重庆电子工程职业学院肖露、廖成成担任副主编。具体编写分工如下：边凌涛编写前言；与刘中芳、代霞合编 1—4 章；与龙娇、黄灵燕合编 6—7 章；与潘雯合编第 9 章；与代端明、肖露、廖成成合编 10—13 章、微课、仿真视频、电子课件和习题库等；与重庆市筑云科技有限公司（重庆科技学院）廖小烽、刘清菊、高佳琦合编第 5 章、第 8 章、第 14 章及项目三维模型。本书由广西建设职业技术学院文桂萍主审。上海绿地建设（集团）有限公司高级工程师张春生，湖南现代德雷工程有限公司重庆分公司邵春来，重庆电子工程职业学院马超、李玉兰等为本书的编写提供了诸多指导、资料及案例，在此表示衷心地感谢。

本书在编写过程中参考了国内外公开出版的大量书籍和资料，在此谨向有关作者表示由衷的感谢。

由于编者水平有限，书中难免存在疏漏之处，敬请读者批评指正。

编　者

课程导论

目 录

模块 1 建筑给排水工程模块

模块 2　建筑暖通工程模块

模块3　建筑电气工程模块

模块 1

建筑给排水工程模块

第1章　水暖常用材料、设备及机(工)具

【本章教学目标】

育人主题	建议学时	素质目标	知识目标	能力目标
节能环保	4	(1)家国情怀:了解水暖国产材料的发展变迁史,激发学生的科技报国之心; (2)个人品格:通过新型环保材料的学习,增强学生的节能环保意识; (3)职业素养:体会新工艺对提升建筑品质所起的作用,引导学生的创新意识	(1)认识安装工程中水暖常用管材、附件、设备等实物,口述其功能; (2)了解安装工程中水暖常用管材、附件、设备的价格	(1)口述安装工程中水暖常用管材、附件、设备的功能及特点; (2)了解安装工程中行业最新水暖管材、附件、设备

1.1　水暖常用管材及管件

水暖工程中的管材及管件对系统的安装质量、稳定运行起着决定性作用。因此,如何选用市场上种类繁多的管材和管件,是工程技术人员的首要任务。

1.1.1　常用管材

管材根据制造工艺和材质的不同有很多品种。其中,按材质可分为金属管材、非金属管材和复合管材等。

1)金属管材

金属管材主要有钢管、铸铁管、有色金属管等。

(1)钢管

钢管的机械强度好,可以承受较高的内外压力,可焊性较好,方便制造各种管件,特别能

适应地形复杂及要求较高的场合。其最大的缺点是易腐蚀。钢管按其制造方法分为焊接钢管、无缝钢管。

①焊接钢管:又称有缝钢管,是用钢板或钢带经过卷曲成型后焊接制成的钢管,按焊缝可分为直缝焊管(普通焊接钢管)和螺旋焊管。

直缝焊管生产工艺相对简单,生产效率高,成本低,通常用于较小口径。直缝焊管又名水煤气管,可分为镀锌钢管(白铁管)和非镀锌钢管(黑铁管)。水煤气管适用水、煤气、空气、油等介质工作压力低和要求不高的管道系统中。其规格常用公称直径"DN"表示,如 DN80 表示该管的公称直径为 80 mm。常用直缝焊管的规格见表 1.1。镀锌钢管有冷镀锌管和热镀锌管两种,热镀锌管因其保护层致密均匀、附着力强、稳定性比较好,在工程中大量应用。

表 1.1　常用直缝焊管规格

公称直径		外径		普通钢管			加厚钢管		
尺寸/mm	In	尺寸/mm	允许偏差	壁厚 尺寸/mm	壁厚 允许偏差/%	理论质量/(kg·m^{-1})	壁厚 尺寸/mm	壁厚 允许偏差/%	理论质量/(kg·m^{-1})
6	1/8	10.0	±0.50 mm	2.00	+12 −15	0.39	2.50	+12 −15	0.46
8	1/4	13.5		2.25		0.62	2.75		0.73
10	3/8	17.0	±0.50 mm	2.25		0.32	2.75		0.97
15	1/2	21.3		2.75		1.26	3.25		1.45
20	3/4	26.8	±1%	2.75	+12 −15	1.63	3.50	+12 −15	2.01
25	1	33.5		3.25		2.42	4.00		2.91
32	11/4	42.3		3.25		3.13	4.00		3.78
40	11/2	48.0		3.50		3.84	4.25		4.58
50	2	60.0	±1%	3.50		4.88	4.50		6.16
65	21/2	75.5		3.75		6.64	4.50		7.88
80	3	88.5		4.00		8.34	4.75		9.81
100	4	114.0		4.00		10.85	5.00		13.44
125	5	140.0		4.00		13.42	5.50		18.24
150	6	165.0		4.50		17.81	5.50		21.63

注:①公称直径是为了使用方便而规定的一种标准直径,一般情况下,它既不等于管子的实际内径,也不等于管子的实际外径。

②公称直径相同的管道、管件、阀门有互换性,可以相互连接。

螺旋焊管的强度一般比直缝焊管高,能用较窄的坯料生产管径较大的焊管,还可以用同样宽度的坯料生产管径不同的焊管;与相同长度的直缝焊接钢管相比,螺旋焊接焊缝长度增加 30% ~100%,生产速度较低;螺旋焊管用于大口径管道焊接。螺旋焊管规格常用"外径$D\times$壁厚"表示,如 $D325\times6$ 表示该管的外径为 325 mm、壁厚为 6 mm。

焊接钢管的连接方式有焊接连接、螺纹连接、法兰连接和沟槽连接等，镀锌钢管应尽量避免焊接。

②无缝钢管：用普通碳素钢、优质碳素钢或低合金钢用热轧或冷轧制造而成，其外观特征是纵横向均无焊缝，常用于各种高温、高压、低温等相对要求比较高的介质输送。采用低合金钢轧制而成的合金钢管用于各种加热炉工程、锅炉耐热管道及过热器管道等。无缝钢管在同一外径下往往有几种壁厚，其规格一般采用“外径 *D*×壁厚”表示，如 *D*108×4 表示该管的外径为 108 mm、壁厚为 4 mm。

无缝钢管通常采用螺纹连接、焊接连接或法兰连接等。

(2)铸铁管

铸铁管是由铸铁浇铸成型的管子，按材质分为灰口铸铁管、球墨铸铁管及高硅铸铁管等。灰口铸铁管多用于室内排水，球墨铸铁管多用于给水管道的埋地敷设。铸铁管的优点是耐腐蚀、耐用、价格较低，缺点是质脆、重量大、加工和安装难度大、不能承受较大的动荷载。铸铁管常用公称直径“DN”表示，如 DN100 表示该管的公称直径为 100 mm。

铸铁管通常采用卡箍、承插式或法兰盘式等连接形式。

(3)有色金属管

有色金属管通常指除去铁(有时也除去锰和铬)和铁基合金以外的所有金属管，主要有铜管、铅管、铝管和钛管等。有色金属管的规格常用“外径 ϕ×壁厚”表示，如 ϕ159×4 表示该管的外径为 159 mm、壁厚为 4 mm。

铜管又称紫铜管，是压制和拉制的无缝管。铜管具有坚固、质量较轻、导热性好、低温强度高、耐腐蚀等特性，常用于生活水管道、供热和制冷管道，也用于制氧设备中装配低温管路。直径小的铜管常用于输送有压力的液体(如润滑系统、油压系统等)和用作仪表的测压管等。

制冷铜管常用的规格有 ϕ6.35×0.75、ϕ9.52×0.8、ϕ12.7×1、ϕ16×1、ϕ19×1、ϕ22×1.2、ϕ25×1.2、ϕ28×1.2、ϕ32×1.5、ϕ35×1.5、ϕ38×1.8 等，其连接方式通常采用焊接。生活水、供热等铜管常用的规格见表 1.2，其连接方式通常采用螺纹连接、焊接连接等。

表 1.2　铜管的外形尺寸及允许偏差

公称直径/mm	外径/mm	平均外径允许偏差/mm		壁厚和允许偏差/mm						理论质量/(kg·m^{-1})		
				类型 A		类型 B		类型 C				
		半硬态(Y2)	硬态(Y3)	壁厚	允许偏差 B	壁厚	允许偏差 B	壁厚	允许偏差 B	类型 A	类型 B	类型 C
5	6	±0.08	±0.04	1.0	±0.10	0.8	±0.08	0.6	±0.06	0.140	0.116	0.091
6	8									0.196	0.161	0.124
8	10									0.252	0.206	0.158
10	12									0.362	0.251	0.191
15	15			1.2	±0.12	1.0	±0.10	0.7	±0.07	0.463	0.391	0.280
22	22	±0.09	±0.06	1.5	±0.15	1.2	±0.12	0.9	±0.09	0.860	0.698	0.531
25	28			1.5	±0.15	1.2	±0.12	0.9	±0.09	1.111	0.899	0.682

续表

公称直径/mm	外径/mm	平均外径允许偏差/mm		壁厚和允许偏差/mm						理论质量/(kg·m^{-1})		
				类型 A		类型 B		类型 C		类型 A	类型 B	类型 C
		半硬态(Y2)	硬态(Y3)	壁厚	允许偏差 B	壁厚	允许偏差 B	壁厚	允许偏差 B			
32	35	±0.10	±0.07	2.0	±0.20	1.5	±0.15	1.2	±0.12	1.845	1.405	1.134
40	42			2.0	±0.20	1.5	±0.15			2.237	1.699	1.369
50	54			2.5	±0.25	2.0	±0.20			3.600	2.908	1.772
65	67	±0.12	±0.08	2.5	±0.25	2.0	±0.20	1.5	±0.15	4.059	3.635	2.747
80	85	±0.15	±0.12	2.5	±0.25	2.0	±0.20			5.138	4.138	3.125
100	108	±0.25	±0.18	3.5	±0.35	2.5	±0.25			10.226	7.374	4.467
125	133	±0.35	±0.60	3.5	±0.35	2.5	±0.25			12.673	9.122	5.515
150	159	±0.35	±0.60	4.0	±0.48	3.0	±0.30	2.0	±0.20	17.355	13.085	8.779
200	219	—	±0.95	6.0	±0.72	5.0	±0.60	4.0	±0.40	35.733	13.085	8.779
250	267	—	±1.25	7.0	±0.84	6.0	±0.72	5.0	±0.50	50.960	43.848	36.680
300	325	—	±1.25	8.0	±0.96	7.0	±0.84	6.0	±0.60	71.008	63.328	

2)非金属管材

非金属管材主要由耐火材料、隔热材料、耐蚀非金属、陶瓷材料、高分子材料(橡胶、塑料、合成纤维)等组成。非金属管材具有化学性能稳定、耐腐蚀、不燃烧、无不良气味、质量轻、光滑易加工、强度低、不耐高温的特点,广泛应用于工程领域中。非金属管材有塑料管、钢筋混凝土管、石棉水泥管、玻璃钢管等。随着科技的进步,石棉水泥管和玻璃钢管逐渐被其他管材取代,在工程中应用较少。

(1)塑料管

塑料是现代经济发展中实现“减量化、再利用、资源化”的重要材料之一,其加工成型的过程无污染排放、消耗低、效率高。绝大部分塑料使用后能够被回收再利用,是典型的资源节约型、环境友好型材料。

塑料管属于化学建材,以聚氯乙烯(PVC)、聚乙烯(PE)、聚丙烯(PP)等高分子材料为原料,添加增塑剂、阻燃剂、抗冲改性剂等加工而成。它具有较好的防腐蚀性能、自重轻、生产应用能耗低、施工便捷等特点。

①PVC 管:是由聚氯乙烯塑料通过一定工艺制成的管材。PVC 管材不导热、不导电、耐腐蚀、力学性能好、易加工、使用寿命长,在工程中广泛用于给水、排水、线缆保护中。其规格常用“外径 De×壁厚”或“ϕ 外径”表示。如 De50×2 表示该管的外径为 50 mm、壁厚为 2 mm;ϕ16 表示该管的外径为 16 mm。PVC 管的主要连接方式有承插式连接、螺纹连接、法兰连接等。

②PE 管:由乙烯经聚合制得的一种热塑性树脂管。PE 管有很多优点:无毒、不含重金属

添加剂、不结垢、不滋生细菌；柔韧性好、抗冲击强度高、耐强震、耐扭曲；独特的电熔焊接和热熔对接技术使接口强度高于管材本体，保证了接口的安全可靠。PE 管分为高密度 HDPE 型管、中密度 MDPE 型管和低密度 LDPE 型管。PE 管被广泛应用于建筑给排水、采暖、燃气等管道系统。其规格常用“外径 De×壁厚”或“ϕ 外径”表示。如 De110×4.2 表示该管的外径为 110 mm、壁厚为 4.2 mm；ϕ110 表示该管的外径为 110 mm。PE 管的连接方式主要有电熔连接、热熔对接焊连接和热熔承插连接等。

③PPR 管：由丙烯经聚合制得的一种热塑性树脂管。PPR 管有很多优点：卫生无毒；壁光滑，不结垢；耐低温、高压；强度、刚度、硬度、耐热性均优于低压聚乙烯。PPR 管被广泛应用于建筑物的冷热水、采暖、可直接饮用的纯净水供水、中央空调、输送或排放化学介质等管道系统。其规格常用“外径 De×壁厚”或“外径 ϕ×壁厚”表示。如 De20×2 表示该管的外径为 20 mm、壁厚为 2 mm；ϕ25×2.3 表示该管的外径为 25 mm、壁厚为 2.3 mm。PPR 管的连接方式主要有热熔连接、电熔连接和螺纹连接等。

(2)钢筋混凝土管

钢筋混凝土管有普通钢筋混凝土管(RCP)、自应力钢筋混凝土管(SPCP)、预应力钢筋混凝土管(PCP)和预应力钢筒钢筋混凝土管(PCCP)。它们具有节省钢材，价格低廉，防腐性能好，能够承受较高的压力(0.4～1.2 MPa)，抗渗性、耐久性较好等特点。但因钢筋混凝土管的接口易渗漏，容易造成二次污染，部分地区限制其小管径的管道在排污工程中使用。

目前，钢筋混凝土管管径有 100～1 500 mm，预应力钢筒钢筋混凝土管最大管径可达 9 m，承压达 4.0 MPa。钢筋混凝土管的规格常用“*D* 内径×管长”表示，如 *D*800×2 000 表示该管的内径为 800 mm、长度为 2 000 mm。

钢筋混凝土管的接口形式有套环式、企口式、承插式 3 种。

3)复合管

复合管是一种由两层及以上管材经一些加工工艺复合而成的具有多层结构的管材。目前，市场较普遍的有钢塑复合管、铝塑复合管、铜塑复合管等。

(1)钢塑复合管

钢塑复合管是以钢管或钢骨架为基体，与各种类型的塑料(如聚丙烯、聚乙烯、聚氯乙烯、聚四氟乙烯等)复合而成。按塑料与基体结合的工艺又可分为衬塑复合钢管和涂塑复合钢管两种。

衬塑复合钢管是由镀锌管内壁置一定厚度的塑料(PE、UPVC、PEX 等)复合而成，因此同时具有钢管和塑料管的优越性。涂塑复合钢管是以普通碳素钢管为基材，内涂或内外均涂塑料粉末，经加温熔融黏合形成。

钢塑复合管广泛应用于石油、天然气、给水管、排水管等各种领域，其连接方式主要有螺纹连接、沟槽式连接、法兰连接等。

(2)铝塑复合管

铝塑复合管是中间为一层焊接铝合金，内外各一层聚乙烯，经胶合层黏结而成的五层管子，具有聚乙烯塑料管耐腐蚀性好和金属管耐压高的优点。铝塑复合管按聚乙烯材料不同分为两种：一种适用于热水的交联聚乙烯铝塑复合管；另外一种是适用于冷水的高密度聚乙烯铝塑复合管。铝塑复合管采用夹紧式配件连接，主要用于建筑内配水支管和热水器管,价格较贵。

(3)铜塑复合管

铜塑复合管是一种新型管材,通过外层为热导率小的塑料、内层为稳定性极高的铜管复合而成,从而综合了塑料及铜管的优点,具有良好的保温性能及耐腐蚀性能,有配套的铜制管件,连接方便快捷,但造价较高,主要用于高级宾馆热水供应系统。

1.1.2　常用管件

管件是管道系统中起连接、控制、变向、分流、密封、支撑等作用的零部件的统称,大多采用与管子相同的材料制成。

管件按用途分为用于连接的管件(法兰、活接、管箍、卡套等)、改变管子方向的管件(弯头、弯管等)、改变管子管径的管件(变径管、异径弯头等)、增加管路分支的管件(三通、四通等)、用于管路密封的管件(堵头、盲板等)、用于管路固定的管件(拖钩、支架、管卡等);按连接方式分为承插式管件、螺纹管件、法兰管件和焊接管件等;按材料分为金属管件、非金属管件、复合管管件等。

常用管件如图1.1所示。

图1.1　常用管件

1.1.3 管道的连接方式

管道连接是指按照图纸和有关规范的要求，将管子与管子或管子与管件、阀门等连接起来，使之形成一个严密的整体，以达到使用的目的。管道的连接方式有很多种，常用的连接方式有螺纹连接、焊接连接、法兰连接、承插连接、热熔连接、电熔连接和沟槽连接等。

(1)螺纹连接

螺纹连接是通过管子上的内外螺纹将管子与带外内螺纹的管件、阀件和设备连接起来的方法，简称"丝接"，如图1.2所示。为了增加连接的严密性，在连接前应在带有外螺纹的管头或配件上按螺纹方向缠以适量的麻丝或者胶带等。螺纹连接应留2～3牙螺尾。

管道螺纹的加工也称套丝，分为手工套丝和机械套丝两种。手工套丝是使用管子绞板套出螺纹。套丝时，应选择与管子规格相应的板牙，在套丝过程中应向丝扣上加机油润滑，使丝扣和板牙保持润滑和冷却，以保证螺纹表面粗糙度和防止烂牙。为了操作省力及防止板牙过度磨损，一般在加工公称直径25 mm以下的螺纹时分1～2次套成，加工公称直径32 mm以上的螺纹时应分2～3次套成。

机械套丝采用套丝机或车床车制螺纹。使用套丝机时，宜在低速下工作，螺纹的切削应分2～3次进行，切不可一次套成，以免损坏板牙或产生烂牙。

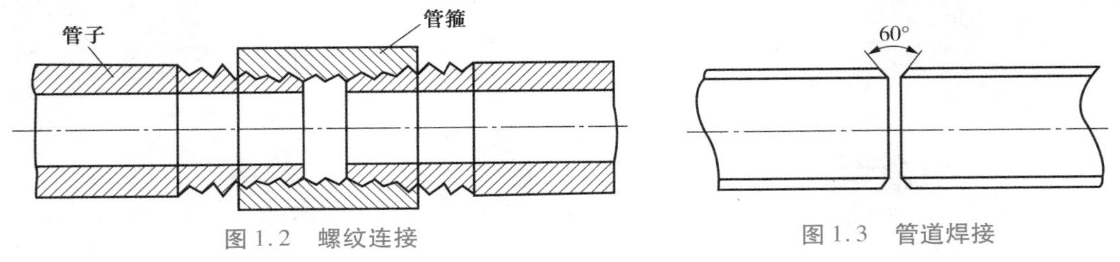

图1.2 螺纹连接　　图1.3 管道焊接

(2)焊接连接

螺纹连接、焊接连接

焊接连接是管道安装工程中最重要和应用最广泛的连接方式之一，如图1.3所示。管道焊接连接的优点是：焊接牢固、强度大；安全可靠、经久耐用；接口严密性好，不易跑、冒、滴、漏；不需要接头配件，造价相对较低；维修费用低；缺点是：接口固定，检修、更换管子等不方便。

焊接工艺有气焊、手工电弧焊、手工氩弧焊、埋弧自动焊、钎焊等多种焊接方法。焊件经焊接后形成的结合部分，即填充金属与熔化的母材凝固后形成的区域，称为焊缝。焊缝的位置应满足以下要求：

①支线管段连接时，两环缝间距不小于100 mm。

②焊缝距弯管(不包括压制或热推弯管)起弯点不得小于100 mm，且不小于管外径。

③卷管的纵向焊缝应置于易检修的位置，且不宜在底部。

④环焊缝距支、吊架净距不小于50 mm，需热处理的焊缝距支吊架不得小于焊缝宽度的5倍，且不小于100 mm。

⑤在管道焊缝上不得开孔，如必须开孔，焊缝应经无损探伤合格(开孔中心周围不小于1.5倍开孔直径范围内的焊缝应全部进行无损探伤)。

⑥钢板卷管对焊时，纵向焊缝应错开，其间距不小于100 mm。如有加固环的卷管，加固环的对接焊缝应与管子纵向焊缝错开，其间距不小于100 mm。加固环距管子的环向焊缝不应小于50 mm。

(3)法兰连接

法兰连接是指将垫片放入一对固定在两个管口上的法兰或一个管口法兰、一个带法兰设备的中间，用螺栓拉紧使其紧密结合起来的一种可以拆卸的接头，如图1.4所示。这种方式主要用于管子与管子、管子与带法兰的附件(如阀门)或设备的连接，以及管子需经常拆卸部件的连接。法兰连接是管道安装中常用的连接方式之一，其优点是结合强度大、结合面严密性好、易于加工、便于拆卸。法兰连接适用于明设和易于拆装的管沟、管井里，不宜用于埋地管道，以免腐蚀螺栓、拆卸困难。

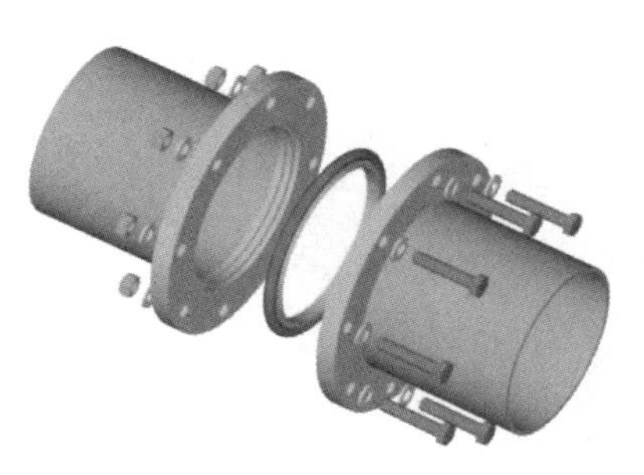

图1.4　法兰连接

法兰按其与管子的固定方式分为螺纹法兰、焊接法兰(平焊法兰和对焊法兰)、松套法兰等；按密封面形式可分为光滑式、凹凸式、榫槽式、透镜式和梯形槽式等。

法兰装配前，必须清除表面及密封面上的铁锈、油污等杂物，直至露出金属光泽，且要将法兰的密封线剔清楚。法兰连接应保持平行，其偏差不应大于法兰外径的1.5‰，且不大于2 mm，不得用强紧螺栓的方法消除歪斜。法兰连接应保持同轴，其螺栓孔中心偏差一般不超过孔径的5%，并保证螺栓能自由穿入。

法兰装配时，法兰面必须垂直于管中心，允许偏差斜度应满足：当公称直径≤300 mm时为1 mm，公称直径>300 mm时为2 mm。水平管道上安装的法兰，其最上面的两螺栓孔应保持水平；垂直管道上安装的法兰，其靠墙最近的两螺栓孔应与墙面平行。高温或低温管路的法兰，在保持工作温度2 h后应进行热紧或冷紧。当管路设计压力≤6.0 MPa时，热紧的最大压力为0.3 MPa；当设计压力>6.0 MPa时，热紧的最大压力为0.5 MPa。冷紧一般应泄压处理。高压螺纹法兰安装前应用白煤油、丙酮等清洗管端螺纹和法兰螺纹，不得有任何细小的垃圾。管道螺纹用环规进行检查，法兰螺纹用塞规进行检查。平焊法兰装配时，管端应插入法兰2/3，平焊法兰内外部均应与管子焊接。

(4)承插连接

承插连接、法兰连接

承插连接(图1.5)常用于带有承插口的管道安装，分为刚性承插连接和柔性承插连接两种。刚性承插连接是用管道的插口插入管道的承口内，对位后先用嵌缝材料嵌缝，然后用密封材料密封；柔性承插连接是在管道承插口的止封口上放入富有弹性的橡胶圈，然后施力将管子插端插入，形成一个能适应一定范围内位移和振动的封闭管。

承插接口所用接口材料有石棉水泥、青铅、自应力水泥、橡胶圈、水泥砂浆和氯化钙石膏水泥等。石棉水泥接口操作方便，质量可靠，是使用最多的接口材料；青铅接口操作复杂，费用较高，在融铅和灌铅时对人体有害。

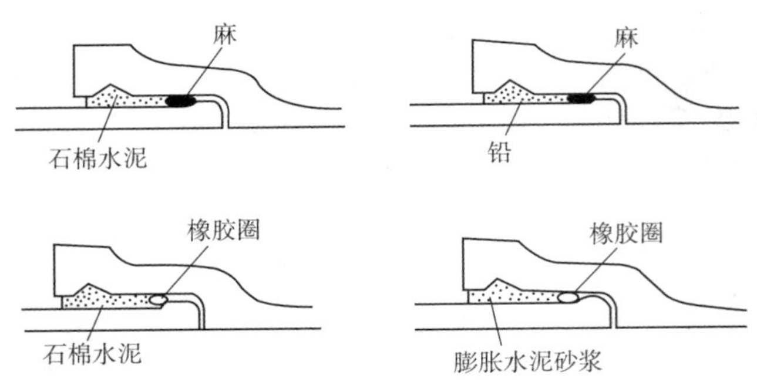

图 1.5　承插连接

(5)热熔连接

热熔连接是利用热塑性管材的性质进行管道连接,如图 1.6 所示。热熔时采用专门的加热设备(一般采用电热式),使同种材料的管材与管件的连接面达到熔融状态,用手工或机械将其压合在一起。热熔方式结合紧密,安全耐用,避免了金属管件接头处水的跑、冒、滴、漏等现象。

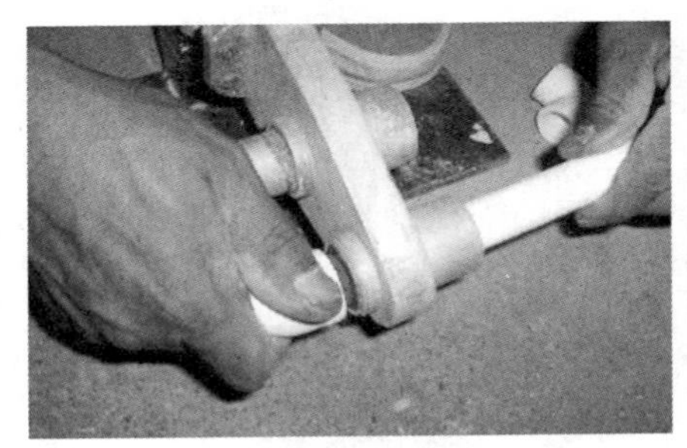

图 1.6　热熔连接

热熔操作步骤如下:

①用钢锯或管子割刀切割管子,要求管子断面垂直于管中心;

②开启热熔机,用干净、无纤维的布清除加热套管和加热头上的灰尘,除去管子切割断面的毛刺;

③对管子插入端进行倒角,倒角角度为 15°,倒角应倒至管端半个壁厚为止;

④用酒精清洗管子插入端、管配件的承插表面,使其清洁、干净、无油;

⑤用卡尺和笔在管道上测量并标注出熔接插入深度,热熔机达到工作温度后(指示灯亮),同时将管端和管件分别导入加热套内和推到加热头上并达到规定的标志处,到达加热时间后,立即把管子和管件从加热套和加热头上同时取下,迅速无旋转地直线插入到所标深度,保持轴向推力一段时间,热熔连接完成。

热熔连接后,要求在接头处形成一圈完整均匀的凸缘,其技术要求应符合表 1.3 的规定。

表 1.3　热熔连接技术要求

工艺	管外径/mm								
	20	25	32	40	50	63	75	90	110
熔接深度/mm	14	16	20	21	22.5	24	26	32	38.5
加热时间/s	5	7	8	12	18	24	30	40	50
插接时间/s	4	4	4	6	6	6	8	8	10
冷却时间/min	3	3	4	4	5	6	8	8	10

注:若环境温度小于 5 ℃,加热时间应延长 50%。

(6)电熔连接

管件出厂时将电阻丝埋在管件中,做成电热熔管件。在现场施工时,只需将专用焊接仪的插头和管件的插口连接,利用管件内部发热体将管材外层塑料与管件内层塑料熔融,形成可靠连接,称为电熔连接(图1.7)。电熔连接效果可靠,人为因素低,施工质量稳定。另外,安装时仅用电缆插头,可克服操作空间狭小导致安装困难的问题。电熔连接适用于PE、PPE管道等。

热熔连接、电熔连接

(7)沟槽连接

沟槽连接

沟槽式管接口是在管材、管件等管道接头部位加工成环形沟槽,用卡箍件、橡胶密封圈和紧固件等组成的套筒式快速接头,如图1.8所示。沟槽连接具有不破坏钢管镀锌层、施工快捷、密封性好、便于拆卸等优点。

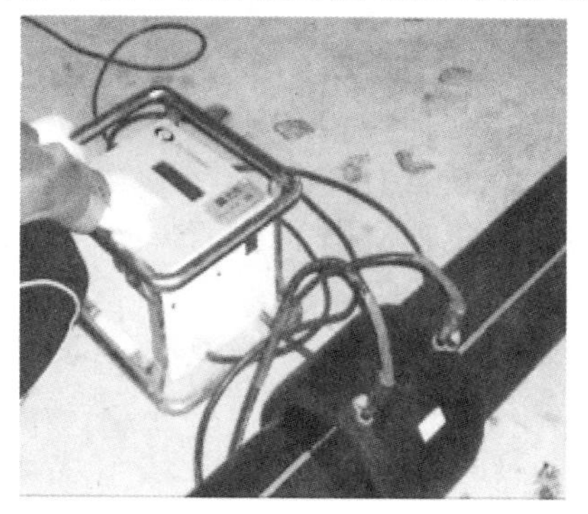

图1.7　电熔连接

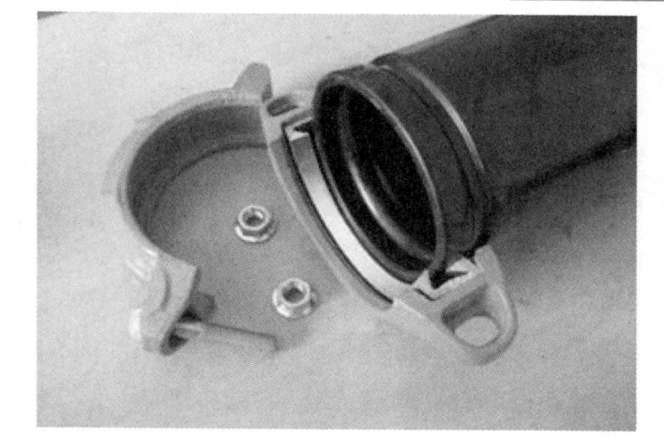

图1.8　沟槽连接

1.1.4　其他常用的管道安装材料

1)密封材料

密封材料是指能承受接缝位移以达到气密、水密的目的而嵌入接缝中的材料。密封材料有金属材料(铝、铅等),也有非金属材料(橡胶、塑料、陶瓷、石墨等)和复合材料(橡胶-石棉板)。

(1)生料带

生料带的化学名称是聚四氟乙烯,是管道螺纹连接中常用的一种密封材料。生料带具有无毒、无味,优良的密封性、绝缘性、耐腐性等优点,被广泛应用于水处理、天然气、化工、塑料、电子工程等领域。

(2)密封垫片

密封垫片是以金属或非金属板状材质,经切割、冲压或裁剪等工艺制成,常用于管道法兰的密封连接。金属垫片是指用钢、铝、铜、镍或合金等金属制成的垫片;非金属垫片是指用石棉、橡胶、合成树脂、聚四氟乙烯等非金属制成的垫片;缠绕垫片是指用金属带与非金属带缠绕成环形的垫片,金属带与非金属带交替缠绕,由于其具有较好的弹性,广泛用于石化、化工、电力等行业的法兰密封结构中。

2)焊接材料

焊接材料是焊接时使用的形成熔敷金属的填充材料,保护熔融金属不受氧化、氮化的保护材料,以及协助熔融金属凝固成形的衬垫材料等,包括焊条、焊丝、钨极、焊剂等。

(1)焊条

焊条由焊芯和药皮组成。手工焊条电弧焊时,焊条焊芯既是电极,又是填充金属。其种类有碳钢电焊条、纤维素电焊条、低合金钢电焊条、不锈钢电焊条、低温钢电焊条、钼及铬钼耐热钢电焊条、镍及镍合金电焊条、堆焊电焊条、铸铁电焊条等。

(2)焊丝

焊丝是焊接时作为填充金属或同时作为导电用的金属丝焊接材料。焊丝可分为实心焊丝和药芯焊丝。实心焊丝是从金属线材直接拉拔或铸造而成的焊丝;药芯焊丝是将薄钢带卷成圆形钢管或异形钢管的同时,在其中填满一定成分的药粉,经拉制而成的焊丝。

(3)钨极

钨极是不熔化为填充金属的电极,钨的熔点为3 410 ℃,沸点为5 900 ℃,是常见金属中最高的,因此是不熔极电弧最合适的电极材料。钨极氩弧焊特别适用于薄板的焊接。

(4)焊剂

焊剂是焊接时能够熔化形成熔渣和气体,对熔化金属起保护和冶金处理作用的一种物质。埋弧焊、电渣焊等都用焊剂,常用焊剂有熔炼焊剂和烧结焊剂。

3)紧固材料

紧固件是将两个或两个以上的零件(或构件)紧固连接成为整体时所采用的机械零件的总称。它的特点是品种规格繁多,性能用途各异,标准化、系列化、通用化的程度极高,主要有螺栓、螺柱、螺母、螺钉、垫圈等。

4)保温隔热材料

保温隔热材料又称绝热材料,是指对热流具有显著阻抗性的材料或材料复合体。其导热系数一般小于0.174 W/(m·K),表观密度小于1 000 kg/m^3。保温隔热材料有板、毯、棉、纸、毡、异形件、纺织品等。常用的管道绝热材料有膨胀珍珠岩制品、超细玻璃棉制品、矿棉制品、橡塑材料等,其辅助材料有镀锌铁皮、铁丝、油毡、玻璃布等。

5)管道刷油防腐材料

防腐就是采取各种手段保护容易锈蚀的金属物品,以达到延长其使用寿命的目的。管道安装中常用的防腐有刷油、喷涂等。刷油的主要材料为各种防锈漆及调和漆,喷涂的主要材料为铝、锌等。

1.2 水暖常用金属型材

型材是铁或钢以及具有一定强度和韧性的材料(如塑料、铝、玻璃纤维等),通过轧制、挤出、铸造等工艺制成的具有一定几何形状的物体。金属型材有狭义与广义之分。

1.2.1　狭义型材

狭义型材通常包括角钢、槽钢、工字钢。

(1)角钢

角钢是两边互相垂直成角形的长条钢材,包括等边角钢和不等边角钢。等边角钢的两个边宽相等,其规格以“边宽×边宽×边厚”表示。例如:L30×30×3,表示边宽为30 mm、边厚为3 mm的等边角钢,也可简写为L30×3或L3#(“3”是边宽的厘米数);L40×30×3,表示边宽为40 mm、30 mm,边厚为3 mm的不等边角钢。角钢广泛地用于各种建筑结构和工程结构,如房梁、桥梁、输电塔、容器架以及管道支架等。

(2)槽钢

槽钢是截面为凹槽形的长条钢材,分普通槽钢和轻型槽钢。槽钢可用号数表示,号数即其截面高度的厘米数,如[12中的12表示该槽钢的截面高度为12 cm。腰高相同的槽钢,如果有几种不同的腿宽和腰厚,需在型号右边加a、b、c予以区别,如[25a、[25b、[25c等。对于非标准规格槽钢,可以“腰高×腿宽×腰厚+附加码(a、b、c区别不同腿宽和腰厚)”表示,如[120×53×5表示腰高为120 mm、腿宽为53 mm、腰厚为5 mm的槽钢。热轧普通槽钢主要用于建筑结构、车辆制造和设备管道基础等。

(3)工字钢

工字钢是截面为“工”字形的长条钢材,分普通工字钢和轻型工字钢。工字钢用号数表示,号数即其截面高度的厘米数。I20以上的工字钢,同一号数有3种尺寸规格,分别为a、b、c 3类,如I30a、I30b、I30c。a类工字钢腹板较薄,用作受弯构件较为经济;c类工字钢腹板较厚。对于非标准规格工字钢,也可以“腰高×腿宽×腰厚+附加码(a、b、c)”表示,如I160×88×6表示腰高为160 mm、腿宽为88 mm、腰厚为6 mm的工字钢。热轧普通工字钢广泛用于各种建筑结构、桥梁、车辆、支架、设备管道基础等。

1.2.2　其他型材

(1)H型钢

H型钢是一种截面面积分配更加优化、强重比更加合理的经济断面高效型材,因其断面与英文字母“H”相同而得名。轧制时,截面上各点延伸较均匀、内应力小,与普通工字钢比较,具有截面模数大、质量轻、节省金属的优点(可使建筑结构减轻30%～40%);又因其翼缘内外侧平行,翼端是直角,易拼装组合成构件,可节约焊接、铆接工作量达25%。其规格以“高度H×宽度B×腹板厚度t_1×翼板厚度t_2”表示,如H 400×200×8×12表示高度为400 mm、宽度为200 mm、腹板厚度为8 mm、翼缘板厚度为12 mm的H型钢。H型钢常用于承载能力大、截面稳定性好的大型建筑(如厂房、高层建筑等),以及桥梁、船舶、起重运输机械、设备基础、支架、基础桩等。

(2)扁钢

扁钢是指宽为 12 ~300 mm、厚为 4 ~60 mm、截面为长方形并稍带钝边的钢材。其规格用“-宽度×厚度”表示,如-40×4 表示宽为 40 mm、厚为 4 mm 的扁钢。扁钢常用于防雷接地、构件、扶梯、桥梁及栅栏等。

(3)金属板材

金属板材是指宽度与厚度之比很大的扁平断面钢材。安装工程中常用的钢板分为普通钢板、镀锌钢板、不锈钢板等。其规格以“δ 厚度”表示,如 δ10 表示厚度为 10 mm 的钢板。金属板材广泛应用在汽车、集装箱、管道等工业制造中,也用于大型建筑、桥梁、设备基础及支架等。

(4)圆钢

圆钢是指截面为圆形的实心长条钢材。其规格以“ϕ 直径”表示,如 ϕ12 表示直径为 12 mm 的圆钢。圆钢主要适用于建筑结构件。

(5)方钢、六角钢、C 型钢、Z 型钢、U 型钢

方钢是指截面为正方形的长条钢材,其规格以正方形边长表示;六角钢是指截面为正六边形的长条钢材,其规格以六角形的边长表示;C 型钢、Z 型钢、U 型钢的截面分别像字母 C、Z、U。

水暖常用金属型材如图 1.9 所示。

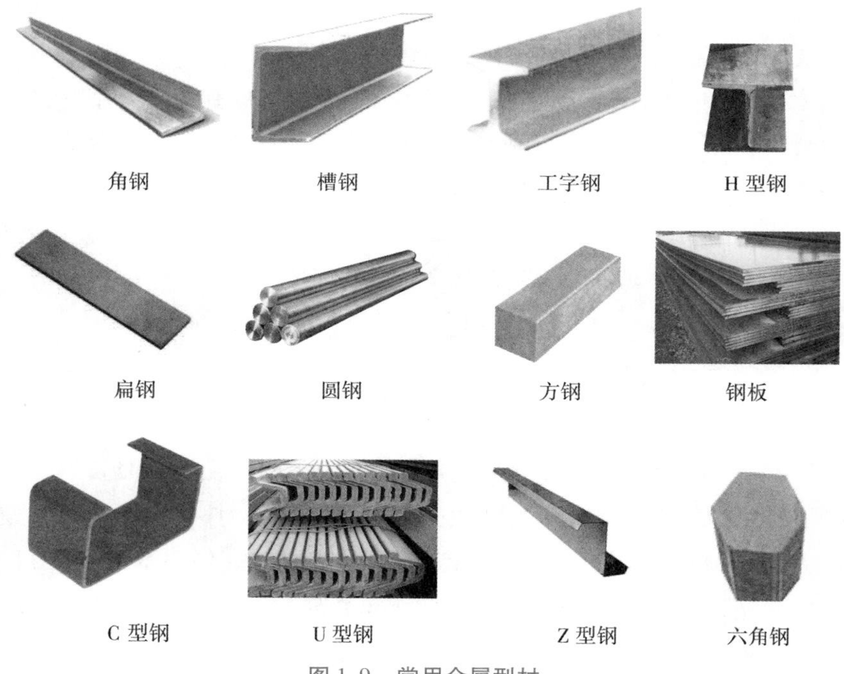

图 1.9　常用金属型材

1.3　水暖常用附件及设备

1.3.1　控制附件

控制附件用来调节介质流量及压力,起开启或切断介质的作用。水暖安装工程中,控制附件主要是阀门,阀门是流体管路的控制装置,在安装工程中发挥着重要作用。

1)阀门分类

(1)按用途和作用分类

①截断阀:主要用于截断或接通管路中的介质,如闸阀、截止阀、球阀、蝶阀、旋塞阀、隔膜阀等。

②止回阀:用于防止管路中的介质倒流,包括各种结构的止回阀。

③调节阀:用来调节介质的压力和流量等参数,如减压阀、调压阀、节流阀。

④安全阀:防止管路或装置中的介质压力超过规定数值,从而达到安全保护的目的。

⑤分流阀:用来改变介质流向,分配、分离或混合管路中的介质,如三通旋塞、分配阀、滑阀、疏水阀等。

⑥排气阀:管道系统中必不可少的辅助元件,往往安装在制高点或弯头等处,排除管道中多余气体,提高管道使用效率及降低能耗。

(2)按公称压力分类

①真空阀:工作压力低于标准大气压。

②低压阀:公称压力 $PN \leqslant 1.6$ MPa 的阀门。

③中压阀:公称压力为2.5~6.4 MPa 的阀门。

④高压阀:公称压力为10.0~80.0 MPa 的阀门。

⑤超高压阀:公称压力 $PN \geqslant 100$ MPa 的阀门。

(3)按工作温度分类

①高温阀:用于介质温度 $T>450$ ℃的阀门。

②中温阀:用于介质温度 120 ℃$<T \leqslant 450$ ℃的阀门。

③常压阀:用于介质温度-40 ℃$<T \leqslant 120$ ℃的阀门。

④低温阀:用于介质温度-100 ℃$<T \leqslant -40$ ℃的阀门。

⑤超低温阀:用于介质温度 $T \leqslant -100$ ℃的阀门。

(4)按阀体材料分类

阀门按阀体材料分为非金属阀门和金属材料阀门等。

(5)按与管道连接方式分类

按与管道连接方式可分为法兰连接阀门、螺纹连接阀门、焊接连接阀门、卡套连接阀门等。

2)常用阀门

(1)闸阀

闸阀是指启闭件(闸板)由阀杆带动阀座密封面做升降运动的阀门,可接通或截断流体的通道(图1.10)。当阀门部分开启时,在闸板背面产生涡流,易引起闸板的侵蚀和振动,也易损坏阀座密封面。闸阀通常适用于口径DN≥50 mm的切断装置,不需要经常启闭,且保持闸板全开或全闭的工况;不适用于作为调节或节流使用。

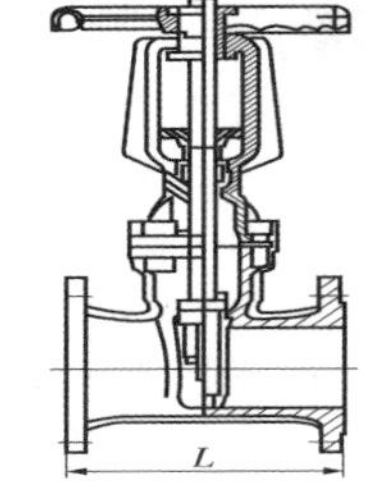

图1.10　闸阀

闸阀具有流体阻力小、开闭所需外力较小、介质流向不受限制、体形比较简单、铸造工艺性较好等优点;缺点是外形尺寸和开启高度都较大,安装所需空间较大;开闭过程中,密封面间的相对摩擦易引起擦伤现象。

(2)截止阀

截止阀是指关闭件(阀瓣)由阀杆带动,沿阀座轴线做升降运动来启闭的阀门(图1.11)。截止阀的主要作用是切断介质,也可以调节一定的介质流量。截止阀具有开启高度小、只有一个密封面、制造工艺好、便于维修等优点;其缺点是流体阻力大、安装具有方向性。截止阀使用较为普遍,但由于开闭力矩较大,结构长度较长,其公称直径一般都限制在200 mm以下。

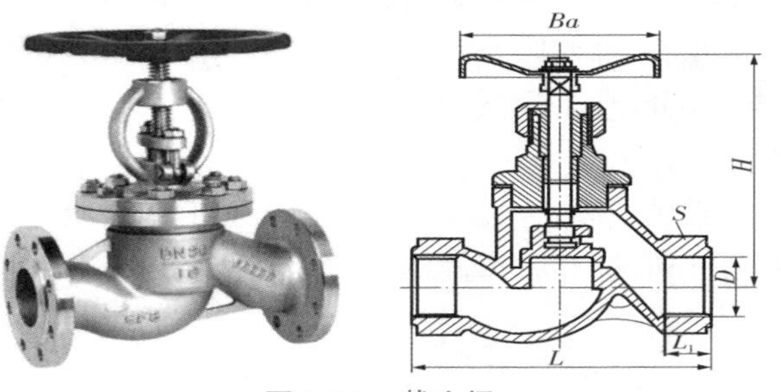

图1.11　截止阀

(3)球阀

球阀是指启闭件(球体)由阀杆带动,并绕阀杆的轴线做旋转运动的阀门(图1.12)。球阀在管路中主要用于切断、分配和改变介质的流动方向。球阀具有流动阻力小、结构简单、密封性好、操作方便、开闭迅速、维修方便等优点;其缺点是高温时启闭困难、水击严重、易磨损。

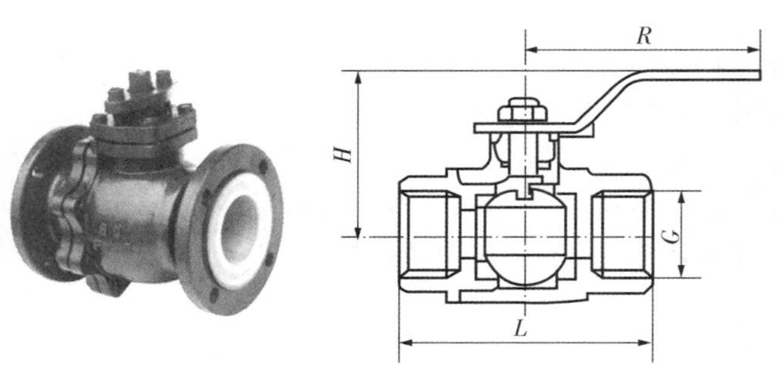

闸阀、截止阀、球阀

图1.12　球阀

(4)蝶阀

蝶阀又称为翻板阀,是指关闭件(阀瓣或蝶板)圆盘围绕阀轴旋转来达到开启与关闭的一种阀门,在管道上主要起切断和节流作用(图1.13)。蝶阀主要由阀体、阀杆、蝶板和密封圈组成,具有结构简单、外形尺寸小、质量轻、流体阻力小、启闭方便迅速、省力等特点,适用于大口径的阀门,也可用于低压管道介质的开关控制。

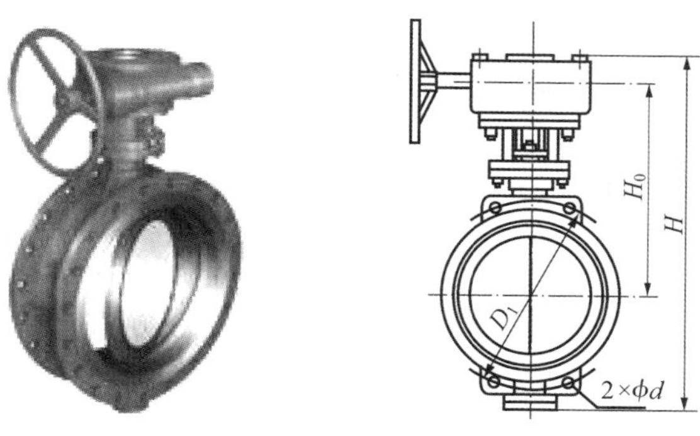

图1.13　蝶阀

(5)止回阀

止回阀又称为单向阀或逆止阀,是指启闭件靠介质流动自行开启或关闭,以防止介质倒流的阀门。止回阀按结构形式分为升降式、旋启式、蝶式3类,如图1.14至图1.16所示。常用的止回阀有消音止回阀、多功能水泵控制阀、倒流防止器、底阀等4种形式。

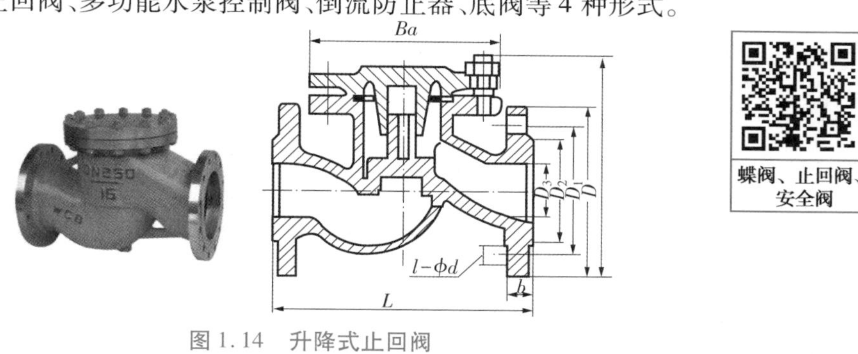

图1.14　升降式止回阀

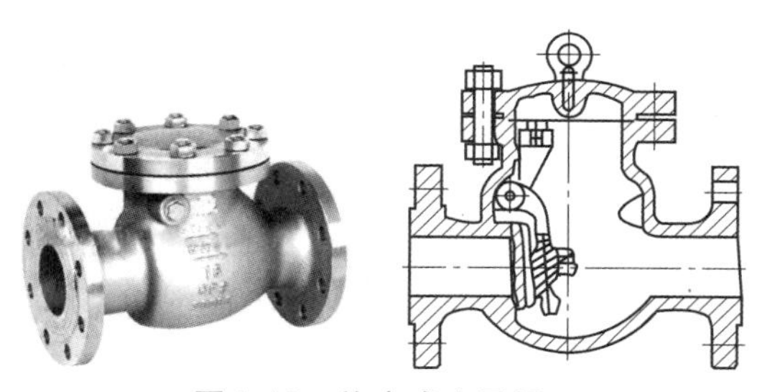

图1.15　旋启式止回阀

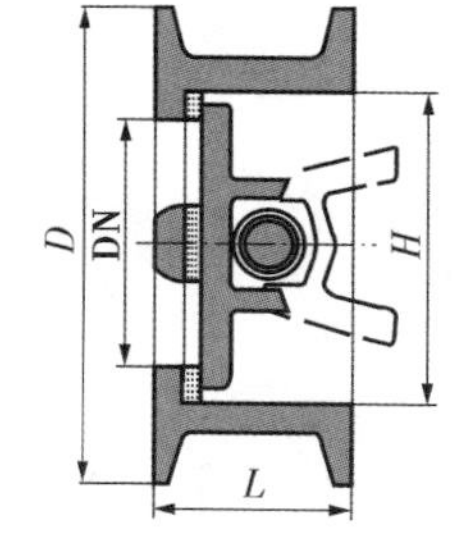

图1.16　蝶式止回阀

(6)安全阀

安全阀又称为泄压阀,是一种安全保护用阀,它不借助任何外力,利用介质本身的压力来排出一定量的流体,以防止系统内压力超过预定的安全值,如图1.17所示。当压力恢复到安全值后,阀门再自行关闭以阻止介质继续流出。

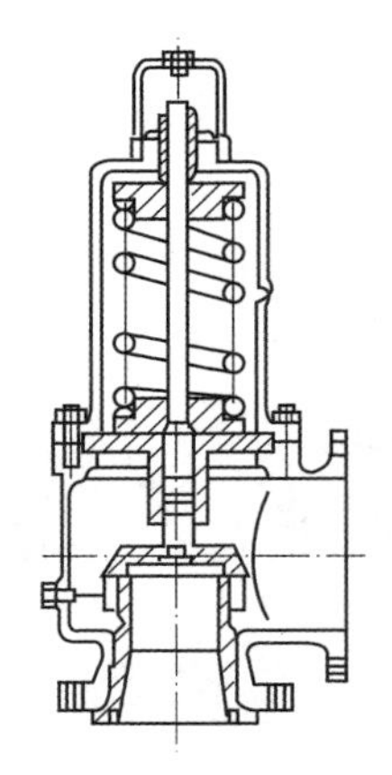

图 1.17　安全阀

3) 常用阀门型号的表示方法

阀门型号通常由 7 个单元组成，分别表示阀门类型、驱动方式、连接形式、结构形式、密封面材料或衬里材料、公称压力及阀体材料（图 1.18）。

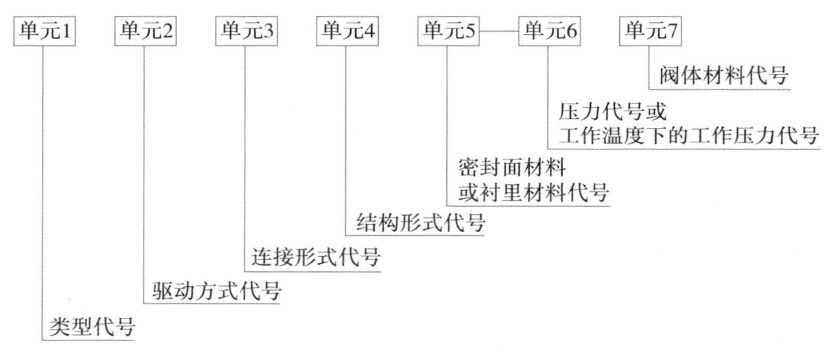

图 1.18　阀门型号表示方法

①单元 1 为阀门类型代号，用汉语拼音字母表示，见表 1.4。

表 1.4　阀门类型代号

类型	安全阀	蝶阀	隔膜阀	止回阀	截止阀	节流阀	排污阀	球阀	疏水阀	柱塞阀	旋塞阀	减压阀	闸阀
代号	A	D	G	H	J	L	P	Q	S	U	X	Y	Z

②单元 2 为阀门驱动方式代号，用阿拉伯数字表示，见表 1.5。

表 1.5　阀门驱动方式代号

传动方式	电磁动	电磁-液动	电-液动	蜗轮	正齿轮	伞齿轮	气动	液动	气-液动	电动	手柄手轮
代号	0	1	2	3	4	5	6	7	8	9	无代号

注：①手轮、手柄、扳手传动的阀门和安全阀、减压阀、疏水阀，本代号省略。

②对于气动或液动机构操作的阀门：常开式用 6K、7K 表示；常闭式用 6B、7B 表示；防爆电动装置的阀门用 9B 表示。

③单元 3 为阀门连接形式代号，用阿拉伯数字表示，见表 1.6。

表 1.6　阀门连接形式代号

连接方式	内螺纹	外螺纹	法兰	焊接	对夹	卡箍	卡套
代号	1	2	4	6	7	8	9

④单元 4 为阀门结构形式代号，用阿拉伯数字表示，常见的阀门结构形式见表 1.7 至表 1.10。

表 1.7　闸阀结构形式代号

<table>
<tr><td colspan="4">结构形式</td><td>代号</td></tr>
<tr><td rowspan="5">阀杆升降式（明杆）</td><td rowspan="3">楔式闸板</td><td colspan="2">弹性闸板</td><td>0</td></tr>
<tr><td rowspan="8">刚性闸板</td><td>单闸板</td><td>1</td></tr>
<tr><td>双闸板</td><td>2</td></tr>
<tr><td rowspan="2">平行式闸板</td><td>单闸板</td><td>3</td></tr>
<tr><td>双闸板</td><td>4</td></tr>
<tr><td rowspan="4">阀杆非升降式（暗杆）</td><td rowspan="2">楔式闸板</td><td>单闸板</td><td>5</td></tr>
<tr><td>双闸板</td><td>6</td></tr>
<tr><td rowspan="2">平行式闸板</td><td>单闸板</td><td>7</td></tr>
<tr><td>双闸板</td><td>8</td></tr>
</table>

表 1.8　截止阀、节流阀和柱塞阀结构形式代号

结构形式		代号	结构形式		代号
阀瓣非平衡式	直通流道	1	阀瓣平衡式	直通流道	6
	Z 形流道	2		角式流道	7
	三通流道	3		—	—
	角式流道	4		—	—
	直流流道	5		—	—

表 1.9　蝶阀结构形式代号

结构形式		代号	结构形式		代号
密封型	单偏心	0	非密封型	单偏心	5
	中心垂直板	1		中心垂直板	6
	双偏心	2		双偏心	7
	三偏心	3		三偏心	8
	连杆机构	4		连杆机构	9

表 1.10　止回阀结构形式代号

结构形式		代号	结构形式		代号
升降式阀瓣	直通流道	1	旋启式阀瓣	单瓣结构	4
	立式结构	2		多瓣结构	5
	角式流道	3		双瓣结构	6
—	—	—	蝶形止回式		7

⑤单元5为阀门密封面或衬里密封材料代号,用汉语拼音字母表示,见表1.11。

表1.11 阀门密封面或衬里材料代号

材料	巴氏合金	陶瓷	渗氮钢	氟塑料	合金钢	衬胶	尼龙塑料	渗硼钢	衬铅	铜合金	橡胶	硬质合金	阀体直接加工
代号	B	C	D	F	H	J	N	P	Q	T	X	Y	W

注:当密封副的密封面材料不同时,以硬度低的材料代号表示。

⑥单元6为阀门的公称压力代号,直接用阿拉伯数字表示,单位是MPa,并用横线与前5个单元分开。

⑦单元7为阀门的阀体材料代号,用汉语拼音字母表示,见表1.12。

表1.12 阀体材料代号

阀体材料	碳钢	不锈钢	铬钼钢	可锻铸铁	铝合金	铬镍不锈钢	球墨铸铁	铜及铜合金	铬钼钒钢	灰铸铁
代号	C	H	I	K	L	P	Q	T	V	Z

注:对于公称压力小于1.6 MPa的灰铸铁和公称压力大于2.5 MPa的钢制阀,省略此项。

1.3.2 常用的仪表及其他附件

1)常用的仪表

(1)水表

水表是指采用活动壁容积测量室的直接机械运动过程或水流流速对翼轮的作用来计算流经管道的水流体积的仪表。按测量原理分为容积式水表和速度式水表两类。前者的准确度较高,但对水质要求也高。工程中常用的是速度式水表。速度式水表根据翼轮的不同结构分为旋翼式水表、螺翼式水表。旋翼式水表的翼轮转轴与水流方向垂直,水流阻力大,适用于小口径(15~25 mm)的流量计量(图1.19);螺翼式水表的翼轮转轴与水流方向平行,阻力小,适用于大口径(32~300 mm)的流量计量(图1.20)。

图1.19 旋翼式水表

图1.20 螺翼式水表

(2)流量计

流量计是用以测量管路中流体流量(单位时间内通过的流体体积)的仪表,如图1.21所示。流量计分为转子流量计、涡街流量计、压差式流量计、容积式流量计、电磁流量计、超声波流量计、冲板式流量计、质量流量计等。其中,容积式流量计在流量仪表中是精度最高的一类。它利用机械测量元件把流体连续不断地分割成单个已知的体积部分,根据测量室逐次重复地充满和排放该体积部分流体的次数来测量流体体积总量。容积式流量计可以计量各种液体和气体的累积流量，包括家用煤气表、大容积的石油和天然气计量仪表。

(3)温度计

温度计是测温仪器的总称(图1.22)，可以准确地判断和测量温度，分为指针温度计和数字温度计。

(4)压力表

压力表是指以弹性元件为敏感元件，测量并指示高于环境压力的仪表(图1.23)。压力表的应用极为普遍，它几乎遍及所有的工程领域、工业流程及科研领域。

图1.21　电磁流量计

图1.22　温度计

图1.23　压力表

2)其他常用附件

(1)Y形过滤器

Y形过滤器(图1.24)是输送介质的管道系统中一种不可缺少的过滤装置，通常安装在减压阀、泄压阀、水表或其他设备的进口端，用来清除介质中的杂质，以保护阀门及设备的正常使用。Y形过滤器具有结构先进、阻力小、排污方便等特点。

(2)阻火圈

阻火圈(图1.25)是由金属材料制作外壳，内填充阻燃膨胀芯材，套在硬聚氯乙烯管道外壁，固定在楼板或墙体部位。火灾发生时，芯材受热迅速膨胀，挤压硬聚氯乙烯管道，在较短的时间内封堵管道穿洞口，阻止火势沿洞口蔓延。

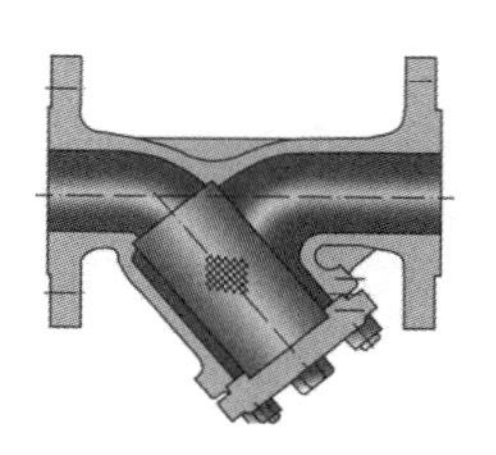

图1.24　Y形过滤器

图1.25　阻火圈

(3)套管

套管(图1.26)分为一般钢套管、刚性防水套管、柔性防水套管等。一般钢套管适用于穿

图1.26　套管

楼板层或墙壁不需要防水密封的管道;刚性防水套管适用于管道穿墙处不承受管道振动和伸缩变形的构(建)筑物,用于一般管道穿墙,利于墙体的防水;柔性防水套管适用于管道穿墙处承受振动、管道有伸缩变形或有严密防水要求的构(建)筑物,如和水泵连接的管道穿墙。

1.3.3 常用的设备

(1)水泵

水泵是输送液体或使液体增压的机械。它将原动机的机械能或其他外部能量传送给液体,使液体能量增加,主要用来输送液体(包括水、油、酸碱液、乳化液、悬乳液和液态金属等),也可输送液体、气体混合物以及含悬浮固体物的液体。衡量水泵性能的技术参数有流量、吸程、扬程、轴功率、水功率、效率等。

水泵根据不同的工作原理可分为容积水泵、叶片泵和其他等类型。容积泵是利用其工作室容积的变化来传递能量;叶片泵是利用回转叶片与水的相互作用来传递能量,有离心泵、轴流泵和混流泵等类型。

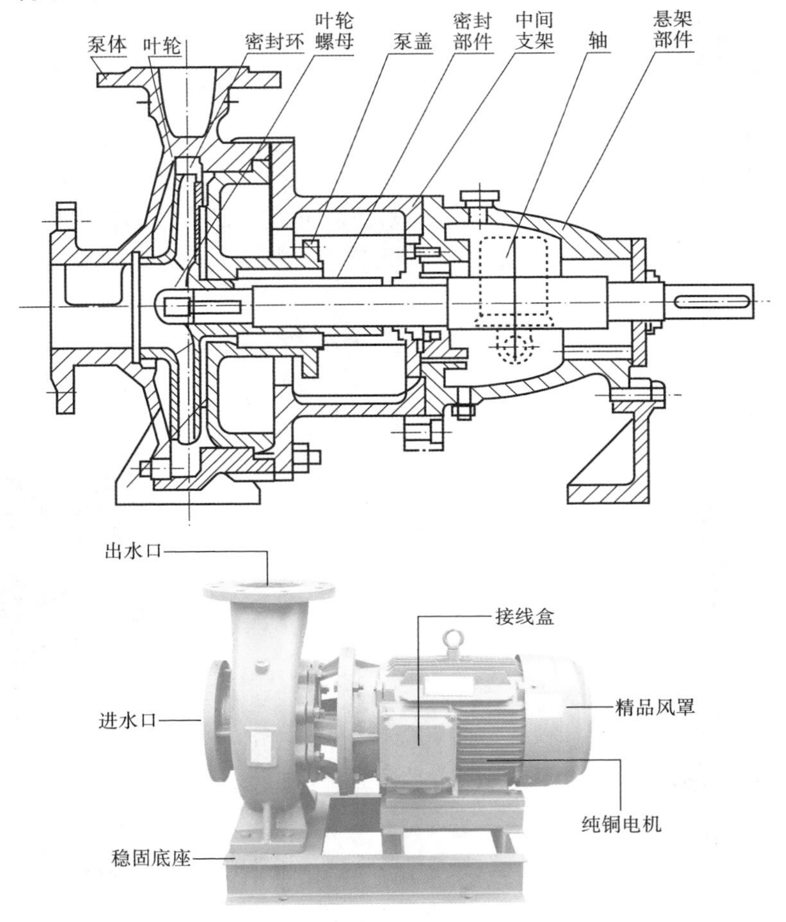

图 1.27　离心泵

离心泵是在叶轮高速旋转所产生的离心力作用下,将液体提向高处的,故称为离心泵(图1.27)。离心泵的工作原理:水泵启动前泵壳和整个吸入管路要充满液体;当原动机带动泵轴和叶轮旋转时,叶片间的液体也跟着旋转起来,液体在离心力的作用下,沿着叶片间的流道甩向叶轮外缘,进入螺旋形的泵壳内;由于流道面积逐渐扩大,被甩出的流体流速减慢,将部分速度能转化为静压能,使压力上升,最后从排出管排出。与此同时,液体自叶轮甩出时,叶轮中心部分造成低压区,与吸入液面的压力形成压力差,在压力差的作用下液体不断地被吸入,并以一定的压力排至泵外。

轴流泵是液体的流经方向沿叶轮的轴相吸入、轴相流出。轴流泵的叶片一般浸没在被吸水源的水池中。由于叶轮高速旋转,在叶片产生的升力作用下,连续不断地将水向上推压,使水沿出水管流出。叶轮不断地旋转,水也被连续压送到高处。轴流泵的特点是扬程低、流量大、效益高、启动前不需灌水、操作简单。

混流泵的叶轮形状介于离心泵叶轮和轴流泵叶轮之间,既有离心力又有升力,靠两者的综合作用,液体以与轴成一定角度流出叶轮,通过蜗壳室和管路提向高处。

水泵的安装工艺如下:

水泵安装

①在地理环境许可的条件下,水泵应尽量靠近水源,以减少吸水管的长度,水泵安装处的地基应牢固,对固定式泵站应修专门的基础。

②进水管路应密封可靠,必须有专用支撑,不可吊在水泵上;装有底阀的进水管,应尽量使底阀轴线与水平面垂直安装,其轴线与水平面的夹角不得小于45°;水源为渠道时,底阀应高于水底0.50 m以上,且加网防止杂物进入泵内。

③机、泵底座应水平,与基础的连接应牢固,机、泵皮带传动时,皮带紧边在下,这样传动效率高,水泵叶轮转向应与箭头指示方向一致;采用联轴器传动时,机、泵必须同轴线。

④水泵的安装位置应满足允许吸上真空高度的要求,基础必须水平、稳固,保证动力机械的旋转方向与水泵的旋转方向一致。

⑤若同一机房内有多台机组,机组与机组之间、机组与墙壁之间都应有800 mm以上的距离。

⑥水泵吸水管必须密封良好,且尽量减少弯头和闸阀,加注引水时应排尽空气,运行时管内不应积聚空气,要求吸水管微呈上斜与水泵进水口连接,进水口应有一定的淹没深度。

⑦水泵基础上的预留孔,应根据水泵的尺寸浇筑。

(2)风机

风机是依靠输入的机械能,提高气体压力并排送气体的机械(图1.28)。风机的主要结构部件是叶轮、机壳、进风口、支架、电机、皮带轮、联轴器、消音器、传动件(轴承)等。风机的

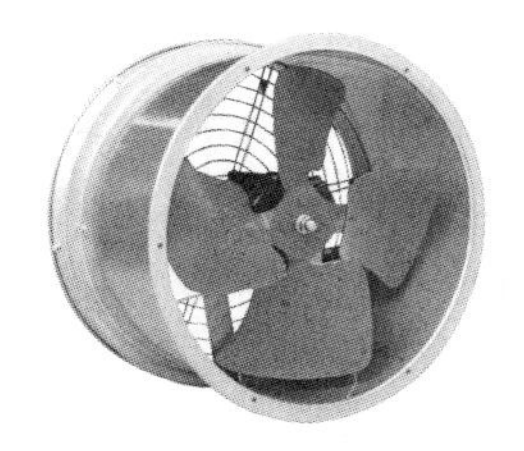

图1.28　风机

性能参数主要有流量、压力、功率、效率和转速。另外,噪声和振动的大小也是主要的风机设计指标。风机有很多种分类,按气体流动的方向分为离心式、轴流式、斜流式(混流式)。

风机的型号通常包括名称、型号、机号、传动方式、旋转方向和出风口位置等内容。

风机开箱前,应检查包装是否完整无损,风机的铭牌参数是否符合要求,随带附件是否完整齐全;仔细检查风机在运输过程中有无变形或损坏,紧固件是否松动或脱落,叶轮是否有擦碰现象,并对风机各部分零件进行检查。检查完毕后,用 500 V 兆欧表测量风机外壳与电机绕组间的绝缘电阻,其值应大于 0.5 MΩ,否则应对电机绕组进行烘干处理,烘干时温度不许超过 120 ℃。

风机的安装工艺如下:

①仔细阅读风机使用说明书及产品样本,熟悉和了解风机的规格、形式、叶轮旋转方向和气流进出方向等;再次检查风机各零部件是否完好,否则应待修复后方可安装使用。

②风机安装时必须有安全装置,以防止事故发生,并由熟悉相关安全要求的专业人士安装和接线。

③连接风机进出口的风管有单独支撑,不允许将管道重叠重量加在风机的部件上;风机安装时应注意风机的水平位置,对风机与地基的结合面、出风管道的连接应调整,使之自然吻合,不得强行连接。

④风机安装后,用手或杠杆拨动叶轮,检查是否有过紧或擦碰现象,有无妨碍转动的物品,无异常现象下,方可进行试运转。风机传动装置的外露部分应有防护罩,如果风机进风口不接管道时,也需添置防护网或其他安装装置。

⑤风机所配电控箱必须与对应风机相匹配。

⑥风机接线应由专业电工进行,接线必须正确可靠,尤其是电控箱处的接线编号与风机接线柱上的编号应一致对应,风机外壳应可靠接地,不能用接零代替接地。

⑦风机全部安装后,应检查风机内部是否有遗留的工具盒等杂物。

1.4 水暖常用机(工)具

1.4.1 常用手工工具

手工工具是指用手握持,以人力或以人控制的其他动力作用于物体的小型工具,用于手工切削等。手工工具一般均带有手柄,便于携带。

(1)锤

锤是用于敲击或锤打物体的手工工具。锤由锤头和握持手柄两部分组成。锤的使用极为普遍,形式、规格有很多,常见的有圆头锤、羊角锤、斩口锤和什锦锤等。

(2)钳

钳是一种用于夹持、固定加工工件或者扭转、弯曲、剪断金属丝线的手工工具。钳的外形呈 V 形,通常包括手柄、钳腮和钳嘴。钳嘴的形式有很多,常见的有尖嘴、平嘴、扁嘴、圆嘴、弯嘴等,可适应对不同形状工件的作业需要。按其主要功能和使用性质,可分夹持式、剪切式和夹持剪切式 3 种。

台虎钳是一种特殊的钳，是机械加工和钳工装配或维修所必备的辅助工具(图1.29)。台虎钳主要由活动钳口、固定钳口、丝杆和底座组成；一般安装在钳工工作台上，用于夹稳工件，以便钳工进行修配加工，丝杆起松紧作用。台虎钳根据钳体能否旋转，分成固定式和转式两种。转式台虎钳的钳体可在水平方向作360°旋转，并能在钳工操作所需位置固定。一般情况下，台虎钳都带有便于锤打用的砧板。

(3)锯

锯是一种用于割断物体的手工工具。其切割部分为带有齿状快口的、厚度为0.2～0.4 mm的薄形钢带(锯条)或圆盘(锯片)，它们固定在特定框架上，钢带的一边或两边、圆盘的周边上开有连续不断的锋利锯齿，齿与齿之间留有齿槽空隙，以供排除切屑之用。将锯条或锯片安装在钢锯架或锯床上，通过往复运动即可将坚硬的物体切割成所需规格和形状。

(4)螺钉旋具

螺钉旋具是一种用以拧紧或旋松各种尺寸的槽形机用螺钉、木螺钉以及自攻螺钉的手工工具，又称螺丝刀、旋凿、改锥。它的主体是韧性的钢制圆杆，其一端装配有便于握持的手柄，另一端镦锻成扁平形或十字尖形的刀口，以与螺钉的顶槽相啮合，施加扭力于手柄便可使螺钉转动。旋杆的刀口部分经过淬硬处理，耐磨性强。螺钉旋具按旋杆顶端的刀口形状分为一字形、十字形、六角形和花形等数种。

(5)锉刀

锉刀是一种通过往复摩擦而锉削、修整或磨光物体表面的手工工具(图1.30)。锉刀由表面剁有齿纹的钢制锉身和锉柄两部分组成。大规格钢锉(又称钳工锉)的锉柄上还配有木制手柄。常见的锉刀有钳工锉、整形锉、异形锉、钟表锉、锯锉和软材料锉等。

(6)管钳

管钳又称为管子钳、管子扳手，主要是用于拆安各类管子、管子连接件和圆形的工件，是各种管路修理和维护的常用工具(图1.31)。管钳的嵌体可锻铸成型制造，也可用铝合金材料制造。

图1.29　台虎钳　　图1.30　锉刀　　图1.31　管钳

(7)扳手

扳手是一种用于拧紧或旋松螺栓、螺母等螺纹紧固件的装卸用手工工具(图1.32)。常用的扳手有活动扳手、呆扳手、梅花扳手、两用扳手、套筒扳手、内六角扳手和扭力扳手等。

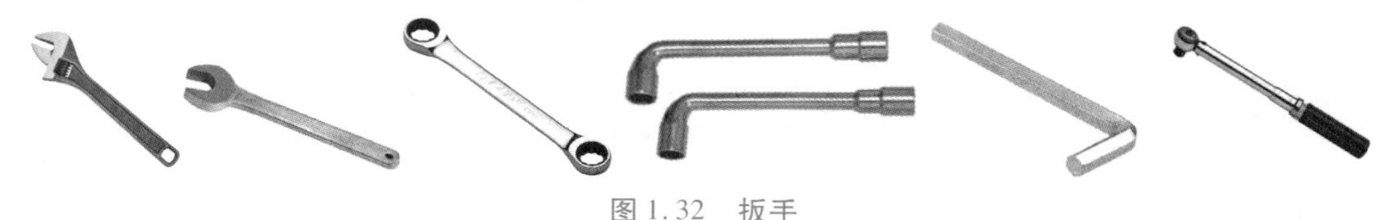

图1.32　扳手

1.4.2 常用的测量工具

(1)钢直尺、卷尺

钢直尺是最简单的长度量具,它的长度有 150 mm、300 mm、500 mm、1 000 mm 等规格;卷尺是测量较长工件的尺寸或距离,主要由尺带、盘式弹簧(发条弹簧)、卷尺外壳组成。卷尺有钢卷尺和皮尺,长度有 20 m、30 m、50 m 等数种。

(2)卡钳

卡钳是具有两个可以开合的钢质卡脚的测量工具(图 1.33),分为外卡钳和内卡钳。外卡钳是用来测量外径和平面的,内卡钳是用来测量内径和凹槽的。它们本身都不能直接读出测量结果,而是把测得的长度尺寸在钢直尺上进行读数,或在钢直尺上先取下所需尺寸,再去检验零件的直径是否符合。

(3)塞尺

塞尺又称为厚薄规或间隙片,主要用来检验两个结合面之间的间隙大小(图 1.34)。塞尺由许多厚薄不一的薄钢片组成。每把塞尺中的每片具有两个平行的测量平面,且都有厚度标记,以供组合使用。测量时,根据结合面间隙的大小,用一片或数片重叠在一起塞进间隙内。

(4)水平仪

水平仪是以水准器作为测量和读数元件,用于测量小倾角的量具(图 1.35)。按水平仪的外形不同可分为框式水平仪和尺式水平仪两种。

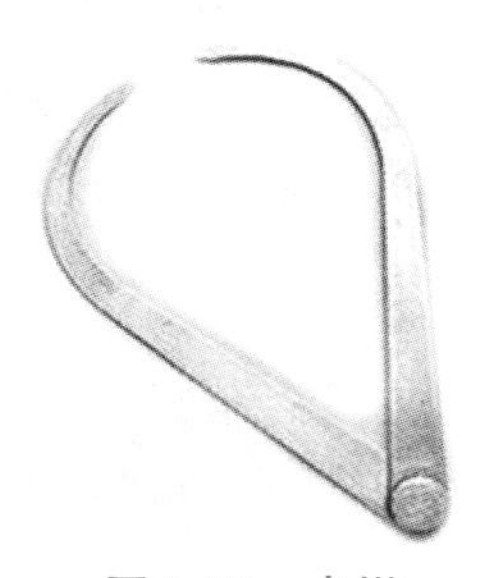

图 1.33 卡钳

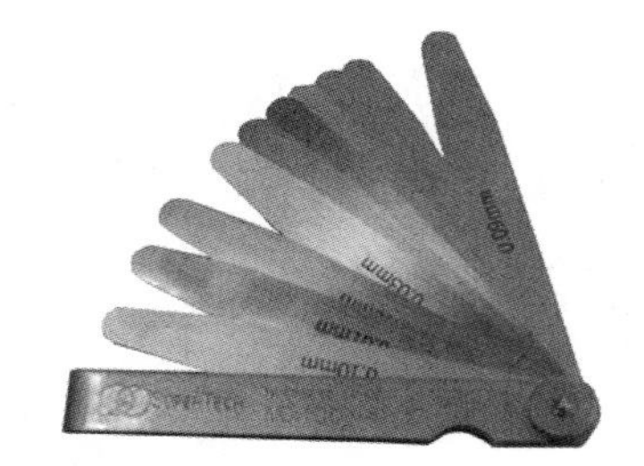

图 1.34 塞尺

图 1.35 水平仪

1.4.3 常用的机械及电动工具

(1)弯管器

弯管器是指安装工程排线布管所用工具(图 1.36),用于电线管、给排水管、空调管等的折弯排管,使管道弯曲工整、圆滑、快捷。弯管器不会使管道产生变形、裂变。

(2)套丝机

套丝机是用螺纹切头切削圆柱形外螺纹的螺纹加工机床,主要由机体、电动机、减速箱、管子卡盘、板牙头、割刀架、进刀装置、冷却系统等组成(图 1.37)。

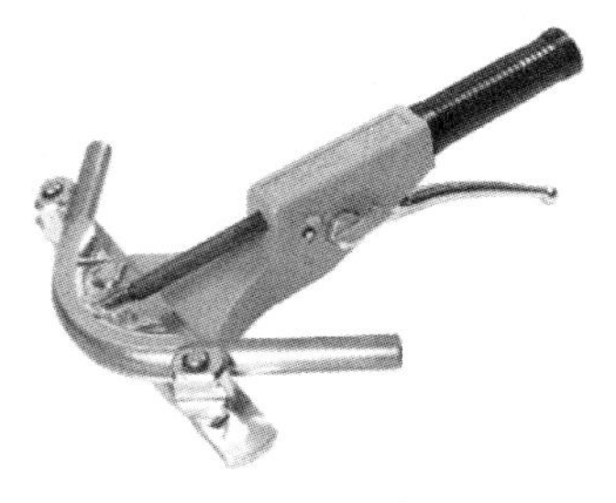

图1.36　弯管器

图1.37　套丝机

套丝机工作时,先把要加工螺纹的管子放进管子卡盘并卡紧,开启开关,管子就随卡盘转动起来;调节好板牙头上的板牙开口大小,设定好丝口长短,然后顺时针扳动进刀手轮,使板牙头上的板牙刀以恒力贴紧转动的管子的端部,板牙刀就自动切削套丝;同时,冷却系统自动为板牙刀喷油冷却,丝口加工到预先设定的长度时,板牙刀就会自动张开,丝口加工结束,关闭电源,撞开卡盘,取出管子。套丝机还具有管子切断功能。

(3)砂轮切割机

砂轮切割机又称为砂轮锯,主要由基座、砂轮、电动机或其他动力源、托架、防护罩和给水器等组成(图1.38)。砂轮锯可对金属方扁管、扁钢、工字钢、槽钢、圆钢、圆管等材料进行切割。

(4)电钻

电钻是钻孔用的电动工具。其工作原理是电磁旋转式电动机的电机转子做磁场切割或电磁往复式小容量电动机做功运转,通过传动机构驱动作业装置带动齿轮加大钻头的动力,从而使钻头刮削物体表面,更好地洞穿物体。电钻分为手电钻(图1.39)、冲击钻、锤钻。

手电钻就是以交流电源或直流电源为动力的钻孔工具,是手持式电动工具的一种。手电钻广泛用于建筑、装修、家具等行业,用于在物件上开孔或洞穿物体;手电钻主要由钻头、钻夹头、输出轴、齿轮、转子、定子、机壳、开关和电缆线等构成。

图1.38　砂轮切割机

图1.39　手电钻

(5)焊机

焊机是为完成焊接过程提供所需能源和运动(焊丝和焊炬)及控制系统的设备(图1.40)。电焊机使用电能源,将电能瞬间转换为热能,可以瞬间将同种金属材料(或异种金属连接,只是焊接方法不同)永久性的连接,焊缝经热处理后,与母材同等强度,密封很好。电焊机适合在干燥的环境下工作,工作条件易于满足,因体积小巧、操作简单、使用方便、速度较快、焊接后焊缝结实等优点广泛用于各个领域。常用的焊机有交流弧焊机、直流电焊机、氩弧焊机、二氧化碳保护焊机、对焊机、点焊机、埋弧焊机、高频焊缝机、闪光对焊机、压焊机、碰焊机、激光焊机、交流焊机和直流焊机等。

(6)滚槽机

滚槽机是在使用沟槽接头作为管道连接件时,对管子进行预处理的专用工具(图1.41)。其工作原理是利用转动的凹压轮带动管子转动,凸压轮在油缸作用下缓缓向管子加压,从而形成所需的凹槽,以备安装时使用。

图1.40　焊机

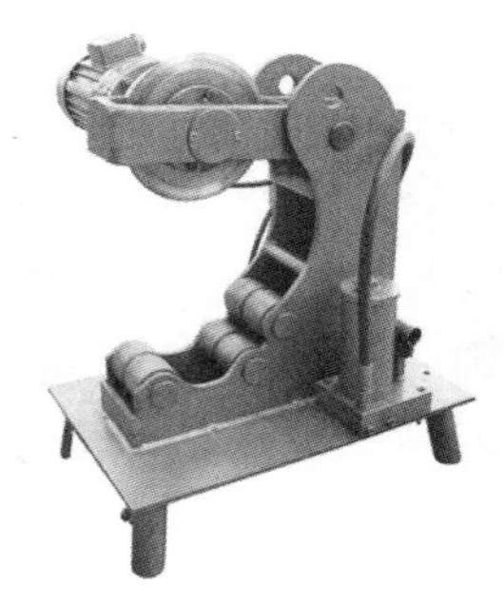

图1.41　滚槽机

课后习题

一、填空题

1.管材根据制造工艺和材质的不同有很多品种,按材质可分为金属管材、____________、复合管材等。

2.外径为219 mm,壁厚为6 mm的卷焊钢管的规格表示为________。

3.钢筋混凝土管的接口形式有________、________、________3种。

4.常用阀门中,靠介质流动自行开启或关闭,以防止介质倒流的阀门是__________。

5.管道常用的连接方式有螺纹连接、焊接连接、法兰连接、承插连接、________、________、________。

二、判断题

1.管径为200 mm的铸铁管可表示为DN200。　(　)

2.直径为12 mm的圆钢,其规格表示为$\phi12$。　(　)

3.镀锌钢管可以采用焊接方式连接。　(　)

4.法兰连接就是用螺栓将管道两个管口的法兰拉紧,使其紧密结合起来。　(　)

5.焊接连接方式在管道检修、更换管道时比较方便。　(　)

6.为了增加螺纹连接的严密性,在连接前应按螺纹方向缠以适量的麻丝或者胶带等。　(　)

7.刚性防水套管适用于管道穿墙处承受振动、管道有伸缩变形或有严密防水要求的构(建)筑物,如和水泵连接的管道穿墙。　(　)

三、选择题

1. PPR 管外径为 25 mm,壁厚为 2.5 mm,以下哪种规格表达方式错误?(　　)

A. DN25　　B. $D25\times2.5$　　C. $\phi25\times2.5$　　D. De25×2.5

2. 混凝土管管道连接一般采用(　　)。

A. 焊接连接　　B. 承插连接　　C. 套管连接　　D. 机械连接

3. 下列哪种管材不属于非金属管材(　　)。

A. 钢筋混凝土管　　B. PVC 管　　C. PE 管　　D. 铝塑复合管

4. Y 形过滤器通常安装在减压阀、泄压阀、水表或其他设备的(　　)。

A. 出口端　　B. 进口端　　C. 进口或出口端　　D. 进口和出口端

四、简答题

1. 建筑设备工程中常用的金属、非金属、复合管材有哪些?其规格如何表示?

2. 常用的管材连接方式有哪些?各适用于哪些管材?

3. 建筑设备中常用的金属型材有哪些?其规格如何表示?

4. 建筑设备中常用的阀门有哪些?其阀门类别、驱动方式、连接方式代号表示的意义各是什么?

5. 建筑设备中常用的仪表有哪些?

6. Y 形过滤器、阻火圈的作用是什么?

第 2 章　建筑生活给水系统

【本章教学目标】

育人主题	建议学时	素质目标	知识目标	能力目标
饮水思源 节水节能	6	(1)家国情怀:了解南水北调、三峡工程,增强学生的民族自豪感; (2)个人品格:通过城市供水系统学习,培养学生的饮水思源品质和节水节能意识; (3)职业素养:通过给水系统原理及施工工艺学习,培养学生的规范意识、精益求精的大国工匠精神	(1)描述建筑给水系统的组成及给水方式; (2)完整列出给水系统施工流程,且顺序正确	(1)能够实地辨识建筑给水系统组成实物; (2)能够绘制给水安装工程的施工流程简图,列出施工要点

建筑给水系统是给水排水工程的一个分支,也是建筑安装工程的一个分支。自建筑物的给水引入管至室内各用水及配水设施段,称为建筑室内给水系统。建筑室内给水系统按供水对象的不同分为生活给水系统、生产给水系统、消防给水系统 3 类。在实际应用中,3 类给水系统不一定单独设置,可根据需要将其中的 2 种或 3 种给水系统合并。本章重点介绍建筑生活给水系统。

认识生活中的建筑给排水系统(水在建筑中的旅行)

2.1　室内生活给水系统

室内生活给水系统是指提供各类建筑物内部饮用、烹饪、洗涤、洗浴等生活用水的系统,要求水质必须符合《生活饮用水卫生标准》(GB 5749—2022)的规定。

2.1.1　室内生活给水系统的组成

生活给水系统的组成(探秘雷神山医院生活给水系统)

室内生活给水系统一般由引入管、水表节点、管道系统、用水设备、给水附件、增压和储水设备、给水局部处理设备等组成(图 2.1)。

(1)引入管

引入管是指室外给水管网与建筑物内部给水管道之间的联络管段,也称为进户管。引入管的敷设方式通常为埋地暗敷。对于一个工厂、一个建筑群体、一个学校区,引入管是指总进水管。从供水的可靠性和配水平衡等方面考虑,引入管一般从建筑物用水量最大处和不允许断水处引入。

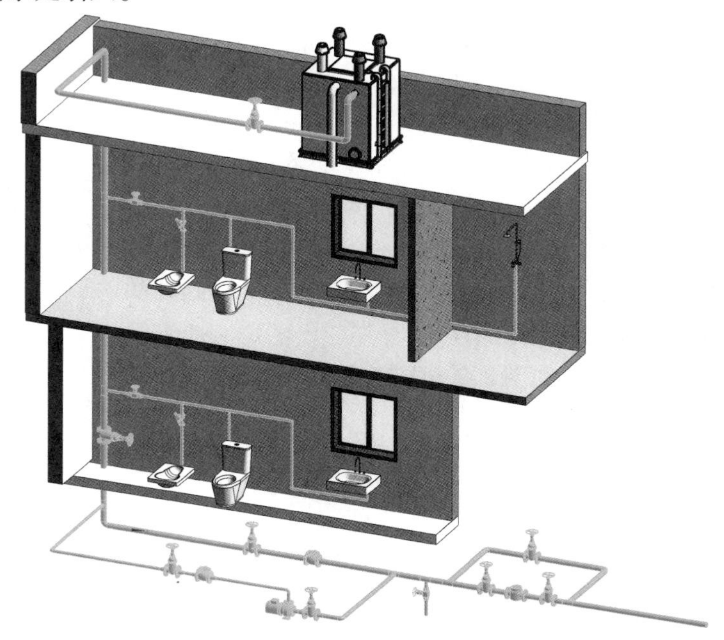

图2.1 室内生活给水系统的组成

(2)水表节点

水表节点是指引入管上装设的水表及其前后设置的阀门、泄水装置的总称。阀门用于关闭管网,以便维修和拆换水表;泄水装置的作用主要是在检修时放空管网,检测水表精度及测定进户点压力值。

水表节点形式多样,选择时应按用户用水要求及所选择的水表型号等因素决定。分户水表设在分户支管上,可只在表前设阀,以便局部关断水流。为了保证水表计量准确,在翼轮式水表与闸门间应有8~10倍水表直径的直线段,其他水表约为300 mm,以使水表前水流平稳。

(3)管道系统

管道系统是指建筑内部给水的水平或垂直干管、立管、支管等组成的系统。生活给水管道一般采用钢管、塑料管和铸铁管。

(4)给水附件

给水附件是指管道上的各种管件、阀门、配水龙头、仪表等。给水附件分为管件、控制附件、配水附件等。管件主要用于管道的连接、变向、分流等;控制附件是指用来调节管道系统中水量水压,控制水流方向以及关断水流便于管道仪表和设备检修的各类阀门;配水附件是指为各类卫生洁具或受水器分配或调节水流的各式水嘴(或阀件),是使用最为频繁的管道附件。

(5)用水设备

用水设备是指给水系统管网的终端用水点上的装置。生活给水系统最常用的用水设备是卫生器具。

(6)增压和储水设备

当室外给水管网的水压不足或建筑物内部对供水安全性和稳定性要求比较高时,需在给水系统中设置水泵、水箱、气压给水设备等升压和储水设备。

2.1.2 常用的生活给水方式

给水方式即建筑物内部给水系统的供水方案。合理的供水方案应充分考虑技术因素、经济因素、社会和环境因素等。技术因素主要包括供水可靠性、供水水质、对城市给水系统的影响、节水节能效果、操作管理、自动化程度等;经济因素包括基建投资、年经营费用、现值等;社会和环境因素包括对建筑立面和城市观瞻的影响、对结构和基础的影响、对环境的影响、占地面积、建设难度和建设周期、抗寒防冻性能、分期建设的灵活性等。

常用的生活给水方式组成如图2.2至图2.10所示。

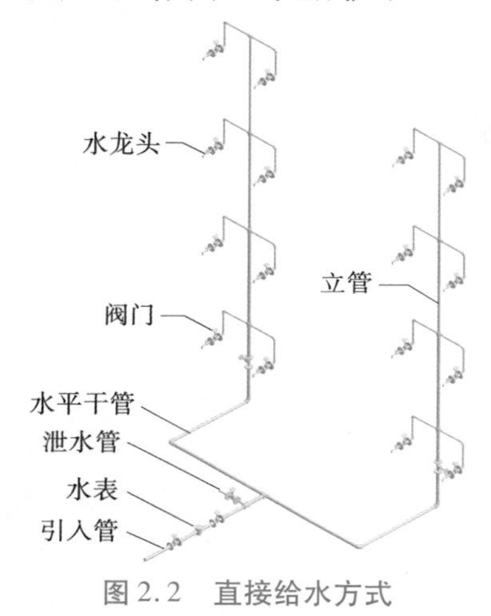

图2.2 直接给水方式

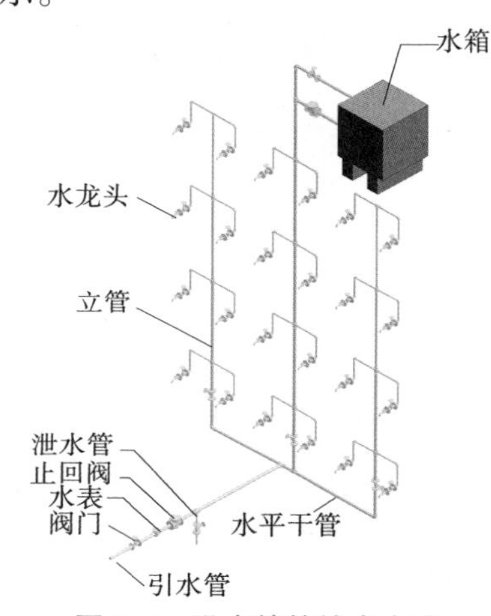

图2.3 设水箱的给水方式

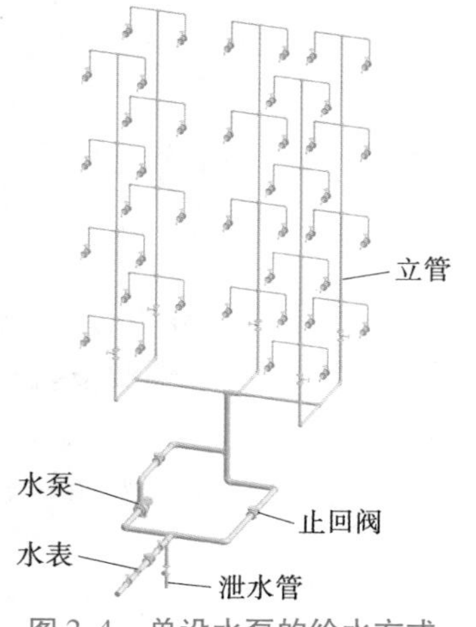

图2.4 单设水泵的给水方式

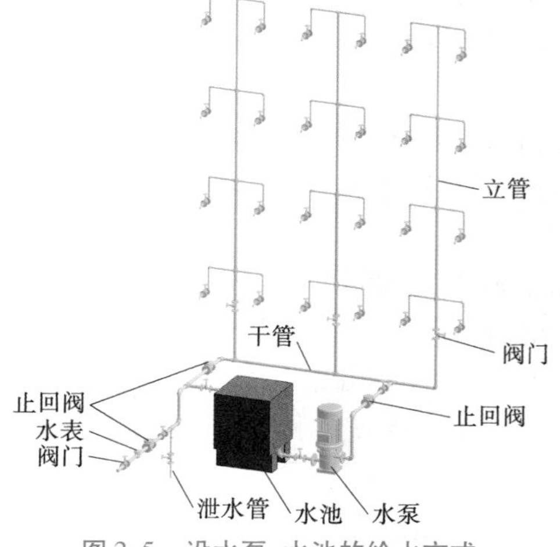

图2.5 设水泵、水池的给水方式

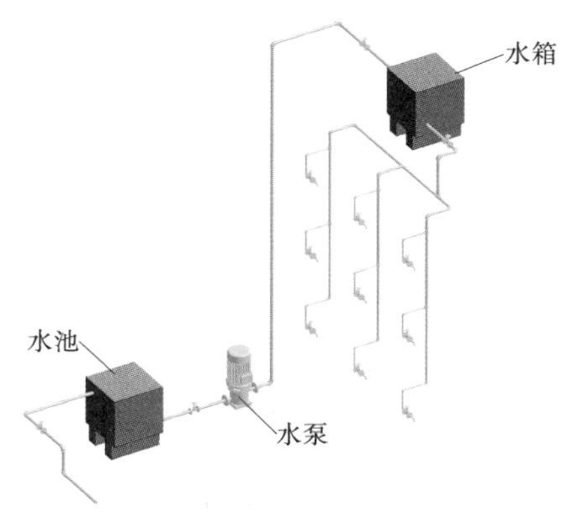

图2.6 设水泵和水池、水箱的给水方式

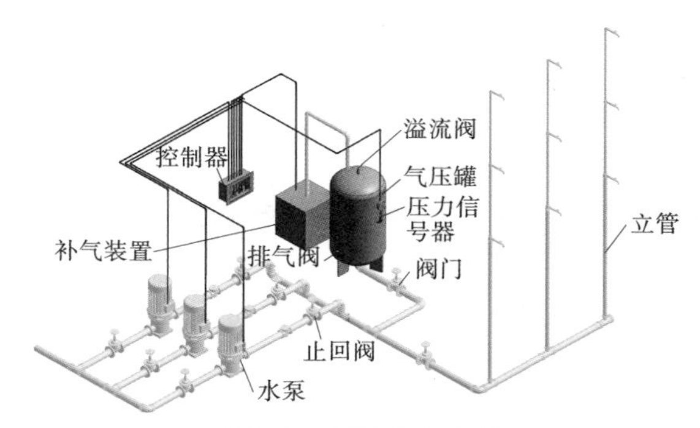

图2.7 气压给水方式

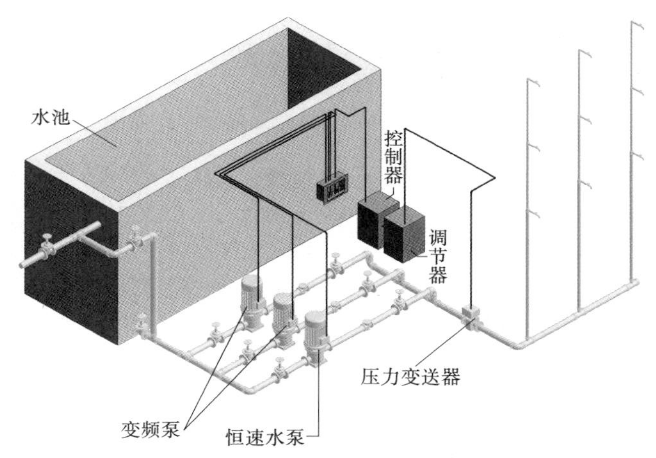

图2.8 变频调速泵给水方式

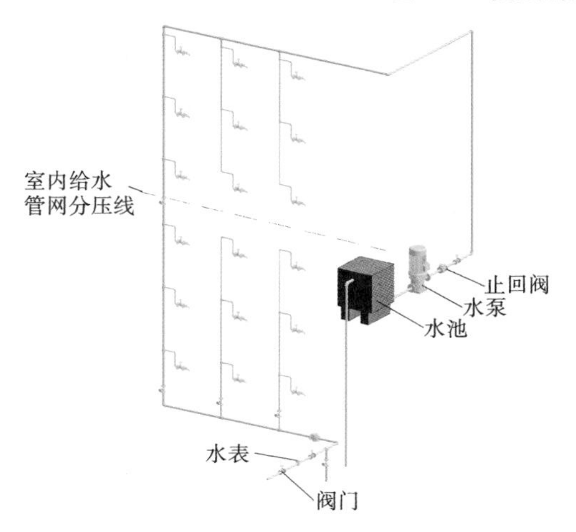

图2.9 分区给水方式

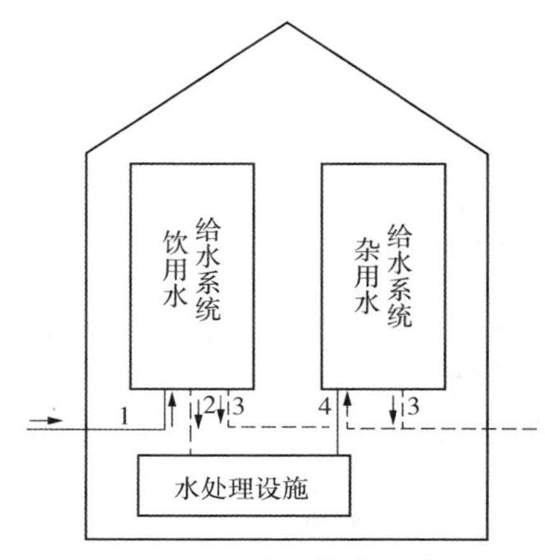

图2.10 分质给水方式

1—饮用水;2—生活废水;

3—生活污水;4—杂用水

常用的生活给水方式特点及适用场所如表2.1所示。

表2.1　常用的生活给水方式特点及适用场所

序号	给水方式	特点	适用场所
1	直接给水方式	供水方式简单,投资省,维修管理容易,能充分利用外网水压,节省能耗;供水可靠性不高	室外给水管网的水量、水压在一天内均能保证建筑室内管网最不利点用水的情况
2	设水箱给水方式	投资省、运行费用低、供水安全性高;增大建筑物荷载,占用室内面积;易造成水质二次污染	适用于室外给水管网供水压力周期性不足的情况
3	设水泵的给水方式	系统简单,供水可靠;易造成外网压力降低,影响附近用户用水水质	宜在室外给水管网水压经常不足时采用
4	设水泵、水池、水箱给水方式	系统复杂,投资高;供水可靠;能耗较大,安装与维修复杂	宜在室外给水管网压力低于或经常不能满足建筑内给水管网所需水压且室内用水不均匀,又不允许直接接泵抽水时采用
5	气压给水方式	供水可靠,无高位水箱;水泵效率低,能耗高	适用于外网水压不能满足所需水压,用水不均匀且不易设水箱时,常用于消防供水
6	分区给水方式	有效利用外网压力,供水安全;投资高,维护复杂	适用于室外给水压力只能满足建筑物下层供水的建筑
7	变频调速给水方式	水泵在高效区运行,能耗低,运行安全可靠,自动化程度高,设备紧凑,占地小,对管网用水量变化能力强,但要求电源可靠,投资较大	适用于建筑内用水量大且用水不均匀时
8	分质给水方式	以城市集中式供水为水源,提供优质饮用水;投资大,运行维护复杂	适用于低质水所占比重较大或优质水严重匮乏的地区

2.1.3　生活给水管道布置

生活给水管道的布置受建筑结构、用水要求、配水点和室外给水管道的位置,以及供暖、通风、空调和供电等其他建筑设备工程管线布置等因素的影响。进行管道布置时,不但要处理和协调好各种相关因素的关系,还要满足以下基本要求。

(1)最佳水力条件

①尽可能与墙、梁、柱平行,呈直线走向,力求管路简短。

②为充分利用室外给水管网中的水压,给水引入管、给水干管应布设在用水量最大处或不允许间断供水处。

(2)维修及美观要求

①对美观要求较高的建筑物,给水管道可在管槽、管井、管沟及吊顶内暗设。

②为便于检修,管井应每层设检修门。暗设在顶棚或管槽内的管道,在阀门处应留有检修门。

③布置管道时,其周围要留有一定的空间,以满足安装、维修的要求。

④给水水平管道应有 0.002 ~0.005 的坡度坡向泄水装置,以便检修时排放存水。

(3)保证使用安全

①给水管道的位置,不得妨碍生产操作、交通运输和建筑物的使用。

②给水管道不得布置在遇水能引起燃烧、爆炸或损坏原料、产品和设备的上面,并应尽量避免在生产设备上面通过。

③给水管道不得穿过商店的橱窗、民用建筑的壁橱及木装修等。

④对不允许断水的车间及建筑物,给水管道应从室外环状管网不同管段引入,引入管不少于 2 条。若必须同侧引入时,两条引入管的间距不得小于 10 m,并在两条引入管之间的室外给水管上安装阀门。

⑤室内给水管道连成环状或贯通枝状双向供水。若条件不能达到,可采取设储水池(箱)或增设第二水源等安全供水措施。

(4)保护管道不受破坏

①给水埋地管道应避免设置在可能受重物压坏处。管道不得穿越生产设备基础,在特殊情况下,如必须穿越,应采取有效的保护措施。

②为防止管道腐蚀,给水管道不得敷设在排水沟、烟道、风道和电梯井内,不得穿过大、小便槽。

③室内给水引入管与排水排出管的水平距离不得小于 1.0 m。室内给水管与排水管平行敷设时,两管间的最小水平净距不得小于 0.5 m;交叉敷设时,垂直净距不得小于 0.15 m。给水管应铺设在排水管上面,若必须铺在排水管下面时,给水管应加套管,其长度不得小于排水管管径的 3 倍。

④给水管道穿过墙壁和楼板时,宜设置金属或塑料套管。安装在楼板内的套管,其顶部应高过楼层装饰地面 20 mm;安装在卫生间及厨房内的套管,其顶部应高过楼层装饰地面 50 mm,底部应与楼板底面相平;安装在墙内的套管,其两端与装饰面相平。

⑤通过铁路或地下构筑物下面的给水管,宜敷设在套管内。

⑥给水管不宜穿过伸缩缝、沉降缝和抗震缝,必须穿过时应采取有效措施。常用的措施有留净空、螺纹弯头法、软性接头法、活动支架法。

a. 留净空是在管道或保温层外皮上、下留有不小于 150 mm 的净空。

b. 螺纹弯头法又称为丝扣弯头法,适用于小管径的管道,如图 2.11 所示。在建筑物的沉降过程中,两边的沉降差由丝扣弯头的旋转补偿。

c. 软性接头法是用橡胶软管或金属波纹管连接沉降缝、伸缩缝两边的管道。

d. 活动支架法是在沉降缝两侧设立支架,使管道只能垂直位移,不能水平横向移动,以适应沉降伸缩的应力,如图 2.12 所示。

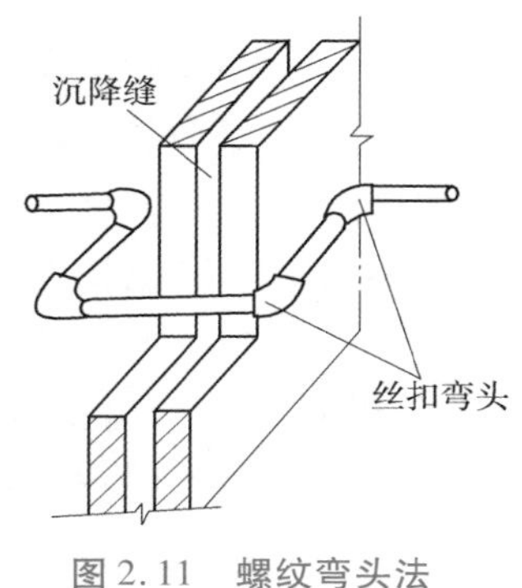

图2.11　螺纹弯头法

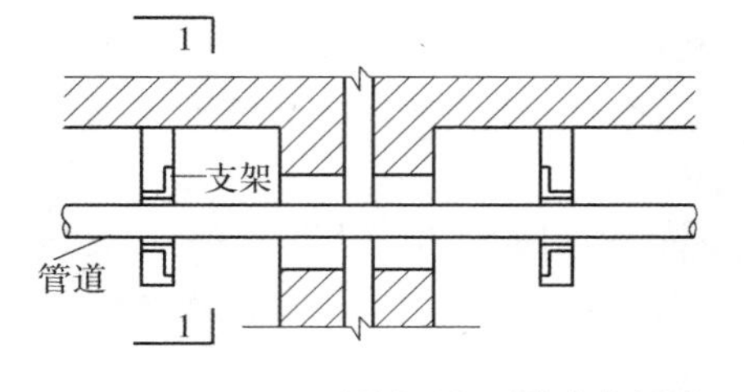

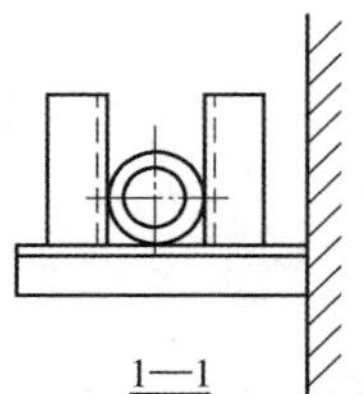

图2.12　活动支架法

2.1.4　给水管道安装

1）给水管网的敷设方式

根据美观、卫生方面的要求不同，建筑内部给水管道的敷设可分为明装和暗装。

（1）明装

明装是指管道沿墙、梁、柱或沿天花板下等处暴露安装，适用于一般民用建筑、生产车间或建筑标准不高的公共建筑等。其优点是造价低，安装、维修管理方便；缺点是管道表面容易积灰、结露等，影响环境卫生和房间美观。

（2）暗装

暗装是指管道隐蔽敷设，如敷设在管沟、管槽、管井内，专用的设备层内或敷设在地下室的顶板下、房间的吊顶中。暗装适用于建筑标准比较高的宾馆、高层建筑，或生产工艺对室内洁净无尘要求比较高的情况。其优点是卫生条件好、房间美观；缺点是造价高，施工要求高，一旦发生问题，维修管理不便。

2）给水管道的敷设

引入管进入室内，必须注意保护引入管不致因建筑物的沉降而受到破坏，一般有以下两种情况（图2.13）：

①引入管从建筑物的外墙基础下面通过时，应有混凝土基础固定管道。

②引入管穿过建筑物的外墙基础或穿过地下室的外墙墙壁进入室内时，引入管穿过外墙基础或穿过地下室墙壁的部分，应配合土建预留孔洞，管顶上部净空不得小于建筑物的沉降量。

管道应有套管，有严格防水要求的应采用柔性防水套管连接。管道穿过孔洞安装好以后，用水泥砂浆堵塞，以保证墙壁的结构强度。

水平干管敷设应保证最小坡度，与其他管道平行或交叉敷设时，管道外壁之间的距离应符合规范的有关要求。给水管道与排水管道或其他管道同沟敷设、共架敷设时，给水管宜敷设在排水管、冷冻管的上面及热水管、蒸汽管的下面。

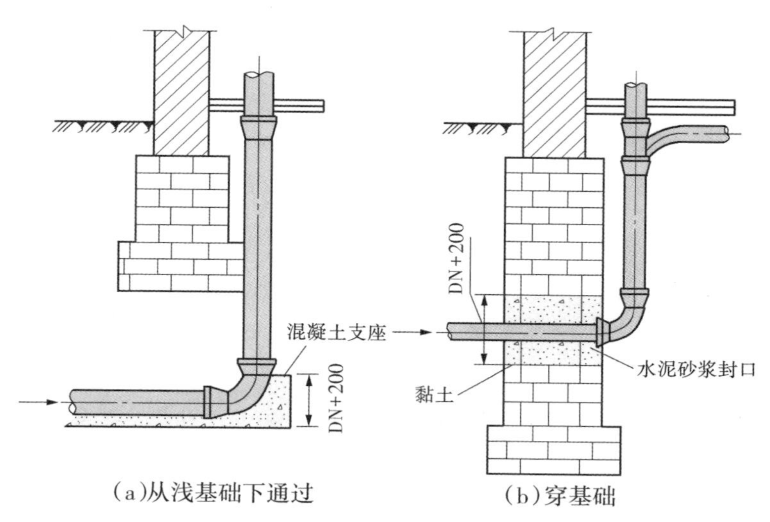

图2.13 引入管进入建筑物

每根立管的始端应安装阀门,以免维修时影响其他立管供水。室内冷、热水管垂直敷设时,冷水管应在热水管的右侧。

给水横管在敷设时应设0.002~0.005的坡度,坡向泄水装置,便于维修时管道泄水及排气。给水横管穿承重墙或基础、立管穿楼板时均应预留孔洞,暗装管道在墙中敷设时,也应预留墙槽,以免临时打洞、刨槽影响建筑结构的强度。

管道在空间敷设时,必须采用固定措施(管卡、托架、吊架),以保证施工方便和安全供水,如图2.14所示。这种固定的结构称为支架,它是管道系统的重要组成部分。按支架在管道中的作用,分为活动支架(允许管道在支架上有位移的支架)和固定支架(固定在管道上的支架)。活动支架有滑动支架、导向支架、滚动支架、吊架4种。

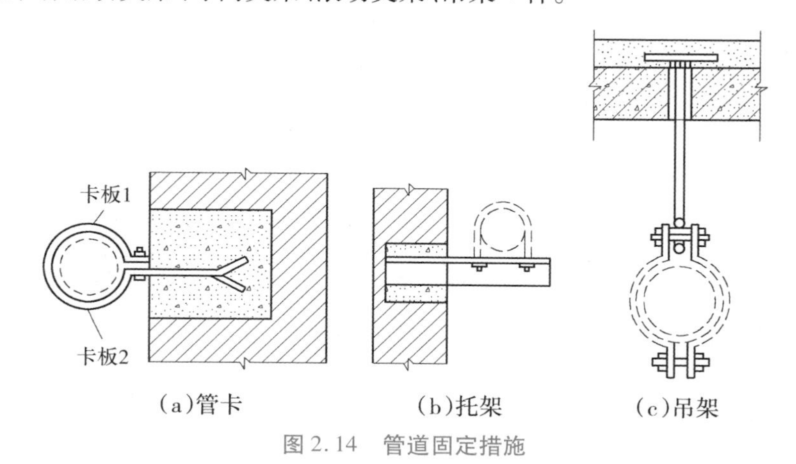

图2.14 管道固定措施

管道支架间距与管子及其附件、保温结构、管内介质重量对管子造成的应力和应变等都有关,一般应符合表2.2和表2.3的要求。

表 2.2　钢管支架最大间距

公称直径/mm		15	20	25	32	40	50	70	80	100	125	150	200	250	300
最大间距/m	保温管	2	2.5	2.5	2.5	3	3	4	4	4.5	6	7	7	8	8.5
	不保温管	2.5	3	3.5	4	4.5	5	6	6	6.5	7	8	9.5	11	12

表 2.3　塑料管及复合管管道支架的最大间距

管径/mm			12	14	16	18	20	25	32	40	50	63	75	90	110
最大间距/m	立管		0.5	0.6	0.7	0.8	0.9	1.0	1.1	1.3	1.6	1.8	2.0	2.2	2.4
	水平管	冷水管	0.4	0.4	0.5	0.5	0.6	0.7	0.8	0.9	1.0	1.1	1.2	1.35	1.55
		热水管	0.2	0.2	0.25	0.3	0.3	0.35	0.4	0.5	0.6	0.7	0.8	—	—

3)给水系统安装工艺

生活给水系统安装工艺

给水系统安装工艺流程:安装准备→支架制作、安装→预制加工→干管安装→立管安装→支管安装→管道试压→管道冲洗→管道防腐和保温→管道通水。

(1)安装准备

认真熟悉图纸,根据施工方案的施工方法,配合图纸会审等相关内容做好技术准备工作;现场应安排好适当的工作场地、工作棚和料具,水电源应接通,设置必要的消防设施;准备好相应的机具及材料,材料必须达到饮用水卫生标准,并对各种进场材料做好进场检验和试验工作。

(2)支架制作

管道支架、支座的制作应按照图纸要求进行施工,代用材料应取得设计者同意;支吊架的受力部件,如横梁、吊杆及螺栓等的规格应符合设计及有关技术标准的规定;管道支吊架、支座及零件的焊接应遵守结构件焊接工艺,焊缝高度不应小于焊件最小厚度,并不得有漏焊、结渣或焊缝裂纹等缺陷;制作合格的支吊架,应进行防腐处理和妥善保管。

(3)预制加工

按设计图纸画出管道分路、管径、变径、预留管口、阀门位置等施工草图,在实际位置做上标记。按标记分段量出实际安装的准确尺寸,记录在施工草图上,然后按草图测得的尺寸预制加工,按管段及分组编号。

(4)干管安装

干管的连接方式有螺纹连接、承插连接、法兰连接、热熔连接等。

①管螺纹连接时,一般均加填料(铅油麻丝、聚四氟乙烯生料带和一氧化铅甘油调合剂)。螺纹加工和连接的方法要正确。不论是手工还是机械加工,加工后的管螺纹都应端正、清楚、完整、光滑。断丝和缺丝总长不得超过全螺纹长度的10%。螺纹连接时,应在管端螺纹外面敷上填料,用手拧入2~3扣,再用管子钳一次装紧,不得倒回。装紧后应留有螺尾,管道连接

后，应把挤到螺栓外面的填料清除掉。填料不得挤入管道，以免阻塞管路。各种填料在螺纹里只能使用一次；若螺纹拆卸，重新装紧时，应更换新填料。

②给水管的承插连接是在承口与插口的间隙内加填料，使之密实，并达到一定的强度，以达到密封压力介质的目的。承插口填料分为两层，内层用油麻或胶圈，外层用石棉水泥接口、自应力水泥砂浆接口、石膏氧化钙水泥接口、青铅接口等。承插口的内层填料使用油麻时，将油麻拧成直径为接口间隙1.5倍的麻辫，其长度应比管外径周长长100～150 mm。油麻辫从接口下方开始逐渐塞入承插口间隙内，且每圈首尾搭接50～100 mm，一般嵌塞油麻辫两圈，并依次用麻凿打实，填麻深度约为承口深度的1/3；当管径≥300 mm时，可用胶圈代替油麻，操作时可由下而上逐渐用捻凿贴插口壁把胶圈打入承口内，在此之前，宜把胶圈均匀滚动到承口内水线处，然后分2～3次使其到位。

③法兰连接时，法兰与管子组装前对管子端面进行检查，管口端面倾斜尺寸不得小于1.5 mm；法兰与管子组装时，要用角尺检查法兰的垂直度，法兰连接的平行度偏差尺寸不应大于1.5 mm；法兰与法兰对接时，密封面应保平衡。

④热熔连接时，将热熔工具接通电源，到达工作温度指示灯亮后方能开始操作。切割管材时，必须使端面垂直于管轴线，管材断面应去除毛边和毛刺，管材与管件连接端面必须清洁、干燥无油。用卡尺和合适的笔在管端测量并标绘出热熔深度。熔接弯头或三通时，按设计图纸要求，应注意其方向，在管件和管材的直线方向用辅助标志标出位置。连接时，应把管端旋转导入加热套内，插入到所标志的深度，同时把管件无旋转地推到加热头上，达到规定的标志处。达到加热时间后，立即把管材与管件从加热套的加热头上同时取下，迅速无旋转地直线均匀插入到所标深度，使接头处形成均匀凸缘。在规定的加工时间内，刚熔接好的接头还可校正，但严禁旋转。

(5)立管安装

立管安装时，每层从上至下统一吊线安装卡件，将预制好的立管按编号分层排开，按顺序安装，对好调直时的印记，丝扣外露2～3扣，清除麻头，校核预留甩口的高度、方向是否正确。支管甩口均加好临时丝堵；立管阀门安装朝向应便于操作和修理；安装完后用线锤吊直找正，配合土建堵好楼板洞。

(6)支管安装

将预制好的支管从立管甩口依次逐段进行安装，根据管道长度适当加好临时固定卡，核定不同卫生器具的冷热水预留口高度，上好临时丝堵。支管装有水表的位置先装上连接管，试压后在交工前拆下连接管，换装水表。

(7)管道试压

铺设、暗装、保温的给水管道在隐蔽前做好单项水压试验，管道系统安装完后进行综合水压试验。水压试验时放净空气，充满水后进行加压，当压力升到规定要求时停止加压，进行检查。如果各接口和阀门均无渗漏，持续到规定时间，观察其压力下降在允许范围内，通知有关人员验收，办理交接手续。

(8)管道冲洗

管道在试压完成后即可进行冲洗，冲洗应用自来水连续进行，应保证有充足的流量。冲洗洁净后办理验收手续。

(9)管道防腐和保温

给水管道铺设与安装的防腐均按设计要求及国家验收标准施工,所有型钢支架及管道镀锌层破损处和外露丝扣要补刷防锈漆。

给水管道明装、暗装的保温有防冻保温、防热损失保温、管道防结露保温。其保温材质及厚度均按设计要求,质量应达到国家验收标准的要求。

2.2 建筑热水系统

热水系统是水的加热、储存和输配的总称。其任务是按设计要求的水量、水温和水质随时向用户供应热水。

2.2.1 热水水质和水温要求

(1)热水水质的要求

生活用热水的水质应符合《生活饮用水卫生标准》(GB 5749—2022)的规定,生产用热水的水质应满足生产工艺的要求。

水在加热后,水中的钙镁离子受热会析出,在设备和管道内结垢,降低热效率,浪费能源;水中的氧也会因受热逸出,加速金属管材和金属容器的腐蚀,降低系统承压能力,易产生隐患。因此,热水供应系统中应考虑腐蚀和结垢等因素。

(2)热水水温的要求

生活用热水的水温与使用对象、气候条件和生活习俗有关,一般水温为 25 ~60 ℃。设计一个热水供应系统时,应确定出最不利配水点热水最低水温,使其与冷水混合达到生活用热水的水温要求。

2.2.2 热水供应系统的分类

建筑内部热水供应系统按热水的供应范围分为局部热水供应系统、集中热水供应系统和区域热水供应系统。

①局部热水供应系统:采用小型加热器在用水场所就地加热,供局部范围内一个或几个配水点使用的热水系统。

②集中热水供应系统:在锅炉房、热交换站或加热间将水集中加热后,通过热水管网输送至整幢或几幢建筑的热水系统。

③区域热水供应系统:在热电厂、区域性锅炉房或热交换站将水集中加热后,通过市政热力管网输送至整个建筑群、居民区或整个工业企业的热水系统。

以上 3 个热水供应系统的优缺点及适用范围详见表 2.4。

表 2.4　不同类型热水供应系统的优缺点及应用范围

分类	优点	缺点	适用范围
局部热水供应系统	1. 热水输送管道短,热损失小; 2. 系统、设备简单,造价低; 3. 维护管理方便、灵活; 4. 改建、增设较容易	1. 热效率低,制水成本较高; 2. 热水供应范围小; 3. 每个用水场所均需设置加热装置,占用建筑面积大	1. 没有集中热水供应的居住建筑、小型公共建筑; 2. 热水用水量较小且用水点分散的建筑
集中热水供应系统	1. 此地加热异地用水,加热和其他设备集中设置,便于集中维护管理; 2. 热水供应范围较大,热效率较高	1. 热水输配管网较长,热损失较大; 2. 设备、系统较复杂,需要有专门维护管理人员; 3. 系统建成后改建、扩建较困难	热水用量较大,用水点比较集中的建筑
区域热水供应系统	1. 便于集中统一维护管理和热能的综合利用,有利于减少环境污染; 2. 热水供应范围大,热效率和自动化程度高,热水成本低	1. 热水输配管网长且复杂,热损失大; 2. 设备、系统复杂,建设投资高,需要较高的维护管理水平; 3. 系统建成后改建、扩建困难	建筑布置较集中、热水用量较大的城镇住宅区和大型工业企业热水用户

2.2.3　热水供应系统的组成

热水供应系统的组成,因建筑类型和规模、热源及用水要求、加热和贮存设备的供应情况、建筑对美观和噪声的要求等不同而有所差异。现以集中热水供应系统为例,其组成一般由热媒系统(第一循环系统)、热水供应系统(第二循环系统)和附件 3 部分组成,如图 2.15 所示。

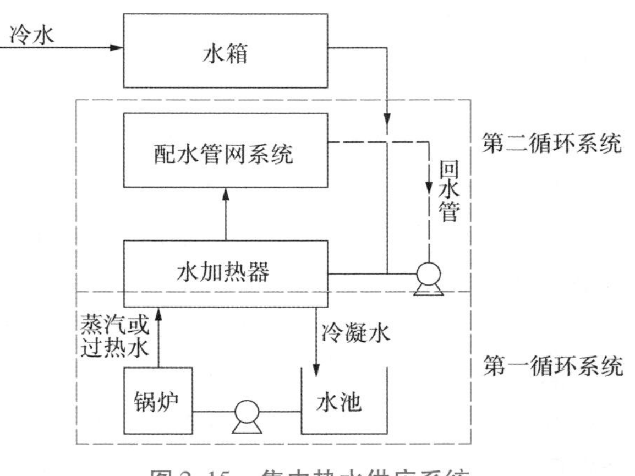

图 2.15　集中热水供应系统

(1)热媒系统

热媒系统又称为第一循环系统,是由热源(蒸汽锅炉或热水锅炉)、水加热器(汽-水或水-水热交换器)和热媒管网组成。使用蒸汽为热媒时,蒸汽锅炉生产的蒸汽通过热媒管网输送到热交换器中,经过表面换热或混合换热将冷水加热成热水,经过热交换后蒸汽变成冷凝水,靠余压回到冷凝水池;冷凝水和新补充的软化水经过冷凝水循环泵送回锅炉,加热为蒸汽,如此循环完成热传递。

①锅炉:利用燃料燃烧释放的热能或其他热能加热水或其他工质的设备。锅炉按燃料分为燃煤锅炉、燃油锅炉、燃气锅炉、电锅炉等。

②容积式水加热器(图2.16):有立式和卧式两种。卧式容积式水加热器中,下部放置加热排管,蒸汽由排管上部进入,凝结水由排管下部排出。加热排管可采用铜管或钢管。冷水由加热器底部压入,制备的热水由其上部送出。

③快速水加热器(图2.17):有汽-水和水-水两种类型。前者热媒为蒸汽,后者热媒为过热水。

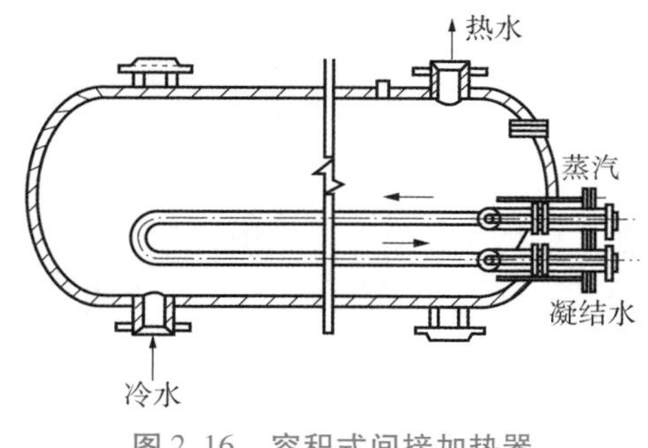

图2.16　容积式间接加热器

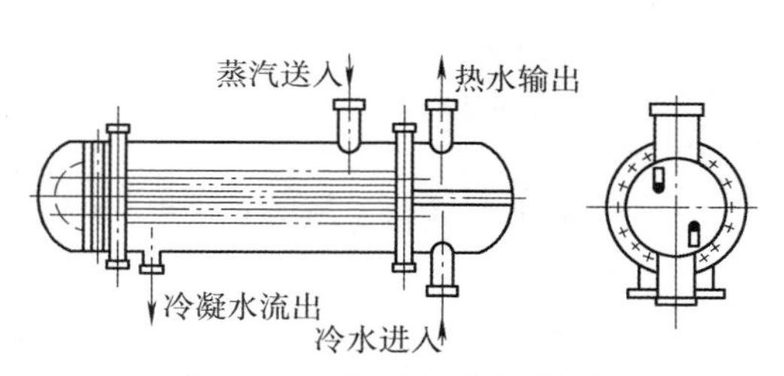

图2.17　汽-水快速加热器

(2)热水供应系统

热水供应系统又称为第二循环系统,由热水配水管网和回水管网组成。被加热到设定温度的热水,从水加热器出口经配水管网送至各个热水配水点,而水加热器所需冷水由高位水箱或给水管网补给。为保证各配水点的水温,在各立管和水平干管甚至配水支管上设置回水管,使一定量的热水流回加热器重新加热,以补偿配水管网的热损失。

(3)附件

由于热媒系统和热水供应系统中控制、连接和安全的需要,常使用一些附件,如减压阀、疏水器、自动排气阀、自动温度调节装置、膨胀罐、管道补偿器、安全阀等。

①减压阀(图2.18):其工作原理是流体通过阀体内的阀瓣产生局部能量损失从而减压。常用的减压阀有活塞式、膜片式、波纹管式3种。

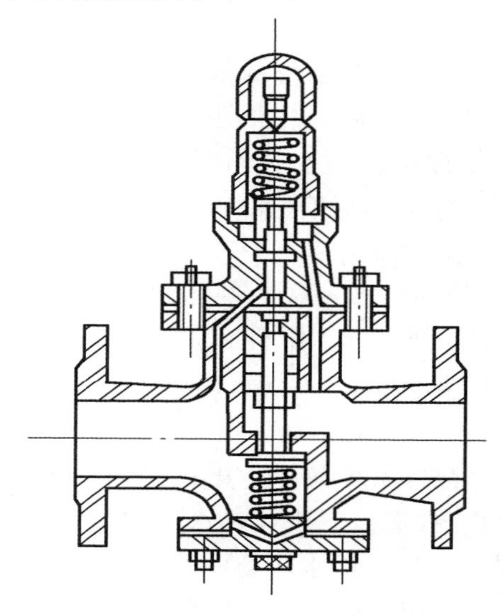

图2.18　减压阀

②疏水器(图2.19):为保证热媒管道汽水分离,蒸汽畅通,不产生汽水撞击、管道振动、噪声,延长设备使用寿命,用蒸汽作热媒间接加热的水加热器、开水器的凝结水管道上应设置疏水器;蒸汽立管最低处、蒸汽管下凹处的下部宜设置疏水器。工程中,常用的疏水器有吊桶式疏水器和热动力圆盘式疏水器。

③自动排气阀(图2.20):水在加热过程中会逸出原溶于水中的气体和管网中热水汽化的气体。如不及时排出,这些气体不但会阻碍管道内的水流,加速管道内壁的腐蚀,还会引起噪声、振动。自动排气阀必须垂直安装在管网的最高处。

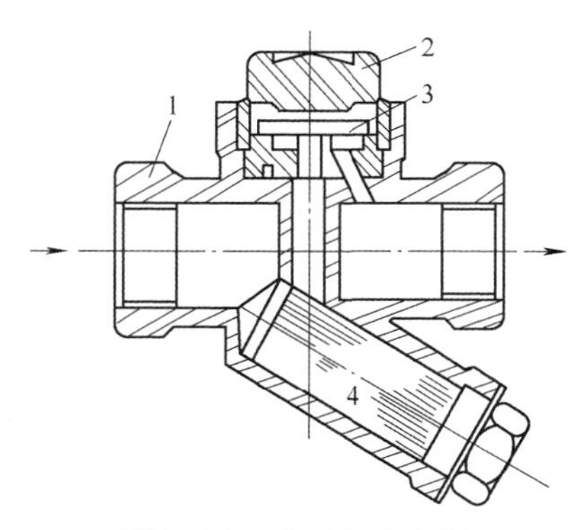

图 2.19　热动力疏水器

1—阀体；2—阀盖；3—阀片；4—过滤器

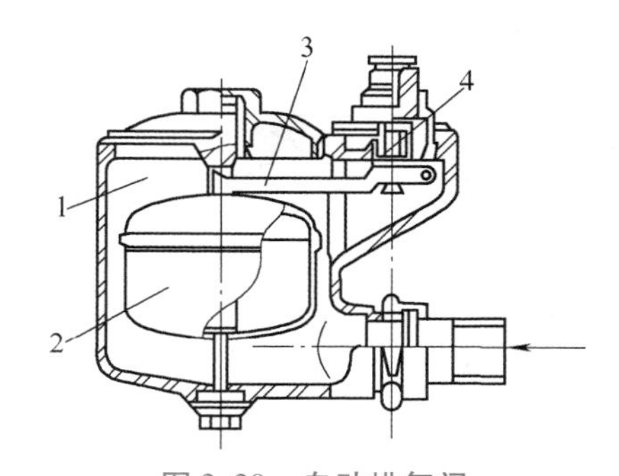

图 2.20　自动排气阀

1—浮球；2—阀腔；3—杠杆；4—排气阀

④自动温度调节装置：为了节能节水、安全供水，水加热器应安装自动温度调节装置，可采用直接自动温度调节器或间接自动温度调节器。

⑤膨胀罐：冷水加热后，水的体积膨胀，若热水系统是密闭的，在卫生器具不用水时，膨胀水量必然会增加系统的压力，有胀裂管道的危害，因此必须设置膨胀罐或闭式膨胀水箱。

⑥补偿器：用于补偿热水管道因热胀伸长而产生内应力，避免管道的弯曲、破裂或接头松动，确保管网使用安全。其主要形式有自然补偿、方形、套筒式、波纹管式等，如图 2.21 所示。

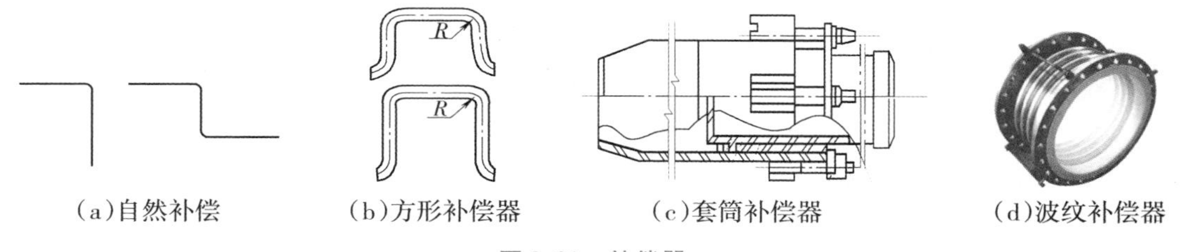

(a)自然补偿　(b)方形补偿器　(c)套筒补偿器　(d)波纹补偿器

图 2.21　补偿器

2.2.4　热水供应系统的供水方式

(1)自然循环方式和机械循环方式

根据管网循环动力的不同，热水供应方式可分为自然循环和机械循环方式。

自然循环热水供应系统是利用配水管和回水管中水的温度不同，由密度差产生的压力差，使热水管网内维持一定的循环流量，以补偿配水管道的热损失，满足用户对热水温度的要求。

机械循环热水供应系统是在回水干管上设置循环水泵，强制一定量的水在管网中循环，以补偿配水管道的热损失，满足用户对热水温度的要求。该系统适用于大、中型且用户对热水温度要求严格的热水供应系统。

(2)全循环、半循环和非循环方式

按热水管网循环方式不同，分为全循环、半循环和非循环热水供应方式。

全循环热水供应方式是指热水供应系统中，热水配水管网的水平干管、立管及支管均设置回水管道确保热水循环，各配水龙头随时打开均能提供符合设计温度要求的热水，如图

2.22 所示。该系统适用于对水温要求严格的建筑,设计时应设置循环水泵,用水时不存在使用前放凉水和等时间的现象。

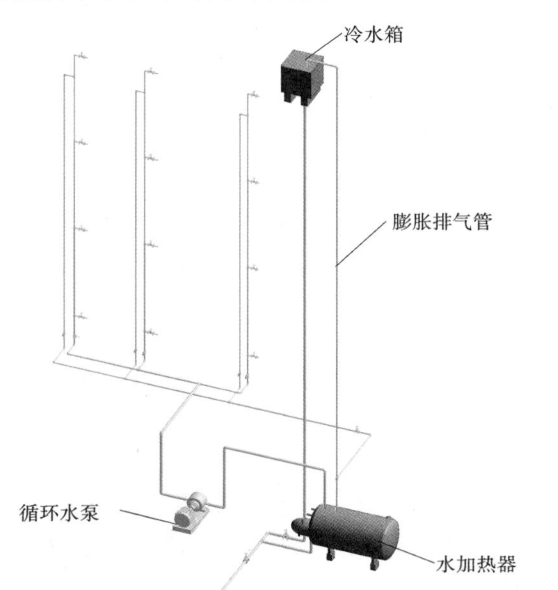

图 2.22 全循环热水供应系统

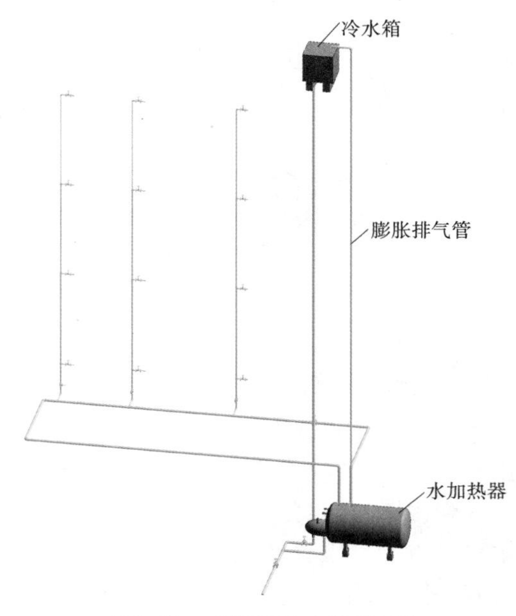

图 2.23 半循环热水供应系统

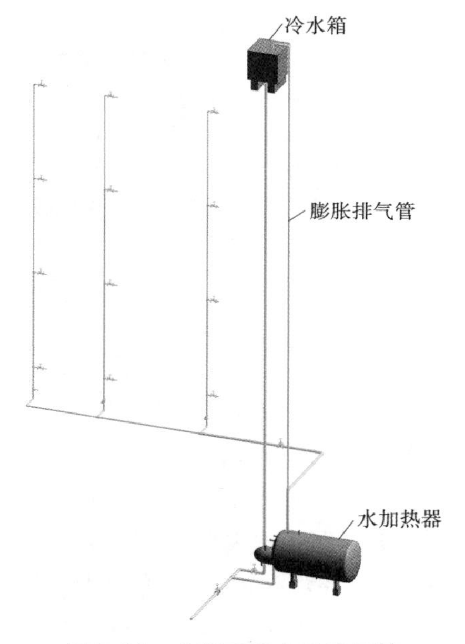

图 2.24 非循环热水供应系统

半循环热水供应方式是指只在热水干管设置回水管,该系统只能保证干管中热水的设计温度,如图 2.23 所示。半循环系统比全循环系统节省管材,适用于水温要求不太严格的建筑。

非循环热水供应方式是指在热水供应系统中,热水配水管网的水平干管、立管、配水支管均不设置回水管道,该系统不能随时保证配水点的设计水温,如图 2.24 所示。

(3)全天循环和定时循环热水供应方式

按热水管网运行方式不同,可分为全天循环和定时循环热水供应方式。

全天循环热水供应方式是指全天任何时刻,管网中都维持有不低于循环流量的水量在循环,使设计管段的水温在任何时刻都保持不低于设计温度。

定时循环热水供应方式是指热水供应系统每天定时配水,其余时间停止供水。该系统在集中使用前利用循环水泵将管网中已冷却的水强制循环加热,达到规定水温时才能使用。

(4)上行下给式、下行上给式和分区供水式

按热水管网水平干管的布置方式不同,可分为上行下给式、下行上给式和分区供水式 3 种。

选用何种热水供水方式,应根据建筑物用途、热源供给情况、热水用量和卫生器具布置等情况,进行技术和经济比较后确定。在实际的工程应用中,常将上述各种方式按照具体情况进行组合。

2.2.5　室内热水管网的布置和敷设

热水管网布置的总原则:在满足使用、便于维修管理的情况下,管线最短。

①横干管可以敷设在室内地沟、地下室顶部、建筑物顶层的天棚下或设备技术层内。明装管道尽量布置在卫生间或非居住房间内;暗装时,热水管道放置在预留沟槽、管道井内。

②管道穿楼板和墙壁应装套管,楼板套管应该高出地面5~10 cm,以防楼板积水时由楼板孔流到下层。

③为使局部管段检修时不致中断大部分管路配水,在热水管网配水立管的始端、回水立管的末端和有6~9个水嘴的横支管上,应装设阀门。

④为防止热水管道发生倒流和窜流,在水加热器和贮水罐的给水管上、机械循环的第二循环管道上及加热冷水所用的混合器冷、热水进水管道上,应装设止回阀。

⑤为便于排气,上行式配水横干管应以不小于0.003的坡度抬头走,并在管道的最高点安装排气阀;为了排水,回水干管应低头走,并在最低点安装泄水阀门或丝堵。

⑥对下行上给全循环式管网,为防止配水管中分离出的气体被带回循环管,应将每根立管的循环管始端都接在相应配水立管最高点以下0.5 m处,如图2.25所示。

⑦为避免管道受热伸长产生的应力破坏管道,横管与立管连接应按图2.25所示敷设。为使补偿管道受热伸长,横干管的直线段应设置伸缩器。

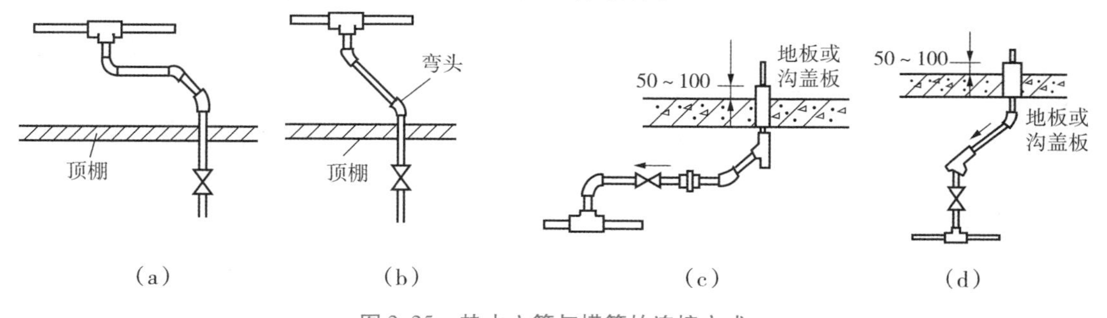

图2.25　热水立管与横管的连接方式

⑧热水贮水罐或容积式水加热器上接出的热水配水管一般从设备顶接出,机械循环的回水管从设备下部接入。

⑨为满足运行调节和检修的要求,在水加热设备、锅炉、自动温度调节器和疏水器等设备的进出水口的管道上,还应装设必需的阀门。

⑩为减少散热,热水系统的配水干管、水加热器、贮水罐等,一般要包扎保温。

⑪做好防腐蚀、保温、防结垢措施。

2.2.6 太阳能热水供应系统

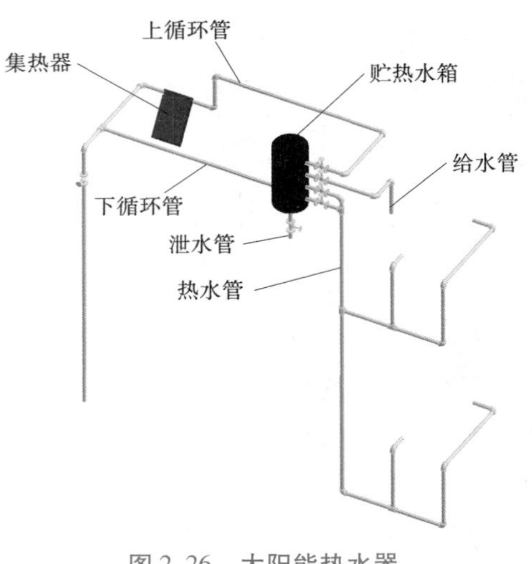

图 2.26 太阳能热水器

太阳能是能量巨大而又无污染的绿色能源。世界各国都在积极从事太阳能的研究和利用。我国太阳能的研究工作发展迅速，特别是在推广应用太阳能热水器（图 2.26）、太阳能灶具、太阳能灯、太阳能汽车和太阳能低温地板辐射采暖领域，技术逐渐成熟。

太阳能热水供应系统由平板集热器、贮热器、循环管路、热水和热水出水系统、辅助装置等组成。其工作原理是利用对阳光吸收率较高的优质材料制成的真空集热管或反射板构成集热器，通过辐射和导热等方式，将吸收热量传递给集热管内的水，水加热后，通过水的循环将热量直接或间接地用于室内热水供应系统。

2.3 建筑直饮水系统

直饮水供应系统是以城市自来水为原水，经深度处理，除去水中对人体有害的物质，保留对人体有益的微量元素和矿物质，采用优质、卫生级别的管材独立设置的配水系统，再建一条独立的供水管道，将净化处理后的优质水送入用户终端，供居民直接饮用。直饮水系统用户端水质应不低于《饮用净水水质标准》（CJ 94—2005）的要求。

目前，直饮水均以城市自来水为原水，处理工艺大都以膜处理为核心单元，辅以膜前预处理及后处理。RO 反渗透膜处理作为一种比较成熟的处理工艺，其制备机理是对水施加一定的压力，使水分子和离子态的矿物质元素通过一层反渗透膜，而溶解在水中的绝大部分无机盐（包括重金属）、有机物以及病毒、细菌等无法透过反渗透膜，从而把透过直饮水和无法透过的浓缩水严格地分开。RO 反渗透膜处理工艺流程如图 2.27 所示。

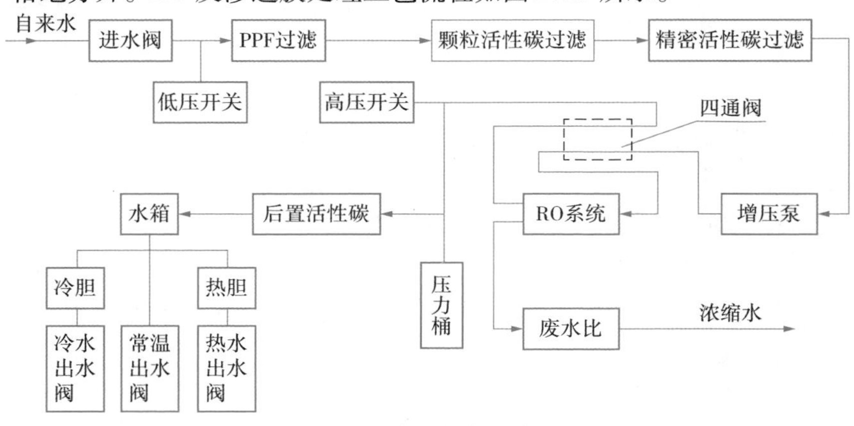

图 2.27 RO 反渗透供水系统工艺流程

2.4　高层建筑给水系统

一般10层及10层以上的住宅建筑和建筑高度超过24 m的其他民用建筑，称为高层建筑。高层建筑具有高度大、层数多、振动源多、用水要求高、排水量大、管网系统复杂等特点。因此，与低层建筑给水系统相比，对高层建筑给水工程的设计、施工、材料及管理方面都提出了更高的要求。

2.4.1　高层建筑给水方式

高层建筑生活给水系统设计的关键在于给水方式的选择，它直接关系给水系统的使用和工程造价。对于高层建筑，城市给水管网的水压一般不能满足高区部分生活用水的要求，绝大多数采用分区给水方式供水，即低区部分由城市给水管网供水，高区部分由水泵加压供水。

为保证高层建筑的供水安全，高层建筑室内给水系统应采用竖向分区给水方式。竖向分区原则上应根据建筑物的使用要求、供水材料及设备的性能、维护管理条件，并结合建筑物层数和室外给水管网水压等情况来确定。如果分区压力过高，会造成低层处配水点压力大、流量多、噪声大，用水器材损坏，检修频繁，降低管网的使用寿命等后果；如果分区压力过低，势必增加给水系统的设备、材料及相应的建设费用和维护管理费用。

高层建筑可以采用的分区给水方式有高位水箱给水方式、气压罐给水方式和变频调速水泵给水方式等。

(1)高位水箱给水方式(图2.28)

高位水箱供水属于水池、水泵和水箱联合供水方式，可分为分区并联给水方式、分区串联给水方式、分区减压水箱给水方式和分区减压阀减压给水方式。这4种高位水箱给水方式的优缺点及适用对象详见表2.5。

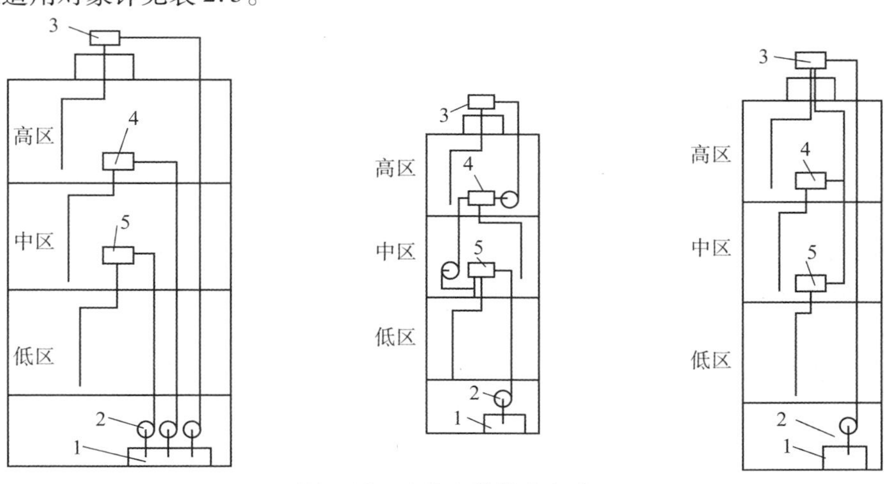

图2.28　高位水箱供水方式

1—水池；2—水泵；3—高区小箱；4—中区水箱；5—低区水箱

表 2.5　高位水箱给水方式的优缺点及适用对象

给水方式	优点	缺点	适用对象
分区并联给水方式	1.各区是独立系统，运行互不干扰，供水安全可靠； 2.水泵集中布置，便于维护管理； 3.运行费用经济	1.高压管线长，管材耗用较多； 2.水泵数量多，设备费用增加； 3.分区水箱占用建筑面积，影响经济效益	广泛用于允许分区设置水箱的各类高层建筑中； 储水池进水管上应尽量装设液压水位控制阀； 水泵宜采用同型号不同基数的多级水泵
分区串联给水方式	1.无高压水泵和高压管线，节省运行动力费用； 2.设备管道较简单，投资较省	1.水泵分散设置，占用较大面积，维护管理不便； 2.防震、隔音要求高； 3.上区供水受下区限制，供水可靠性差	用于允许分区设置水箱、水泵的高层工业与民用建筑； 储水池进水管上应尽量装设液压水位控制阀； 水泵设计应有消声减振措施，可选用橡胶隔振垫、可曲挠接头和弹性吊架等
分区减压水箱给水方式	1.供水较可靠； 2.水泵数量少、设备费用低、维护管理比较方便； 3.设备布置比较集中，泵房面积小，减压水箱容积小	1.水泵运行动力费用高； 2.屋顶水箱容积大，对建筑结构不利，供水可靠性较差； 3.下区供水受上区限制	用于允许分区设置高位水箱、电力供应比较充足、电价较低的各类高层建筑中
分区减压阀减压给水方式	1.供水可靠； 2.设备与管材较少，投资省； 3.设备布置集中，便于维护管理，不占用建筑上层使用面积	下区供水压力损失较大，浪费电力资源	用于电力供应充足、电价较低和建筑物内不便于设置水箱的工业和民用高层建筑中

(2)气压罐给水方式

气压罐给水方式是用密闭的气压罐代替高位水箱并设置补气装置和控制仪表向高层用户供水(图 2.29)。气压罐给水方式可分为并联给水方式和串联减压阀给水方式。

气压罐给水方式的特点是:不设置高位水箱，减轻建筑物荷载，不占用建筑面积;但水泵启闭频繁，气压罐调节容积小，运行动力费用高，气压给水压力变化幅度大，耗能多，造价较高。该给水方式多用于消防给水，也可用于建筑工地施工供水和人防工程供水。

(3)变频调速水泵给水方式

变频调速水泵给水方式(图 2.30)是根据用户用水量的情况，自动改变水泵的转速调整水泵出水量，使水泵具有较高工作效率，并能随时满足室内给水管网对水压和水量的要求。其可分为并联变频泵给水方式和减压阀减压变频泵给水方式。

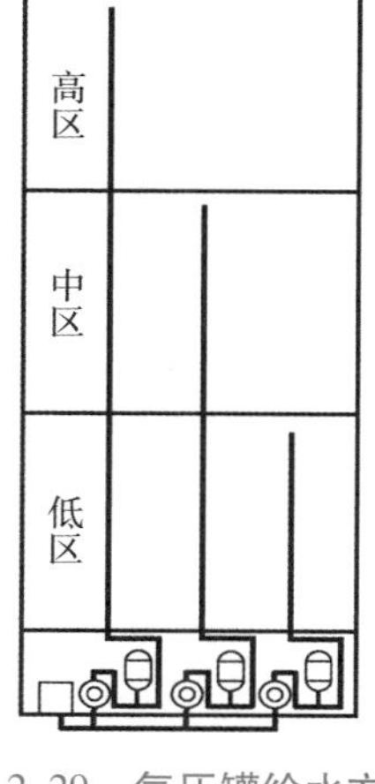
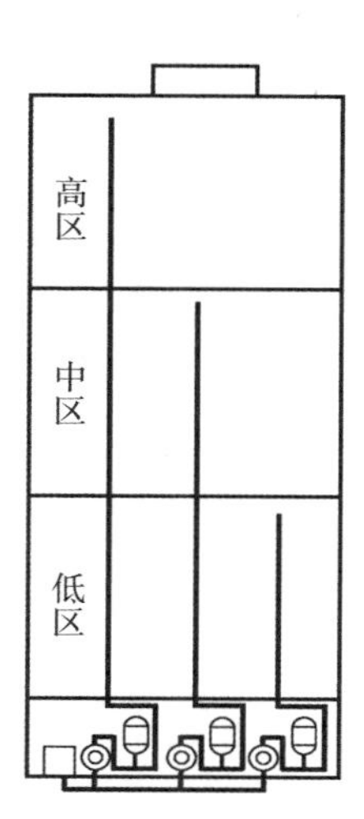

图2.29　气压罐给水方式

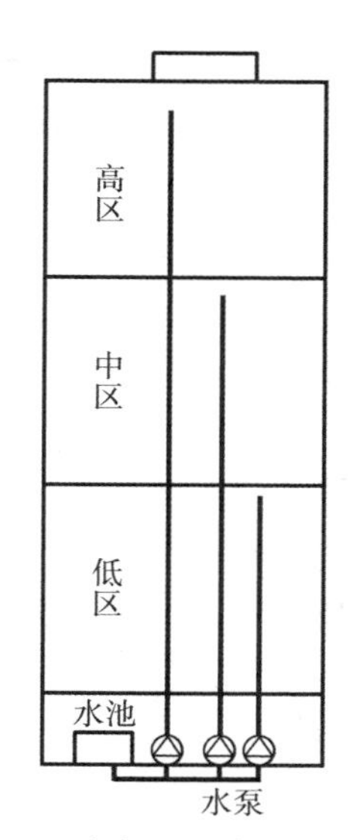

图2.30　变频调速水泵给水方式

变频调速水泵给水系统由变频控制柜、无负压装置、自动化控制系统、远程监控系统、水泵机组、稳压补偿器、压力传感器、阀门、仪表和管路系统等组成。

变频调速水泵给水方式的特点是:建筑物不设高位水箱,变频水泵设置在地下室,设备布置集中,便于维护管理,占用建筑面积少,水泵工作效率高,节约能源,无水质二次污染;但投资较大,维修复杂,管理水平要求高。该给水方式广泛用于高层工业和民用建筑中。

2.4.2　高层建筑给水管道的安装

高层建筑给水管道一般常敷设在管道竖井内,每层分出横支管供卫生器具用水。横干管一般敷设在技术转换层或吊顶内。管道竖井内的各种立管应合理布置,一般先布置安装排水管、雨水管和管径较大的给水管,再安装其他管道。立管应按自下而上的顺序安装,每层必须安装管道支架将管道固定牢。

高层建筑技术层内安装有各种管道、水箱、水泵、风机和水加热器等设备。在布置安装时应综合考虑、合理布置。

2.5　室外给水系统

室外给水系统是指住宅小区、民用建筑群和厂区的室外给水管网系统。室外工程管线多而复杂,不仅要考虑自身的安装要求,还要考虑与其他管线的相互关系。

2.5.1　室外给水管道的敷设

室外给水方式应根据给水区域内建筑物的类型、建筑高度、市政给水管网的水压和水量等因素综合考虑确定,做到技术科学合理,供水安全可靠,投资省,便于施工和运行管理。

1) 室外给水管道的敷设要求

给水管网是指布置在建筑物的周围,直接与建筑物引入管相接的给水管道。给水干管是指布置在道路或城市道路下与支管相连接的给水管道。给水支管是指布置在居住区内道路下与进户管连接的给水管道。

给水干管沿着水量较大的地段布置,以最短距离向大用户供水,其干管布置成环状,与城镇给水管道连成环网。

给水管道宜与道路中心线或与主要建筑的周边呈平行敷设,并尽量减少与其他道路的交叉。给水管道与建筑物的基础水平净距,当管径为 DN100 ~ 150 时,不小于 1.5 m;管径为 DN 50 ~ 80 时,不小于 1 m。

给水管道与其他管道平行或交叉的敷设净距,应根据两种管道类型、施工检修的相互影响及管道上附属的构筑物大小,并结合有关规范确定。

给水管道埋设的深度,应根据土壤的冰冻深度、外部荷载、管材强度、与其他管道交叉等因素确定。

2) 室外管线工程综合布置原则

综合布置地下管线应按以下避让原则处理:

①压力管避让重力管;

②小管径避让大管径;

③支管避让干管;

④冷水管道避让热水管道;

⑤软管避让压力管;

⑥临时管道避让永久管道。

垂直管道布置原则:

①热介质管道在上,冷介质在下;

②无腐蚀介质管道在上,腐蚀介质管道在下;

③气体介质管道在上,液体介质管道在下;

④保温管道在上,不保温管道在下;

⑤高压管道在上,低压管道在下;

⑥金属管道在上,非金属管道在下;

⑦不经常检修的管道在上,经常检修的管道在下。

合理安排好各管线平面位置后,还应合理控制各管线高程。一般来说,从上至下管线顺序依次为电力管(沟)、电讯管(沟)、煤气管、给水管、雨水管、污水管。

管道相互交叉时,其相互之间的垂直净距离不小于 0.15 m。

给水管与污水管交叉时,给水管应设在污水管上方,且不应有接口重叠;当给水管道敷设在下方时,应采用钢管或钢套管,套管伸出交叉管的长度每边不得小于 3 m,套管两端采用防水材料封闭。给水管道相互交叉时,其净距不应小于 0.15 m。当给水管与污水管平行设置时,管外壁净距不应小于 1.5 m。管道穿越河流时,可采用管桥或河底穿越等形式。

2.5.2　室外给水管道安装

室外给水管道安装工艺:测量放线→管沟开挖→管道安装→附件及附属构筑物施工→管道试压→管道冲洗消毒→回填。

室外给水管道的安装与给水管材、连接方式息息相关。下面以给水铸铁管柔性接口为例,介绍其安装工艺。

(1)测量放线

熟悉图纸,确定管段的起点、终点、转折点的管底标高,各点之间的距离与坡度,阀门井、管沟等位置,地下其他管线与构筑物的位置及与给水管道的距离。确定管道位置,按设计及规范要求画出管沟中心线、开挖边线。

(2)管沟开挖

根据当地地质条件和设计沟槽深度选择机械或人工开挖,将管基夯实平整,铺垫砂层,增大管道底部与基础接触面积,保护管道。

(3)管道安装

在安装管道前应对管道进行检查清理,查看管子有无裂纹、毛刺等,不合格的不能用,管外壁上的沥青涂层是否完好,必要时应补涂。

符合要求的管道在管沟边较平坦的部位顺管沟摆放,并根据两井间距切割相应的长度。采用绳索或机械将管道就位,要求管道水平对正。

将承口内部和插口外部清理干净,用气焊或喷灯烧烤清除承口及插口内侧的沥青涂层,并用钢丝刷和抹布擦干净,以保证接口的严密性和强度。采用橡胶圈接口时,应先将胶圈套在管子的承凹槽内。当橡胶圈到位后,在橡胶圈内表面和距离端面 100 ~ 110 mm 插口外表面涂抹专用润滑剂或浓肥皂水,调整铸铁管的水平位置,进行校正,移动插口将前端少许插入承口内。插入管尽量悬空推进,可采用人工撬杠的方法进行安装,也可采用专用拉管器、紧绳器、倒链等进行安装。安装过程中,不得使胶圈产生扭曲、裂纹等现象,更不能使胶圈滚过擦口小台。

(4)附件及附属构筑物施工

供水管线上的附件主要是指阀门和法兰。阀门在安装前必须进行检查、试压。对安装在重要部位或使用压力、温度较高的阀门,进入泥沙等脏物时,还应进行清洗,更换填料、垫片;当阀门密封面发生泄漏时,还应进行研磨。

管道附属构筑物包括各种阀门、仪表井、支墩等。

(5)管道试压

给水管道在隐蔽前做好水压试验。水压试验时放净空气,充满水后进行加压,当压力升至规定时停止加压,进行检查,如各接口和阀门均无渗漏,持续到规定时间,观察其压力下降在允许范围内,通知有关人员验收,办理交接手续。

(6)管道冲洗消毒

管道在试压完成后,即可进行冲洗消毒。冲洗应用自来水连续进行,应保证有充足的流量。冲洗洁净后办理验收手续。

(7)回填

管道安装完毕且试压合格后方可进行回填工作。回填之前必须将沟槽内的杂物清理干净,应先从管线、阀门井等构筑物两侧对称回填,并确保管线及构筑物不产生位移。管道两侧及管顶以上0.5 m内的回填土,不得含有碎石、砖块、冻土块及其他杂硬物体。回填土密实度应符合有关技术规程和规范要求。

课后习题

一、填空题

1. 给水引入管应由不小于________的坡度坡向室外给水管网或坡向阀门井、水表井,以便检修时排放存水。

2. 建筑室内给水管网的敷设方式分为明装和__________。

3. 热水供应系统是水的加热、__________和__________的总称。

4. 热水供应系统中应考虑__________和__________等因素。

5. 集中热水供应系统由__________、__________和__________3部分组成。

6. 直饮水系统应满足的水质标准为:____。

二、判断题

1. 水表节点是指引入管上装设的水表。 ( )

2. 不允许断水的车间及建筑物,给水引入管应设置至少1条。 ( )

3. 室外给水管道与污水管道交叉时,给水管道应敷设在污水管道上面。 ( )

4. 生活用热水的水质应符合现行国家标准《生活饮用水卫生标准》(GB 5749—2022)的要求。 ( )

5. 用水设备和管道内结垢的原因是水在加热后水中的钙镁离子受热析出,与水中的碳酸根离子结合形成沉淀。 ( )

6. 为保证热媒管道气水分离,蒸汽畅通,应设置疏水器。 ( )

7. 自动排气阀必须垂直安装在管网的最高处。 ( )

三、选择题

1. 将建筑内部给水管网与外部直接相连,利用外网水压供水,此系统是( )。

A. 设水箱的给水系统　　B. 直接给水系统

C. 设水泵的给水系统　　D. 设水池的给水系统

2. 在高层建筑中,为避免低层承受过大的静水压力而采用的供水方式是( )。

A. 分质给水方式　B. 分区给水方式　C. 分压给水方式　D. 分量给水方式

3. 以下关于引入管的描述,说法错误的是( )。

A. 建筑物用水量最大处引入　　B. 建筑物不允许断水处引入

C. 通常采用埋地暗敷的方式引入　　D. 通常采用明敷的方式引入

四、简答题

1. 简述生活给水系统的组成。
2. 简述给水管道布置、敷设要求及安装工艺。
3. 简述高层建筑常用的给水方式。
4. 室外给水管道敷设有哪些要求？简述室外给水系统的安装工艺。
5. 热水供应系统由哪几部分组成？
6. 热水供应系统附件有哪些？
7. 热水供应系统如何分类？
8. 太阳能热水供应系统由哪几部分组成？

第3章　建筑消防水及其他灭火系统

【本章教学目标】

育人主题	建议学时	素质目标	知识目标	能力目标
安全宜居	6	(1)家国情怀:通过中国古代和现代建筑的消防设施对比,增强学生的文化自信; (2)个人品格:增强安全消防意识,主动传播消防安全知识,懂得尊重生命,增强学生的集体意识和团队合作精神; (3)职业素养:体会新工艺对提升消防安全所起的作用,引导学生的创新意识	(1)描述建筑消防水系统的组成及给水方式; (2)完整列出消防水系统施工流程,且顺序正确	(1)能够实地辨识建筑消防水系统组成实物; (2)能够绘制消防水安装工程的施工流程简图,列出施工要点

随着国民经济的飞速发展,一些工业建筑、高层民用建筑以及大型综合建筑不断涌现,其内部结构和设置不断现代化,功能也日益齐全,电、火、气以及化学品的应用更加广泛。因此,建筑消防系统显得极为重要。

认识生活中的建筑消防系统(建筑是如何灭火的)

建筑消防系统根据使用灭火剂的种类和灭火方式一般分为3种,即消火栓灭火系统、自动喷水灭火系统、其他灭火系统。

3.1　建筑消火栓系统

消火栓系统是将消防给水系统提供的水量经过加压,用于扑灭建筑物中与水接触不能引起燃烧、爆炸的火灾而设置的固定灭火设备。

消火栓系统分为室外消火栓系统和室内消火栓系统。两种系统有各自的消防范围,承担不同的消防任务,它们之间又有紧密的衔接性,需配合和协同工作。

3.1.1 消火栓系统组成

消火栓系统的组成

消火栓系统通常由消防供水水源、供水设备、供水管网以及消火栓4部分组成。

1) 供水水源

消防供水水源主要是市政给水、消防水池和天然水源，应符合下列规定：

①市政给水、消防水池、天然水源等均可作为消防水源时，宜优先采用市政给水管网供水；

②雨水清水池、中水清水池、水景和游泳池宜作为备用消防水源，应有保证在任何情况下均能满足消防给水系统所需的水量和水质的技术措施。

(1) 市政给水

①当市政给水管网连续供水时，消防给水系统可采用市政给水管网直接供水。

②市政两路消防供水应符合下列条件，当不符合时应视为一路消防供水：

a. 市政给水厂应至少有两条输水干管向市政给水管网输水；

b. 市政给水管网应为环状管网；

c. 不同市政给水干管上应有不少于两条引入管向消防给水系统供水。

(2) 消防水池

符合下列规定之一的，应设置消防水池：

①当生产、生活用水量达到最大时，市政给水管道、进水管网或引入管不能满足消防用水量时；

②当采用一路消防供水或只有一条引入管，且室外消火栓设计流量大于20 L/s或建筑高度大于50 m时；

③市政消防给水设计流量小于建筑的消防给水设计流量时。

消防水池的其他设计应满足《消防给水及消火栓系统技术规范》(GB 50974—2014)中的相关规定。

(3) 天然水源

井水等地下水源可作为消防水源，江河湖海水库等天然水源可作为城乡市政消防和建筑室外消防永久性天然消防水源。两种天然水源作为室外消防水源时，均应采取防止冰凌、漂浮物、悬浮物等堵塞消防水泵的技术措施，并应采取确保安全取水的措施。

①当井水作为消防水源时，应设置探测水井水位的水位测试装置，水井不应少于两眼，且每眼井的深井泵均采用一级供电负荷时，可作为两路消防供水，其他情况可视为一路消防供水。

②当地表水作为室外消防水源时，应采取确保消防车、固定和移动消防水泵在枯水位取水的技术措施；当消防车取水时，最大吸水高度应不超过6.0 m，并应设置消防车到达取水口的消防车道和消防车回车场或回车道。

2) 供水管网

消防管网是消防栓系统的重要组成部分，主要有进水管、水平干管、立管、支管等，一般布置成环状，并设置阀门。民用建筑的消防管网应与生活给水系统分开设置。

3）供水设备

消防供水设备是建筑消防给水系统的重要组成部分，其主要任务是为建筑消防系统储存并提供足够的消防水量和水压，确保建筑消防给水系统供水安全、可靠。消防供水设施通常包括高位消防水箱、消防增压稳压设备、消防水泵接合器等。

（1）消防水箱

消防水箱是指设置在地面标高以上的储存或传输消防水量的水箱，包括高位消防水箱和中间消防水箱。设置消防水箱，提供消防系统初期的用水量和水压，一是可以使消防给水管道充满水，节省消防水泵开启后水充满管道的时间，为扑灭火灾赢得时间；二是屋顶设置的增压、稳压系统和水箱能保证消防水枪的充实水柱，对于扑灭初期火灾具有决定性作用。

消防水箱储存水量应满足室内 10 min 消防用水量，与其他用水共用时应有确保消防用水量不作他用的技术措施。水箱的安装高度应高于其所服务的水灭火设施，且最低有效水位应满足水灭火设施最不利点处的静水压力。

消防水箱可采用热浸镀锌钢板、钢筋混凝土、不锈钢板等建造。

（2）消防增压稳压设备

消防增压稳压设备主要是消防水泵。消防水泵是担负消防供水任务的设备，应符合以下要求：

①消防水泵的性能应满足消防给水系统所需流量和压力的要求，应设置备用泵，且应采用自灌式吸水；

②一组消防水泵的吸水管不应少于两条，当其中一条损坏或检修时，其余吸水管应能通过全部消防给水设计流量；

③一组消防水泵应设置不少于两条的输水管与消防给水环状管网连接，当其中一条输水管检修时，其余输水管应能供应全部消防给水设计流量；

④消防水泵应保证火警后 5 min 内开始工作，并在火场断电时能正常工作。

对于采用临时高压消防给水系统的高层或多层建筑物，当所设置消防水箱的设置高度满足不了系统最不利点灭火设备所需的水压要求时，应在建筑消防给水系统中设置消防增压稳压设备。消防增压稳压设备一般由稳压泵、气压罐、控制柜及附件组成，根据其在系统中的设置位置，消防增压稳压设备可分为上置式和下置式。上置式消防增压稳压设备的优点是配用的稳压泵扬程低，气压水罐底充气压力小，承压低；下置式消防增压稳压设备的优点是可以保证灭火设备所需水压，而且罐体的安装高度不受限制，可设置在建筑物的任何部位。

（3）消防水泵接合器

消防水泵接合器是连接消防车从室外消防水源抽水向室内消防给水系统加压供水的装置，一端由消防给水管网水平干管引出，另一端设于消防车易于接近的地方，是一种临时供水设施。消防水泵接合器由本体、弯管、闸阀、止回阀、泄水阀及安全阀等组成，分地上式（SQ）、地下式（SQX）、墙壁式（SQB）3 种，如图 3.1 所示。地上式水泵接合器本身与接口高出地面，目标显著，使用方便；地下式水泵接合器安装在建筑物附近的专用井中，不占地方且不易遭到破坏，特别适用于寒冷地区；墙壁式水泵接合器安装在建筑物的外墙上，墙壁上只露出两个接口和装饰标牌，目标清晰、美观、使用方便。

(a)地下式

(b)地上式

(c)墙壁式

图3.1　消防水泵接合器

下列场所的室内消火栓给水系统应设置消防水泵接合器：

①高层民用建筑；

②设有消防给水的住宅、超过5层的其他多层民用建筑；

③地下建筑和平战结合的人防工程；

④超过4层的厂房和库房，以及最高层楼板超过20 m的厂房或库房。

另外，自动喷水灭火系统、水喷雾灭火系统、泡沫灭火系统和固定消防炮灭火系统等水灭火系统，均应设置消防水泵接合器。

除墙壁式外，消防水泵接合器应设置在距建筑物外墙5 m外。消防水泵接合器四周15～40 m范围内，应有供消防车取水的室外消火栓或消防水池。

4)消火栓

消火栓是一种固定消防工具，主要作用是控制可燃物、隔绝助燃物、消除着火源。按安装位置不同，消火栓分为室外消火栓、室内消火栓两种。

(1)室外消火栓

室外消火栓是扑救火灾的重要消防设施之一，设置在建筑物外面，用于向消防车供水或直接连接水带，水枪出水灭火，是室外必备的消防设施。室外消火栓由本体、弯管、泄水阀等组成，分地上式(SS)、地下式(SX)、直埋式(ZS) 3种，如图3.2所示。

(a)地上式

(b)地下式

(c)直埋式

图3.2　室外消火栓

(2)室内消火栓

室内消火栓是通过带有阀门的接口向火场供水的室内固定消防设施，通常安装在消火栓箱内。室内消火栓由消火栓、消防水带和水枪等组成，如图3.3所示。

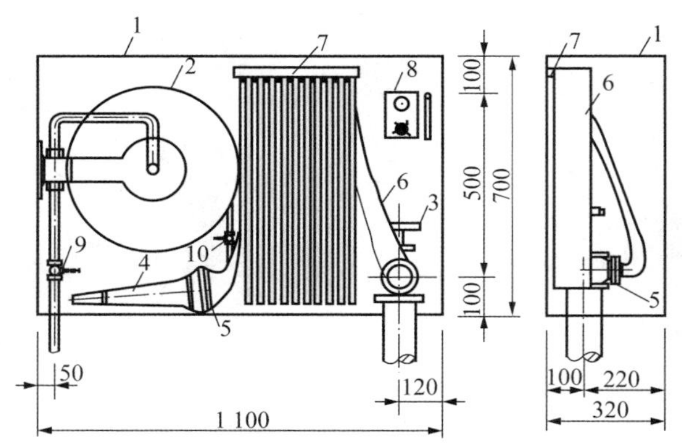

图 3.3 带消防软管卷盘的室内消火栓箱

1—消火栓箱;2—消防软管卷盘;3—消火栓;4—水枪;5—水带接口;6—水带;
7—挂架;8—消防水泵按钮及火灾报警按钮;9—SNA25 消火栓;10—小口径开关水枪

①消火栓:一种带内扣接口的球形阀门,一端与消防立管相连,一端与水龙带相连。消火栓分为单出口和双出口两种。单出口消火栓有 SN65、SN50 两种规格,SN65 有减压型、旋转型等;双出口只有 SN65 一种规格,有减压型、单阀双出口、双阀双出口等。

②消防水带:也称为水龙带,两端带有消防接口,可与消火栓、消防泵(车)配套,用于输送水或其他液体灭火剂。一般用麻丝或化纤材料制成,可以衬橡胶。与室内消火栓配套使用的消防水带口径有 DN50、DN65 两种,长度有 15 m、20 m、25 m、30 m 4 种。

③水枪:水枪为锥形的喷嘴,一般用铜、铝合金或塑料制成。常用的喷嘴口径有 13 mm、16 mm、19 mm 3 种。13 mm 口径水枪只能配 DN50 水龙带,19 mm 口径水枪只能配 DN65 水龙带,16 mm 口径水枪可以配 DN50 和 DN65 水龙带。低层建筑一般采用 13 mm、16 mm 口径水枪,但必须经消防流量和充实水柱长度计算后确定;高层建筑一般采用 19 mm 口径水枪。

④其他组成:室内消防栓除了消火栓、消防水带、水枪外,一般还有消防按钮、挂架、消防卷盘等。消防按钮主要用来发出报警信号及启动消防水泵,挂架主要用来悬挂消防水带。消防卷盘是由阀门、软管、卷盘、喷枪等组成的,能够在展开卷盘的过程中喷水灭火的设施,可以单独设置,通常与消火栓一起设置。

(3)水枪的充实水柱

充实水柱是靠近水枪的一段密集不分散的射流。充实水柱长度是直流水枪灭火时的有效射程,是水枪射流中在 26 ~ 38 cm 直径圆断面内、包含全部水量 75% ~90% 的密实水柱长度。根据防火要求,从水枪射出的水流应具有射到着火点和足够冲击扑灭火焰的能力。火灾发生时,火场能见度低,要使水柱能喷到着火点,防止火焰的热辐射和着火物下落烧伤消防人员,消防员必须距着火点有一定的距离,因此要求水枪的充实水柱应有一定长度。

根据实验数据统计,当水枪充实水柱长度小于 7 m 时,火场的辐射热使消防人员无法接近着火点,达到有效灭火的目的;当水枪的充实水柱长度大于 15 m 时,因射流的反作用力使消防人员无法把握水枪灭火,水枪的充实水柱应经计算确定。

(4)消火栓的保护半径

消火栓的保护半径是指某种规格的消火栓、水枪和一定长度的消防水带配套后,考虑消防人员使用该设备并有一定安全保护条件下,以消火栓为圆心,消火栓能充分发挥其作用的半径。消火栓的保护半径经计算确定,且高层工业建筑、高架库房甲乙类厂房的室内消火栓的间距不应超过 30 m;其他单层和多层建筑室内消火栓的间距不应超过 50 m。

当室内宽度较小,只有一排消火栓,且要求有一股水柱到达室内任何部位时,可按图 3.4(a)布置;当室内只有一排消火栓,且要求有两股水柱同时到达室内任何部位时,可按图 3.4(b)布置;当房间较宽,需要布置多排消火栓,且要求有一股水柱到达室内任何部位时,可按图 3.4(c)布置;当室内需要布置多排消火栓,且要求有两股水柱到达室内任何部位时,可按图 3.4(d)布置。

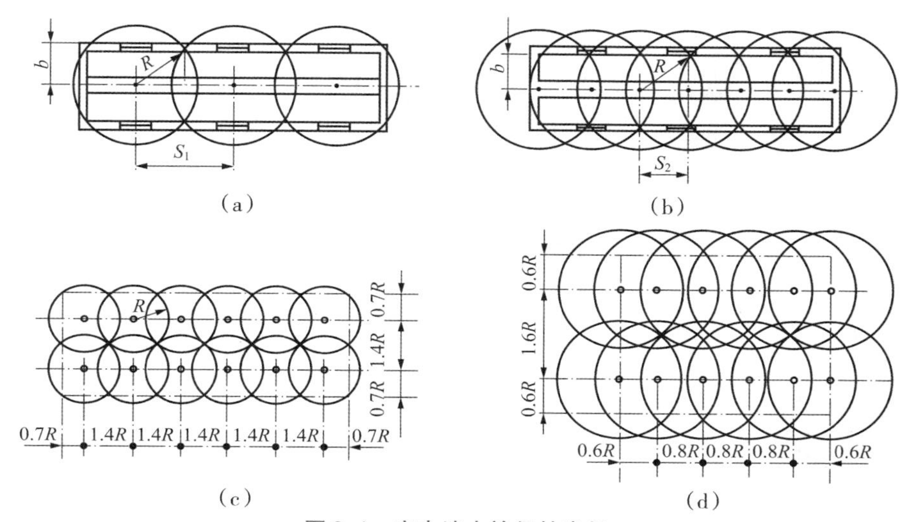

图 3.4　室内消火栓保护半径

3.1.2　消火栓系统分类

消火栓系统按消防水压,可分为低压消防给水系统、高压消防给水系统、临时高压消防给水系统;按用途,可分为合用的消防系统、独立的消防系统;按建筑物高度,可分为低层建筑给水消火栓系统、高层建筑消火栓给水系统。

1)低层建筑消火栓给水系统

低层建筑消火栓给水系统的灭火能力较小,只能起到防止火灾蔓延扩大或熄灭小火的作用。一般设于 9 层及 9 层以下的住宅建筑和高度在 24 m 以下的其他建筑物内。

低层建筑消火栓系统主要采用低压制给水系统。

2)高层建筑消火栓系统

10 层及 10 层以上的住宅建筑物及建筑高度超过 24 m 的其他民用建筑,称为高层建筑。受消防车供水压力的限制,消防车不能扑救高层建筑火灾,原则上应采用建筑消防给水管网供水、自救扑灭建筑火灾。高层建筑消火栓给水系统多采用高压制给水系统和临时高压制给水系统,必须独立设置,不得与生活、生产合用,也要与自动喷水灭火系统管网分开设置。

3.1.3 消火栓系统布置

1)室外消火栓布置

①室外消火栓应沿道路设置,道路宽度超过 60 m 时,宜在道路两边设置消火栓,并宜靠近十字路口;寒冷地区采用地下式,非寒冷地区宜采用地上式,地上式有条件的可采用防撞型,当采用地下式消火栓时应有明显标志。

②室外地上式消火栓应有一个直径为 150 mm 或 100 mm 和两个直径为 65 mm 的栓口;室外地下式消火栓应有直径为 100 mm 和 65 mm 的栓口各一个,并有明显的标志。

③室外消火栓的保护半径不应超过 150 m,间距不应超过 120 m。

④室外消火栓距路边不应超过 2 m,距房屋外墙不宜小于 5 m。

⑤当建筑物在市政消火栓保护半径 150 m 以内,且消防用水量不超过 15 L/s 时,可不设室外消火栓。

⑥室外消火栓应沿高层建筑周围均匀布置,并不宜集中在建筑物一侧。

⑦人防工程室外消火栓距人防工程入口不宜小于 5 m。

⑧停车场的室外消火栓宜沿停车场周边设置,且距离最近一排汽车不宜小于 7 m,距加油站或车库不宜小于 15 m。

⑨室外消火栓应设置在便于消防车使用的地点。

2)室内消火栓布置

①设有消防给水的建筑物,其各层(无可燃物的设备层除外)均应设置消火栓。

②室内消火栓的布置,应保证有两支水枪的充实水柱同时到达室内任何部位。

③消防电梯前室应设室内消火栓。

④室内消火栓应设在明显易于取用的地点,栓口离地面高度为 1.1 m,其出水方向宜向下或与设置消火栓的墙面呈 90°。

⑤冷库的室内消火栓应设在常温穿堂内或楼梯间内。

⑥设有室内消火栓的建筑,如为平屋顶时,宜在平屋顶上设置试验和检查用的消火栓。

⑦同一建筑物内应采用统一规格的消火栓、水枪和消防水带,以方便使用。每条水带的长度不应大于 25 m。

⑧高位消防水箱静压不能满足最不利点消火栓水压要求的其他建筑,应在每个室内消火栓处设置直接启动消防水泵的按钮或报警信号装置,并应有保护设施。

⑨室内消火栓栓口的静水压力应不超过 80 m 水柱,如超过 80 m 水柱,应采用分区给水系统;消火栓栓口处的出水压力超过 50 m 水柱时,应有减压设施。

3)消防管道布置

①室外消防给水管网应布置成环状,以增加供水的可靠性,在建设初期或室外消防水量不超过 15 L/s 时,可布置成枝状,但高层建筑室外消防给水管道应布置成环状。

②向环状管网输水的进水管(即市政管网向小区环网的进水管)不少于两条,当其中一条故障时,其余输水管仍能保证供应生产、生活、消防用水量。

③环状管网上应设消防分隔阀门,阀门应设在管道的三通、四通处,三通处设2个,四通处设3个,皆设在下游侧。当两阀门之间消火栓的数量超过5个时,在管网上应增设阀门。

④室外消防给水管道的最小直径不应小于100 mm。

⑤当室外消防用水量大于15 L/s,室内消火栓个数多于10个时,室内消防给水管道应布置成环状,进水管应布置两条。

⑥室内消防给水管道应该用阀门分成若干独立段,如某段损坏时,对于单层厂房(仓库)和公共建筑,检修时停止使用的消火栓不应超过5个;对于多层民用建筑和其他厂房(仓库),室内消防给水管道上阀门的设置应保证检修管道时关闭竖管不超过1根,但设置的竖管超过3条时,可关闭不相邻的两条。

3.1.4 室内消火栓系统供水方式

1)室外给水管网直接供水方式

室外给水管网直接供水方式分为两种:一种是消防管道与生活(或生产)管网共用系统(图3.5);另一种是独立消防管道系统(图3.6)。室外给水管网直接供水方式适用于室外给水管网提供的水量和水压,在任何时候均能满足室内消火栓给水系统所需的水量、水压要求。

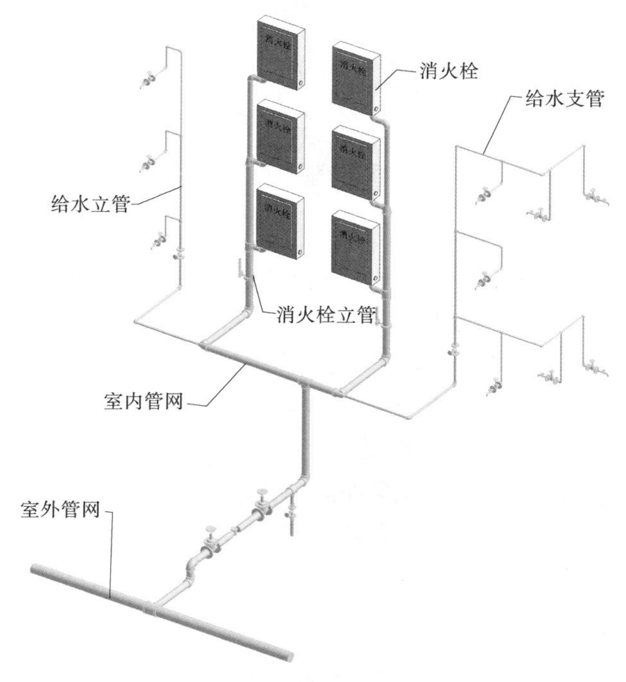

图3.5 直接供水消防-生活共用方式

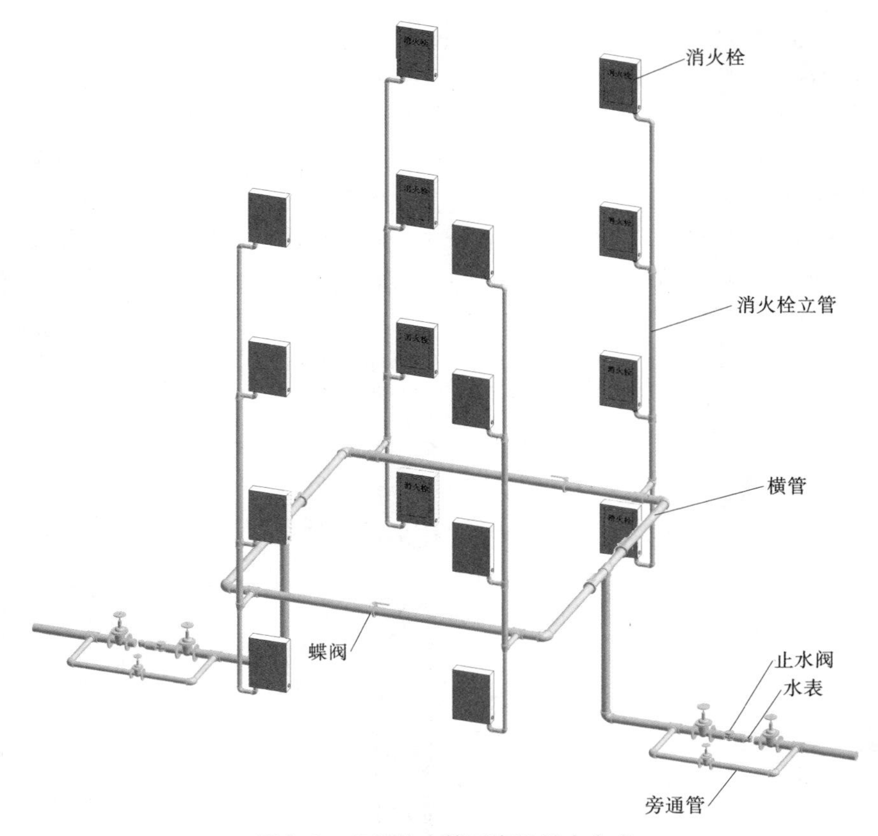

图 3.6　室外给水管网直接供水方式

2) 单设水箱的消火栓给水方式

单设水箱的消火栓给水方式(图 3.7)由室外给水管网向水箱供水,箱内储存 10 min 消防用水量。火灾初期,由水箱向消火栓给水系统供水;火灾延续,可由室外消防车通过消防水泵接合器向消火栓给水系统加压供水。这种方式适用于外网水压变化较大的情况,即用水量小时,外网能够向高位水箱供水;用水量大时,外网不能满足建筑消火栓系统的水量、水压要求。

3) 设有水泵、高位水箱的消火栓给水方式

当室外给水管网的水压不能满足室内消火栓给水系统的水压要求时,高位水箱由生活水泵补水,储存 10 min 的消防用水量,供火灾初期灭火,火灾后期由消防水泵加压供水灭火,如图 3.8 所示。

4) 分区的消火栓给水方式

当建筑高度超过 50 m 或消火栓处的静水压力超过 0.8 MPa 时,应采用分区供水系统(图 3.9)。这种方式适用于外网仅能满足建筑物低区建筑消火栓给水的水量、水压要求,不满足高区灭火的水量、水压要求。高区火灾初起时,由水箱向高区消火栓给水系统供水,当水泵启动后,由水泵向高区消火栓给水系统供水;低区灭火时,水量、水压由外网保证。

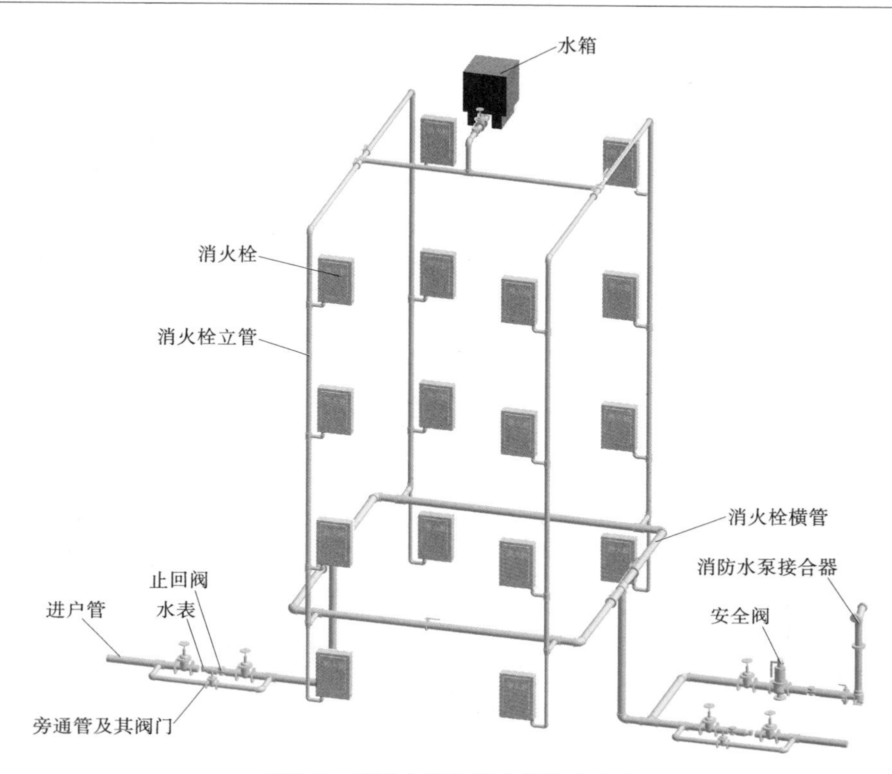

图3.7　单设水箱的消火栓供水方式

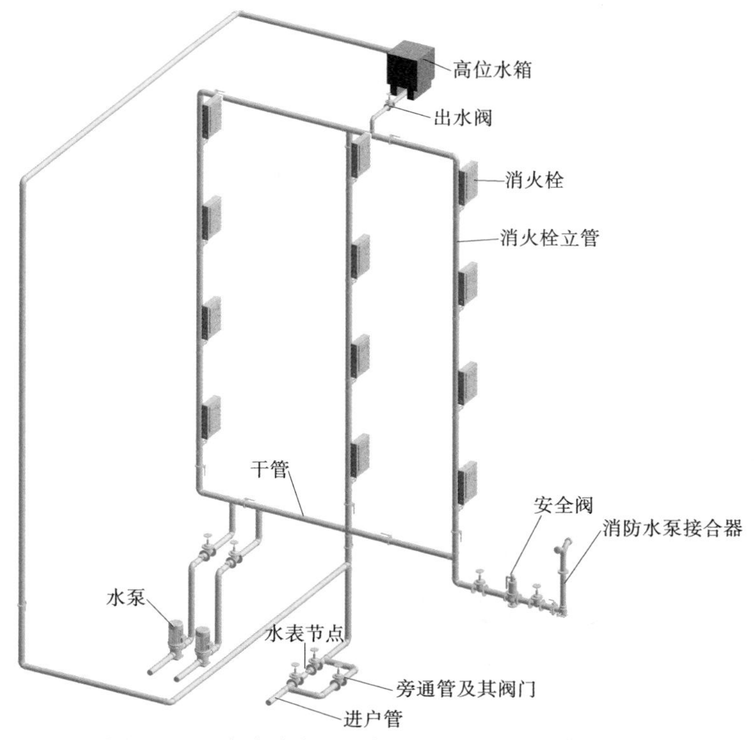

图3.8　设有消防水泵和高位水箱的消火栓供水方式

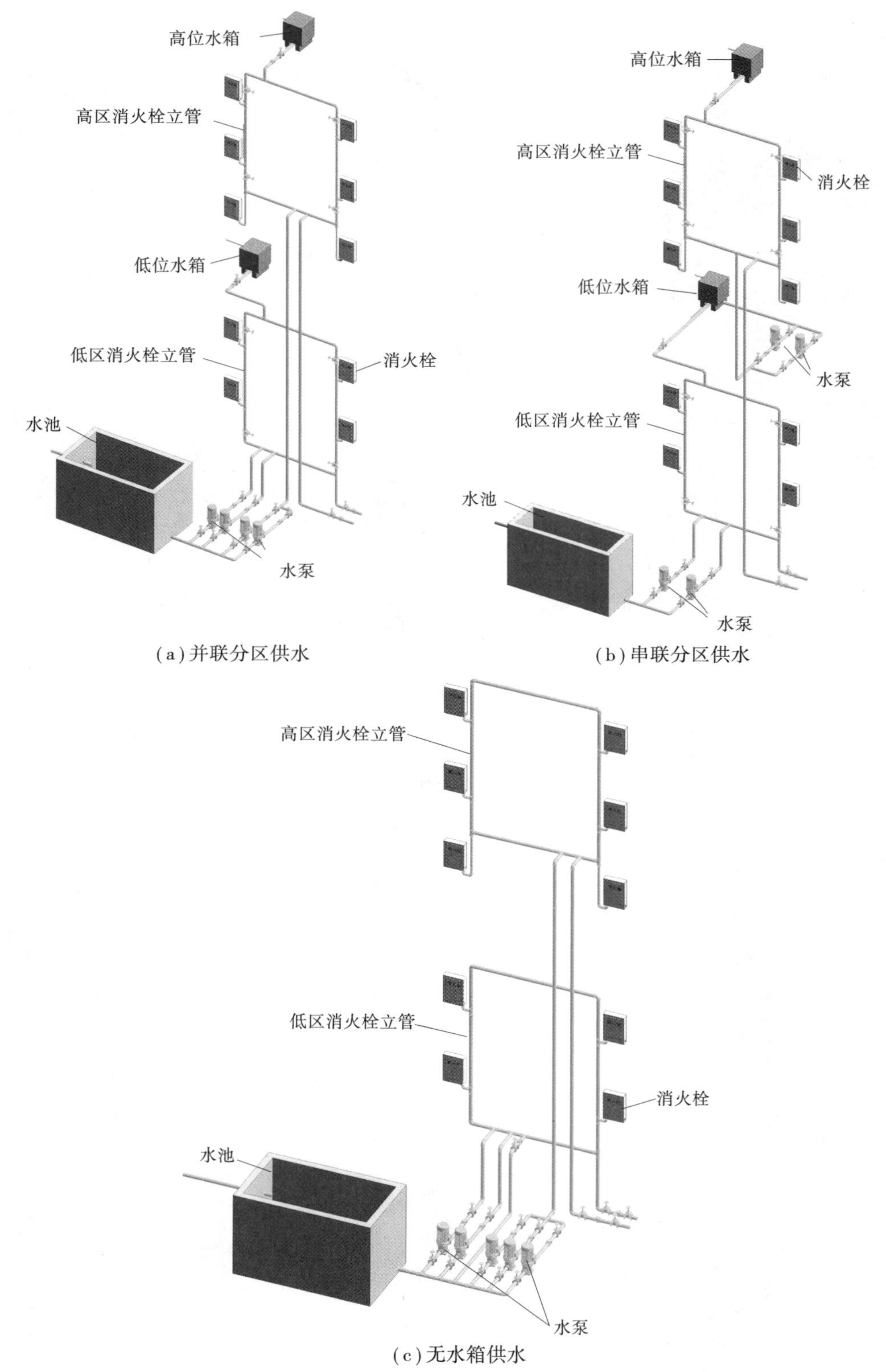

(a)并联分区供水

(b)串联分区供水

(c)无水箱供水

图3.9　分区供水的室内消火栓给水方式

3.1.5　消火栓系统安装工艺

消火栓系统安装工艺

建筑室内消火栓系统施工工艺

消火栓系统安装工艺流程:安装准备→干管安装→立管安装→消防分层干支管安装→消火栓及支管安装→管道试压、冲洗→消火栓配件安装→系统调试。

1)安装准备

①认真熟悉图纸,根据施工方案、技术、安全交底的具体措施,选用材料、测量尺寸、绘制草图、预制加工。

②根据现场情况对施工图进行复核,核对各管道的坐标、标高是否有交叉或排列位置不当的现象。

③检查预埋件和预留洞是否准确。

④检查管道、管件、阀门、设备及组件是否符合设计和质量标准的要求。

⑤安排合理的施工顺序,避免工种交叉作业干扰,影响施工。

2)干管安装

消火栓系统干管安装应根据设计要求使用管材,按压力要求选用碳素钢管或无缝钢管。DN100 以下采用丝扣连接,DN100 及以上采用沟槽或法兰连接。

①管道在焊接前应清除接口处的浮锈、污垢及油脂。

②管道对口焊缝上不得开口焊接支管,焊口不得安装在支架位置上。

③管道穿墙处不得有接口(丝接或焊接),管道穿过伸缩缝处应有防冻措施。

3)立管安装

①立管暗装在竖井内时,在管井内预埋铁件上安装卡件固定,立管底部的支吊架要牢固,防止立管下坠。

②立管明装时,每层楼板要预留孔洞,立管可随结构穿入,以减少立管接口。

4)消防分层干支管安装

①需要加工镀锌的管道在其他管道未安装前试压、拆除、镀锌后,进行二次安装。

②走廊吊顶内的管道安装于通风道的位置要协调好。

5)消火栓及支管安装

①消火栓箱体要符合设计要求(其材质有木、铁和铝合金等)。消火栓箱安装有两种形式:一种是暗装,即箱体埋入墙中,立、支管均暗藏在竖井或吊顶中;另一种是明装,即箱体立于地面或挂在墙上,立、支管为明管敷设。

暗装消火栓箱体,首先根据箱体尺寸及设计安装位置,检查预留孔洞的位置及尺寸;然后将箱体固定在预留孔洞内,用水平尺找平、找正(使箱体外表面与装饰完的墙面相平),箱体下部用砖填实,其他与墙相接,各面用水泥砂浆填实。

明装消火栓箱体有挂式和立式两种。挂式消火栓箱安装根据箱体结构,确定消火栓在箱体中的安装位置,确定出箱体的安全高度及位置,并在墙上画出标志线,将消火栓箱用膨胀螺栓固定在墙上。

消火栓箱体安装在轻质隔墙上时,应有加固措施。

②消火栓支管要以栓阀的坐标、标高定位甩口,核定后再稳固消火栓箱,箱体找正稳固后再把栓阀安装好;栓阀侧装在箱内时应在箱门开启的一侧,箱门开启应灵活。

③消火栓阀有单出口和双出口双控等。为减少局部水头损失,便于在紧急情况下操作,其出水方向宜向下或与消火栓箱呈 90° 且栓口朝外。阀门中心距地面 1.1 m,允许偏差 20 mm,阀门距箱侧面 140 mm,距箱后内表面 100 mm,允许偏差 5 mm。

6)管道的试压、冲洗

系统安装完后,应按设计要求对管网进行强度、严密性试验,以验证其工程质量。管网的强度、严密性试验一般采用水压进行试验。水压试验的测试点应设在系统管网的最低点,注水时应注意管内的空气排净,并缓慢升压。水压达到试验压力后,稳压 10 min,管网不渗不漏,压力降不大于 0.02 MPa 为合格。严密性试验在水压强度试验和管网冲洗合格后进行,试验压力为工作压力,稳压 24 h,不渗不漏为合格。在主管道上起切断作用的主控阀门,必须逐个做强度和严密性试验,其试验压力为阀门出厂规定的压力值。

消火栓在安装后应分段进行冲洗。冲洗的顺序应按干、立管、支管进行。消火栓系统水冲洗流速应不小于 3 m/s,不得用海水或含有腐蚀性化学物质的溶液对系统进行冲洗。冲洗时,应对系统内的仪表采取保护措施,并将报警设备、流量减压孔板、过滤装置等暂时拆下,待冲洗工作结束后重新装好。冲洗直到进、出水色泽一致为合格,管道冲洗合格后,除规定的检查及恢复工作外,不得再进行影响管内清洁的其他作业。

7)消火栓配件安装

消火栓配件安装应在交工前进行。消防水带应折好放在挂架上或卷实、盘紧放在箱内。消防水枪要竖放在箱体内侧,自救式水枪和软管应放在挂卡上或放在箱底部。消防水带与水枪、快速接头的连接,一般用 14 号铅丝绑扎两道,每道不少于两圈;使用卡箍时,在里侧加一道铅丝。设有电控按钮时,应注意与电气专业配合施工。

8)系统调试

系统调试内容主要包括水源测试、消防水泵性能试验、屋顶消火栓试验。

①水源测试要检查室外水源管道的压力和流量是否符合设计要求;核实屋顶水箱容积是否符合规范规定;核实消防水池是否符合规范规定;核实消防水泵接合器的数量和供水是否满足系统灭火的要求,并用消防车进行供水试验。

②消防水泵性能试验分别以自动或手动方式启动消防泵,消防水泵应在 5 min 内投入正常运行,达到设计流量和压力,其压力表指针应稳定;运转中无异常声响和振动,各密封部位不得有泄漏现象,各滚动轴承温度应不高于 75 ℃,滑动轴承温度应不高于 70 ℃。备用电源切换供电,消防水泵应在 1.5 min 内投入正常运行,消防泵的上述多项性能应无变化。

③屋顶消火栓试验,先利用屋顶水箱及消防稳压泵向系统充水,检查系统和阀门是否有渗漏现象,检查屋顶试验消火栓水压及低层消火栓口压力是否符合设计要求;然后连接好屋顶试验消火栓消防水带及水枪,打开屋顶试验消火栓,启动消火栓泵并用消防车通过水泵接合器向系统加压,检测此时消火栓水枪充实水柱是否符合设计要求。

3.2　建筑自动喷水灭火系统

在发生火灾时,能自动打开喷头喷水灭火并同时发出火警信号的消防灭火设施称为自动喷水灭火系统。自动喷水灭火系统在发生火灾后能通过各种方式自动启动,同时通过加压设备将水送入管网,使喷头维持一定时间的喷水灭火。

自动喷水灭火系统扑灭初期火灾的成功率在97%以上,是当今世界上公认的最为有效的自救灭火设施。该系统因其经济实用、安全可靠、使用期长而得到广泛应用。

3.2.1　自动喷水灭火系统的组成

自动喷淋系统的组成

自动喷水灭火系统由喷头、管道系统、火灾探测器、报警控制组件、供水设备和供水水源等组成。

1)喷头

喷头是指将有压的水喷洒成细小水滴进行洒水的设备。喷头的种类有很多,按喷头是否有堵水支撑分为两类:喷头喷水口有堵水支撑的称为闭式喷头;喷头喷水口无堵水支撑的称为开式喷头。

(1)闭式喷头

闭式喷头是一种直接喷水灭火的组件,是带热敏感元件及其密封组件的自动喷头。该热敏感元件可在预定温度范围内动作,使热敏感元件及其密封组件脱离喷头主体,并按规定的形状和水量在规定的保护面积内喷水灭火。它的性能好坏直接关系着系统的启动和灭火、控火效果。

按热敏感元件划分,闭式喷头有玻璃球喷头和易熔元件喷头两种类型;按溅水盘的形式和安装位置划分,分为直立型、下垂型、边墙型、普通型、吊顶型和干式下垂型洒水喷头,如图3.10所示。

玻璃球洒水喷头由喷水口、玻璃球、框架、溅水盘、密封垫等组成,其释放机构热敏感元件是一个内装彩色膨胀液体的玻璃球,用它支撑喷水口的密封垫。室内发生火灾时,液体则完全充满球内全部空间,使玻璃球炸裂,喷水口的密封垫失去支撑,压力水便喷出灭火。这种喷头外形美观、体积小、质量轻、耐腐蚀,适用于美观要求较高的公共建筑。

易熔元件洒水喷头的热敏感元件为易熔材料制成的元件,室内起火当温度达到易熔元件本身的设计温度时,易熔元件硬化,释放机构脱落,压力水便喷出灭火。这种喷头适用于外观要求不高、腐蚀性不大的工厂、仓库及民用建筑。

随着社会的飞速发展,新技术、新工艺及新建筑形式的不断出现,将进一步带动喷头的发展。自动启闭洒水喷头、快速反应洒水喷头、大水滴洒水喷头、扩大覆盖面洒水喷头和汽水喷头等特殊用途喷头的出现,带动了自动喷水灭火系统的发展。

自动启闭洒水喷头的特点是发生火灾时能自动开启喷水,而在火灾扑灭后能自动关闭,具有用水量少、水渍损失小的优点。

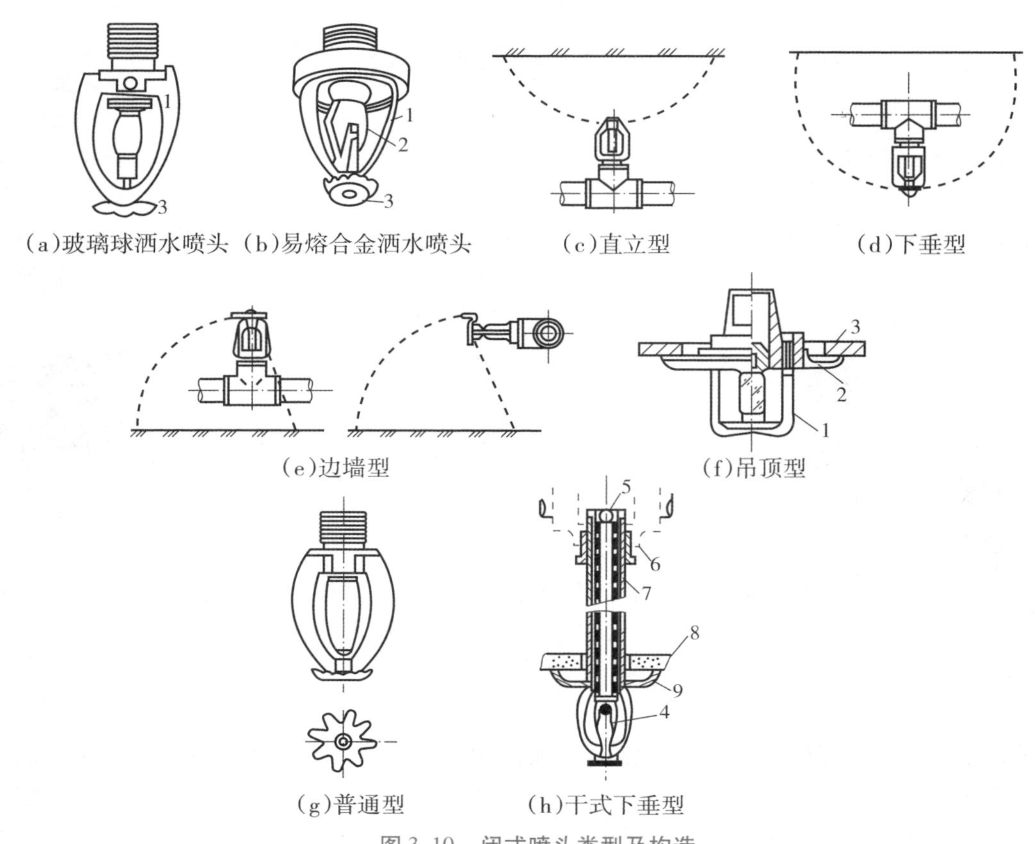

图 3.10 闭式喷头类型及构造

1—支架;2—合金锁片;3—溅水盘;4—热敏元件;5—钢球;
6—钢球密封圈;7—套管;8—吊顶;9—装饰罩

快速反应洒水喷头的特点是通过减少热敏元件的质量或增大热敏感元件的吸热表面积,使热敏感元件的吸热速度加快,从而缩短喷头的启动时间(它对温度的感应速度比普通喷头快 5 ~ 10 倍),具有洒水早、灭火快、耗水少的特点,对于住宅等建筑有良好的应用前景。

大水滴洒水喷头有一个复式溅水盘,通过溅水盘使喷出的水形成具有一定比例大小的水滴,均匀喷向保护区,大水滴能够有效穿透火焰,直接接触着火物,降低着火物的表面温度。

扩大覆盖面洒水喷头的保护面积可达 30 ~ 36 m^2,适合各种大小不一的房间使用,便于系统喷头的布置,对降低造价有一定意义。

汽水喷头将水有效地喷洒至火灾区域内,从火焰中吸取热量,变成蒸汽,降低氧气含量,对燃烧起到窒息作用,还能除去燃烧产生的粒子和烟雾,吸收有毒气体。

(2)开式喷头

开式喷头既无感温元件,也无密封组件,喷水动作由阀门控制,根据用途分为开启式、水幕、喷雾 3 种,如图 3.11 所示。

图3.11　开式喷头

①开启式洒水喷头就是无释放机构的洒水喷头，常用于雨淋灭火系统。按安装形式可分为直立型与下垂型，按结构形式可分为单臂和双臂两种。

②水幕喷头喷出的水呈均匀的水帘状，起阻火、隔火作用。水幕喷头有各种不同的结构形式和安装方法。

③喷雾喷头喷出的水滴细小，其喷洒水的总面积比一般的洒水喷头大几倍，吸热面积大、冷却作用强，以及水雾受热汽化形成的大量水蒸气对火焰有窒息作用，因此喷雾喷头主要用于水雾系统。

2）管道系统

管道是自动喷水系统的重要组成部分，主要有进水管、干管、立管、支管等。建筑物内的供水干管一般宜布置成环状，进水管不宜少于两条，当一条进水管出现故障时，另一条进水管仍能保证全部用水量和水压。

3）火灾探测器

火灾探测器接到火灾信号后，通过电气自控装置进行报警或启动消防设备。火灾探测器（图3.12）是自动喷水灭火系统的重要组成部分，是系统的“感觉器官”，它的作用是监视环境中有无火灾发生。一旦有了火情，就将火灾的特征物理量（如温度、烟雾、气体和辐射光强等）转换成电信号并立即动作，向火灾报警控制器发送报警信号。火灾探测器由电气和自控专业人员设计，给排水专业人员配合。

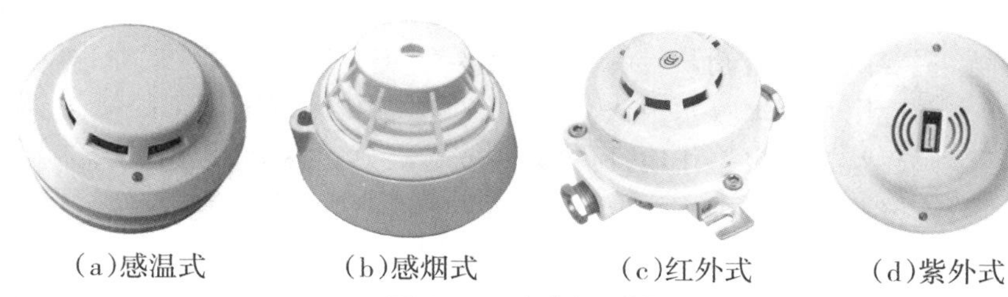

（a）感温式　（b）感烟式　（c）红外式　（d）紫外式

图3.12　火灾探测器

火灾探测器按对现场的信息采集类型，分为感烟探测器、感温探测器、复合式探测器、火焰探测器、特殊气体探测器；按对现场信息采集原理，分为离子型探测器、光电型探测器、线性探测器；按在现场的安装方式，分为点式探测器、缆式探测器、红外光束探测器；按探测器与控制器的接线方式，分为总线制、多线制，其中总线制又分为编码的和非编码的。

4）报警控制组件

（1）控制阀

控制阀上端连接报警阀，下端连接进水立管，其作用是检修管网以及灭火结束后更换喷头时关闭水源。它应一直保持常开位置,以保证系统随时处于工作状态,并用环形软锁将闸门手轮锁死在开启状态,也可用安全信号阀显示其开启状态。

安全信号阀是利用电信号显示阀门启闭状态的阀门。管理人员从信号显示装置可以得知每一个阀门的开关状态和开启程度,以防阀门误动作,提高消防供水的安全度。

(2)报警阀

报警阀的作用是开启和关闭管网的水流,传递控制信号至控制系统并启动水力警铃直接报警,有湿式、干式、干湿式和雨淋式4种,如图3.13所示。

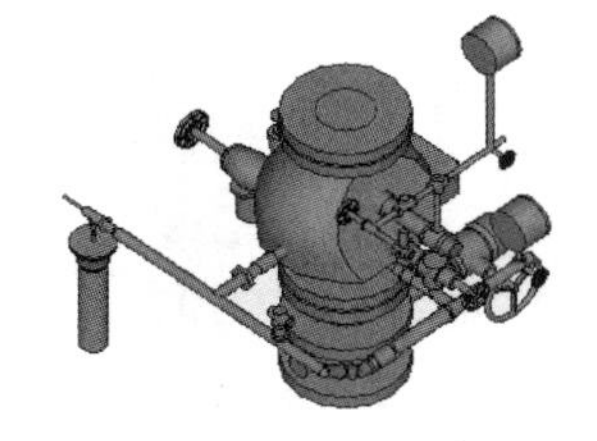

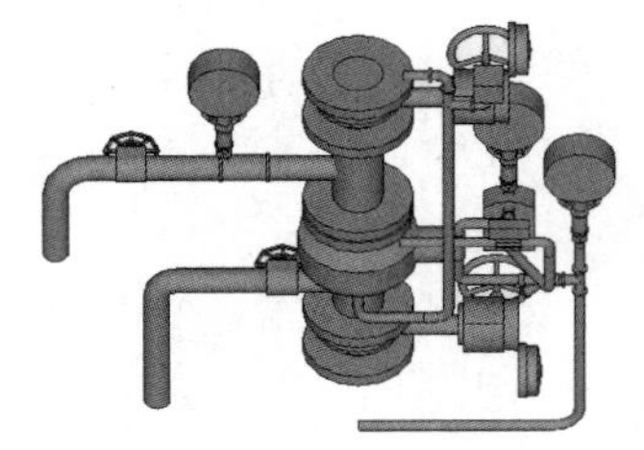

图3.13　报警阀

①湿式报警阀组由湿式报警阀及附加的延时器、水力警铃、压力开关、压力表和排水阀等组成,主要用于湿式自动喷水灭火系统,安装在立管上,是湿式喷水灭火系统的核心部件,起向喷水系统单向供水和在规定流量下报警的作用。

②干式报警阀用于干式自动喷水灭火系统,安装在立管上。

③干湿式报警阀组是由湿式、干式报警阀依次连接而成,在温暖季节用湿式装置,在寒冷季节用干式装置;用于干、湿交替式喷水灭火系统,既适合湿式喷水灭火系统,又适合干式喷水灭火系统的双重作用阀门。

④雨淋阀用于雨淋、预作用、水幕、水喷雾自动喷水灭火系统。

(3)报警装置

报警装置主要有水力警铃、水流指示器、压力开关和延迟器。

水力警铃是当报警阀打开消防水源后,具有一定压力的水流冲动叶轮打铃报警;延迟器是一个罐式容器,主要用在报警阀开启后,水流需要经30 s左右充满延迟器,方可打响水力警铃;水流指示器主要应用在自动喷水灭火系统中,通常安装在每层楼宇的横干管或分区干管上,对干管所辖区域起监控及报警作用;压力开关安装在延迟器后,水力警铃入水口前的垂直管道上,在水力警铃报警的同时,接通电触点向消防中心报警,启动消防水泵。

(4)检验装置

在系统的末端接出管线并加上一个截止阀,阀前安装压力表可组成检验装置。检验时,打开截止阀就可以了解报警阀的启动情况,同时它还有防止管网堵塞的作用。

5)供水设备及供水水源

自动喷水灭火系统供水设备主要有消防水箱、消防水泵和水泵接合器。供水水源主要是市政给水管网、高位水池、天然水源等。

3.2.2　自动喷水灭火系统的分类及工作原理

根据喷头的开、闭形式和管网充水与否,自动喷水灭火系统分为湿式喷水灭火系统、干式喷水灭火系统、干湿式喷水灭火系统、预作用喷水灭火系统、雨淋喷水灭火系统、水幕系统和水喷雾系统7种。前4种称为闭式自动喷水灭火系统。

(1)湿式自动喷水灭火系统

湿式自动喷水灭火系统的工作原理:火灾发生初期,建筑物的温度随之不断上升,当温度上升到闭式喷头温感元件爆破或熔化脱落时,喷头即自动喷水灭火,此时管网中的水由静止变为流动,水流指示器感应送出电信号,在报警控制器上指示某一区域已在喷水;持续喷水造成报警阀的上部水压低于下部水压,其压力差值达到一定值时,原来处于关闭的报警阀就会自动开启,消防水通过湿式报警阀流向干管和配水管供水灭火;同时,一部分水流沿着报警阀的环形槽进入延迟器、压力开关及水力警铃等设施并发出火警信号。此外,根据水流指示器和压力开关的信号或消防水箱的水位信号,控制箱内控制器能自动启动消防泵向管网加压供水,达到持续自动供水的目的。这一系列动作,大约在喷头开始喷水后30 s内完成。

该系统由闭式喷头、湿式报警阀、报警装置、管网及供水设施等组成,如图3.14所示。该系统具有结构简单,使用方便、可靠,便于施工管理,灭火速度快、控火效率高,比较经济、适用范围广等优点。但由于管网中充有有压水,渗漏时会损坏建筑装饰和影响建筑的使用。该系统适于安装在常年室温不低于4 ℃且不高于70 ℃,能用水灭火的建筑物、构筑物内。

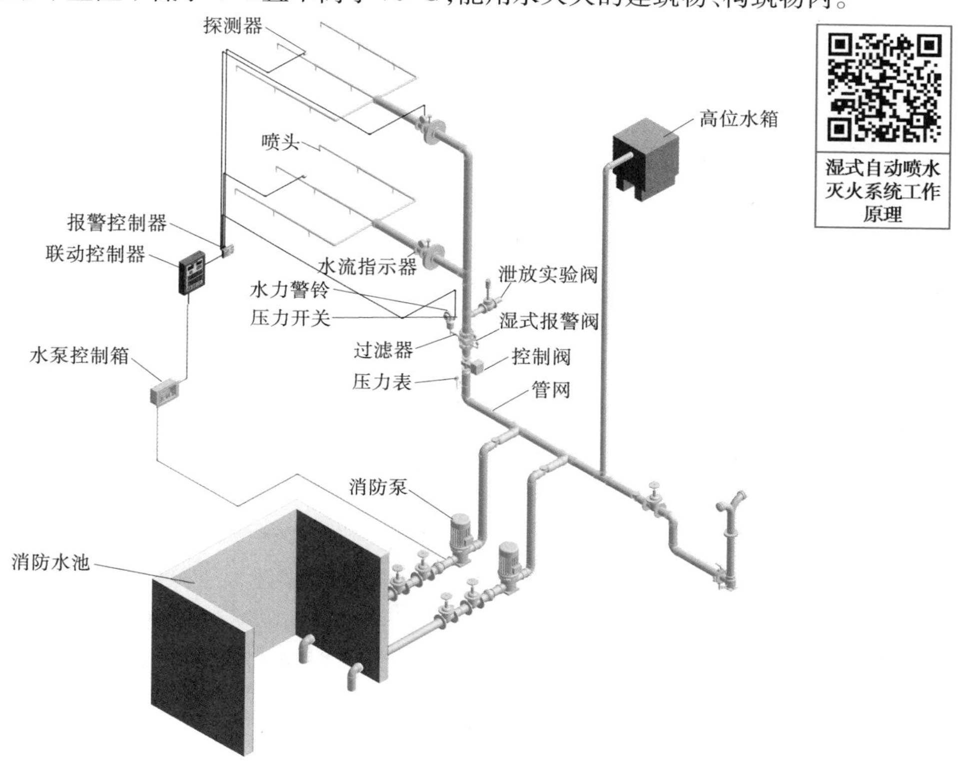

图3.14 湿式自动喷水灭火系统

(2)干式自动喷水灭火系统

干式自动喷水灭火系统主要由闭式喷头、管网、干式报警阀、充气设备、报警装置和供水设备组成,如图 3.15 所示。平时,报警阀后管网充有压气体,水源至报警阀前端的管段内充以有压水。管网中平时不充水,对建筑物装饰无影响,对环境温度也无要求,适用于环境温度低于 4 ℃(或年采暖期超过 240 天的不采暖房间)和高于 70 ℃的建筑物。其最大缺点是喷头喷水灭火不如湿式自动喷水灭火系统及时。

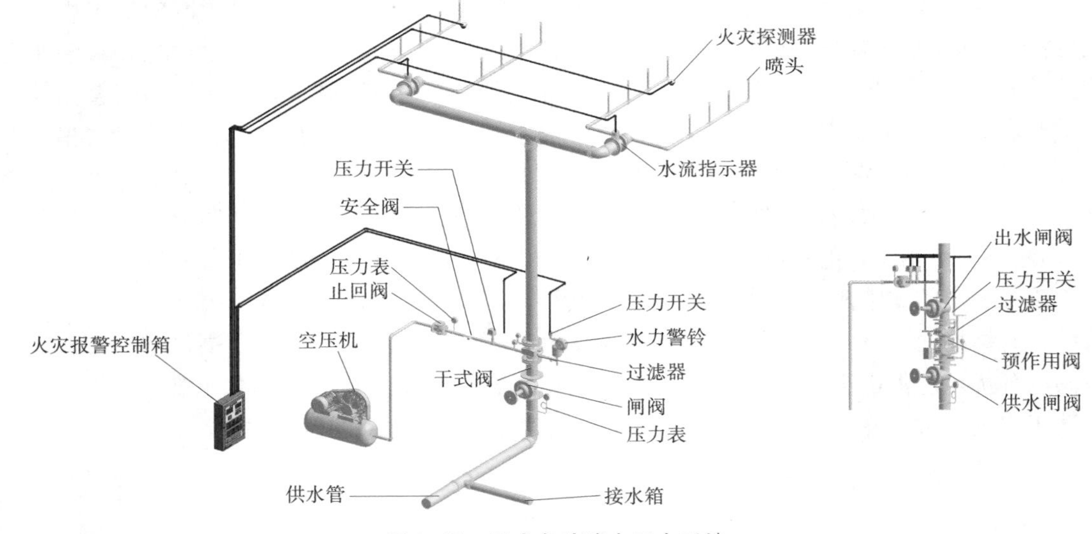

图 3.15　干式自动喷水灭火系统

(3)干湿式自动喷水灭火系统

干湿式自动喷水灭火系统是交替使用干式系统和湿式系统的一种闭式自动喷水灭火系统。干湿式自动喷水灭火系统包括闭式喷头、管道系统、干湿式组合报警阀或干湿两用阀、报警装置、充气设备、供水设备等。在冬季,干湿式自动喷水灭火系统喷水管网中充有气体,其工作原理与干式自动喷水灭火系统相同。在温暖季节,管网改为充水,其工作原理与湿式自动喷水灭火系统相同。

(4)预作用自动喷水灭火系统

预作用自动喷水灭火系统主要由闭式喷头、管网系统、预作用阀组、充气设备、供水设备、火灾探测报警系统等组成,如图 3.16 所示。预作用自动喷水灭火系统同时具备干式自动喷水灭火系统和湿式自动喷水灭火系统的特点,而且还克服了干式自动喷水灭火系统控火灭火率低、湿式自动喷水灭火系统易产生水渍的缺陷,可以代替干式自动喷水灭火系统提高灭火速度,也可代替湿式自动喷水灭火系统用于管道和喷头易于被损坏而产生喷水和漏水,以致造成严重水渍的场所,还可用于对自动喷水灭火系统安全要求较高的建筑物中。

(5)雨淋喷水灭火系统

该系统由开式喷头、管道系统、雨淋阀、火灾探测器、报警控制装置、控制组件和供水设备等组成,如图 3.17 所示。该系统具有出水量大、灭火及时的优点,适用于火灾蔓延快、危险性大的建筑。

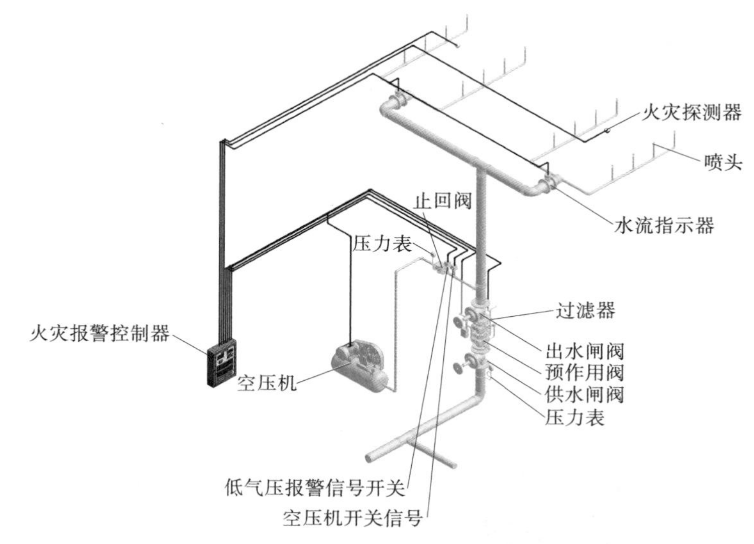

图3.16　预作用自动喷水灭火系统

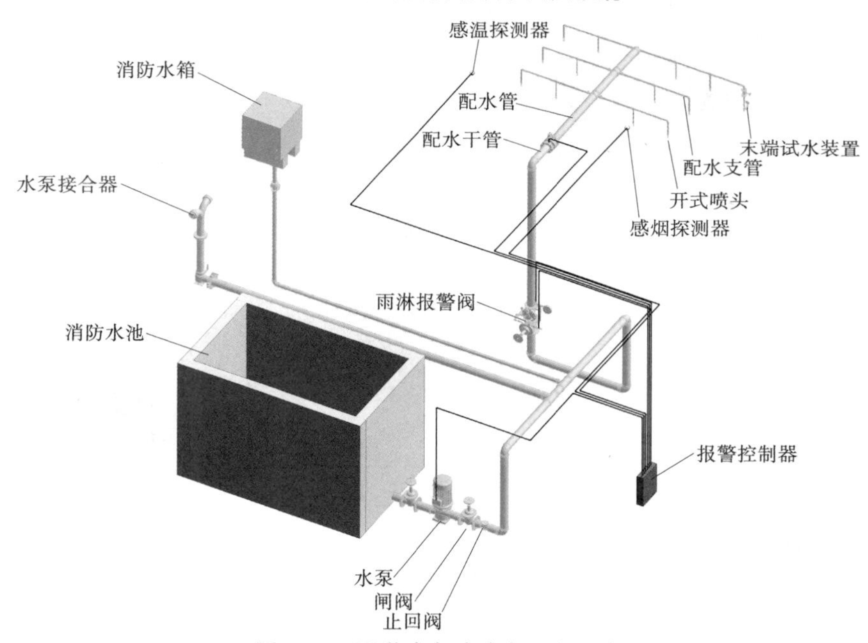

图3.17　雨淋式自动喷水灭火系统

(6)水幕系统及水喷雾系统

水幕系统由水幕喷头、控制阀(雨淋阀或干式报警阀等)、探测系统、报警系统和管道等组成。水幕系统中采用开式水幕喷头,将水喷洒成水帘幕状,与防火卷帘、防火幕配合使用,对它们进行冷却和提高它们的耐火性能,阻止火势扩大和蔓延;也可单独使用,用来保护建筑物的门窗、洞口或在大空间造成防火水帘起防火分隔作用。该系统具有出水量大、有效防火阻火的优点,适用于火灾蔓延快、危险性大的建筑。

水喷雾系统采用的喷雾喷头,把水粉碎成细小的水雾滴后喷射到正在燃烧的物体表面,通过表面冷却、窒息、乳化、稀释作用实现灭火,如图3.18所示。

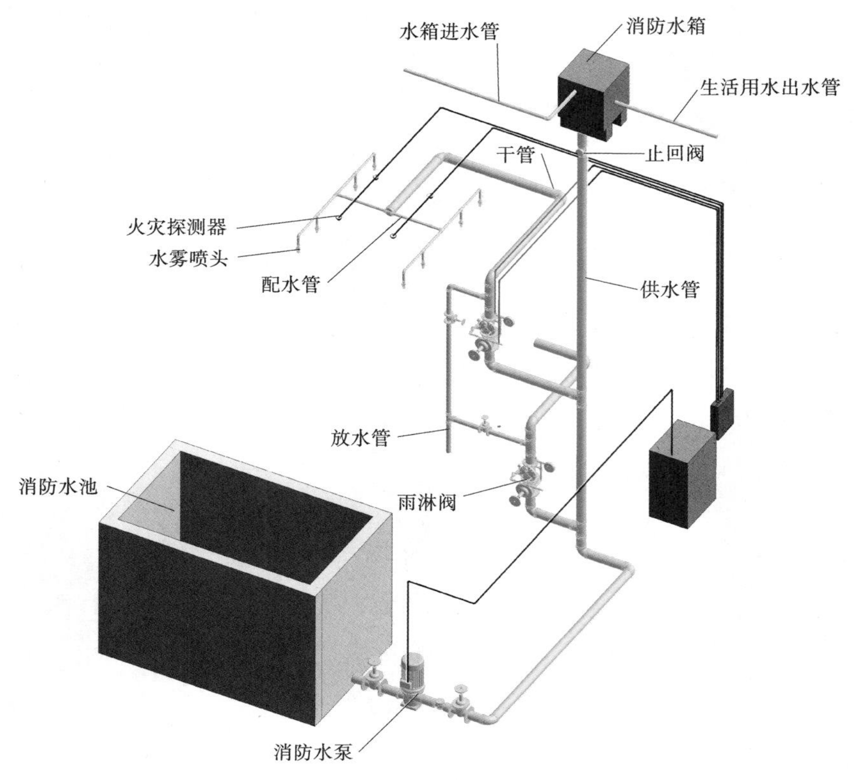

图 3.18 水喷雾系统

水幕系统和水喷雾系统都是开式系统,从系统的组成、控制方式到工作原理都与雨淋系统相同,区别在于水幕系统和水喷雾系统分别采用的是水幕喷头和喷雾喷头,如图 3.19 所示。

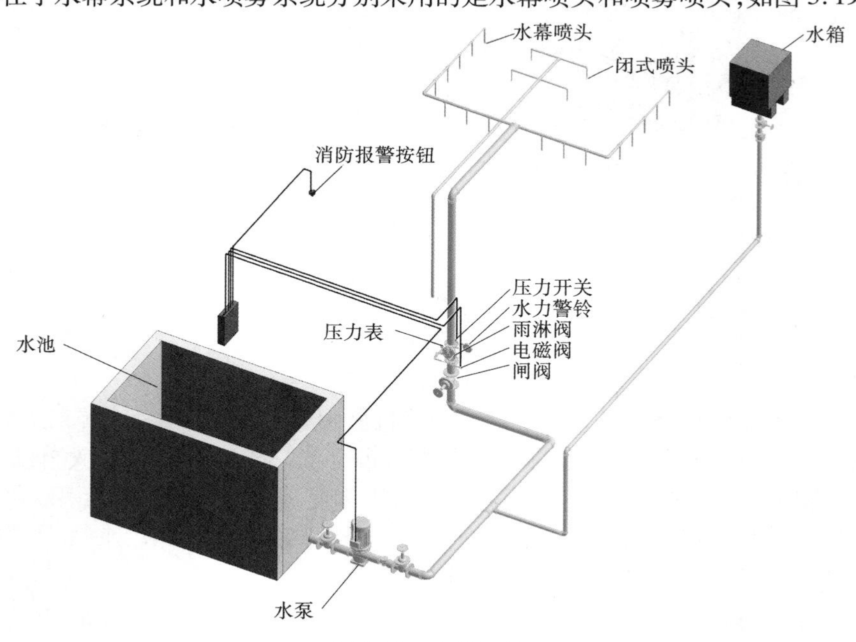

图 3.19 水幕系统

3.2.3　自动喷水灭火系统安装工艺

自动喷水灭火系统安装工艺流程：施工准备→干管安装→报警阀安装→立管安装→分层干、支管安装→喷洒头支管安装→管道试压和冲洗→减压装置安装→报警阀配件及其他组件安装、喷洒头安装→系统通水调试。

(1)施工准备

根据现场情况对施工图进行复核，核对各管道的坐标、标高是否有交叉或排列位置不当的现象；检查预埋和预留洞是否准确；检查管道、管件、阀门、设备及组件是否符合设计要求和质量标准。

(2)干管安装

对于自动喷水灭火系统的管道，DN100以下采用丝扣连接，DN100及以上采用沟槽或法兰连接。无论何种连接方式，均不得减少管道的流通面积。

(3)报警阀安装

系统的主要管网已安装完毕，首先检查报警阀的品牌、规格、型号是否符合设计图纸要求，报警阀组是否完好齐全、阀瓣启用是否灵活、阀体内有无异物堵塞等。然后根据施工图将报警阀安装在明显且便于操作的地点，距地面高度宜为1.2 m，两侧距墙不小于0.5 m，正面距墙不小于1.2 m，安装报警阀的室内地面应采取排水措施。

(4)立管安装

立管暗装在竖井内时，在管井内预埋铁件上安装卡件固定，立管底部的支、吊架要牢固，防止立管下坠；立管明装时，每层楼板要预留孔洞，立管可随结构穿入，以减少立管接口。

(5)分层干管及支管安装

①管道的分支预留口在吊装前应先预制好，所有预留口均加好临时堵板。

②需要镀锌加工的管道在其他管道未安装前，应试装、试压、拆除、镀锌后再安装。

③管道安装与其他管道要协调好标高。

④管道变径时，不得采用补芯。

⑤向上喷的喷头，有条件的可与分支干管按顺序安装好。其他管道安装完成后，不易操作的位置也应先安装向上喷的喷头。

⑥喷头分支水流指示器后不得连接其他用水设施，每路分支均应设置测压设置。

⑦自动喷淋灭火系统中的管道，为了测试、维护和检修方便，须及时排空管道中的水。因此，在安装中，管道应有坡度，配水支管坡度不小于4‰，配水管和水平管不小于2‰。

(6)喷头支管的安装

根据喷头的安装位置，将喷头支管做到喷头的安装位置，用丝堵代替喷头拧在支管末端。根据喷头溅水盘安装的要求，对管道甩口高度进行复核。在安装完成后，溅水盘高度应符合下列规定：

①喷头安装时，应按设计规范要求确保溅水盘与吊顶、门、窗、洞口和墙面的距离。

②当喷头高于梁底的最大距离不能满足规范规定的距离时，应以此梁作为边墙对待；如果梁与梁之间的中心间距小于8 m时，可用交错布置喷头的方法解决。

③当通风管道宽度大于2 m时，喷头应安装在其腹面以下。

④斜面下的喷头安装，其溅水盘必须平行于斜面，在斜面下的喷头间距要以水平投影间距计算且不得大于 4 m。

⑤一般情况下，喷头间距不应小于 2 m，以避免一个喷头喷出的水流淋湿另一个喷头，影响它的动作灵敏度，除非二者之间有挡水作用的构件。

（7）管道的试压和冲洗

系统安装完成后，应按设计要求对管网进行强度、严密性试验，以验证其工程质量。管网的强度、严密性试验一般采用水进行试验。水压试验的测试点应设在系统管网的最低点，注水时应注意将管内的空气排净，并缓慢升压。水压达到试验压力后，稳压 10 min，管网不渗不漏，压力降不大于 0.02 MPa 为合格。严密性试验在水压强度试验和管网冲洗合格后进行，试验压力为工作压力，稳压 24 h，不渗不漏为合格。在主管道上起切断作用的主控阀门，必须逐个做强度和严密性试验，其试验压力为阀门出厂规定的压力值。

自动喷水灭火系统在管道安装后应进行冲洗。冲洗的顺序应按先室外、后室内，先地下、后地上；地上部分应按立管、配水干管、配水支管的先后进行。水冲洗流速应不小于 3 m/s，不得用海水或含有腐蚀性化学物质的溶液对系统进行冲洗。冲洗时，应对系统内的仪表采取保护措施，并将报警设备暂时拆下，待冲洗工作结束后随即复位。冲洗直到进、出水色泽一致为合格。管道冲洗合格后，除规定的检查及恢复工作外，不得再进行影响管内清洁的其他作业。

（8）报警阀配件及其他组件安装

①报警阀配件安装。报警阀组的配件安装应在交工前进行，其安装应符合以下规定：

a. 压力表应安装在报警阀上便于观测的位置；

b. 排水管和试验阀应安装在便于操作的地方；

c. 水源控制阀应有可靠的开启锁定设施；

d. 湿式报警阀的安装除应符合上述要求外，还应能使报警阀前后的管道顺利充满水，压力波动时，水力警铃不应发生误报警；

e. 每一个防火区都设有一个水流指示器。

②水流指示器的安装。水流指示器的安装应在管道试压和冲洗合格后进行，水流指示器的规格、型号应符合设计要求；水流指示器应竖直安装在水平管道的上侧，其动作方向应和水流方向一致；安装后的水流指示器叶片、膜片应动作灵活，不应与管壁发生碰擦。

③水力警铃的安装。水力警铃应安装在公共通道或值班室附近的外墙上。水力警铃和报警阀的连接应采用镀锌钢管，当镀锌钢管的公称直径为 DN15 时，其长度不应大于 6 m；镀锌钢管的公称直径为 DN20 时，其长度不应大于 20 m。安装后的水力警铃启动压力不应小于 0.05 MPa。

④信号阀的安装。信号阀应安装在水流指示器前的管道上，与水流指示器之间的距离不应小于 300 mm。

⑤排气阀的安装。排气阀的安装应在系统管网试压和冲洗合格后进行，排气阀应安装在配水管顶部、配水管的末端，且应确保无渗漏。

⑥控制阀的安装。控制阀的规格、型号和安装位置均应符合设计要求，安装方向应正确，控制阀内应清洁、无堵塞、无渗漏；主要控制阀应加设启闭标志；隐蔽处的控制阀应在明显处设有指示其位置的标志。

⑦压力开关的安装。压力开关应竖直安装在通往水力警铃的管道上，且不应在安装中拆装改动。

⑧末端试水装置的安装。末端试水装置宜安装在系统管网末端或分区管网末端。

(9)喷头的安装

在安装喷头前，管道系统应经过试压、冲洗。喷头在安装时，应使用专用扳手，严禁利用喷头的框架施拧。若喷头的框架、溅水盘变形或释放原件损伤时，应换上规格、型号相同的喷头。喷洒头的两翼方向应成排统一安装。护口盘要紧贴吊顶，走廊单排的喷头两翼应横向安装。

(10)系统调试

系统调试的内容主要包括水源测试、消防水泵性能试验、报警阀性能试验、排水装置试验、联动试验、火灾模拟试验。

①水源测试要检查室外水源管道的压力和流量是否符合设计要求；核实屋顶上容积是否符合规范规定；核实消防水池是否符合规范规定；核实水泵接合器的数量和供水是否满足系统灭火的要求，并用消防车进行供水试验。

②消防水泵性能试验分别以自动或手动方式启动消防泵，消防水泵应在5 min内投入正常运行，达到设计流量和压力，其压力表指针应稳定。运转中无异常声响和振动，各密封部位不得有泄漏现象，各滚动轴承温度应不高于75 ℃，滑动轴承的温度应不高于70 ℃。备用电源切换供电时，消防水泵应在1.5 min内投入正常运行，消防泵的上述多项性能应无变化。

③报警阀性能试验是打开系统试水装置后，湿式报警阀能及时启动，经延迟器5～90 s后，水力警铃应准确地发出报警信号，水流指示器应输出报警信号并启动消防泵。

④排水装置试验：开启排水装置的主排水阀，按系统最大设计灭火水量做排水试验，并使压力达到稳定；试验过程中，从系统排出的水应全部从室内排水系统排走。

⑤联动试验：感烟探测器用专用测试仪输入模拟烟信号后，应在15 s内输出报警和启动系统执行信号，准备、可靠地启动系统；感温探测器专用测试仪输入模拟信号后，在20 s内输出报警和启动系统执行信号，准备、可靠地启动系统；启动一只喷头或以0.94～1.5 L/s的流量从末端试水装置处放水，水流指示器、压力开关、水力警铃和消防水泵等及时动作并发出相应的信号。

⑥消防监督部门认为有必要时，应进行灭火模拟试验。即在个别区域或房间内升温，使一个或数个喷头打开喷水，然后验证其保护面积、喷水强度、水压。

3.3 消防炮灭火系统

消防炮能将一定流量、一定压力的灭火剂(如水、泡沫混合液或干粉等)通过能量转换，将势能(压力能)转化为动能，使灭火剂以非常高的速度从炮头出口喷出，形成射流，从而扑灭一定距离以外的火灾。

3.3.1 消防炮

消防炮是连续喷射时水、泡沫混合液流量大于16 L/s或干粉平均喷射速率大于8 kg/s，脉冲喷射时单发喷射水、泡沫混合液量不低于8 L的喷射灭火剂的装置。

1)消防炮分类

①消防炮按安装方式可分为固定式消防炮、移动式消防炮。

固定式消防炮是安装在固定支座上的消防炮，包括固定安装在消防车、船上的消防炮，如图3.20所示。固定消防炮灭火系统是由固定消防炮和相应配置的系统组件组成的固定灭火系统，是用于保护面积较大、火灾危险性较高而且价值较昂贵的重点工程的群组设备等要害场所，能及时、有效地扑灭较大规模的区域性火灾，灭火威力较大的固定灭火设备，在消防工程设计上有特殊要求。难以设置自动喷水灭火系统的展览厅、观众厅等人员密集场所和丙类生产车间、库房等高大空间场所，宜采用固定消防炮等灭火系统。

(a)手轮式

(b)手柄式

图3.20 固定式消防炮

移动式消防炮是安装在可移动支架上的消防炮，包括固定安装在拖车上的消防炮。

②消防炮按喷射介质可分为消防水炮、消防泡沫炮和消防干粉炮。

消防水炮适用于一般固体可燃物火灾场所；消防泡沫炮适用于甲乙丙类液体、固体可燃物火灾场所；消防干粉炮适用于液化石油气、天然气等可燃气体火灾场所。水炮和泡沫炮不得用于扑救遇水发生化学反应而引起燃烧、爆炸等物质的火灾。

固定消防水炮系统喷射水灭火剂，主要由水源、消防泵组、管道、阀门、水炮、动力源和控制装置等组成；固定泡沫消防炮系统喷射泡沫灭火剂，主要由水源、泡沫液罐、消防泵组、泡沫比例混合装置、管道、阀门、泡沫炮、动力源和控制装置等组成；固定干粉消防炮喷射干粉灭火剂，主要由干粉罐、氮气瓶组、管道、阀门、干粉炮、动力源和控制装置等组成。

③消防炮按驱动方式不同可分为远控消防炮、手动消防炮。

远控消防炮是具有远距离控制操作功能的消防炮，驱动力以液压、气压、电动为主提供；手动消防炮是由操作人员直接手动控制消防炮射流形态、回转及俯仰角度的消防炮。

④消防炮按使用功能可分为单用消防炮、两用消防炮、组合消防炮。

两用消防炮是利用同一流道在不同时刻喷射两种介质的消防炮；组合消防炮是利用不同流道喷射两种或两种以上介质的消防炮。

2)消防炮型号

消防炮的型号由类、组代号,特征代号,船用代号,主参数,喷雾代号,自摆代号,隔爆代号和自定义组成,如图3.21所示。

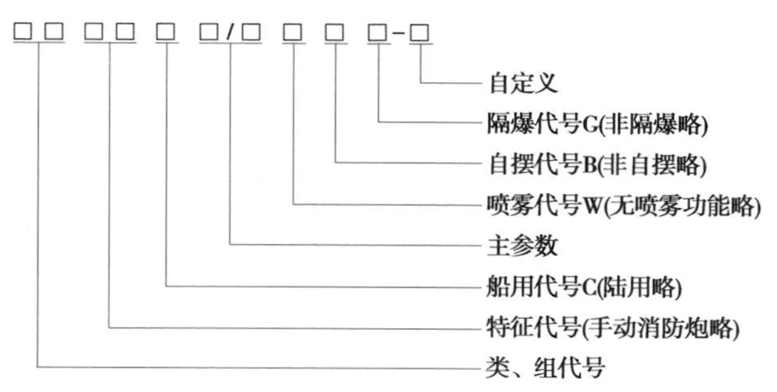

图3.21 消防炮型号

类、组代号中PS代表消防水炮;PP代表消防泡沫炮;PF代表消防干粉炮;PM代表脉冲消防水炮;PL代表两用消防炮;PZ代表组合消防炮。

特征代号中KD代表电动控制(简称电控或电动);KY代表液动控制(简称液控或液动);KQ代表气动控制(简称气控或气动);Y代表移动式;固定式略。

消防炮的主参数为额定工作压力或消防干粉炮额定工作压力范围下的额定流量、单次喷射量或消防干粉炮有效喷射率。

PPKYC10/80型号表示喷射介质为泡沫混合液、额定流量80 L/s、额定工作压力1.0 MPa的液控船用消防泡沫炮。

3.3.2 智能消防炮灭火系统

智能消防炮灭火系统针对现代大空间建筑的消防需要,运用多项高新技术,将计算机、红外和紫外信号处理、通信、机械传动、系统控制等技术有机地结合在一起,实现了高智能化的现代消防理念。当其保护的现场一旦发生火灾,装置及时启动,并进行全方位扫描,在30 s内判定着火点,并精确定位射水灭火,同时发出信号,启动水泵、电磁阀、消防报警器等系统配套设施。火灾扑灭后,主动关闭阀门,系统复位(监控状态)。智能消防炮灭火系统还具有较强的电子电路和机械传动组件的自检能力,可迅速发现故障并报告消防监控中心。由于系统的维护性能优越,其维护费用较低,灭火装置及供水、供电线路简单,有利于工程设计和施工,且主动关闭电磁阀,节省水资源,最大限度降低了火灾现场的水灾危害,具有较高的性价比。智能消防炮如图3.22所示。

智能消防炮灭火系统工作演示

图3.22 智能消防炮

(1)智能消防炮灭火系统的主要特点

①自动探测报警,自动定位着火点;

②控制俯仰回转角和水平回转角动作;

③接收其他火灾报警器联动信号;

④自动控制、远程手动控制和现场手动控制;

⑤采用图像呈现方式,实现可视化灭火;

⑥探测距离远,保护面积大,响应速度快,探测灵敏度高;

⑦自动定位技术,远程控制定点灭火,减少了扑救过程中造成的损失;

⑧同时具有防火、灭火、监控功能,提高了系统整体的性价比;

⑨二次寻的、无须复位,大大缩短了灭火时间。

(2)智能消防炮灭火系统的分类

根据系统的工作方式不同,智能消防水炮主要分为寻的式智能消防炮和扫射式智能消防炮。

①寻的式智能消防炮灭火系统:能够根据火场情况自动控制射流姿态,包括水平喷射角度、俯仰喷射角度、直流/雾化射流。它具有实时位置监测功能,在其联动控制器上能显示出消防水炮的当前姿态,并可通过控制器进行调整,实现最佳灭火效果。自动寻的式消防炮,利用可燃物在着火(明火或阴火)时产生的大量红外线辐射为目标,采用一种对火焰发出的红外线光谱敏感的传感器,对火焰信号进行可靠探测。再通过对信号的放大、滤波及提取处理,确认后发出控制指令。

②扫射式智能消防炮灭火系统:一种能够沿一定的轨迹自动进行水平或俯仰扫射的消防炮,这种消防炮可以水力驱动,或是在控制器驱动下进行电动扫射。

(3)智能消防炮灭火系统的设置场所

凡是按照国家有关标准要求应设置自动喷水灭火系统,火灾类别为A类,但由于空间高度较高,采用自动喷水灭火系统难以有效探测、扑灭及控制火灾的大空间场所,宜设置智能消防炮灭火系统。

3.4 其他常用建筑灭火系统

3.4.1 干粉灭火系统

该系统是以干粉作为灭火剂的灭火系统。干粉灭火剂是一种干燥的、易于流动的细微粉末,平时贮存于干粉灭火器或干粉灭火设备中;灭火时,由加压气体(二氧化碳或氮气)将干粉从喷嘴射出,形成一股夹着加压气体的雾状粉流射向燃烧物,起到灭火作用。

干粉有普通型干粉(BC类)、多用途干粉(ABC类)和金属专用灭火剂(D类火灾专用干粉)。

干粉灭火具有灭火历时短、效率高、绝缘好、灭火后损失小、不怕冻、不用水、可长期贮存等优点。干粉灭火系统按其安装方式分为固定式、半固定式;按其控制启动方法又分为自动控制、手动控制;按其喷射干粉的方式分为全淹没和局部应用系统。

3.4.2 气体灭火系统

在消防领域应用最广泛的灭火剂就是水。但对于扑灭可燃气体、可燃液体、电器火灾以及计算机房、重要文物档案库、通信广播机房、微波机房等不宜用水灭火的火灾,气体消防是最有效、最干净的灭火手段。气体灭火系统一般包括卤代烷灭火系统、二氧化碳灭火系统、混合气体灭火系统、气溶胶灭火系统、惰性气体灭火系统、氟化烃灭火系统和烟雾灭火系统等。

气体灭火系统由储存瓶组、储存瓶组架、液体单向阀、集流管、选择阀、管道系统、安全阀、喷嘴、药剂、火灾探测器、气体灭火控制器、声光报警器、放气指示灯、警铃、紧急启动按钮等组成。

(1)卤代烷灭火系统

卤代烷灭火系统是一种把具有灭火功能的卤代烷碳氢化合物作为灭火剂的气体灭火系统。该系统适用于不能用水灭火的场所,如计算机房、图书档案室及文物资料库等建筑物。

传统的卤代烷灭火剂是1211及1301,但由于这种灭火剂会破坏大气臭氧层,分别在2005年及2010年停止生产。目前,推广使用的是洁净气体灭火剂七氟丙烷(HFC-227ea、FM-200)。七氟丙烷是一种无色、无味、低毒性、绝缘性好、无二次污染的气体,对大气臭氧层的耗损潜能值为零。

七氟丙烷灭火系统(图3.23)主要适用于计算机房、通信机房、配电房、油浸变压器、自备发电机房、图书馆、档案室、博物馆及票据、文物资料库等场所,可用于扑救电器火灾、液体火灾、可熔化的固体火灾、固体表面火灾及灭火前能切断气源的气体火灾。

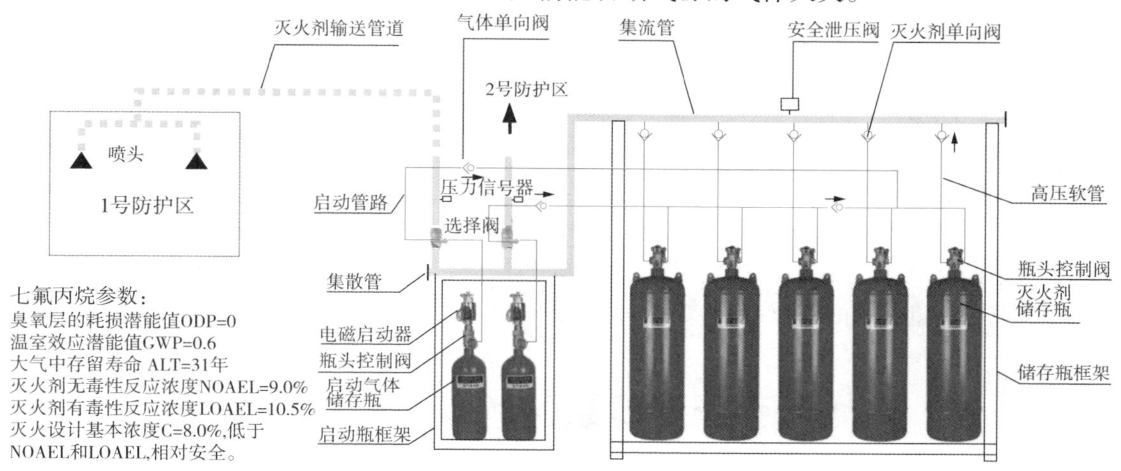

图3.23 七氟丙烷灭火系统

(2)二氧化碳灭火系统

二氧化碳灭火系统是一种纯物理的气体灭火系统。其灭火原理是通过减少空气中氧的含量,使其达不到支持燃烧的浓度。二氧化碳灭火剂是液化气体型,一般以液相二氧化碳贮存在高压瓶内。二氧化碳灭火系统具有不污损保护物、灭火快、空间淹没效果好等优点,适用于灭火前可切断气源的气体火灾、固体火灾、液体火灾和电器火灾,不得用于扑救硝化纤维、火药等含氧化剂的化学制品火灾。

二氧化碳灭火系统按灭火方式分为全淹没系统、局部应用系统、手持软管系统、竖管系统。系统的启动方式有手动和自动两种：一般情况使用手动式，无人时可转换为自动式。全淹没二氧化碳灭火系统适用于无人居留或发生火灾能迅速(30 s 以内)撤离的防护区；局部二氧化碳灭火系统适用于经常有人的较大防护区，扑救个别易燃烧设备或室外设备。

(3)混合气体灭火系统

混合气体灭火剂是由氮气、氩气和二氧化碳气体按一定比例混合而成的气体。这些气体都在大气层中自然存在，对大气臭氧层没有损耗，也不会对地球的"温室效应"产生影响。混合气体既不支持燃烧，又不与大部分物质产生反应，是一种十分理想的环保型灭火剂。混合气体灭火系统是纯物理灭火方式，靠释放后将保护区的氧气浓度降低到 12.5%，并把二氧化碳浓度提高到 4%。氧气浓度降低到 15% 以下时，大多数普通可燃物可停止燃烧。

(4)气溶胶灭火系统

气溶胶是指以固体或液体的微粒悬浮于气体介质中的一种物态，常见的气溶胶为烟气、雾等。灭火用的气溶胶微粒直径只有 10 ~ 100 μm，能够像气体一样长时间悬浮在空中而不会落下来。气溶胶灭火剂在使用前呈固体状态；使用时，感温、感烟探测器会自动接通点火装置，点燃气溶胶药剂，并很快产生大量烟雾(气溶胶)，迅速弥漫整个防护区。气溶胶产生的固体微粒主要是金属氧化物及碳酸盐等。当气溶胶遇到火焰时，会产生一系列化学反应，这些反应都是强烈的吸热反应，可大量吸收燃烧时产生的热量，并且燃烧会使气溶胶的金属离子与燃烧物中的自由基因产生链式反应，大量消耗这些活性基因，同时产生氮气、二氧化碳等惰性气体，从而中断燃烧链，达到灭火的目的。常用的气溶胶有 K 型、S 型。

3.4.3 泡沫灭火系统

泡沫灭火系统的工作原理是应用泡沫灭火剂，使其与水混溶后产生一种可漂浮且黏附在可燃、易燃液体或固体表面，或者充满某一着火物质的空间，起到隔绝、冷却的作用，使燃烧物质熄灭。该系统广泛应用于油田、炼油厂、油库、发电厂、汽车库、飞机库及矿井坑道等场所。

泡沫灭火剂按其成分有化学泡沫灭火剂、蛋白质泡沫灭火剂及合成型泡沫灭火剂等。泡沫灭火系统按其使用方式分为固定式、半固定式和移动式；按泡沫喷射方式分为液上喷射、液下喷射和喷淋方式；按泡沫发泡倍数分为低倍、中倍和高倍。

课后习题

一、填空题

1. 消防供水水源主要是________、________、________。
2. 消防栓系统通常由____________、供水设备、供水管网以及________4 部分组成。
3. 室外消防栓分为________、________、直埋式 3 种。
4. 消火栓箱安装有__________和__________两种形式。
5. 自动喷水灭火系统由喷头、________、________、________、________、________等

组成。

6. 喷头按是否有堵水支撑分为__________和____________两类。

二、判断题

1. 干湿式自动喷水灭火系统中，是部分充满有压气体，部分充满有压水。 ( )

2. 不同市政给水干管上应有不少于两条引入管向消防给水系统供水。 ( )

3. 室外消火栓应设置在便于消防车使用的地点。 ( )

4. 室外消防给水管道的最小直径不应小于100 mm。 ( )

5. 水幕系统、水喷雾系统和雨淋式自动喷水灭火系统的喷头采用的是开式喷头。( )

三、选择题

1. 自动喷水灭火系统的喷头种类有很多，按喷头是否有堵水支撑分为闭式喷头和开式喷头。以下哪种喷头不属于开式喷头？( )

A. 开启式喷头　　B. 水幕式喷头　　C. 喷雾式喷头　　D. 易熔元件喷头

2. 下列哪种火灾可以用水扑灭？( )

A. 与水能起反应的物质　　B. 电器火灾

C. 比水轻的易燃液体　　D. 可燃固体

3. 报警阀的作用是开启和关闭管网的流速。以下哪种不属于报警阀的类型？( )

A. 干式　　B. 湿式　　C. 雨淋式　　D. 预作用式

4. 以下关于自动喷水灭火系统的描述，正确的是( )。

A. 非火灾工况下，干式自动喷水灭火系统管网中充满的是压缩空气

B. 火灾发生后，湿式自动喷水灭火系统中的喷头不用更换

C. 非火灾工况下，预作用式自动喷水灭火系统管网中充满的是有压力的水

D. 火灾发生时，预作用式自动喷水灭火系统火灾探测器可以滞后喷头动作

四、简答题

1. 室外消火栓、室内消火栓、消火栓管道布置有何要求？

2. 简述湿式喷水灭火系统的工作原理。

3. 预作用自动喷水灭火系统与湿式、干式自动喷水灭火系统相比，其优点是什么？

4. 水幕系统的主要作用是什么？主要用于哪些部位的保护？

5. 报警阀的作用是什么？目前，在自动喷水灭火系统中常用的报警阀主要有哪几种类型？

6. 自动喷水灭火系统中，水泵接合器的设置有哪些要求？

7. 简述消火栓系统安装工艺。

8. 简述自动喷水灭火系统安装工艺。

9. 简述其他常用建筑灭火系统。

第4章　建筑排水系统

【本章教学目标】

育人主题	建议学时	素质目标	知识目标	能力目标
节能减排	4	(1)家国情怀:了解水污染及水资源保护,激发学生的科技报国之心; (2)个人品格:增强节能减排意识,培养学生的自主学习能力以及分析问题、解决问题的能力; (3)职业素养:通过排水系统原理及施工工艺学习,培养学生的爱岗敬业和艰苦奋斗精神,增强社会责任感	(1)描述建筑排水系统的组成及排水方式; (2)完整列出排水系统施工流程,且顺序正确	(1)能够实地辨识建筑排水系统组成实物; (2)能够绘制排水安装工程的施工流程简图,列出施工要点

建筑排水系统是将建筑内部人们日常生活和工业生产中使用过的污水及屋面的雨水收集起来及时排到室外的系统。

4.1　生活排水及雨水排水系统

4.1.1　建筑排水系统分类

建筑内部排水系统根据接纳污、废水的性质,可分为生活排水系统、工业废水排水系统、屋面雨水排水系统。

工业废水排水系统是排除工艺生产过程中产生的污废水。为便于污废水的处理和综合利用,按污染程度可分为生产污水排水系统和生产废水排水系统。污染程度较重的生产污水经过处理后达到排放标准排放;生产废水污染较轻,可作杂用水加以回用。

若生活排水、工业废水排水及雨水排水分别设置管道排出室外,称为建筑分流制排水;若将其中两类以上的污水、废水合流排出,称为建筑合流制排水。建筑排水系统是选择分流制排水系统还是合流制排水系统,应综合考虑污水的污染性质、污染程度及室外排水体制是否有利于水质综合利用及处理等因素来确定。

4.1.2　生活排水系统

生活排水系统是排出居住建筑、公共建筑及工厂生活间的污、废水，如图4.1所示。生活排水系统又可分为排除冲洗便器的生活污水排水系统和排除洗涤废水的生活废水排水系统。生活废水经过处理可作为杂用水，用于冲洗厕所或绿化。

生活排水系统的组成（探秘雷神山医院生活排水系统）

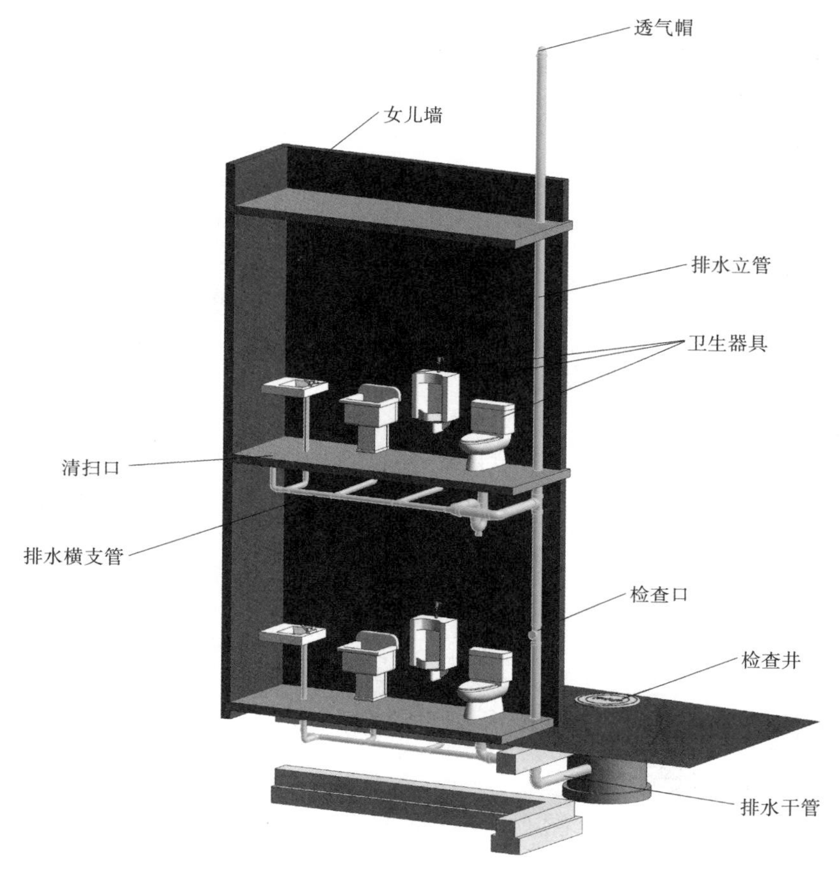

图4.1　生活排水系统

1）生活排水系统的组成

（1）卫生器具

坐式大便器安装

卫生器具是建筑内部排水系统的起点，用来满足日常生活和生产过程中的各种卫生要求，并收集和排出污废水。卫生器具按其用途可分为便溺卫生器具（大便器、小便器、大便槽、小便槽等）、盥洗卫生器具（洗脸盆、盥洗槽、浴盆、淋浴器、净身盆等）、洗涤卫生器具（洗涤盆、污水池、化验盆等）、专用卫生器具（地漏、水封等）。卫生器具及给水配件的安装高度若设计无要求，应分别符合表4.1、表4.2的规定。

表 4.1　卫生器具安装高度

项次	卫生器具名称			卫生器具安装高度/mm		备注
				居住和公共建筑	幼儿园	
1	污水盆(池)	架空式		800	800	—
		落地式		500	500	
2	洗涤盆(池)			800	800	自地面至器具上边缘
3	洗脸盆、洗手盆(有塞、无塞)			800	500	
4	盥洗槽			800	500	
5	浴盆			≤520	—	
6	蹲式大便器	高水箱		1 800	1 800	自台阶面至高水箱底
		低水箱		900	900	自台阶面至低水箱底
7	坐式大便器	高水箱		1 800	1 800	自地面至高水箱底
		低水箱	外露排水管式	510	370	自地面至低水箱底
			虹吸喷射式	470		
8	小便器	挂式		600	450	自地面至下边缘
9	小便槽			200	150	自地面至台阶面
10	大便槽冲洗水箱			≥2 000	—	自台阶面至水箱底
11	妇女卫生盆			360	—	自地面至器具上边缘
12	化验盆			800	—	自地面至器具上边缘

表 4.2　卫生器具给水配件的安装高度

项次	给水配件名称		配件中心距地面高度/mm	冷热水龙头距离/mm
1	架空式污水盆(池)水龙头		1 000	—
2	落地式污水盆(池)水龙头		800	—
3	洗涤盆(池)水龙头		1 000	150
4	住宅集中给水龙头		1 000	—
5	洗手盆水龙头		1 000	—
6	洗脸盆	水龙头(上配水)	1 000	150
		水龙头(下配水)	800	150
		角阀(下配水)	450	—
7	盥洗槽	水龙头	1 000	150
		冷热水管(其中,热水龙头上下并行)	1 100	150
8	浴盆	水龙头(上配水)	670	150

续表

项次	给水配件名称		配件中心距地面高度/mm	冷热水龙头距离/mm
9	淋浴器	截止阀	1 150	95
		混合阀	1 150	—
		淋浴喷头下沿	2 100	—
10	蹲式大便器(台阶面算起)	高水箱角阀及截止阀	2 040	—
		低水箱角阀	250	—
		手动式自闭冲洗阀	600	—
		脚踏式自闭冲洗阀	150	—
		拉管式冲洗阀(从地面算起)	1 600	—
		带防污助冲器阀门(从地面算起)	900	—
11	坐式大便器	高水箱角阀及截止阀	2 040	—
		低水箱角阀	150	—
12	大便槽冲洗水箱截止阀(从台阶面算起)		≥2 400	—
13	立式小便器角阀		1 130	—
14	挂式小便器角阀及截止阀		1 050	—
15	小便槽多孔冲洗管		1 100	—
16	实验室化验水龙头		1 000	—
17	妇女卫生盆混合阀		360	—

(2)排水管道系统

排水管道系统由连接卫生器具的排水管道、排水横支管、立管、埋设在室内地下的干管和排出到室外的排出管等组成。

(3)通气系统

建筑内部排水管内是水气两相流,为防止因气压波动造成水封破坏使有毒有害气体进入室内,需设置通气系统(图4.2)。其主要作用是使排水管与大气相通,稳定排水管中的气压波动,使水流畅通。

通气管有伸顶通气立管、专用通气内立管、结合通气管、环形通气管等类型。当建筑物层数和卫生器具不多时,可将排水立管上端延伸出屋顶,进行升顶通气;当建筑物层数和卫生器具较多时,因排水量大,空气流动过程宜受排水过程干扰,须将排水立管和通气立管分开,设专用通气立管;为使排水系统形成空气流通环路,通气立管与排水立管间需设结合通气管;当污水横支管上连接6个及6个以上大便器,或连接4个及4个以上卫生器具并与立管的距离大于12 m时,应设环形通气管;对一些卫生标准与噪声控制要求较高的建筑物,应在各个卫生器具存水弯出口端设置器具通气管。

排水系统根据通气立管设置情况可分为单立管排水系统、双立管排水系统、三立管排水系统。

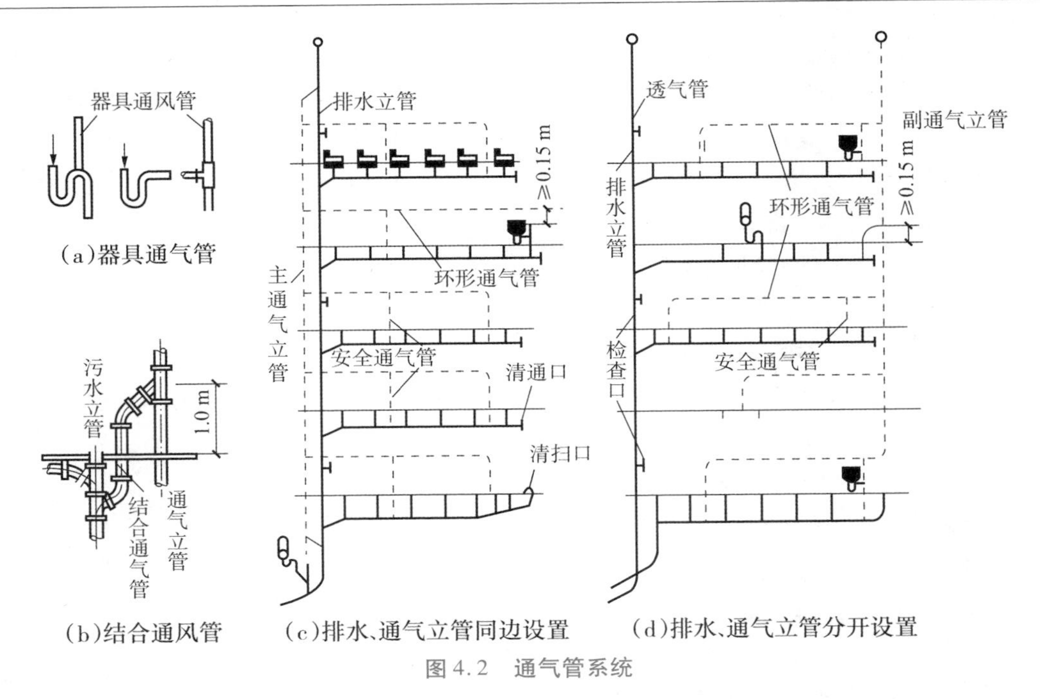

图 4.2　通气管系统

(4)清通设备

为疏通建筑内部排水管道,保障排水畅通,需设置清通设备。在横支管上设清扫口,在立管上设检查口,埋地干管上设检查井。

(5)局部提升设备

民用建筑中的地下室、人防建筑物、建筑的地下技术层、某些工业企业车间或半地下室、地下铁道等建筑物内的污水、废水不能自流排至室外时,必须设置污水提升设备。

(6)污水局部处理构筑物

室内污水不符合排放要求时,必须进行局部处理。常用的局部水处理构筑物有化粪池、隔油池等。化粪池是一种利用沉淀和厌氧发酵原理去除生活污水中悬浮性有机物的最初级处理构筑物(图 4.3)。目前,由于我国许多小城镇还没有生活污水处理厂,所以建筑物卫生间内所排出的生活污水必须经过化粪池处理后才能排入合流制排水管道。隔油池的工作原理是使含油污水流速降低,并使水流方向改变,使油类浮在水面上,然后将其收集排除,适用于食品加工车间、餐饮业的厨房排水和其他一些生产污水的除油处理。

2)生活排水系统布置

(1)卫生器具

卫生器具的选择要求冲洗功能强、节水消声、设备配套、使用方便。

(2)排水支管

排水支管穿墙或楼板时应预留孔洞,且位置准确,与卫生器具相连时,除坐式大便器和地漏外均应设置存水弯;排水横支管宜短,尽量沿墙、梁、柱明装;排水立管宜靠近外墙,且靠在排水量大、杂质多的点;塑料排水管道应根据环境温度变化设置伸缩节,但埋地或设于墙体、混凝土柱体内的管道不应设置伸缩节;排出管一般铺设于地下室或地下,尽量直线布置。

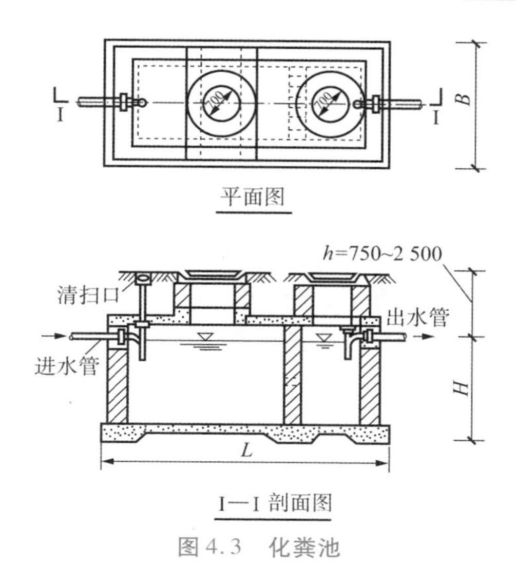

图4.3　化粪池

(3)通气管

伸顶通气管高出屋面不小于0.3 m,但应大于该地区最大积雪厚度,屋顶有人停留时应大于2 m;专用通气立管每隔2层,主通气立管每隔8~10层设置结合通气管与污水立管连接;专用通气立管和主通气立管的上端可在最高卫生器具上边缘或检查口以上不小于0.15 m处与污水立管以斜三通连接,下端在最低污水横支管以下与污水立管以斜三通连接;环形通气管应在横支管起端的两个卫生器具之间接出,在排水横支管中心线以上,与排水横支管成垂直或45°连接;通气管不得接纳污水、废水和雨水,不得与通风管或烟道连接;器具通气管应设在存水弯出口端,且在卫生器具上边缘以上不小于0.15 m处,按不小于0.01的上升坡度与通气立管连接。

(4)清通设备

清通设备主要作为疏通排水管道用。检查口的安装高度一般为1 m,并高于该卫生器具上边缘0.15 m。在连接2个及2个以上的大便器或3个及3个以上的卫生器具的污水横支管上,宜设清扫口。

3)生活排水系统安装工艺

生活排水系统安装工艺

生活排水系统安装工艺流程:安装准备→预制加工→干管安装→立管安装→支管安装→卡件固定→封口堵洞→闭水试验→通水试验→通球试验。

(1)安装准备

认真熟悉图纸,根据设计图纸及技术交底,检查、核对预留孔洞尺寸是否正确,将管道坐标、标高位置画线定位。

(2)预制加工

排水管道的安装

根据图纸要求并结合实际情况确定位置,测量尺寸,切割材料,对管口要用砂纸、锉刀清理毛刺,清除残屑。

(3)干管安装

根据设计图纸要求的坐标、标高预留槽洞或预埋套管。埋入地下时,按设计坐标、标高、坡向、坡度开挖槽沟后安装;采用托吊管安装时,应按设计坐标、标高、坡向做好托、吊架。条件具备时,将预制加工好的管段,按编号运至安装部位进行安装。干管安装完成后应做闭水试验,出口用充气橡胶堵密闭,达到不渗漏、5 min 内水位不下降为合格。

(4)立管安装

按设计要求,将洞口预留或后剔,洞口尺寸不得过大,更不可损伤受力钢筋。安装前清理场地,根据需要支搭操作平台,将已预制好的立管运到安装部位。立管插入端应先画好插入长度标记,然后涂上肥皂液,套上锁母及 U 形橡胶圈。安装时,先将立管上端伸入上一层洞口内,垂直用力插入至标记为止(一般预留胀缩量为 20 ~ 30 mm)。合适后即用自制 U 形钢制抱卡紧固于伸缩节上沿,然后找正找直,并测量顶板距三通中心是否符合要求,无误后即可堵洞,并将上层预留伸缩节封严。

(5)支管安装

首先剔出吊卡孔洞或复查预埋件是否合适;其次清理场地,按需要支搭操作平台,将预制好的支管按编号运至场地;最后根据管段长度调整好坡度,合适后固定卡架,封闭各预留管口和顶替洞。

(6)试验

管道安装时,要求安装支、吊架,并按设计要求调整好管道的坡度。管道安装完毕后,均按要求进行灌(闭)水试验和通水、通球试验。

排水主立管及水平干管管道均应做通球试验,通球半径不小于排水管道管径的 2/3,通球率必须达到 100%。通球时,为了防止球滞留在管道内,用线贯穿并系牢(线长略大于立管总高度),然后将球从伸出屋面的通气口向下投入,看球能否顺利地通过主管并从出户弯头处溜出,如能顺利通过,说明主管无堵塞;如通球受阻,可拉出通球,测量线的放出长度,则可判断受阻部位,然后进行疏通处理,反复做通球试验,直至管道通畅为止。如果出户管弯头后的横向管段较长,通球不易滚出,可灌水帮助通球流出。

4.1.3 雨水排水系统

屋面雨水排水系统是用于收集降落在大屋面建筑和高层建筑屋面上的雨雪水。屋面雨水的排除方式,按雨水管道的位置分为外排水系统、内排水系统和混合排水系统。

(1)外排水系统

外排水系统是指建筑物内部没有雨水管道的雨水排除方式。按屋面有无天沟,又可以分为檐沟外排水和天沟外排水。

檐沟外排水由檐沟、水落管组成。降落在屋面的雨水沿屋面集流到檐沟,然后流入隔一定距离设置的沿外墙的水落管排至地面或雨水口。普通外排水适用于普通住宅、一般公共建筑和小型单跨厂房。

天沟外排水系统由天沟、雨水斗和排水立管组成。天沟设置在两跨中间并坡向端墙,雨水斗设在伸出山墙的天沟末端,排水立管连接雨水斗并沿外墙布置。降落在屋面的雨水沿坡向天沟的屋面汇集到天沟,沿天沟流至建筑物两端(山墙、女儿墙)进入雨水斗,经立管排至地面或雨水井。这种排水系统适用于长度不超过 100 m 的多跨工业厂房。

(2)内排水系统

内排水系统是指屋面设置雨水斗,建筑物内部有雨水管道的雨水排水系统。对于屋面设立天沟有困难的壳形屋面或设有天窗的厂房,考虑设立内排水系统;对于建筑立面要求高的高层建筑、大屋面建筑及寒冷地区的建筑,其外墙设置雨水排水立管有困难时,可考虑采用内排水系统。内排水系统一般由雨水斗、连接管、悬吊管、立管、排出管、埋地干管和检查井组成。

内排水系统按雨水斗的连接方式可分为单斗雨水排水系统和多斗雨水排水系统。单斗系统一般不设悬吊管,雨水斗和排水立管连接起来;多斗系统就是悬吊管上连接多个雨水斗(一般不得多于 4 个)的系统,其排水量大约为单斗的 80%。在条件允许的情况下,应尽量采用单斗排水,以充分发挥管道系统的排水能力。

按排出雨水的安全程度,内排水系统分为敞开式排水系统和密闭式排水系统。敞开系统为重力排水,检查井设置在室内,可以接纳生产废水,省去生产废水的排出管,但在暴雨时可能出现检查井冒水现象;密闭系统是雨水由雨水斗收集,进入雨水立管,或通过悬吊管直接排至室外的系统,室内不设检查井,密闭式排出管为压力排水。

(3)混合排水系统

大型工业厂房的屋面形式复杂,为了及时有效地排出屋面雨水,往往同一建筑物采用几种不同形式的雨水排出系统,分别设置在屋面的不同部位,由此组合成屋面雨水混合排水系统(图 4.4)。

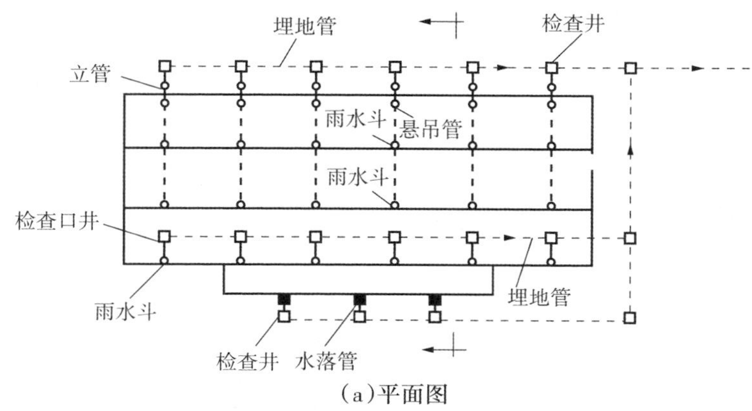

(a)平面图

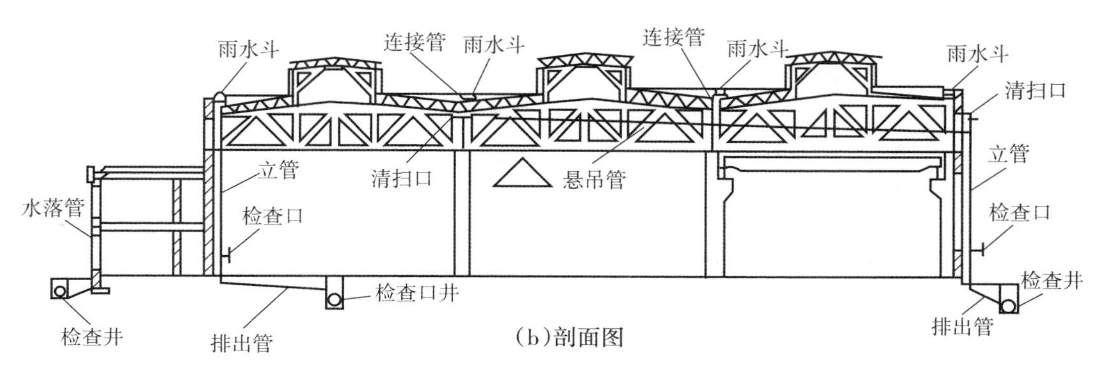

(b)剖面图

图 4.4　雨水排水系统

4.2 高层建筑排水系统

随着社会的发展和人们生活水平的提高,人们对居住质量的要求越来越高,而高层民用建筑中排水系统的好坏直接影响人们的日常生活和整个建筑的质量。

4.2.1 高层建筑排水系统的特点

高层建筑排水系统具有以下特点:

①高层建筑居住人员多、排水卫生器具多,排水量大,容易淤积堵塞。

②落差大,流速大,排水噪声大。

③水跃高度大,负压抽吸、正压喷溅激烈。

4.2.2 高层建筑常用排水系统

对高层建筑排水系统的基本要求是排水、排气通畅。排水通畅即要求排水管道设计合理、安装正确、管径能排出所接纳的污(废)水量、配件选择恰当及不产生阻塞现象;良好的排气应设置专用通气立管。

高层建筑排水系统功能的好坏在很大程度上取决于排水管道通气系统是否合理。为保证高层建筑排水畅通,当设计排水流量超过排水立管的排水能力时,应采用双立管排水系统和特殊单立管排水系统(苏维托排水系统、旋流排水系统、UPVC 螺旋排水系统等)。

1)双立管排水系统

双立管排水系统是通气立管和排水立管共同安装在一个竖井内,相互联通,通气管专用通气,排水管专用排水,如图 4.5 所示。双立管排水系统有专用通气立管、主通气立管、环形通气管、副通气立管等形式。我国目前各城市的高层建筑多采用双立管排水系统。

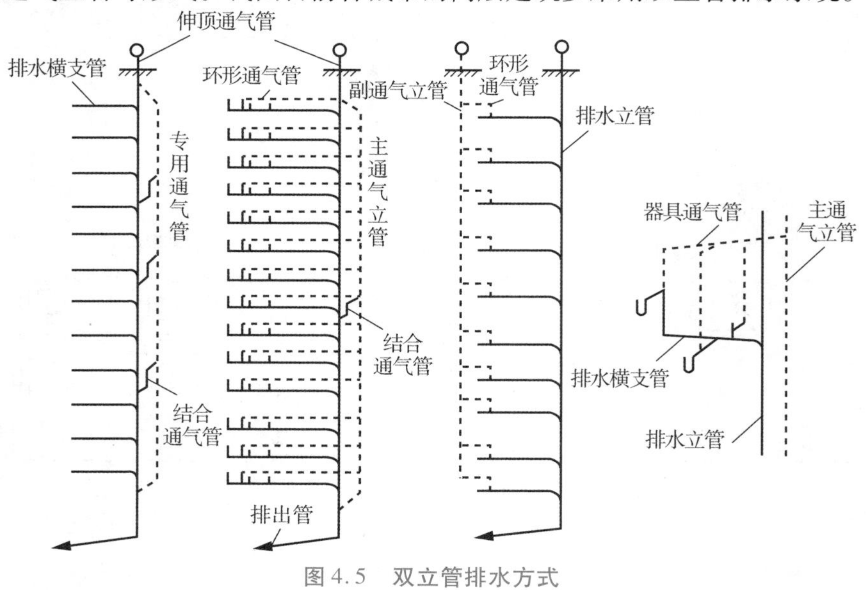

图 4.5 双立管排水方式

专用通气立管系统中，排水立管与专用通气立管每隔两层用连接短管相连接。专用通气管用来改善排水立管的通水和排气性能，稳定立管的气压，适用于排水横管承接的卫生器具不多的高层民用建筑等。

主通气立管和环形通气管系统可改善排水横管和立管的通水、通气性能，适用于排水横管承接的卫生器具较多的高层建筑。对于使用条件要求较高的建筑、可以设置主通气立管和环形通气管系统的高层公共建筑，以及对卫生、安静要求较高的建筑物，可在卫生器具与主通气立管之间设置器具通气管。

副通气立管系统是指仅与环形通气管连接，为使排水横支管空气流通而设置的通气管道。

2)特殊单立管排水系统

特殊单立管排水系统是指高层建筑中采用具有特制配件的单立管排水系统。这种系统可以省去主通气立管，安装施工方便、节省室内面积、管材用量少，但特殊配件用量多、价格高，排水效果不如双立管排水效果好。常用的有苏维脱单立管排水系统、旋流式排水系统、高奇马排水系统等。

(1)苏维脱单立管排水系统

苏维脱单立管排水系统配件主要由气水混合器和气水分离器组成，如图4.6、图4.7所示。在各层排水横支管与立管的连接采用气水混合接头配件，在排水立管基部设置气水分离接头配件，从而可以取消通气立管。

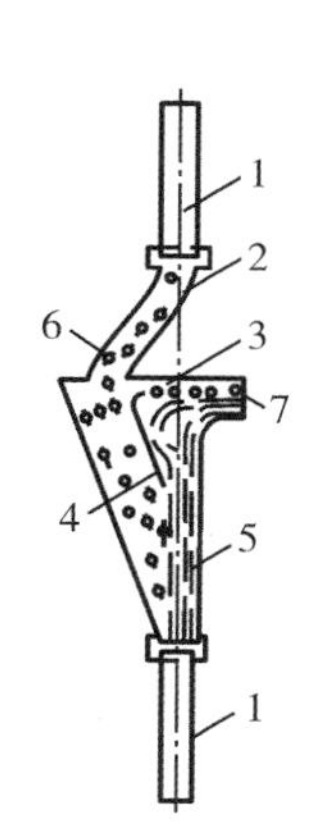

图4.6　气水混合器

1—立管；2—乙字弯；3—空隙；4—隔板；5—混合室；6—气水混合物；7—空气

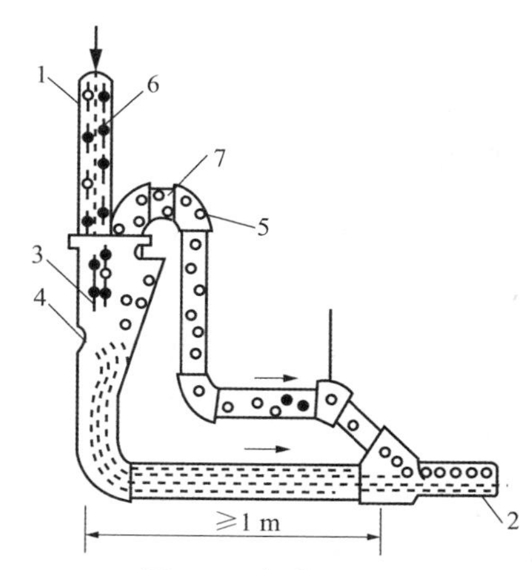

图4.7　气水分离器

1—立管；2—横管；3—空气分离器；4—凸块；5—跑气器；6—气水混合物；7—空气

气水混合器的工作原理：自立管下降的污水，经乙字管时，水流撞击分散，与周围的空气混合，变成比重轻呈水沫状的气水混合物，下降速度减慢，可避免出现过大的抽吸力。横支管排出的污水受隔板阻挡，只能从隔板右侧向下排放，不会在立管中形成水舌，能使立管内保持气流畅通、气压稳定。

气水分离器由流入口、顶部通气口、有突块的空气分离室、跑气管和排出口组成。气水分离器的工作原理：自立管下降的气水混合液，遇突块被溅散，并改变方向冲击到突块对面的斜面上，从而分离出气体；分离的气体经跑气管引入干管下游，使污水的体积变小，速度减慢，动能减小，底部正压减小，管内气压稳定。

(2)旋流排水系统

旋流排水系统也称为“塞克斯蒂阿”系统，是法国建筑科学技术中心于1967年提出的一项新技术，后来被广泛应用于10层以上的居住建筑。这种系统是由各个排水横支管与排水立管连接起来的“旋流排水配件”和装设于立管底部的“导流弯头”组成。

旋流排水配件由底座及盖板组成，盖板上设有固定的导旋叶片，底座支管和立管接口处沿立管切线方向有导流板，如图4.8所示。横支管污水通过导流板沿立管断面的切线方向以旋流状态进入立管，立管污水每流过下一层旋流接头时，经导旋叶片导流，增加旋流，污水受离心力作用贴附管内壁流至立管底部，立管中气流通畅，气压稳定。

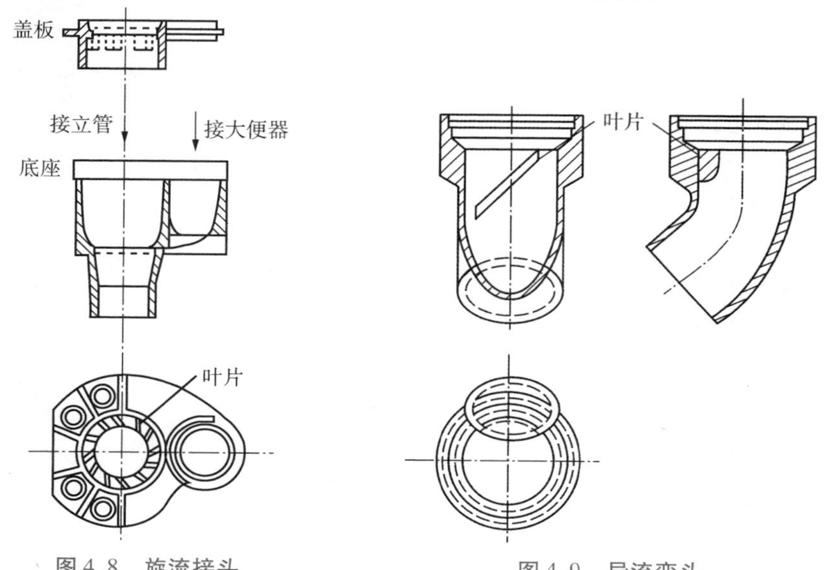

图4.8　旋流接头

图4.9　导流弯头

导流弯头是在立管底部的装有特殊叶片的45°弯头，如图4.9所示。该特殊叶片能迫使下落水流溅向弯头后方流下，避免出户管(横干管)中发生水跃而封闭立管中的气流，以致造成过大的正压。

除了上述几种排水系统外，还有高奇马排水系统、芯型排水系统等。双立管排水系统具有运行可靠、性能好、应用广泛，但系统复杂、管材耗量大、占用空间大、造价高等特点；特殊单立管系统具有结构简单、施工方便、造价低等优点，可根据实际情况采用。

4.2.3　高层建筑排水管道的安装

高层建筑排水管道一般常敷设在管道竖井内，每层分出横支管供卫生器具用水和排水。横干管一般敷设在技术转换层或吊顶内。管道竖井内的各种立管应合理布置，一般先布置安装排水管、雨水管和管径较大的给水管，再安装其他管道。立管应按自下而上的顺序安装，每层必须安装管道支架将管道固定牢。

高层建筑排水立管长，水流速度快。因此，要求管道安装牢固，防止因管道位移和下沉造成漏水等事故。由于塑料管内壁光滑、水流速度快，为减少立管内水流冲击力、保护卫生器具的水封，应采用消能装置。

高层建筑技术层内安装有各种管道、水箱、水泵、风机和水加热器等设备。在布置安装时应综合考虑、合理布置。

4.3　室外排水系统

室外排水系统是指住宅小区、民用建筑群和厂区的室外排水管网系统。室外工程管线多而复杂，不仅要考虑自身的安装要求，还要考虑与其他管线的相互关系。

4.3.1　室外排水管道的敷设

排水管道的布置应根据小区总体规划，道路和建筑布置、地形、污水去向等约束条件，力求管线短、埋深小、自流排水。

排水管道宜沿道路或建筑物的周边成平行敷设。排水管道与建筑物基础的水平净间距，当管道埋深浅于基础时，应不小于1.5 m；当管道埋深深于基础时，不应小于2.5 m。

排水管道敷设应尽量减少相互之间以及与其他管线的交叉。排水管道转弯和交接处，水流转角应不小于90°，当管径小于300 mm且跌水水头大于0.3 m时，可不受此限制。各种不同直径的排水管道在检查井的连接宜采用管顶平接。

排水管道的管顶最小覆土厚度应根据外部荷载、管材强度和土壤冰冻因素结合当地埋管的经验确定。在车行道下一般不宜小于0.7 m，否则应采取保护措施。当管路不受冰冻和外部荷载影响时，最小覆土厚度不宜小于0.3 m。

北方地区，排水管道管顶埋深一般在冰冻线以下。

房屋排出管与室外排水管连接处应设置检查井，敷设管道应设置坡度。

4.3.2　室外排水管道安装

室外排水管道安装工艺为：测量放线→管沟开挖（基础砂垫层制作）→检查井制安→管道安装→管道与井口连接→闭水试验→回填。

排水管道的安装与排水管材、连接方式息息相关。排水管道的安装工艺与给水管道安装工艺基本要求相同，下面以HDPE管承插接口为例，介绍其与给水管道不同的安装要求。

①检查井制安。清除井坑底部坚硬物体，做好井基础，按设计要求砌筑检查井。

②管道与井口的连接。检查井施工已经预留出管道的安装位置，管道就位后，找正中心线及标高，用石棉绒水泥或油麻沿管道周围包裹宽100 mm的长度，用凿子锤打密实，其余管段用水泥砂浆抹实。

③闭水试验。在进行闭水试验前，必须将管道接口部位的中下部及时回填密实。试验从上游往下游分段进行，上游试验完毕后，可往下游充水。闭水试验的水位应为试验段上游管内顶以上2 m，将水灌至接近上游井口高度。注水过程应检查管堵、管道、井身，无漏水和严重

渗水,闭水试验合格标准应该符合规范要求。

课后习题

一、填空题

1. 建筑内部排水系统根据接纳污、废水的性质,可分为生活排水系统、工业废水排水系统、__________排水系统。

2. 为疏通建筑内部排水管道,保障排水通畅,需设置清通设备,在横管上设__________,在立管上设__________。

3. 屋面雨水的排除方式,按雨水管道的位置分为外排水系统、__________和__________。

二、判断题

1. 民用建筑中的地下室、地下铁道等建筑物内的污、废水不能自流排至室外时必须设置污水提升设备。 (　　)

2. 北方地区排水管道管顶埋深一般在冰冻线以下。 (　　)

三、选择题

1. 为疏通建筑内部排水管道,保障排水通畅,需设置清通设备,以下哪项不属于清通设备?(　　)

A. 清扫口　　B. 地漏　　C. 检查口　　D. 检查井

2. 下列哪项不属于卫生器具?(　　)

A. 大便器　　B. 地漏　　C. 水封　　D. 弯头

四、简答题

1. 简述建筑内部排水系统的组成。

2. 排水通气管有哪几种?简述建筑内部排水系统的安装工艺。

3. 高层建筑常用的排水系统有哪些?

4. 简述室外排水管道的敷设要求和安装工艺。

5. 简述雨水排水系统的分类及组成。

第5章　建筑给排水施工图识读实训

【本章教学目标】

育人主题	建议学时（实训）	素质目标	知识目标	能力目标
精益求精	12(6)	(1)家国情怀:通过施工图识读,全面了解建筑给排水技术,激发学生的科技报国之心; (2)个人品格:培养团队协作精神和诚实、守信、善于沟通的良好品质; (3)职业素养:提升动手操作能力,增强规范意识,具备对集体目标、团队利益负责的职业精神	(1)能阐述建筑给排水施工图的识读步骤; (2)能将建筑给排水施工图中的图例符号与工程实物进行对应; (3)能描述本工程给排水系统施工工艺	(1)能熟练运用给排水施工图识读方法,提取工程施工信息; (2)能正确查询行业规范,处理复杂给排水施工图的识读要点; (3)能熟练运用给排水施工图识读方法,解决图纸常见疑难问题

5.1　建筑给排水施工图

图纸是用标明尺寸的图形和文字来说明建筑、机械、设备等的结构、形状、尺寸及其他要求的一种技术文件。图纸大小按国际标准分为A0(1 189 mm×841 mm)、A1(841 mm×594 mm)、A2(594 mm×420 mm)、A3(420 mm×297 mm)、A4(297 mm×210 mm)。

建筑工程施工图按专业分为总图、建筑施工图、结构施工图、给排水施工图、电气施工图、暖通施工图等。

5.1.1　给排水专业施工图组成

给排水专业施工图由专业目录、设计说明、工艺流程图、图例、设备材料表、平面图、立(剖)面图、系统图、大样图、节点详图和标准图等组成。

(1)专业目录

目录是为了便于查阅和保管,将一个项目的施工图纸按专业分类,每个专业按相应的名称和顺序进行归纳整理编排而成。通过图纸目录,可以知道该项目每个专业图纸的图别、图名及其数量。

(2)设计说明

设计说明是设计人员在图样上无法表明而又必须要建设单位和施工单位知道的一些技术和质量要求,一般以文字的形式加以说明。其内容包括工程设计的主要技术数据、施工验收要求以及特殊注意事项。给排水设计说明主要包括供水、消防、排水、热水、中水等相关设计的说明。

(3)工艺流程图

工艺流程图是整个管道系统工艺变化过程的原理图,是设备布置和管道布置等的设计依据,也是施工安装和操作运行时的依据。通过此图,可全面了解建筑物名称、设备编号、整个系统的仪表控制点,可以确切了解管道的材质、规格、编号、输送的介质与流向以及主要控制阀门等。

(4)图例

图例是图纸中的管件、阀门等采用规定的符号加以表示,其并不完全反映事物的形象,只是示意性地表示具体的设备和管件。因此,要熟悉常用的图例,以便于流畅地识读图纸。

(5)设备材料表

设备材料表一般包含本工程选用的主要材料及设备,表中应列明材料类别、规格、数量,设备品种、规格和主要设计参数等。

(6)平面图

给排水平面图主要表示设备、管道等在建筑物内的平面布置,管线的排列和走向,坡度和坡向,管径、标高,以及各管段的长度尺寸和相对位置等具体数据。

给排水平面图上管道都用单线绘出,沿墙敷设时不标注管道距墙面的距离。一张平面图上可以绘制几种类型的管道。若图纸管线复杂,也可以分别绘制,以图纸数量少且能清楚地表达设计意图为原则。建筑内部给排水,以选用的给水方式来确定平面布置图的张数,底层及地下室必须单独绘出;顶层若有高位水箱等设备,必须单独绘出;建筑中间各层,若卫生设备或用水设备的种类、数量和位置都相同,绘制一张标准层平面布置图即可。

(7)立(剖)面图

给排水专业立(剖)面图主要反映在建筑物内垂直方向上管线的布置(排列及走向)以及各管线的编号、管径、标高等具体数据。

(8)系统图

系统图也称为轴测图,是给排水工程图中的重要图样之一。它反映设备管道的空间布置、管线的空间走向。建筑给水排水工程图,通常结合平面图和系统图进行识图。

系统图上应标明管道的管径、坡度,标出支管与立管的连接处,以及管道各种附件的安装标高,标高应与建筑图一致。系统图上各种立管的编号应与平面布置图相一致。系统图均应按给水、排水、消防等各系统单独绘制,以便于施工安装和概预算应用。

系统图中,对用水设备及卫生器具的种类、数量和位置完全相同的支管、立管,可不重复完全绘出,但应用文字标明。当系统图立管、支管在轴测方向重复交叉,影响识图时,可断开移到图面空白处绘制。

(9)节点详图、大样图、标准图

节点详图、大样图、标准图都属于详图。节点详图是对以上几种图样无法表示清楚的节点部位的放大图,能清楚地反映某一局部管道和组合件的详细结构和尺寸;大样图是表示一组设备的配管或一组管配件组合安装的详图,能反映组合体各部位的详细构造和尺寸;标准图是一种具有通用性的图样,是为使设计和施工标准化、统一化,一般由国家或有关部委颁发的标准图样。

给排水专业通用施工详图系列,如卫生器具安装、排水检查井、雨水检查井、阀门井、水表井、局部污水处理构筑物等,反映了成组管件、部件或设备的具体构造尺寸和安装技术要求,是整套施工图纸的组成部分。施工详图宜首先采用标准图。绘制施工详图的比例以能清楚绘出构造为依据选用。施工详图应尽量详细注明尺寸,不应以比例代替尺寸。

5.1.2　给排水工程图的表示方法

工程图是设计人员用来表达设计意图的重要工具。为保证工程图的统一性,便于识图,必须按国家标准进行绘制。

(1)管道线型、比例

工程图上的管道和管件采用统一的线型来表示,如管道线型中有粗实线、中实线、细实线、粗虚线、中虚线、细虚线、细点画线、折断线、波浪线等。

给排水平面图常用的比例有1∶100、1∶200、1∶150等,详图常用的比例有1∶50、1∶10、1∶5、1∶2、1∶1等。给排水系统图中,如果局部表达有困难时,该处可以不按比例绘制。

(2)管道类别代号

给排水工程图中有多种管线,一般采用增加字母符号方式区分各种管线。常见的管道符号见表5.1。

表5.1　常见管道类别代号

序号	名称	代号	序号	名称	代号
1	给水管	J	7	雨水管	Y
2	热水给水管	RJ	8	消火栓管	X
3	热水回水管	RH	9	自动喷淋管	ZP
4	排水管	P	10	污水管	W
5	废水管	F	11	通气管	T
6	压力废水管	YF	12	压力污水管	YW

(3)常用给排水图例

给排水工程图常用图例见表5.2。

表 5.2　给排水工程常用图例

图例	名称	图例	名称
管道			
— J —	生活给水管	— W —	生活污水管
— F —	生活废水管	— T —	通气管
— Y —	雨水管	— YF —	压力废水管
— YW —	压力污水管	— YY —	压力雨水管
— YS —	溢水管	— XS —	泄水管
— KN —	空调凝结水管		
JL-平面 JL-系统	给水立管	WL-平面 WL-系统	污水立管
FL-平面 FL-系统	废水立管	YFL-平面 YFL-系统	压力废水立管
TL-平面 TL-系统	通气立管	YL-平面 YL-系统	雨水立管
2,3...	给水引入管	2,3...	污水出户管
2,3...	雨水出户管	2,3...	废水出户管
阀门			
	闸阀		泄压阀
	蝶阀		电动闸阀
	截止阀 DN≥50		液动闸阀
	截止阀 DN<50		减压阀
	止回阀		弹簧安全阀
	消音止回阀	平面 系统	浮球阀
平面 系统	自动排气阀		角阀
	延时自闭冲洗阀		管道倒流防止器
管道附件			
	管道伸缩器		Y形除污器
	波纹管		刚性防水套管
单球	可曲挠橡胶接头		柔性防水套管

图例	名称	图例	名称
管件			
平面 系统	偏心异径管		吸水喇叭口支座
	同心异径管		S形存水弯
	乙字管		P形存水弯
平面 系统	吸水喇叭口		浴盆排水件
	承插弯头		
给水排水设备			
平面 系统	立式水泵	HC	化粪池
	潜水泵	JP	生活冷水系统加压水泵
YC	隔油池		
仪表			
	温度计		压力表
消防设施			
XP	消火栓给水系统加压水泵	平面 系统	湿式报警阀
ZP	自动喷水系统加压水泵		信号闸阀
— XH —	消火栓给水管		水流指示器
— YL —	雨淋灭火给水管		水力警铃
— ZP —	自动喷水灭火给水管		消防水泵拼合器
平面 系统	室内单口消火栓		室外消火栓
平面 系统	室内双口消火栓		室外消防车取水口
平面 系统	闭式自动洒水头（下喷）	平面 系统	末端试水装置
平面 系统	闭式自动洒水头（上喷）	1,2,3...	自动喷水灭火给水引入管
XL-平面 XL-系统	消火栓立管		手提式磷酸铵盐灭火器
ZPL-平面 ZPL-系统	自动喷水灭火给水立管		推车式磷酸铵盐灭火器
1,2,3...	消火栓给水引入管	灭火器表示方法	

续表

图例	名称	图例	名称	图例	名称	图例	名称
	立管检查口		管道固定支架			▲X-XX-X 灭火剂充装量 灭火器型号 灭火器数量 灭火器图例	
平面　系统	清扫口	平面　系统	方形地漏	管道连接			
	通气帽		减压孔板		法兰连接	高 低	管道丁字上接
YD- 平面 YD- 系统	雨水斗	平面　系统	排水漏斗		承插连接	高 低	管道丁字下接
平面　系统	圆形地漏				活接头		三通连接
					管堵		四通连接
					法兰堵盖	低 高	管道交叉
				高 低	管道弯转		

(4)管道标高与坡度

标高用以表示管道安装的高度,有相对标高和绝对标高两种。相对标高一般以建筑物的底层室内地面高度为±0.000。标高以 m 为单位(一般标注到小数点后 3 位);室内标注相对标高,室外标注绝对标高;压力管道中的标高控制点、不同水位线处、管道穿外墙和构筑物的壁及底板等处应标注管中心标高;沟渠和重力流管道的起讫点、转角点、连接点、变坡点、变尺寸(管径)点及交叉点应分别标注沟内底、管内底标高。

平面图和系统图中管道标高标注如图 5.1 所示。

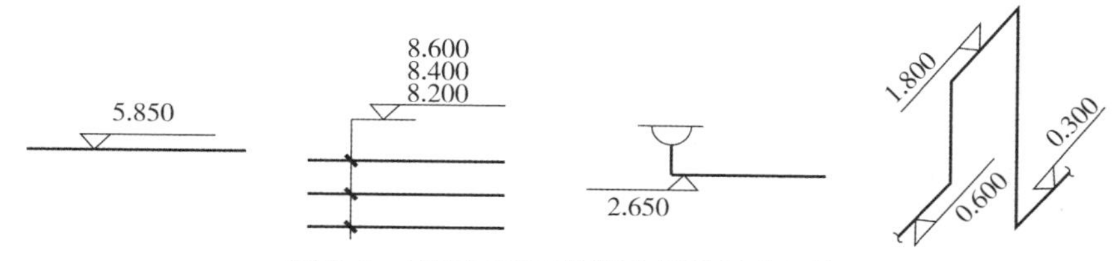

图 5.1　平面图和系统图中管道标高标注

管道坡度采用单线箭头表示,如图 5.2 所示。

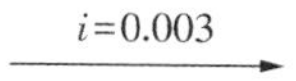

$i=0.003$

图 5.2　管道坡度标注

(5)管径标示及系统编号

管径应以 mm 为单位,管径尺寸应标注在管道变管径处。水平管道的管径尺寸应标注在管道上方;斜管道(指系统图中前后方向的管道)的管径尺寸应标注在管道的斜上方;竖管的管径尺寸应标注在管道的左侧,如图 5.3 所示。

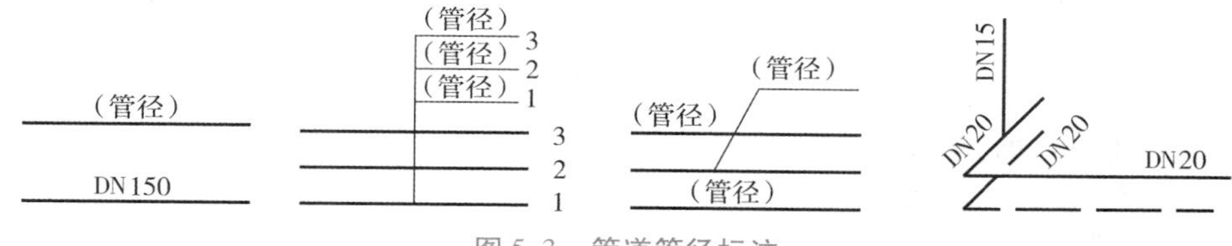

图 5.3　管道管径标注

管道应按系统加以标记和编号。给水系统一般以每一条引入管为一个系统,排水管以每一条排出管为一个系统。当建筑物的给水引入管、排水排出管的数量超过 1 根时,宜进行分类编号。编号方法是在直径 6 ~ 12 mm 的圆圈内过圆心画一水平线,水平线上用汉语拼音字母表示管道类别,下用阿拉伯数字编号,如图 5.4 所示。

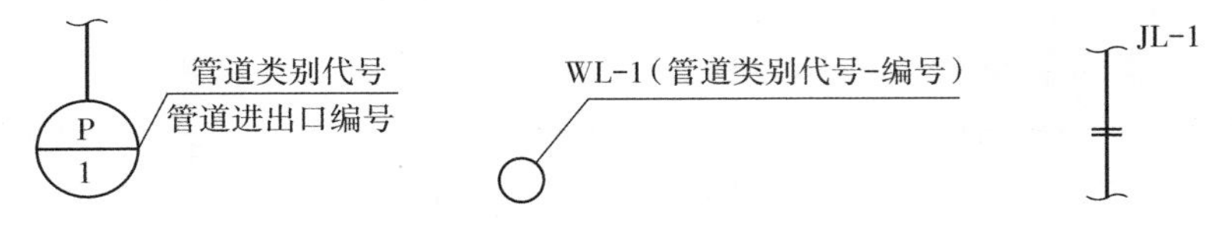

图 5.4 管道系统及立管编号

当建筑物内穿过一层及多于一层楼层的立管数量多于 1 个时,也常采用阿拉伯数字编号。

(6)管道转向、连接、交叉、重叠的表示方法

管道常用的转向、连接、交叉、重叠的表示方法如图 5.5、图 5.6 所示。

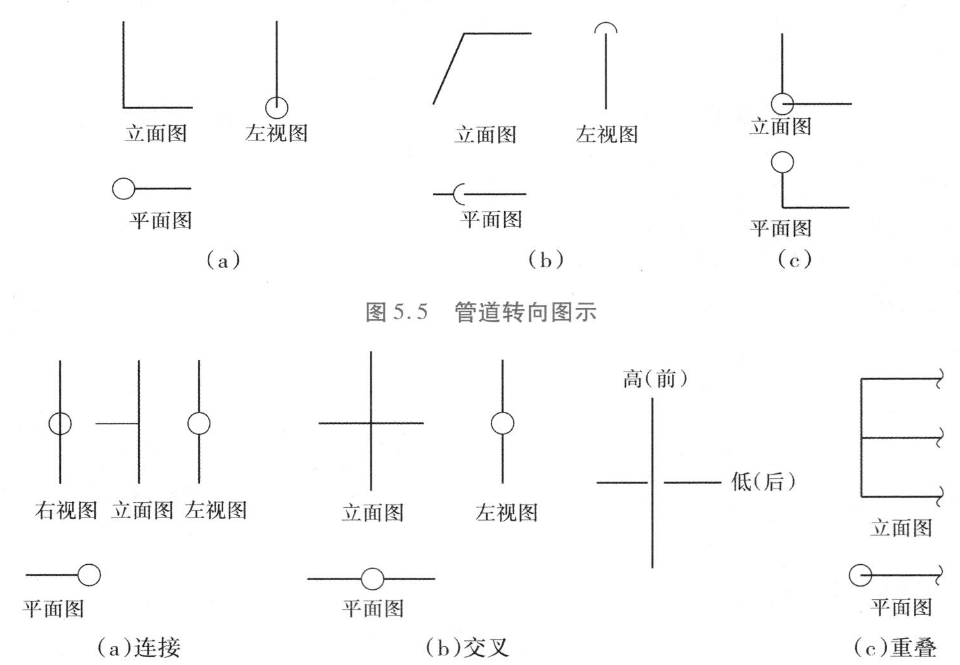

图 5.5 管道转向图示

图 5.6 管道连接、交叉、重叠图示

5.1.3 建筑给排水施工图识读

阅读图纸时,首先要结合图纸目录看设计说明和设备材料表,然后看不同系统的平面图、系统图、详图等。基本的看图方法:先粗后细,平面、系统多对照,以便建立全面、系统的空间形象。

识读给水工程图时,可按水流方向从引入管、干管、立管、支管到用水设备的顺序识读;识读排水工程图时,可按水流方向从卫生器具、排水支管、排水横管、排水立管、干管到排出管的顺序识读;识读消防栓工程图时,可按水流方向从消防供水水源、消防供水设备、消防供水干

管、立管、支管到消防栓的顺序识读；识读自动喷水灭火工程图时，可按水流方向从消防供水水源、消防供水设备、消防报警阀、消防供水干管、立管、支管到喷头的顺序识读。

(1)平面图的识读

平面图主要表明建筑物给排水管道、卫生器具和用水设备在平面上的布置。平面图上的管线都是示意性的，管材配件如活接头、补心、管箍等也不绘制出来。因此，在识读图纸时还必须熟悉给排水管道的施工工艺。

识读给排水平面图时，一般自底层开始逐层阅读各层给排水平面图，需掌握以下主要内容：

①卫生器具、用水设备和升压设备的类型、数量、安装位置、定位尺寸。

②给水引入管和污水排出管的平面位置、走向、系统编号、定位尺寸、与室外给排水管网的连接形式、管径及坡度等。

③给排水干管、立管、支管的平面位置与走向、管径尺寸及立管编号；管道是明装还是暗装，以确定施工方法。

④消防给水管道中，消火栓的布置、口径大小及消防箱的形式与位置，或喷淋头的型号及布置等。

⑤给水管道上是否设置水表。如果有，查明水表的型号、安装位置以及水表前后阀门的设置情况。

⑥室内排水管道清通设备的布置情况及其型号和位置。

(2)系统图的识读

识读给排水系统图时，先看给水排水管道进出口编号，并对照平面图逐个管道系统图进行识读。给排水工程系统图主要表明管道系统的立体走向。在给水系统图上，卫生器具不画出来，只需画出水龙头、淋浴器莲蓬头、冲洗水箱等符号；用水设备，如锅炉、热交换器、水箱等，则画出示意图。在排水工程系统图上，也只画出相应的卫生器具的存水弯或器具排水管。

识读系统图时，应掌握以下主要内容：

①给水管道系统的具体走向、干管的布置方式、管径尺寸及其变化情况、阀门的设置、引入管等管道的标高。

②排水管道的具体走向、管路分支情况、管径尺寸与横管坡度、管道各部分标高、存水弯的形式、清通设备的设置情况、伸缩节和防火圈的设置情况、弯头及三通的选用等，各楼层或各区域管道、用水设施等。

(3)详图的识读

室内给排水工程的详图包括节点详图、大样图、标准图等，主要是管道节点、水表、消火栓、水加热器、开水炉、卫生器具、套管、排水设备、管道支架等局部节点的安装要求及卫生间大样图等。

5.1.4　给排水工程图的特点

①给排水工程图中的各管道，无论管径大小均是以单线表示，管道上的各种附件均采用国家统一的图例符号进行表示。

②给排水工程图与房屋建筑图密不可分，为突出管道与用水设备的关系及管道的布置方式，建筑物的轮廓线在图中用细实线绘制。

③给排水中的管道有始有末，总有一定的来龙去脉。识读时，可沿管道内介质流动方向，按先干管后支管的顺序进行识读。

④在给排水工程图中，应将平面图和系统图对照阅读。

⑤掌握给排水工程图中的习惯画法和规定画法。

a. 给排水工程图中，常将安装于下层空间而为本层使用的管道绘制于本层平面图上。

b. 某些不可见的管道，如穿墙和埋地管道等，不用虚线而用实线表示。

c. 给排水工程图按比例绘制，但局部管道往往未按比例而是示意性的表示（局部位置的管道尺寸和安装方式由规范和标准图来确定）。

d. 室内给排水系统图中，给水管道只绘制到水龙头，排水管道则只绘制到卫生器具出口处的存水弯，而不绘制卫生器具。

5.2　多层建筑给排水施工图识读

识读给排水施工图时，首先查看图纸目录，检查图纸是否缺失；再看设计说明，以掌握工程概况、技术指标、专项设计等，进而了解设计者的设计意图；最后粗略看图，细分系统，以分系统为主线结合系统图、详图等细读平面图，通过几种图的前后对照在脑海中形成三维图。

给排水工程施工图三维模型

某多层建筑给排水施工图如附图所示。由图纸目录可知，该工程给排水专业图纸包括目录、图例、设计说明、给排水及喷淋平面图、原理图和水池、集水坑、卫生间大样图。

由设计说明可知，此工程为新建教学楼，建筑面积为 38 496.82 m^2；本图纸范围为实训大楼Ⓐ轴至Ⓔ轴，负一层至屋顶层。

5.2.1　分系统识读

本工程设计内容主要包括生活给水系统、直饮水供水系统、生活污水系统、雨水系统、消火栓给水及灭火器系统、自动喷水灭火系统、气体灭火系统等。下面分别以这些分系统为主线识读图纸。

(1)生活给水系统

一根引入管位于一层平面图①轴交Ⓒ轴间，管径为 DN65，埋地 0.7 m。引入管水平进入室内后在①轴和Ⓒ轴的墙角竖直向上，立管设置 DN65 的铜芯闸阀。支管在三层后变为 DN50，屋顶处有 1 个自动排气阀。给水立管在一层到四层每层距地 1 m 处设 DN50 的支管，支管上均设 DN40 的分支 PPR 截止阀（其中一、二层在分支阀前均设置减压阀），供①、㉒轴交Ⓐ、Ⓒ轴的卫生间用水。卫生间给水平面布置图详见卫生间大样图。

建筑生活给水系统施工图识读方法

另一根引入管位于一层平面图①轴交Ⓒ轴间，管径为 DN50，埋地 0.7 m。引入管水平进入室内后在①轴和Ⓒ轴的墙角竖直向上，立管 DN50 伸出屋面在 23.75 m 标高处水平连接铜芯闸阀及水表，并竖向接到消防水箱，竖向管采用浮球阀控制消防水箱供水。

该给水系统管材为：室外的管线材质是 PSP 钢塑复合管，扩口或双热熔连接；室内的管线材质是 PPR 管，热熔连接；消防水箱供水管在伸出屋面后采用不锈钢管。

（2）直饮水供水系统

教学楼二、三、四层卫生间外走廊内各设置 1 处饮水取水点，由业主后期购买成品净水设备制备（型号 DK1524），取水点处预留设备给排水接口。

（3）生活污水系统

建筑生活排水系统施工图识读方法

该工程图纸范围内共设 3 根污水排出管和 2 根通气管，其中 W-7 排出管收集女卫生间四层至一层①轴侧的 3 个蹲便器和 1 个地漏的污水，立管管径为 DN150，升出屋顶 0.8 m 通气，埋地 1 m 深排至室外检查井，每层均在距地 1 m 处设置检查口，在底板下 0.35 m 处连接污水横支管并收集卫生器具污水；W-8 排出管收集女卫生间四层至一层①轴另一侧的 5 个蹲便器、1 个坐便器、3 个盥洗盆和 2 个地漏的污水，立管管径为 DN150，升出屋顶 0.8 m 通气，埋地 1 m 深排至室外检查井，每层均在距地 1 m 处设置检查口，在底板下 0.35 m 处连接污水横支管并收集卫生器具污水；TL-4 副通气管在女卫生间盥洗盆墙角处，立管管径为 DN100，升出屋顶 0.8 m，每层均在距地 1.2 m 处设置 DN100 的环形通气管，在底板下与横支管起端两个卫生器具相连；W-9 排出管与 W-8 排出管类似；TL-5 副通气管与 TL-4 副通气管类似；卫生间排水平面布置图详见卫生间大样图。

该污水系统管材为高密度聚乙烯静音管，卡箍连接；通气管为实壁 UPVC 塑料管，承插连接。

（4）雨水系统

看每层平面布置图可知，在屋面层设 YL-6、7、9、13、18、27、29 共 7 根 DN100 立管，通过 87 型钢制雨水斗收集屋面雨水，在一层地梁上方水平敷设接入室外排水沟。

该雨水系统管材为高密度聚乙烯静音管，卡箍连接。

（5）消火栓给水系统及灭火器系统

建筑消火栓系统施工图识读方法

在水泵房引出 2 根 DN150 消火栓供水环路主干管，在负一层分支 2 根 DN100 消火栓横向环路干管梁底敷设至水泵房Ⓑ轴外墙，然后埋地 6 m 敷设，构成环形网分别连接 XL-1-1、2、3 供水支管 DN65；负一层分支后 2 根 DN150 消火栓供水横向环路干管梁底敷设至水泵房Ⓑ轴外墙，然后埋地 0.5 m 敷设，分别连接水井中的竖直干管 XL-A 和 XL-B，2 根竖直干管 XL-A 和 XL-B 在四层相连构成竖向环形供水，分别在 1—4 层分支 2 根 DN100 消火栓横向环路干管梁底敷设，环路干管在每层分支若干 DN65 的消火栓供水支管；在屋顶上竖直干管通过立管接屋顶消防水箱，在每层的横向环路干管最高点设自动排气阀，屋顶处设置试验消火栓。消火栓水源详见消防水池大样图。

以上每根环路干管、竖直干管、供水支管均设有检修蝶阀，供水支管上均设置薄型单栓带消防软管卷盘消防柜，尺寸为 700 mm（宽）×1 000 mm（高）×200 mm（厚）。消防柜材质采用钢-铝合金,柜内主要包含有:DN65 旋转型消火栓 1 只,d19 铝合金直流水枪 1 支,25 m 长 DN65 麻质内衬里水龙带 1 条,30 m 长 JPS1.0-19/30 消防软管卷盘 1 套,当量喷嘴直径 $\phi6$ 的直流喷雾水枪 1 支,消火栓报警按钮 1 只。消防柜下配置 3 具 MF/ABC4 干粉(磷酸铵盐)手提式灭火器。

消火栓给水系统管材是内外壁热浸镀锌钢管,DN≤50 丝扣连接;DN>50 沟槽式卡箍连接,阀门、需拆卸部位采用法兰连接。

(6)自动喷水灭火系统

本工程教学楼(除变配电室、储油间、屋顶风机房外)均设置湿式自动喷水灭火系统进行保护。自动喷水灭火系统在负一层引入 2 根 DN200 环路主干管,环路主干管在水泵房邻柴油发电机房的间墙引出 8 支 DN150 的立管(ZPL-1、2、3、4、5、6、7、8),每支立管都设置与管径相同的湿式报警阀,最高点设置自动排气阀。立管 ZPL-1 服务的是负一层至一层消防;立管 ZPL-2 服务的是一层消防;立管 ZPL-3、ZPL-4 服务的是二层消防;立管 ZPL-5、ZPL-6 服务的是三层消防;立管 ZPL-7、ZPL-8 服务的是四层消防。立管在每层分别设一根水平干管,水平干管都设置信号阀及水流指示器等附件,水平干管设置若干分支管,最不利分支管的末端设置末端试水装置。支管的管径随着水流方向由 DN150 逐步减至 DN25。

自动喷淋系统施工图识读方法

自动喷淋系统试水排入对应的废水立管,最终在一层排入散水外排水沟内。

该自动喷淋系统管材是内外壁热浸镀锌钢管,DN≤50 丝扣连接;DN>50 沟槽式卡箍连接,阀门、需拆卸部位采用法兰连接。喷头采用感温等级为 68 ℃的玻璃球闭式标准喷头。管道上的试水阀应关闭锁死。

(7)气体灭火系统

配电房设置 12 个预制七氟丙烷柜,总灭火剂量为 523 kg;储油间设置 1 个预制七氟丙烷柜。

5.2.2 详图识读

本工程详图含消防水池大样图、集水坑大样图和卫生间大样图。

(1)消防水池大样图识读

消防水池采用钢筋混凝土结构,位于地下负一层,有效储水容积为 540 m^3,均分为两格,每格均设置一根 DN300 的消防取水口连通管与室外消防取水口连接,每格均设置 DN150 的放空管、通气管及溢流管,每格有 DN100 的进水管及就地水位显示。穿越消防水池的水管均用柔性防水套管。

消防泵房内设置 2 台室内外合用消火栓供水泵和 2 台喷淋供水泵,均为 1 用 1 备;水泵合用每格 2 根 DN250 的吸水支管,吸水干管直径为 DN300;每台水泵吸入口均设置闸板阀、Y 形过滤器、橡胶软接头、变径管及压力表;每台水泵出水口均设置变径管、橡胶软接头、止回阀、闸板阀、水锤消除器、试水阀及压力表;消火栓水泵进水管直径为 DN250,每根直径为 DN200 出水管汇合并向室内外消火栓系统双管供水,每根直径为 DN65 试水管汇合成 DN100 总管,总管设置安全泄压阀、闸板阀、流量开关;自动喷淋水泵进出水管和试水管与消火栓水泵类似。泵房内架均采用弹性支吊架。

(2)消防水箱大样图识读

高位消防水箱采用不锈钢材质,设置在屋面,有效储水容积为 18 m^3,水箱设置 DN100 的泄空管、通气管及溢流管,水箱有 DN50 的进水管及就地水位显示,水箱分别通过直径 DN100 的管道及其旋流防止器重力流接喷淋系统及消防系统。

稳压装置含 1 个稳压罐、2 台稳压泵;稳压泵进水管直径 DN32,吸水口设置旋流防止器;每台水泵均设置变径管、橡胶软接头、止回阀、闸板阀及压力表,2 根出水管汇合成 DN100 的总管分别通过蝶阀、止回阀接室内消火栓管网及自动喷淋管网。

(3)集水坑大样图识读

水泵房内集水坑 1 平面尺寸为 2 m×1.5 m,内有 2 台潜污泵,每台泵出口立管直径均为 DN100,立管在标高 FL-0.40 处设置闸阀并水平汇合,经闸阀、止回阀及压力表后接入室外雨水系统。水泵房内集水坑 2 与水泵房内集水坑 1 类似。

(4)卫生间大样图识读

JL-3 在每层 1.000 m 标高处分支 DN40 供给卫生间使用,设分支阀 1 个,分支管沿卫生间墙壁首先接女卫生间 3 个蹲式大便器,在男女卫生间墙女卫侧分 1 个 DN40 支管连接相应的盥洗盆、坐式大便器、5 个蹲式大便器,管道变径为 DN25,在距地 0.350 m 处连接 2 个盥洗盆;在男女卫生间墙男卫侧分 1 个 DN40 支管连接相应的盥洗盆、坐式大便器、5 个蹲式大便器,管道变径为 DN25,在距地 0.350 m 处连接 2 个盥洗盆,末端预留直饮水接口;在男女卫生间墙男卫侧分支后管道变径为 DN25 连接 4 个小便器。

男女卫生间墙的女卫侧依次有 2 个盥洗盆、1 个地漏、1 个清扫口、5 个蹲式大便器、1 个坐式大便器、1 个盥洗盆及 1 个地漏,分别通过直径 DN100 高密度聚乙烯静音管在-0.350 m 处接入 DN100 水平横支管,水平横支管坡度为 2.6%,水平横支管在男女卫生间墙的女卫侧接入立管 WL-8,UPVC 塑料通气管 TL-4 在 1.200 m 标高处、分支管与横支管起端两个盥洗盆之间管道相连。WL-7、WL-9 污水立管与 WL-8 类似。

课后习题

一、填空题

1. 建筑给排水施工图系统图中,应标明管道的____________、____________,标出支管与立管的连接处,以及管道各附件的安装高度。

2. 详图包括____________、____________和____________。

3. 建筑给排水工程图中,标高用以表示管道安装的高度,有________标高和________标高两种。

二、判断题

1. 建筑给排水工程图的平面图中,管道都用单线表示,沿墙敷设时不标注管道距墙的距离。 (　　)

2. 建筑给排水工程图的系统图中,对用水设备及卫生器具的种类、数量和位置完全相同的支管、立管必须完全绘出并用文字标明。 (　　)

3. 建筑给排水工程图中,标高以 m 为单位,一般标注到小数点后 3 位。（　　）

4. 建筑给排水工程图中,有多种管线,采用不同的线型加以区分即可。（　　）

三、选择题

1. 给排水工程图中有很多管线,一般各种管线区分采用增加字母符号的方式,给水管常用(　　)表示。

A. J　　B. P　　C. W　　D. Y

2. 以下哪个图例表示圆形地漏?(　　)

A. 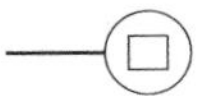　　B. 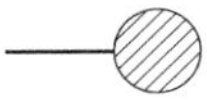　　C. 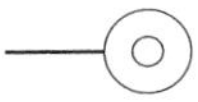　　D.

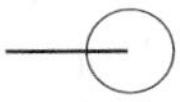

3. 以下(　　)表示污水立管的编号。

A. JL-1　　B. WL-1　　C. YL-1　　D. FL-1

4. 以下哪个图例表示室内单口消火栓?(　　)

A. 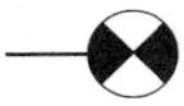　　B. 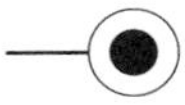　　C. 　　D.

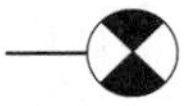

5. 以下(　　)表示排水漏斗平面图图例。

A. 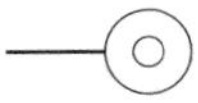　　B. 　　C. 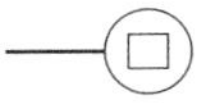　　D.

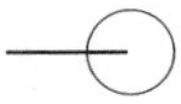

四、简答题

1. 试简述给排水工程图组成及常用表示方法。

2. 如何识读给排水工程图?

五、实操题

根据所学内容编制教材附图给排水施工组织设计方案。

模块 2

建筑暖通工程模块

第6章　建筑采暖系统

【本章教学目标】

育人主题	建议学时	素质目标	知识目标	能力目标
节能低碳	4	(1)家国情怀:应用通风采暖系统知识,提高居住环境舒适性,提升人们的生活品质; (2)个人品格:增强节能低碳意识、遵纪守法意识和创新创业意识; (3)职业素养:培养学生吃苦耐劳、爱岗敬业的工作态度	(1)认识建筑采暖安装工程中管材、附件、设备等实物; (2)讲述建筑采暖系统运行原理	(1)绘制建筑采暖安装工程各系统的施工流程简图; (2)判别建筑采暖系统施工图的合理性和规范性

6.1　概　述

采暖是采用人工方法通过消耗一定能源向室内供给热量,使室内保持生活或工作所需温度的技术、装备、服务的总称。

6.1.1　采暖系统的分类

(1)根据采暖范围不同分类

①局部供暖:供暖系统的热源、供热管网和散热设备连成一个整体,为使局部区域或工作地点保持一定温度而设置的采暖系统,如火炉、火炕、火墙、电暖器等。

②集中供暖:热源和散热设备分别设置,用供热管网相连接,由一个热源向多个热用户供给热量的采暖系统。热源远离供暖房间。

③区域供暖:城市的某个区域集中供暖的系统。由一个大型热源产生蒸汽或热水,通过区域性的供热管网,供给整个区域乃至整个城市的许多建筑物生活和生产等用热。这种供暖系统的作用范围广、城市污染少,是城市供暖的发展方向。

(2)根据热媒性质不同分类

①热水采暖系统:以热水为热媒,将热量带给散热设备的采暖系统。它又分为低温热水采暖系统(供水温度95 ℃,回水温度70 ℃)和高温热水采暖系统(供水温度96~130 ℃,回水温度70 ℃)。低温热水采暖系统适用于民用建筑,高温热水采暖系统适用于以供暖用热为主的工业建筑。

②蒸汽采暖系统:以蒸汽为热媒,将热量带给散热设备的采暖系统。它又分为低压蒸汽采暖系统(蒸汽的工作压力≤70 kPa)、高压蒸汽采暖系统(蒸汽的工作压力>70 kPa)和真空蒸汽采暖系统(蒸汽的工作压力<大气压)。蒸汽采暖系统适用于以工艺用蒸汽为主的工业建筑。

③烟气采暖系统:以燃料燃烧时产生的烟气为热媒,将热量带给散热设备的供暖系统。一般直接利用高温烟气在流动的过程中向采暖房间散发热量,如火炕、火墙等。

④热风采暖系统:以热空气为热媒,把空气加热到适当温度(一般为35~50 ℃)送入采暖房间,如暖风机、热空气幕等。

(3)按照循环动力不同分类

①自然循环热水采暖系统:循环动力来自管道内水的密度差(温度差)而引起的热压。

②机械循环热水采暖系统:循环动力来自循环水泵提供的压力。

6.1.2　采暖系统的组成

采暖系统主要由热源、供热管网及散热设备组成,如图6.1所示。采暖系统的任务是将热源(锅炉)产生的热量通过室外供热管网输送到建筑物内,通过末端的散热设备向室内补充热量,以满足室内生活、生产的需要。

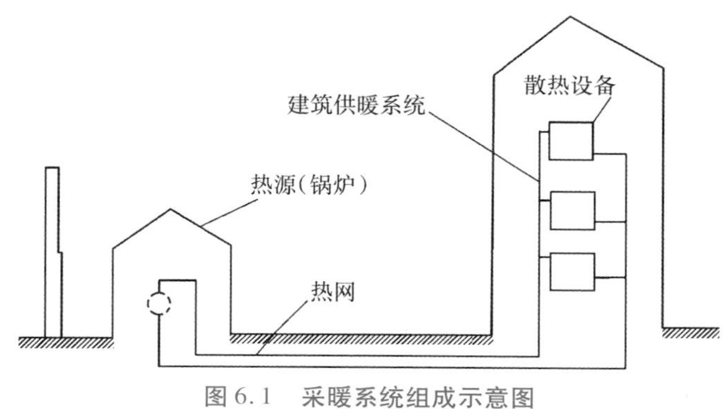

图6.1　采暖系统组成示意图

(1)热源

热源是提供热量的设备,常见的有区域锅炉房、热力站、热电厂、地热供热站等。

(2)供热管网

供热管网是热源和散热设备之间的管道,热媒通过它将热量从热源输送到散热设备。供热管网分为室外热网和建筑供暖系统。室外热网是连接热源与室内采暖系统之间的管道,通常指由锅炉房外墙1.5 m以外至各采暖点之间(入口装置以外)的管道系统;建筑供暖系统是布置在建筑内部的采暖系统,通常指采暖入口装置以内的管道系统及其附件。也可以将供热管网分为供、回水管网。供水管网是指热源到散热设备之间的连接管道,回水管网是指经散热设备返回热源的管道。

(3)散热设备

散热设备是将热量有效地散发到采暖房间的设备,如散热器(暖气片)、辐射板等。

6.1.3　散热设备及附件

1)散热器

建筑采暖系统中,常用的末端散热设备为散热器。散热器是将流经它的热媒所带的热量从其表面以对流和辐射方式不断地传给室内空气和物体,补充房间的热损失,使采暖房间维持需要的温度,从而达到采暖的目的。

(1)散热器分类

散热器按其材质可分为铸铁、钢制、铝制、铜制、塑料、钢(铜)铝复合等;按其结构形式分为翼型、柱型、管型、板型等;按其传热方式分为对流型和辐射型。

常用的散热器有柱型、翼型、钢串片式、平钢板式、光管式5种。

①柱型散热器的形状为矩形片状,中间有几根中空的立柱,各立柱的上、下端相通,其顶部和底部各有一对带正、反螺纹的孔,该孔为热介质的进、出口,如图6.2所示。柱型散热器外形美观,表面光滑,易于清洗,但组对工艺复杂,广泛应用于住宅和公共建筑中。

②翼型散热器分为长翼型和圆翼型两类。长翼型散热器如图6.3所示,其表面有许多竖向肋片,外壳为一扁盒状空间;有高600 mm、长280 mm、竖向肋片14片和高600 mm、长200 mm、竖向肋片10片两种。长翼型散热器制造工艺简单,耐腐蚀,外形较美观,但承压能力较低。

圆翼型散热器如图6.4所示,是一根管子外面带有许多圆肋片的铸件,管子的内径规格有50 mm和75 mm两种,所带肋片分别为27片和47片,管长为1 m,两端有法兰可以串联相接。圆翼型散热器单节散热面积较大,承压能力较高,造价低,但外形不美观。

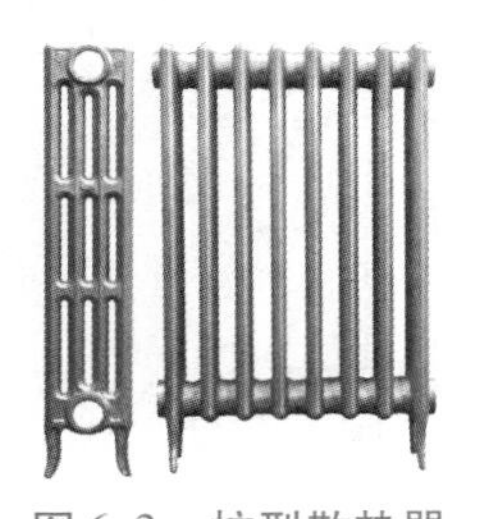

图6.2　柱型散热器

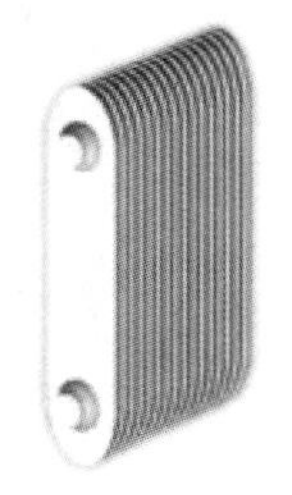

图6.3　长翼型散热器

图6.4　圆翼型散热器

③钢串片式散热器由钢管、肋片、联箱、放气阀和管接头组成,如图6.5所示。钢串片为0.5 mm厚的薄钢片,串在钢管上;串片两端折边90°,形成许多封闭的垂直空气通道,造成烟囱效应,增加对流放热能力。钢串片式散热器体积小、质量轻、承压高、占地小,但是阻力大,不易清除灰尘,钢片易松动。

④平钢板式散热器由面板、背板、对流片、水管接头及支架等部件组成,如图6.6所示。平钢板式散热器外形美观,散热效果好,节省材料,占地面积小,但承压较低。

⑤光管式散热器由钢管组对焊接而成,如图6.7所示。光管式散热器承压能力高,不需

要组对，易于清扫灰尘，造价低，但占用空间大、不美观，常用于灰尘多的车间。

图6.5　钢串片式散热器

图6.6　平钢板式散热器

图6.7　光管式散热器

(2)散热器的布置原则

①当房间有外窗时，宜每个窗下设置一组散热器。因为散热器表面散出的热气流容重小而自行上升，这样就能阻止或减弱从外窗下降的冷气流，使流经工作地带的空气比较暖和，使人有舒适感。

②当房间没有外窗(如浴室)时，散热器可布置在管道连接和使用方便的地方。

③对于多层建筑的楼梯间，散热器的布置是下多上少。这是因为底层散热器加热的空气能够自由地上升，从而补偿上部的热损失。

④为防止散热器冻裂，双层门的外室和门斗中不宜设置散热器。

⑤一般情况下，散热器在房间内应明装。当建筑或工艺上有特殊要求时，可在散热器的外面加以围挡或设置在壁龛内。托儿所和幼儿园内的散热器应暗装或加防护罩。此外，采用高压蒸汽采暖的浴室中，也应将散热器加以围挡，以防烫伤人体。

(3)散热器安装工艺

散热器安装

散热器安装工艺流程：散热器组对→散热器组的水压试验→托架安装→散热器组挂在托架上。

①散热器组对。柱形散热器在安装之前，需要用正反丝的零件将片状的散热器组对成一个整体后再进行安装。组对前，应将各散热片进行除锈处理，并按设计规定涂(喷)刷第一遍防锈底漆，要求涂刷均匀，无漏涂。散热器组对的工序：散热片接口处理→上架→对丝带垫→对丝就位→合片→组对→上堵头及上补心。

②散热器组的水压试验。散热器组对后，在安装前应进行水压试验。试压装置如图6.8所示。试验压力为工作压力加上0.2 MPa，但不得低于0.4 MPa，也不得超过产品说明书中规定的试验压力。试压时，直接升压至试验压力，稳压2 ~ 3 min，对接口逐个进行外观检查，不渗不漏为合格。

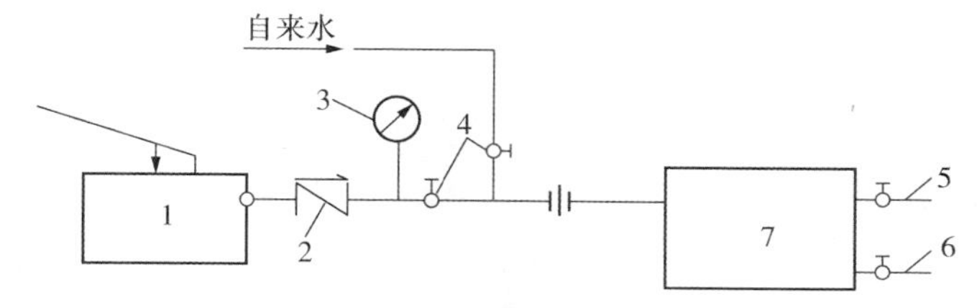

图6.8　散热器单组试压装置

1—手压泵；2—止回阀；3—压力表；4—截止阀；5—放气管；6—放水管；7—散热器组

③托架安装。安装时，先以粉线将上、下排托架的水平中心线弹在墙上，据此线栽埋托架。托架的布置位置如图6.9所示。

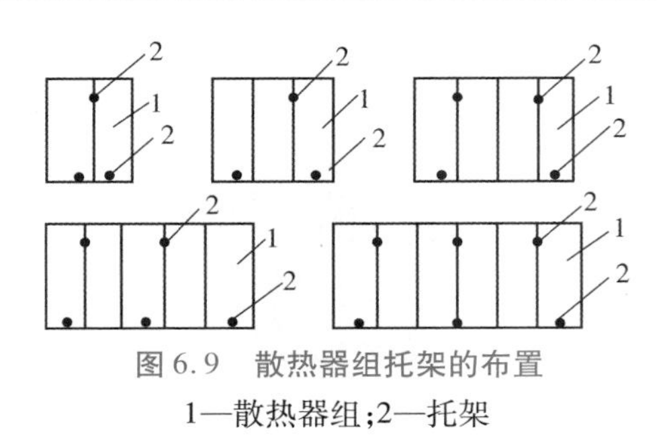

图 6.9　散热器组托架的布置

1—散热器组;2—托架

④散热器组安装。安装时,先将散热器组刷底漆和银粉漆各两遍,待室内装修后将其挂在托架上找平、找正。民用建筑散热器组的安装形式如图 6.10 所示。

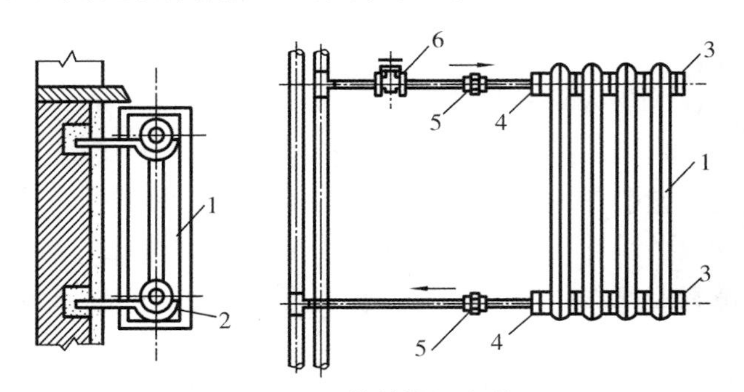

图 6.10　散热器组安装

1—散热器组;2—托架;3—专业丝堵;4—专用补心;5—活接头;6—截止阀

2)热量表

热量表是通过测量水流量及供、回水温度,并经运算和累计得出某一系统所使用热量的机电一体化仪表,如图 6.11 所示。热量表由流量传感器(流量计)、供回水温度传感器、热表计算器(积算仪)3 个部分组成,是供暖分户计量收费不可缺少的装置。

3)温控阀

温控阀是一种自动控制散热器散热量的设备,可根据室温与给定温度之差自动调节热媒流量的大小,如图 6.12 所示。温控阀安装在散热器入口管上,主要应用于热水采暖系统的双管式系统、单管跨越式系统。

温控阀分为自力式温控阀和电动温控阀。

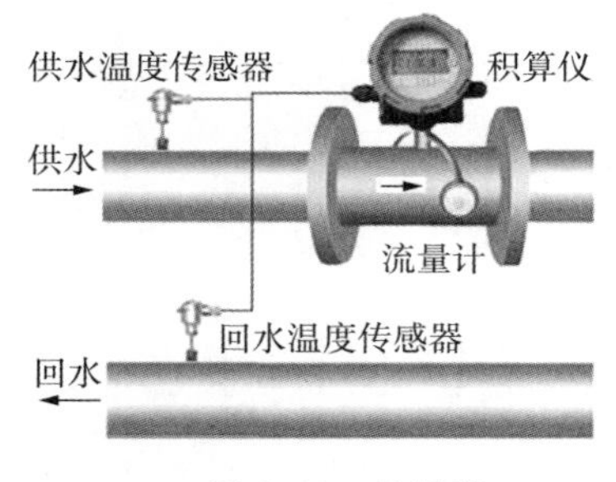

图 6.11　热量表

图 6.12　温控阀

图 6.13　平衡阀

4) 平衡阀

平衡阀是调节或通过分流的方式使介质在管道或容器内的压力相对平衡,进而达到流量的平衡,如图6.13所示。平衡阀可有效地保证管网静态水力及热力平衡。它安装于小区室外管网系统中,能有效消除小区个别住宅温度过高或过低的现象。所有要求保证流量的管网系统都应该设置平衡阀,安装在供水或回水管上,且不必再设其他起关闭作用的阀门。

平衡阀分为静态平衡阀、动态平衡阀和压差无关型平衡阀。

5) 排气装置

建筑采暖系统中,常用的排气装置有手动集气罐、自动排气阀、手动放气阀等。手动集气罐可用钢管焊接而成,安装在系统末端最高点,可定期打开阀门排气,如图6.14所示;自动排气阀是依靠水对物体的浮力,自动打开和关闭阀体的排气出口,以达到排气和阻水的作用,如图6.15所示;手动放气阀安装在散热器的上端,定期打开手轮排除散热器内的空气,如图6.16所示。

图6.14 手动集气罐

图6.15 自动排气罐

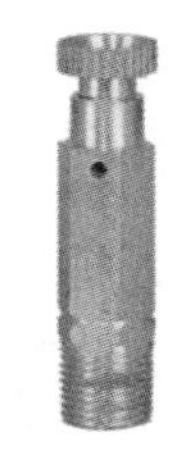

图6.16 手动放气阀

6) 疏水器

疏水器适用于蒸汽采暖系统,能自动阻止蒸汽溢漏且迅速排出设备及管道中的凝结水,同时能够排出系统中积留的空气和其他不凝性气体,如图6.17所示。疏水器是蒸汽采暖系统中重要的设备。倒吊桶式疏水器的工作原理如图6.18所示,无蒸汽时,桶沉于下方打开阀门,排冷凝水;有蒸汽时,桶向上浮起关闭阀门,阻断蒸汽。

图6.17 疏水器

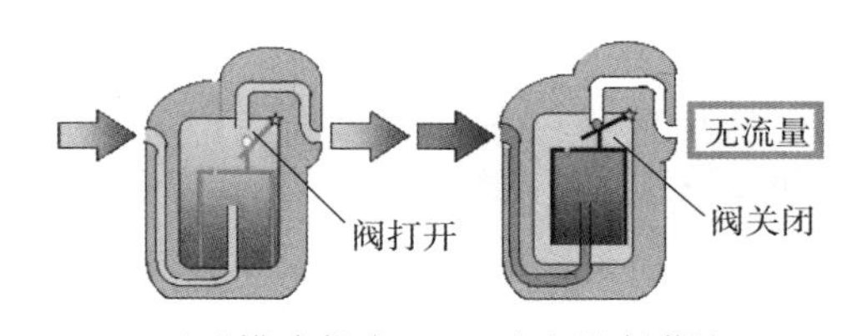

(a)排冷凝水 (b)阻断蒸汽

图6.18 倒吊桶式疏水器工作原理

7) 膨胀水箱

在热水采暖系统中,膨胀水箱起调节水量、稳定压力和排除系统中的空气等作用,是暖通专业的重要设备之一。膨胀水箱设置在系统的最高点,一般用钢板焊制而成,外形有矩形和圆形,其中以矩形水箱使用较多。膨胀水箱的管路配置如图6.19所示,其上主要设有膨胀管、循环管、溢流管、排污管、信号管、补水管。为安全起见,膨胀管、循环管、溢流管上均不得装设阀门；排污管上应设阀门，可与溢流管连通并一起引向排水管道；信号管只允许在检查点处装设阀门，以检查水箱水位是否已降至最低水位而需补水；补水管上设置浮球阀，根据水位高低决定开启或者关闭给水。

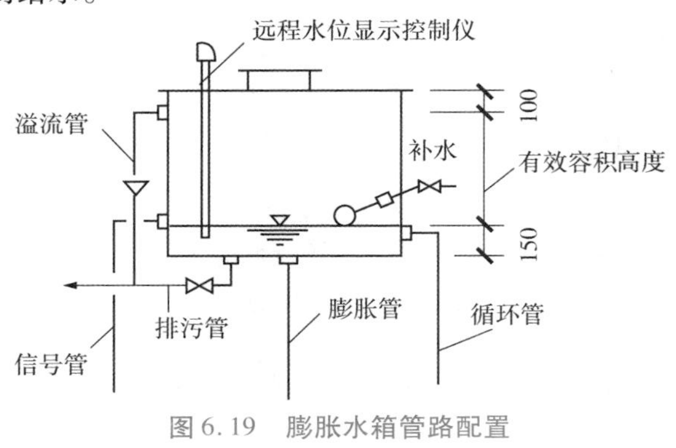

图 6.19　膨胀水箱管路配置

6.2　热水采暖系统

热水采暖系统是目前应用最广泛的一种采暖系统。

6.2.1　热水采暖系统的组成及其特征

热水采暖系统一般包括热水锅炉、供水总立管、供水干管、散热器、回水立管、回水干管、循环水泵、膨胀水箱、排气装置及控制附件等。

按系统循环动力的不同，热水采暖系统可分为自然（重力）循环热水系统和机械循环热水系统。

（1）自然循环热水采暖系统

自然循环热水采暖系统由热源（锅炉）、散热设备、供水管道、回水管道和膨胀水箱等组成，如图6.20所示。自然循环热水采暖系统又称为重力循环热水采暖系统，是依靠供回水密度差产生的压差为循环动力，推动热水在系统中循环流动，不设置水泵。

自然循环热水采暖系统的作用半径小、管径大，但由于不设水泵，因此工作时不消耗电能，无噪声，且维护管理也比较简单，但其作用半径不宜超过50 m。

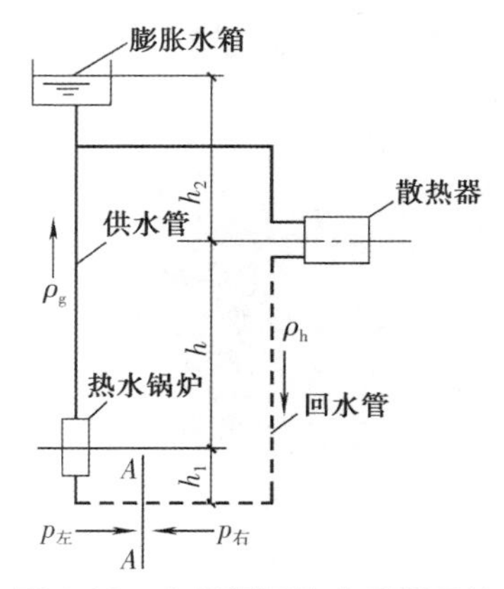

图 6.20　自然循环热水采暖系统

（2）机械循环热水采暖系统

机械循环热水采暖系统一般包括热水锅炉、供水管道、回水管道、散热器、循环水泵、膨胀水箱、排气装置、控制附件等，如图6.21所示。机械循环热水采暖系统是依靠水泵提供循环动力，水在锅炉中被加热后，沿总立管、供水干管、供水立管进入散热器，放热后沿回水干管由水泵送回锅炉。

机械循环热水采暖系统的循环动力由循环水泵决定。因此，该系统作用半径大、供热范围广、流速大、管径小，但系统运行消耗电能大，维修量也大。

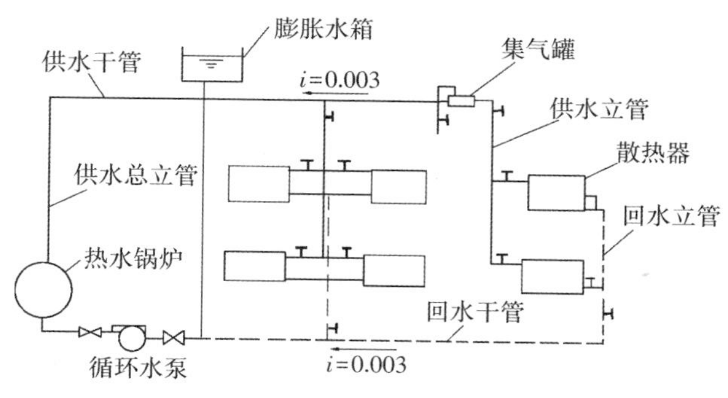

图6.21　机械循环热水采暖系统

6.2.2　热水采暖系统的布置形式

1）单管式与双管式系统

热水采暖系统按散热器供、回水方式的不同分为单管式系统和双管式系统。

（1）单管式系统

该系统的立管只有1根，供、回水共用1根立管，如图6.22所示。其中：

①*A-D*、*B-E*为单管顺流式系统，立管中全部的水量顺次流入各层散热器。该系统形式简单，施工方便，造价低，其最大的缺点是不能进行局部调节。

②*C-F*为单管跨越式系统，立管的一部分水量流进散热器，另一部分立管水量通过跨越管与散热器流出的回水混合，再流入下层散热器。该系统适用于需要进行局部调节散热量的建筑物，但是在散热器支管上安装阀门，施工工序增多，造价增高。

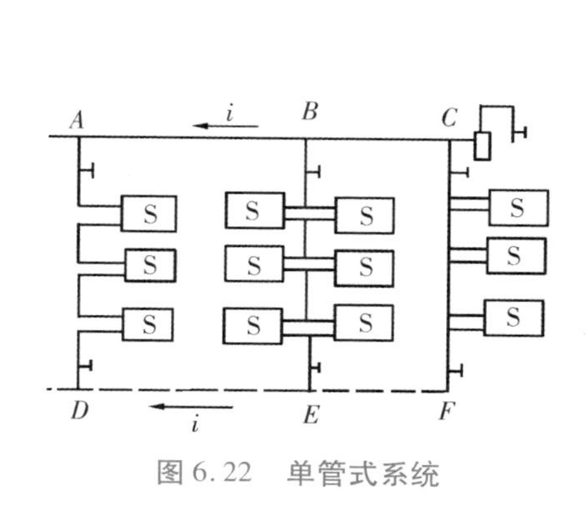

图6.22　单管式系统

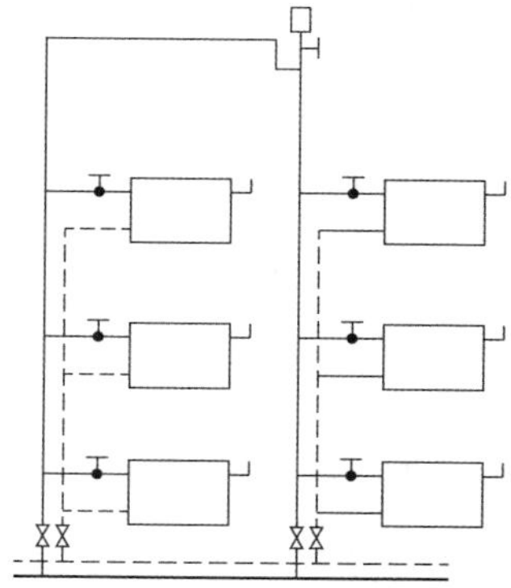

图6.23　双管式系统

（2）双管式系统

该系统的供、回水立管分别设置，如图6.23所示。每组散热器热媒进、出水管分别与供、回水管连接，每组散热器上均可设温控调节阀。该系统可以局部调节每个房间的散热器，但管道系统和阀门投资大。

2)垂直式与水平式系统

按管道敷设方式的不同,热水采暖系统可分为垂直式系统和水平式系统。

(1)垂直式系统

该系统的散热器由立管沿竖直方向依次连接,热媒自上而下或自下而上进行流动。

①上分式(上供下回式)系统(图6.22)。该系统供水干管敷设在顶层散热器上面,回水干管敷设在底层散热器下面。

②中分式(中供下回式)系统(图6.24)。该系统供水干管敷设在中间层散热器上面,同时向建筑上部和下部供热水,回水干管敷设在底层散热器下面。

③下分式(下供下回式)系统(图6.25)。该系统供、回水干管均敷设在底层散热器下面。

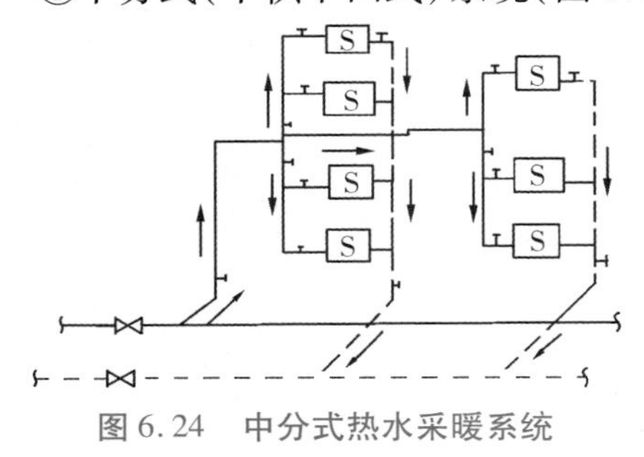

图6.24　中分式热水采暖系统

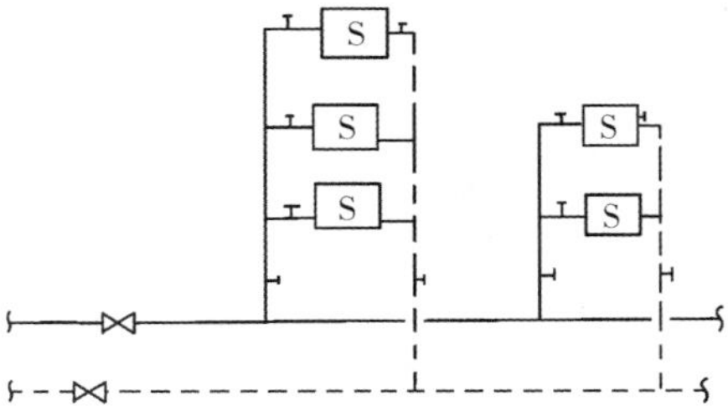

图6.25　下分式热水采暖系统

(2)水平式系统

该系统的散热器由横管沿水平方向依次连接,热媒自左向右或自右向左进行流动。水平式系统也可分为水平顺流式系统(图6.26)和水平跨越式系统(图6.27)。

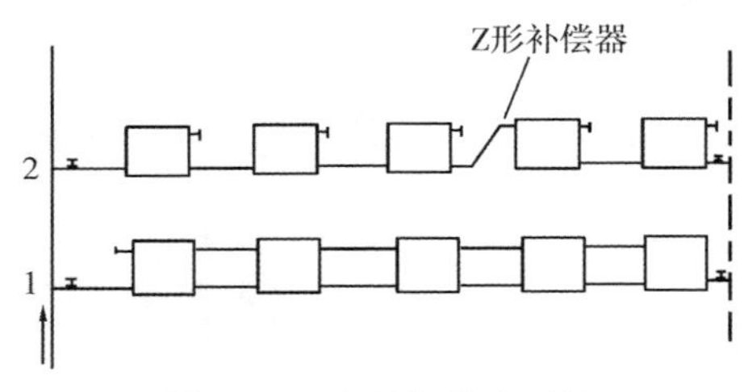

图6.26　水平顺流式系统

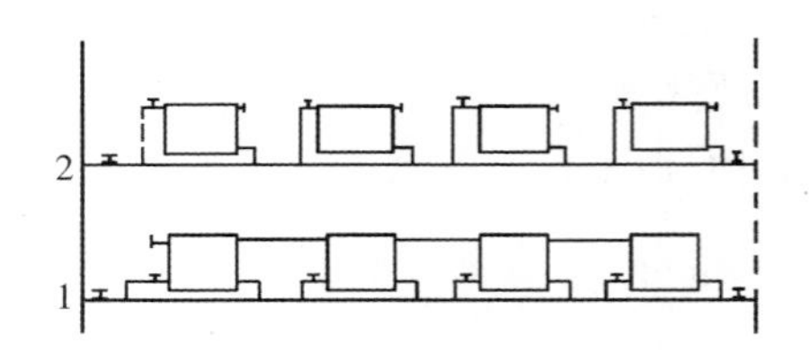

图6.27　水平跨越式系统

3)异程式与同程式系统

(1)异程式系统

通过各个立管的循环环路的总长度不相等,这种布置形式称为异程式系统,如图6.28所示。由于每个环路的总长度不相等,会出现近端环路流量大、远端环路流量小的情况。这种由于流量失调而引起在水平方向冷热不均的现象,称为水平失调。

(2)同程式系统

为了消除或减轻系统的水平失调,在供、回水干管走向布置时使各个立管的循环环路的总长度都相等,这种布置形式称为同程式系统,如图6.29所示。但同程式系统管道的金属消耗量要多于异程式系统。

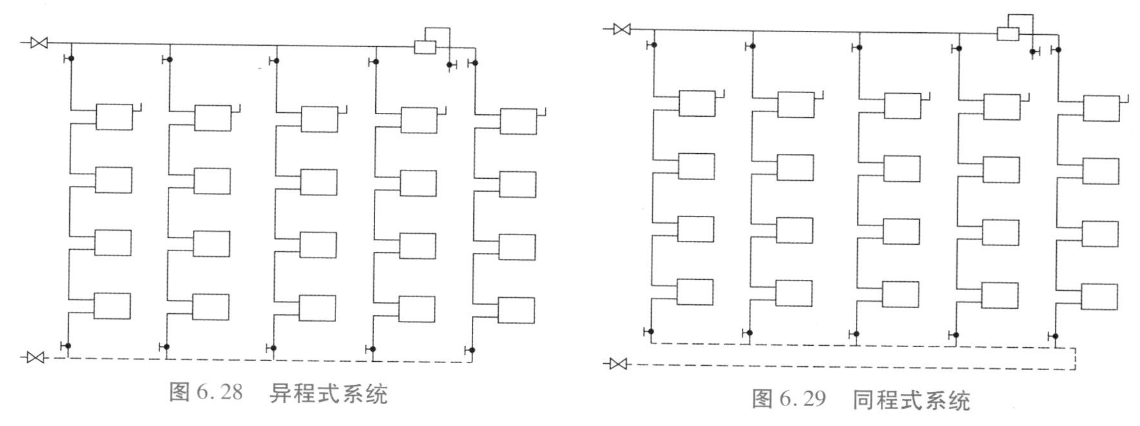

图 6.28　异程式系统　　　图 6.29　同程式系统

4)分区热水采暖系统

为避免底层散热器承受的静压力过大,高层建筑的热水采暖系统通常采用竖向分区的布置形式。低区可以与集中热网直接或间接连接。高区部分可根据外网的压力选择加压水泵、高位水箱、热交换器等布置形式。设加压水泵的分区热水采暖系统如图 6.30 所示。

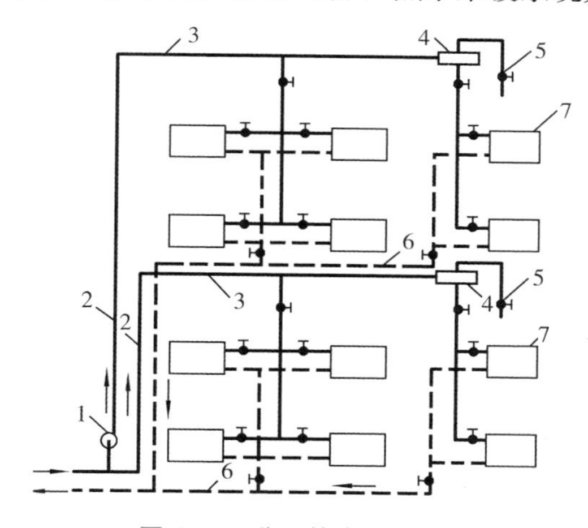

图 6.30　分区热水采暖系统

1—水泵;2—供水主立管;3—供水干管;4—集气罐;5—放气阀;6—回水干管;7—散热器

6.2.3　热水采暖管路布置原则

采暖系统管路布置合理与否,直接影响系统的造价和使用效果。应根据建筑物的具体条件(如建筑平面的外形、结构尺寸等)、与外网连接的形式以及运行情况等因素合理选择布置方案,力求系统管道走向合理,节省管材,便于调节和排除空气,而且要求各并联环路的阻力易于平衡。热水采暖管路布置时,通常采用以下布置原则。

(1)热源引入口

热源引入口的位置应根据锅炉房的位置和室外管道的走向确定,同时还要考虑有利于内部系统环路的划分,最好在建筑物热负荷对称分布的位置,如建筑的中部。热源引入口一般设置在地沟内或地下室内,大的引入口应设置在专用的房间内。

热源引入口装置是指连接外网与建筑内采暖系统，具有调节、检测、关断等功能的装置。典型建筑物热源引入口装置如图6.31所示。

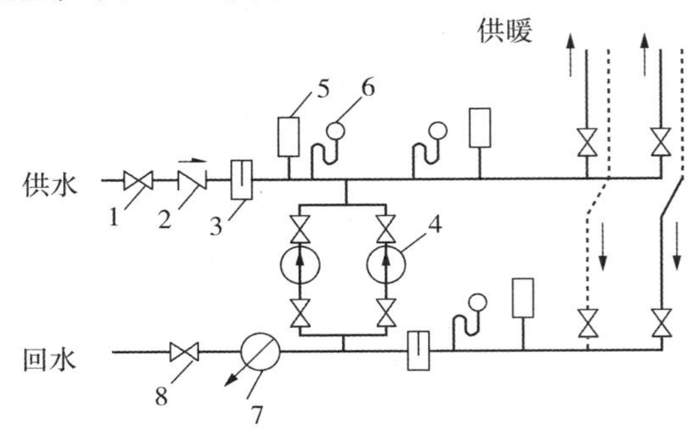

图6.31　热水热源引入口装置

1—阀门；2—止回阀；3—除污器；4—水泵；5—温度计；6—压力表；7—水量表；8—阀门

(2)环路划分

为了合理地分配热量，便于运行管理，需要把采暖系统划分为若干个分支环路。在分配时，为使各环路阻力易于平衡，优先选择同程式系统。在分支环路上应该设置关闭和调节阀门。

(3)回水干管过门

回水干管敷设在底层需要过门时，需要绕过门进行敷设。可以将回水干管采用下绕弯的形式设置在地沟内，最低点设置泄水阀，如图6.32所示；也可以将回水干管采用上绕弯的形式，最高点设置放气阀，如图6.33所示。采用过门地沟时，地沟上应每隔一定距离设活动盖板，以便于检修。

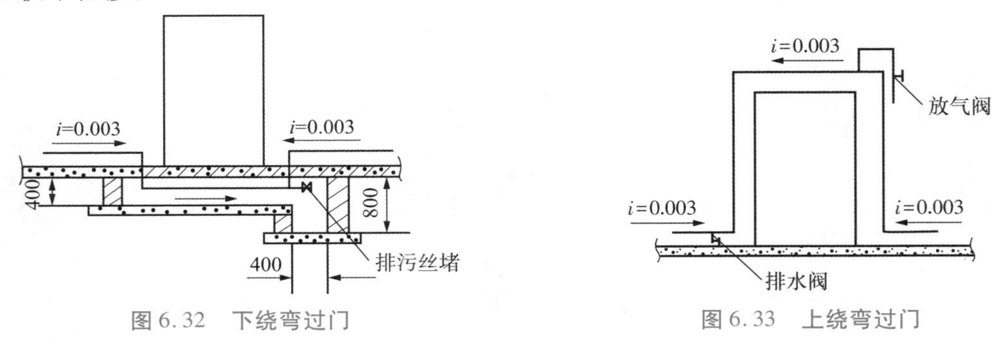

图6.32　下绕弯过门　　图6.33　上绕弯过门

6.2.4　热水采暖系统的安装

(1)基本技术要求

①采暖管道采用低压流体输送钢管。

②采暖系统使用的材料和设备在安装前，应按设计要求检查规格、型号和质量，符合要求方可使用。

③管道穿越基础、墙和楼板应配合土建预留孔洞，并设置保护套管。套管直径比管道直径大两号为宜。

④管道和散热器等设备安装前，必须认真清除内部污物。安装中断或完毕后，管道敞口

处应适当封闭,防止进入杂物堵塞管道。

⑤管道从门窗或其他洞口、梁柱、墙垛等处绕过,转角处若高于或低于管道水平走向,在其最高点和最低点应分别安装排气或泄水装置。

⑥安装管道 DN≤32 的不保温采暖双立管,两管中心距应为 80 mm,允许偏差 5 mm。热水或者蒸汽立管应该置于面向的右侧,回水立管则置于左侧。

⑦管道支架附近的焊口距支架净距大于 50 mm,最好位于两个支座间距的 1/5 位置上。

(2)热水采暖管道安装工艺

热水采暖管道安装工艺流程:安装准备→支架制作、安装→管道预制加工→干管安装→立管安装→散热器支管安装→试压→冲洗→防腐→保温→调试。

①安装准备。认真熟悉图纸,配合土建施工进度,预留槽洞及安装预埋件。按设计图纸画出管路的位置、管径、变径、预留口、坡向、卡架位置的施工草图。草图内还应包括干管起点、末端和拐弯、节点、预留口、坐标位置等。

②支架制作、安装。按照图纸要求,在建筑物实体上定出管道的走向、位置和标高,确定支架位置。根据确定好的支架位置,把已经预制好的支架栽到墙上或焊在预埋的铁件上。

③管道预制加工。按施工草图,进行管段的加工预制,包括断管、上零件、调直、核对尺寸,按环路分组编号,摆放整齐。

④干管安装。把预制好的管段对号入座,摆放到栽好的支架上。然后在支架上把管段对好口,按要求焊接或丝接,连成系统。按设计图纸的要求,将干管找好坡度。

⑤立管安装。确定立管的安装尺寸,根据安装长度计算出管段的加工长度,加工各管段,将各管段按实际位置组装连接。

⑥散热器支管安装。散热器支管应在散热器安装并经稳固、校正合格后进行。

⑦试压。采暖系统安装完毕后、管道保温之前,应进行水压试验。采暖管道的水压试验压力为工作压力的 1.5 倍,但不得小于 0.6 MPa。在试验压力下 10 min 内压力降不大于 0.05 MPa,然后降至工作压力下检查,以不渗、不漏为合格。试验完毕应排净试验用水,以防冬季冻坏管道。

⑧冲洗。管道清洗一般按总管→干管→立管→支管的顺序进行。热水采暖管道通常用水进行冲洗。冲洗前,应将管道系统内的流量孔板、温度计、压力表、调节阀芯、止回阀芯等拆除,待清洗后再重新装上。冲洗时,以系统可能达到的最大压力和流量进行,并保证冲洗水的流速不小于 1.5 m/s。冲洗应连续进行,直到排出口处水的色度和透明度与入口处相同且无粒状物为合格。

⑨防腐。室内采暖系统在进行防腐时,应按照除锈→去污→表面清洁→底层涂料→面层涂料→质量检查的顺序进行。采暖管道及其支吊架的防腐应达到设计要求及国家验收规范的要求。

⑩保温。室内采暖系统在进行保温时,应按照涂刷防腐层→保温层施工→保护层施工→质量检查的顺序进行。采暖系统的保温材质及厚度均按设计要求,质量应达到国家验收规范的要求。

⑪调试。室内采暖系统在安装完毕后、投入使用前,必须进行系统调试与试运行,使系统内各环路、各房间的供热达到平衡,确保整个系统后期能够正常工作。调试时,由远到近调节

各环路立管阀门的开度。一般情况下，立管阀门的开度由近环路到远环路逐渐开大。如此反复调节，可以达到系统内各环路、各房间之间的供热平衡。

6.3 蒸汽采暖系统

蒸汽采暖系统是采用水蒸气作为热媒，依靠水蒸气在散热器中相变释放出的热量进行采暖。

6.3.1 蒸汽采暖系统的组成及其特点

(1)蒸汽采暖系统的组成

蒸汽采暖系统一般包括蒸汽锅炉、供水总立管、蒸汽干管、蒸汽立管、散热器、疏水器、凝水立管、凝水干管、凝结水箱、水泵、控制附件等，如图 6.34 所示。水在锅炉中被加热成具有一定压力和温度的蒸汽，蒸汽依靠自身的压力通过管道流入散热器，并在散热器内放热后变成凝结水；凝结水依靠重力经疏水器沿凝结水管道返回凝结水箱，再由凝结水泵送回锅炉加热，如此反复循环。

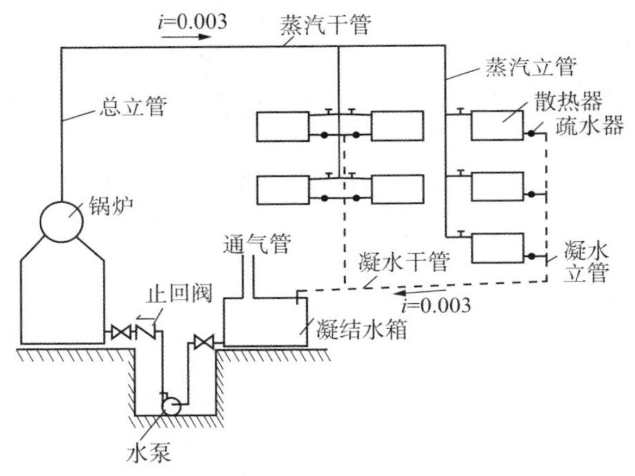

图 6.34 蒸汽采暖系统

(2)蒸汽采暖系统的特点

与热水采暖系统相比，蒸汽采暖系统的特点是：

①初投资低。在蒸汽采暖系统中，散热器内热媒的温度高，末端散热器散热量高，所用的散热器片数比热水采暖系统少，管路造价也比热水采暖系统低。

②底层散热器所受的静水压力小。在蒸汽采暖系统中，蒸汽的容重远小于热水采暖系统中水的容重。因此，作用在底层散热器上的静水压力，蒸汽采暖系统比热水采暖系统小。

③使用年限短。由于蒸汽采暖系统间歇工作，管道内时而充满蒸汽，时而充满空气，管道内壁的氧化腐蚀比热水采暖系统快，特别是凝结水管更容易损坏，因此蒸汽采暖系统使用年限短。

④不能调节蒸汽的温度。蒸汽采暖系统中不能调节散热器内蒸汽的温度，当室外温度高于采暖室外设计温度时，必须采用间歇采暖，这样会使房间内的温度波动较大，使人感到不舒适。而在双管式和单管跨越式热水采暖系统中，进入散热器内的热水量可以调节，即可以调节散热器内水的温度，以适应室外温度的变化。

⑤热惰性小，蒸汽采暖系统的加热和冷却过程快。对于人数骤多骤少或不经常有人停留而要求迅速加热的建筑物，如工厂车间、会议厅、影剧院、礼堂、展览馆、体育馆等，比较适于这种系统。而热水采暖系统由于蓄热能力大，即热惰性大，热得慢，冷得也慢。

⑥卫生条件不良。在低压蒸汽采暖系统中，散热器的表面温度始终在100 ℃左右，有机灰尘剧烈升华，对卫生不利，而且还容易烫伤人；这种系统不适宜对卫生要求较高的建筑物，如住宅、学校、医院、幼儿园等。

⑦热利用率不良。在蒸汽采暖系统中，由于疏水器质量的问题，往往有大量蒸汽通过疏水器流入凝结水管，最后由凝结水箱上的通气管排入大气中。同时，在蒸汽采暖系统的不严密处出现跑气和漏气现象也是不可避免的。

6.3.2　蒸汽采暖系统管路布置

1)蒸汽采暖系统管路布置原则

室内蒸汽采暖系统按干管所处的位置分为上供下回式、上供上回式、中供式等；按组成环路的立管设置情况分为单管式系统与双管式系统。

①为使凝结水顺利地排出，避免水击现象的产生，管道布置大多采用上供下回双管式系统。当地面不便于布置凝结水管时，也可采用上供上回式系统。实践证明，上供上回式系统不利于运行管理。

②系统必须在每个散热设备的凝结水管上安装疏水器和止回阀。

③为了减轻水击现象，蒸汽干管必须具有足够的坡度，并尽可能保持汽水同向流动。蒸汽干管汽水同向流动时，坡度 i 宜采用0.003，不得小于0.002；进入散热器支管的坡度 i 宜为0.01～0.02。

2)蒸汽采暖系统布置注意事项

在蒸汽采暖系统中，不论是何种形式的系统，都应保证系统中的空气能被及时排除，凝结水能被顺利地送回锅炉，防止蒸汽大量逸入凝结水管，尽量避免水击现象。因此，系统设置应注意以下4点：

(1)合理设置疏水器

①在水平供汽干管向上拐弯处设置疏水器，定期排除沿途流来的凝水。

②在低压蒸汽采暖系统中，疏水器设置在室内每组散热器的凝水出口处和上供下回式系统的每根立管下端。

③在高压蒸汽采暖系统中，疏水器集中安装在每个环路凝水干管的末端。

(2)凝结水管过门

当凝结水管布置在地面上遇到过门时，为方便出入，必须把凝结水管下降到地板面以下的过门地沟内，这样凝结水管会形成水封，阻碍空气通过。因此，需要在门上部(环绕门框)装设过门的空气管,即空气绕行管,如图6.35所示。同时,在空气管上安装放风阀门。为了泄水和排污,将地沟内的凝结水管做顺水坡向,末端还需设置泄水丝堵。

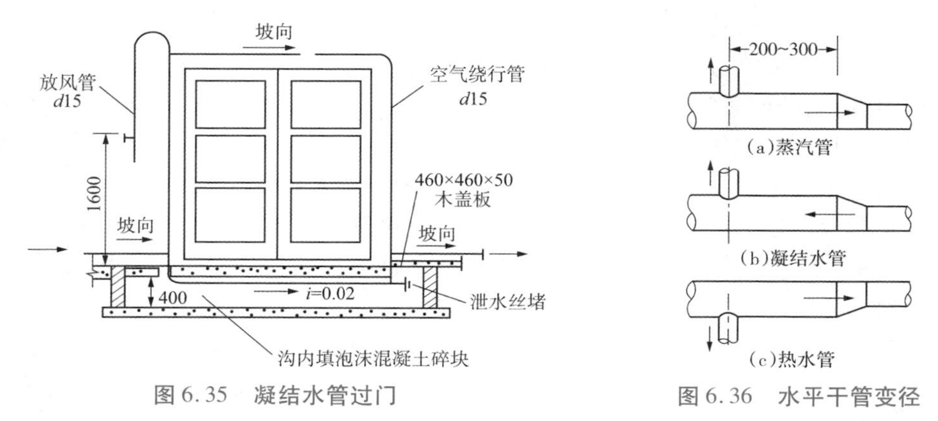

图6.35　凝结水管过门　　图6.36　水平干管变径

(3)水平管变径连接

当水平蒸汽管管径或水平凝结水管径由大变小时,宜采用偏心管连接,使管线底边在一直线上,以使管道中凝结水流动畅通无阻,如图6.36所示。

(4)热补偿问题

蒸汽管道的温度变化比较大,尤其是高压蒸汽采暖系统,因此管道的热胀冷缩问题比较严重。为防止管道因胀缩而破坏,对于较长的管段,应设置伸缩器或在管道中间增加能进行自然补偿的转弯。管道转弯部分的弯曲半径应不小于(6~8)d(d为管道直径)。

6.4　地板低温辐射采暖系统

地板低温辐射采暖是采用低温热水为热媒,通过预埋在建筑物地板内的加热管辐射散热的采暖方式,简称地暖。

地板辐射采暖大量用于饭店、商场、体育馆、会所等大型公共建筑,以及别墅等住宅建筑,甚至是户外停车场、花圃、足球场、饲养场及农业种植大棚等场所。

6.4.1　地暖的组成

地板低温辐射采暖通常包含热源、供回水主管路、分水器、集水器、地暖盘管、温控器等。热源是提供热量的设备(锅炉、壁挂炉等);供回水主管路是由热源连接到分水器的管路(PPR等);分、集水器负责地暖系统中的水流量控制,分水器负责把整个地暖系统的热水均匀地分配到每个支路里,集水器负责把循环后的热水汇集到一起;地暖盘管是埋于地下用于释放热量的管道;温控器可以感应和控制房间的温度。家庭地暖的组成如图6.37所示。

地板低温辐射采暖具有舒适性强、节能、便于物业管理、使用寿命长等优点,但也有采暖费用高、增加结构荷载、维修难度大等缺点。

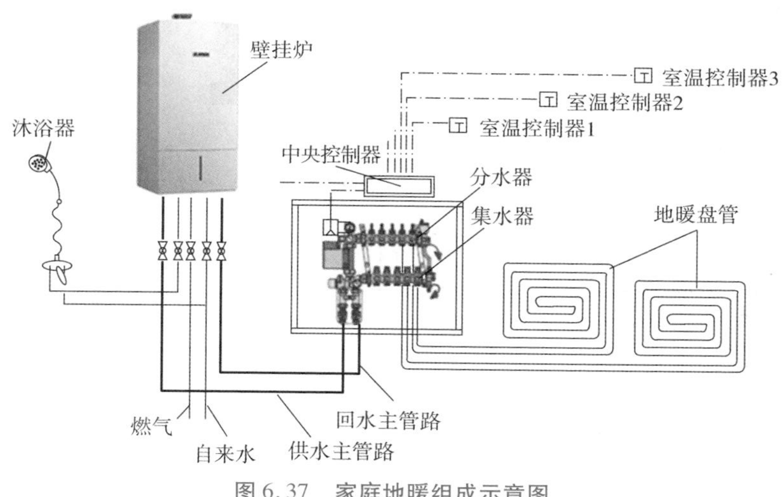

图6.37　家庭地暖组成示意图

6.4.2　地暖的剖面结构

地暖的剖面结构如图6.38所示,从下至上依次是混凝土层、隔热保温层、反射层、地暖管、塑料卡丁、填充层、地面装饰层。

①混凝土层:钢筋混凝土楼板(结构层及水泥砂浆找平层)。

②隔热保温层:聚苯乙烯发泡板(XPS板),用来隔绝热量向下传递(也有采用泡沫混凝土的)。

③反射层:采用铝箔作为反射膜,阻止向下辐射传热。

④地暖管:分为水热管(一般为PE-RT、PE-X或PB)或者电热管(一般为电缆或电热膜)两种不同管道。

⑤塑料卡丁:固定地热管线,均匀辐射热量,避免局部温度过高。

⑥填充层:采用豆石混凝土浇制,起到均热蓄热作用。

⑦地面装饰层:铺地材料及防潮材料,如木地板、瓷砖等。

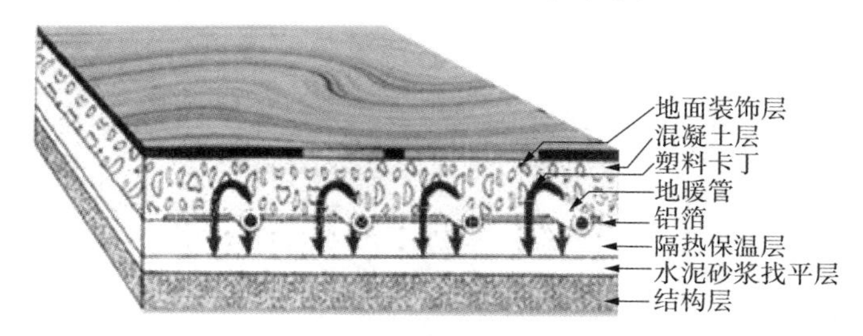

图6.38　地暖剖面结构示意图

6.4.3　地暖的排管方式

地暖的排管方式主要有回转形、往复形和直列形,如图6.39所示。回旋形排管可保持供回水管间隔排布,使室内温度分布均匀;往复形排管适宜布置在小面积房间,走道或不同支路间隔的狭小空间处；直列形排管供水温度沿环路走向逐渐降低，易造成房间温度分布不均，故使用较少。

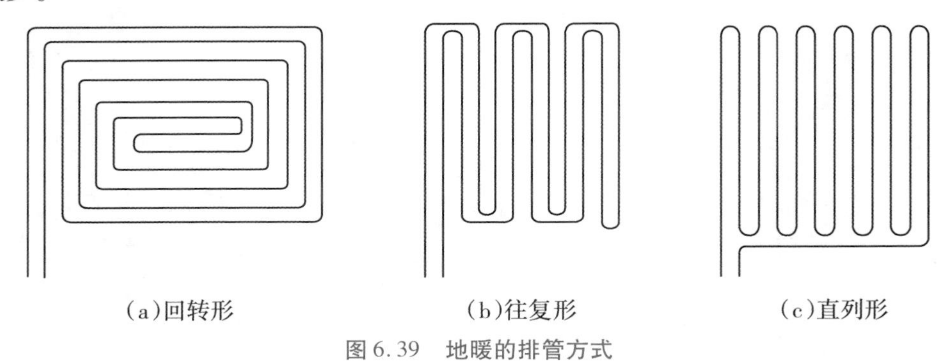

(a)回转形　　(b)往复形　　(c)直列形

图6.39　地暖的排管方式

6.4.4　地暖安装

(1)有关技术措施和施工安装要求

①加热盘管及其覆盖层与外墙、楼板结构层间应设绝热层；当允许双向传热时，可不设绝热层。

②覆盖层厚度不宜小于50 mm，并设置伸缩缝及填充弹性膨胀材料，如图6.40所示。

③绝热层设在土壤上时应先做防潮层，在潮湿房间内，加热管覆盖层上应做防水层。

④热水温度不应高于60 ℃，民用建筑供水温度宜为35～50 ℃，供、回水温差宜≤10 ℃。

⑤系统工作压力不应大于0.8 MPa，否则应采取相应的措施。当建筑物高度超过50 m时，宜竖向分区。

图6.40　地暖伸缩缝设置

⑥加热盘管宜在环境温度高于5 ℃的条件下施工，并应防止油漆、沥青或其他化学溶剂接触管道。

⑦加热盘管伸出地面时，穿过地面构造层部分和裸露部分应设硬质套管；在混凝土填充层内的加热管上不得设可拆卸接头。

⑧细石混凝土填充层强度不宜低于C15，应掺入防龟裂添加剂。浇捣混凝土时，盘管应保持不小于0.4 MPa的静压，养护48 h后再卸压。

⑨隔热材料应符合以下要求:导热系数≤0.05 W/(m·K),抗压强度≥100 kPa,吸水率≤6%,氧指数≥32%。

(2)安装工艺

低温地板辐射采暖的安装工艺流程:土建结构具备地暖工作业面→固定分、集水器→粘贴边角保温→铺设聚苯板→铺设反射铝膜→铺设盘管并固定→设置伸缩缝、伸缩套管→中间试压→回填混凝土→安装地面层→试压验收→系统试运行。

①土建结构具备地暖工作业面:地暖施工前,楼地面找平应检验完毕。

②固定分、集水器:分、集水器用4个膨胀螺栓水平固定在墙面上,安装要牢固。

③粘贴边角保温:用乳胶将80 mm边角保温板沿墙粘贴,要求粘贴平整、搭接严密。

④铺设聚苯板:在找平层上铺设保温层(如2 cm厚聚苯保温板),板缝处用胶粘贴牢固。

⑤铺设反射铝膜:在地暖保温层上铺设铝箔纸或粘一层带坐标分格线的复合镀铝聚酯膜,保温层应铺设平整。

⑥铺设盘管并固定:按地暖设计要求间距将地暖管(PEX管、PP-C管或PB管、XPAP管),用塑料管卡将管子固定在苯板上,固定点间距不大于500 mm(按管长方向),大于90 ℃的弯曲管段的两端和中点均应固定。管子弯曲半径不宜小于管外径的8倍。安装过程中要防止管道被污染,每个回路地暖管铺设完毕后要及时封堵管口。

⑦设置伸缩缝、伸缩套管:对于地暖辐射供暖地板,当边长超过8 m或面积超过40 m^2时,应设置伸缩缝,缝的尺寸为5~8 mm,高度同细石混凝土垫层。塑料管穿越伸缩缝时,应设置长度不小于400 mm的柔性套管。在分水器及地暖管道密集处,管外用不短于1 000 mm的波纹管保护,以降低混凝土热膨胀。在缝中填充弹性膨胀膏(或进口弹性密封胶)。

⑧中间试压:检查铺设的地暖管有无损伤、管间距是否符合设计要求后进行水压试验。从注水排气阀注入清水进行水压试验,试验压力为工作的1.5~2倍,但不小于0.6 MPa,稳压1 h内压力降不大于0.05 MPa,且不渗、不漏为合格。

⑨回填混凝土:地暖管验收合格后,回填细石混凝土,地暖管保持不小于0.4 MPa的压力;垫层应用人工抹压密实,不得用机械振捣,不许踩压已铺设好的管道;施工时,应派专人日夜看护,垫层达到养护期后,方允许管道系统泄压。

⑩安装地面层:抹水泥砂浆找平,做地面。

⑪试压验收:立管与分、集水器连接后应进行系统试压。试验压力为系统顶点工作压力加上0.2 MPa,且不小于0.6 MPa,10 min内压力降不大于0.02 MPa,降至工作压力后,不渗、不漏为合格。

⑫系统试运行:地暖系统调试运行时应分3次进行:第1次,20 ℃水温运行48 h;第2次,30 ℃水温运行24 h;第3次,40 ℃水温运行24 h。

6.5　室外热力管网

室外热力管网将锅炉生产的蒸汽、热水等热媒输送到室内用热设备,以满足生产、生活的需要。

6.5.1 室外热力管网的敷设形式

1)地上架空敷设

地上架空敷设是将供热管道安装在型钢、钢筋混凝土的支架上,或者墙、柱的托架上的敷设形式。根据供热管道所处的位置和沿途地势的不同,架空敷设的高度也不同,通常有低、中、高3种架空敷设形式。

(1)低架空敷设

低架空敷设如图6.41所示。管底与地面保持0.5~1 m净距;通常是沿着工厂的围墙或平行于公路或铁路敷设。低架空敷设可以节省大量土建材料,建设投资小,施工安装方便,维护管理容易,适用于不妨碍交通、不影响厂区扩建的情况。

(2)中、高架空敷设

中、高架空敷设如图6.42所示。中架空敷设的管底与地面保持2.5~4 m净距,适用于人行频繁和非机动车辆通行的情况。高架空敷设的管底与地面保持4~6 m净距,适用于跨越公路、铁路或其他障碍物时的情况,当管道跨越公路时,净距为4 m;跨越铁路时,净距为6 m。

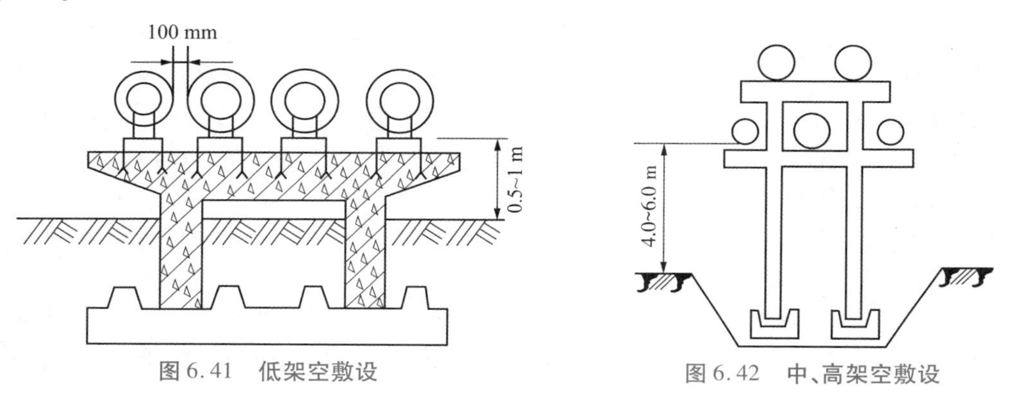

图6.41 低架空敷设

图6.42 中、高架空敷设

2)地下敷设

地下敷设分为通行地沟、半通行地沟、不通行地沟和直接埋地敷设4种形式。

(1)通行地沟敷设

通行地沟敷设如图6.43所示。工作人员可以在管沟内直立通行,人行通道的高度不低于1.8 m,宽度不小于0.6 m,并应允许管沟内最大直径的管道通过通道。通行地沟敷设适用于管道根数多(超过6根)和人员需要经常到沟内检修的情况。

(2)半通行地沟敷设

半通行地沟敷设如图6.44所示。工作人员可以在管沟内检查管道和进行小型修理工作,但更换管道等大修工作仍需挖开地面进行。半通行地沟敷设适用于管道根数在3根以内和人员不必经常到沟内检修的情况。

(3)不通行地沟敷设

不通行地沟敷设如图6.45所示。不通行地沟的横截面较小,只需保证管道施工安装的必要尺寸即可。不通行地沟的造价较低,占地较小,其缺点是管道检修时必须掘开地面;适用于管道根数在 2 根以下且不需要人员到沟内检修的情况。

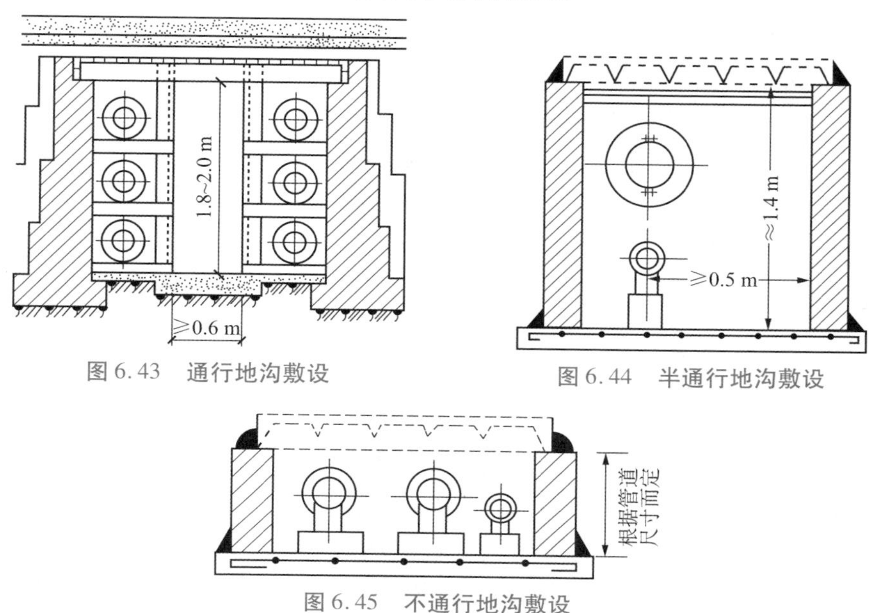

图 6.43　通行地沟敷设

图 6.44　半通行地沟敷设

图 6.45　不通行地沟敷设

(4)直接埋地敷设

直接埋地敷设如图 6.46 所示。采暖管道直接埋在土壤中,热损耗大。目前,应用最多的结构形式是整体式预制保温管,即将采暖管道、保温层和保护外壳三者紧密地黏结在一起,形成一个整体,然后一起埋地敷设。

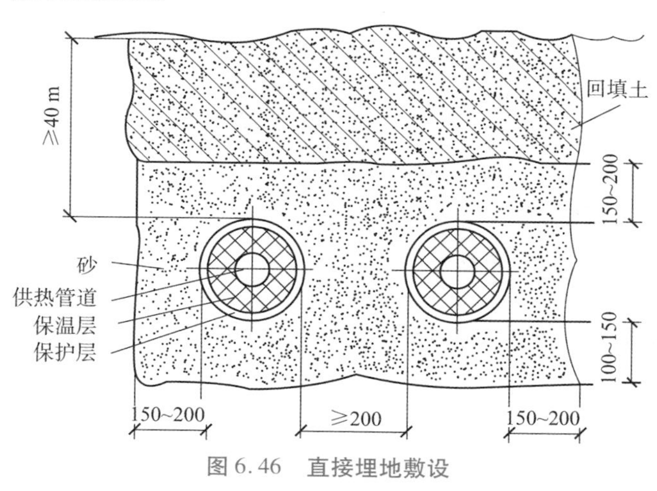

图 6.46　直接埋地敷设

6.5.2　室外热力管道安装

1)安装范围

室外热力管道的安装范围一般是指由锅炉房外墙至用户外墙(或热力入口)之间的部分,

如图 6.47 所示。热力管道在敷设的沿途应设置活动支座、导向支座、固定支座。活动支座安装在方形补偿器两侧第一个支架及其水平臂的中点,还有管道弯头两侧;导向支座安装在补偿器与固定支架之间的直管段上;固定支座安装在两补偿器之间、热源出口、用户入口等处。

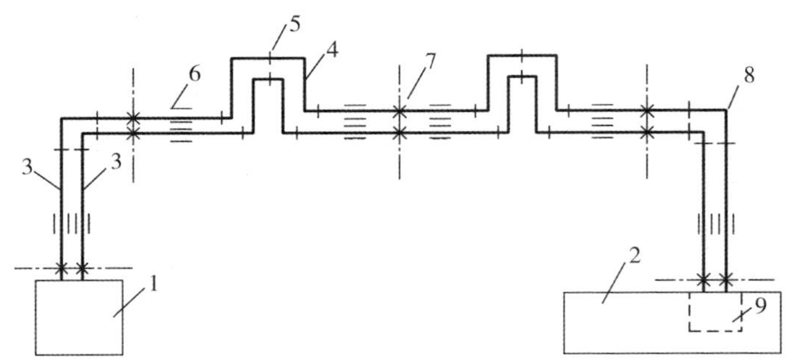

图 6.47 室外地沟内供暖管道的安装范围

1—锅炉房;2—用户;3—供暖管道;4—方形补偿器;5—活动支座;
6—导向支座;7—固定支座;8—自然补偿器;9—热力入口

2)安装要求

(1)一般要求

①室外热力管道应采用焊接钢管或无缝钢管。

②室外热力管道水平敷设有坡度要求。对于蒸汽管,汽水同向流动,$i \geqslant 0.002$;汽水逆向流动,$i \geqslant 0.005$。对于热水管,$i \geqslant 0.002$。

③管道连接除安装阀门处采用法兰连接外,其他接口采用焊接。

④对头连接的管道发生空隙时,不允许将管壁加力延伸而使管头密合,应另外加一短管。该短管长度不应小于管道空隙,也不能小于 100 mm。

⑤固定点之间的管道中心线应为直线,其偏差应符合规定的要求。

⑥为了保证管道上阀门、伸缩器维修方便,在同用途、同规格的管道上,应采用相同规格的配件。阀门、伸缩器在安装前应经过外观检查和水压试验,合格后方可安装。

⑦钢管、阀门等配件应有制造厂的试验证明。

⑧安装完毕的管道系统,应按照设计要求或按《给排水管道工程施工及验收规范》(GB 50268—2008)的规定进行水压试验。

(2)特殊要求

无论是蒸汽采暖管道还是热水采暖管道,都必须注意解决管网的泄水与排气问题。除了在坡度上给予保证外,还应采取以下措施:

①蒸汽采暖管道中,在适当的位置加设疏水器。其位置通常是:管道的最低点,垂直升高的管段之前,可能集结凝结水的蒸汽管道闭塞端和每隔 50 m 左右的直管段位置。蒸汽管道安装时要高于凝结水管道,以便将蒸汽管道产生的凝结水通过疏水器等装置排入凝结水管,其高差应不小于安装疏水器需要的尺寸。

②热水采暖管道中,在管道的高位点应设置排气装置,在管道的低位点应设泄水装置。一般排气阀门直径为 15 ~ 25 mm,泄水阀门的直径约是热水管直径的 1/10,但不得小于 20 mm。泄水和排气装置的设置如图 6.48 和图 6.49 所示。

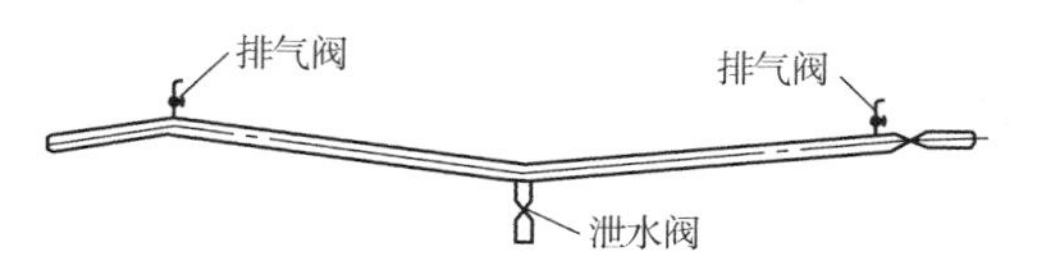

图6.48　热水管道途中泄水和排气装置

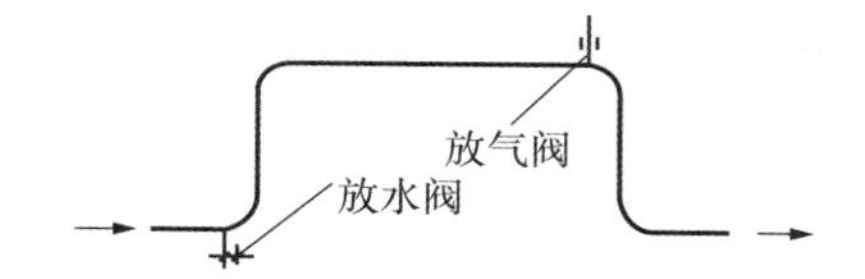

图6.49　热水管道抬高时泄水和排气装置

③热水主干管每隔800～1 000 m安装分段阀门。对于没有分支管的主干管，其分段阀门间距可以增大到2 500 m，这样可以减少非事故管道水头损失和缩短检修时间。两个分段阀门之间必须设置泄水和排气装置，以便能排出其间的空气和水。

3）安装工艺

室外地沟内热力管网的安装工艺流程：测量放线与管沟开挖→砌筑沟底和沟壁→管沟内支架安装→管道铺设→补偿器安装→试压→冲洗→防腐→保温→盖沟盖板。

①测量放线与管沟开挖：参见第2章室外给水管道安装时的测量放线与管沟开挖。

②砌筑沟底和沟壁：配合土建人员进行施工。

③管沟内支架安装：支架应先进行制作、除锈、防腐，然后进行安装。支架安装分两次进行：第一次在砌筑沟壁时，将支架的支撑结构（角钢或槽钢）预埋好；第二次在铺设管道时，安装托座。

④管道铺设：管道在铺设前应依次进行管材的检查、管子的除锈和防腐；然后进行管子的组对和焊接，在管沟边的平地上将管子组对、焊接成适当长度的管段；再将组对焊接好的管段以机械或人工由管沟边放入沟内的支架上，把管段连接成整条管道，并将管道就位并调整间距、坡度及坡向；最后安装管道的托座，将管道与托座焊接起来放在支架上。

⑤补偿器安装：补偿器安装时水平放置，其坡度、坡向与相应管道相同。在安装方形补偿器时，应先进行预拉伸。预拉伸时，先将方形补偿器的一端与管道焊接，另一端作为拉伸口，待拉伸量合适后再将该口焊接。

⑥试压：在室外供热管道安装完之后进行压力试验，以检查其强度和严密性。强度试验压力值是工作压力的1.5倍，严密性试验压力值等于工作压力。

a. 试压准备。试压前，在试压系统最高点设置排气阀，在系统最低点装设手压泵，接好临时水源，始、终端设置堵板及压力表。

b. 试压时，先关闭低点放水阀，打开高点放气阀，向被试压管道内充水至满，排尽空气后关闭放气阀；然后以手压泵缓慢升压至强度试验压力，观测10 min，若无压力下降或压降在0.05 MPa以内时，降至工作压力，进行全面检查，以不渗、不漏为合格。水压试压完毕后要将管道内的水全部放干净，以防止冬季冻坏管道。

⑦冲洗：室外热力管道在使用前，应用清水冲洗以去除杂物。冲洗前，应将管路上的流量孔板、滤网、温度计、止回阀等部件拆下，冲洗后再装上。若系统较大、管路较长，可以分段冲洗，冲洗到排水处水色透明为止。

⑧防腐：室外热力管道在进行防腐时，应按照除锈→去污→表面清洁→底层涂料→面层涂料→质量检查的顺序进行。采暖管道及其支吊架的防腐应达到设计要求及国家验收规范的要求。

⑨保温：室内采暖系统在进行保温时，应按照涂刷防腐层→保温层施工→保护层施工→

涂刷冷底子油→质量检查的顺序进行。采暖系统的保温材质及厚度均按设计要求,质量达到国家验收规范的要求。

⑩盖沟盖板:预制钢筋混凝土沟盖板采用自卸吊进行运输安装,人工进行调整。

课后习题

一、填空题

1. 采暖系统的组成有____________、____________及散热设备。

2. 根据采暖范围的不同,采暖系统可分为____________、____________、区域供暖。

3. 常见的散热器种类有柱形、翼型、____________、____________、____________ 5 种。

4. 膨胀水箱的作用是____________、____________、____________。

5. 地暖的排管方式主要有____________、____________、____________。

6. 室外热力管网的敷设形式有____________、____________。

二、判断题

1. 对于多层建筑的楼梯间,散热器的布置是上多下少。 (　　)

2. 热水采暖系统中,通过各个立管的循环环路总长度不相等的系统称为异程式系统。 (　　)

3. 疏水器是热水采暖系统中必不可少的附件。 (　　)

4. 地暖安装的覆盖层厚度不宜小于 50 mm,并应设置伸缩缝。 (　　)

三、选择题

1. 以下哪个设备或附件是供暖分户计量收费不可缺少的装置?(　　)

A. 热量表　　B. 温控阀　　C. 平衡阀　　D. 疏水器

2. 对于高层建筑的热水采暖系统,为避免底层散热器承受的静压力过大,通常采用(　　)布置形式。

A. 双管式　　B. 同程式　　C. 上分式　　D. 竖向分区

3. 地暖的剖面结构中,哪个起均热蓄热作用?(　　)

A. 地暖管　　B. 反射层　　C. 填充层　　D. 地面装设层

四、简答题

1. 简述机械循环热水采暖系统的组成。

2. 简述热水采暖管道的安装工艺流程。

3. 简述低温地板辐射采暖的安装工艺流程。

第7章　建筑通风与空调系统

【本章教学目标】

育人主题	建议学时	素质目标	知识目标	能力目标
节能低碳	6	(1)家国情怀:应用通风与空调系统知识,提高居住环境舒适性,提升人们的生活品质; (2)个人品格:增强节能低碳意识、遵纪守法意识和创新创业意识; (3)职业素养:体会新工艺在提升环保节能方面所起的作用,引导碳达峰、碳中和意识,具有面对挑战和挫折的乐观主义精神	(1)描述建筑通风与空调系统的组成及给水方式; (2)完整列出通风与空调系统施工流程,且顺序正确	(1)能够实地辨识建筑通风与空调系统组成实物; (2)能够绘制通风与空调安装工程的施工流程简图,列出施工要点

7.1　建筑通风系统

通风就是利用换气的方法,向某一房间或空间输送新鲜空气,将室内被污染的空气直接或经处理后排到室外,从而维持室内环境符合卫生标准,满足人们生活或生产的需要。通风是为了提供人们生命所需的氧气,稀释二氧化碳,促进房间内空气流动,排除房间内产生的余热、粉尘及有害气体等。

认识生活中的建筑通风与空调系统(建筑是如何呼吸的)

7.1.1　通风系统的分类

1)按处理空气的方式分类

通风系统按处理空气的方式不同,分为送风和排风。送风就是把室外新鲜空气或经过净化的空气补充进来,以保持室内的空气环境满足卫生标准和生产工艺的要求;排风是把室内被污染的空气直接或经过净化后排至室外。

2) 按工作动力分类

按通风系统的工作动力不同,分为自然通风和机械通风。

自然通风主要是依靠风压和热压使室内外的空气进行交换,从而改变室内空气环境。自然通风又分为风压作用下的自然通风、热压作用下的自然通风、风压热压联合作用下的自然通风3种,分别如图7.1至图7.3所示。

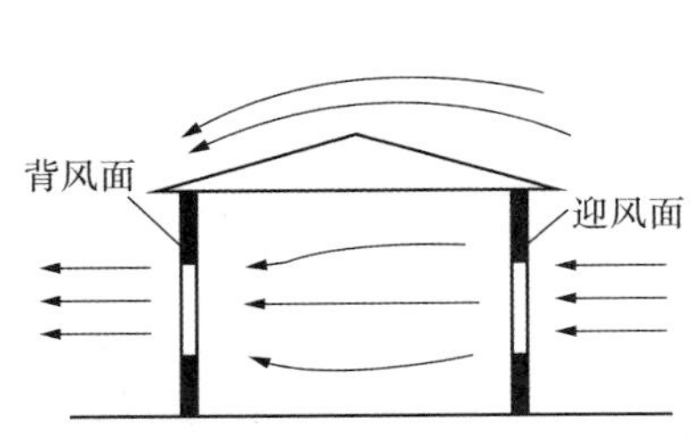

图7.1　风压自然通风

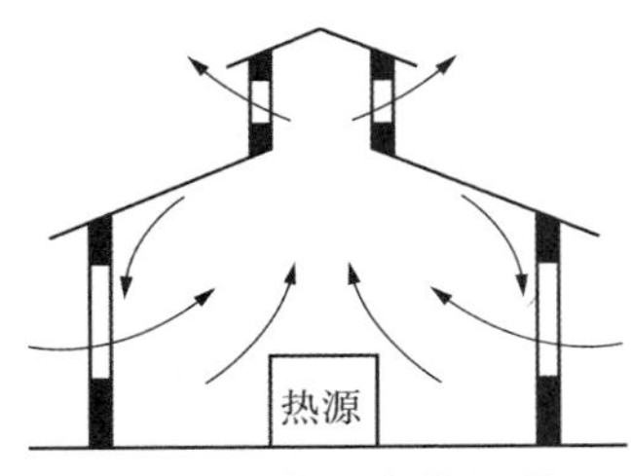

图7.2　热压自然通风

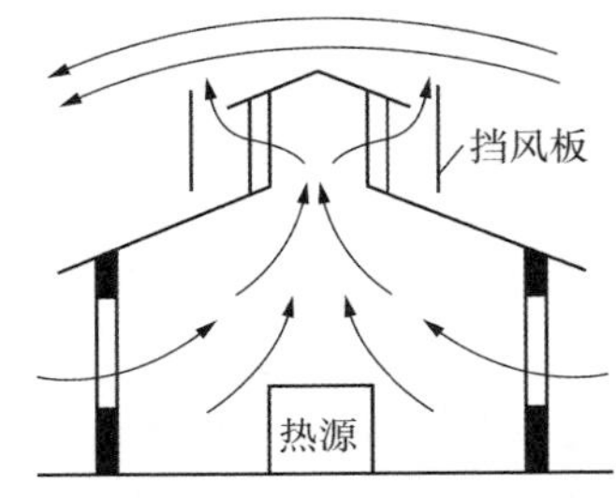

图7.3　风压热压联合自然通风

机械通风是依靠通风机造成的压力迫使空气流通进行室内外空气交换。机械通风按照通风系统应用范围的不同,分为局部机械通风和全面机械通风两种。

(1)局部机械通风

局部机械通风是利用局部气流,使局部工作地点不受有害物的污染,形成局部良好的空气环境。这种方式适用于有害物形成比较集中的地方或是工作人员经常活动的局部地区。局部通风又分为局部机械送风和局部机械排风,如图7.4和图7.5所示。

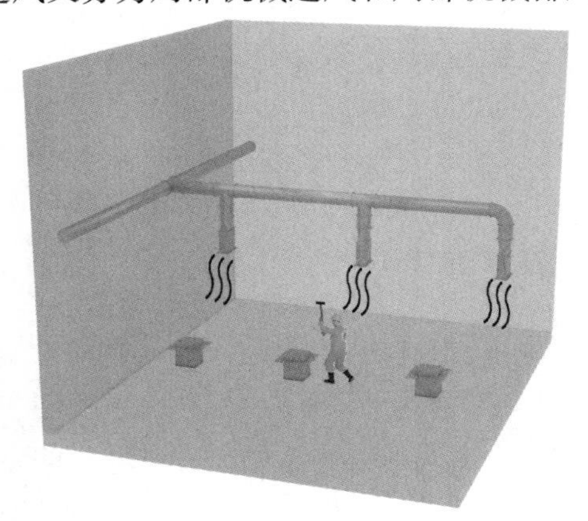

图7.4　局部机械送风

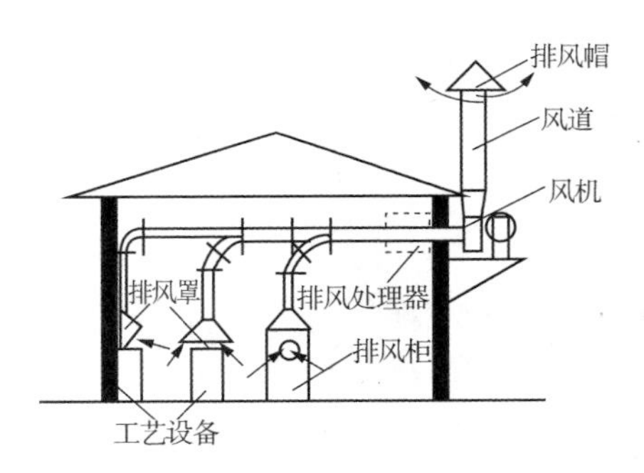

图7.5　局部机械排风

(2)全面机械通风

全面机械通风是对整个房间或车间进行全面的通风换气。这种通风方式是将室内污浊的空气进行稀释,并将室内污染的空气排到室外。这种方式适用于不能采用局部通风或采用局部通风后室内空气环境仍然不符合卫生和生产要求的场所。全面机械通风又分为全面机械送风和全面机械排风,如图7.6和图7.7所示。

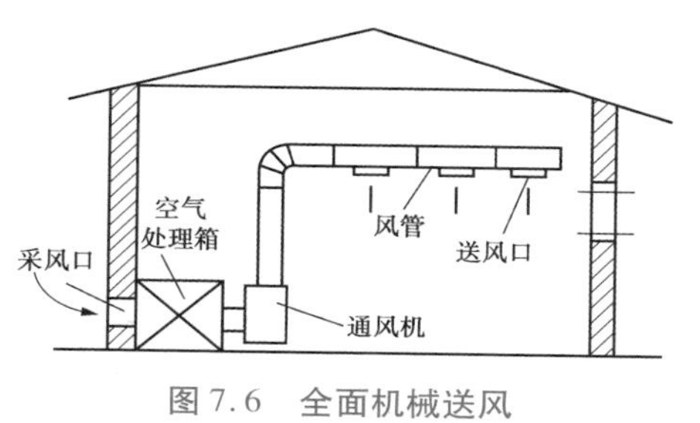

图7.6　全面机械送风

图7.7　全面机械排风

7.1.2　通风系统的组成

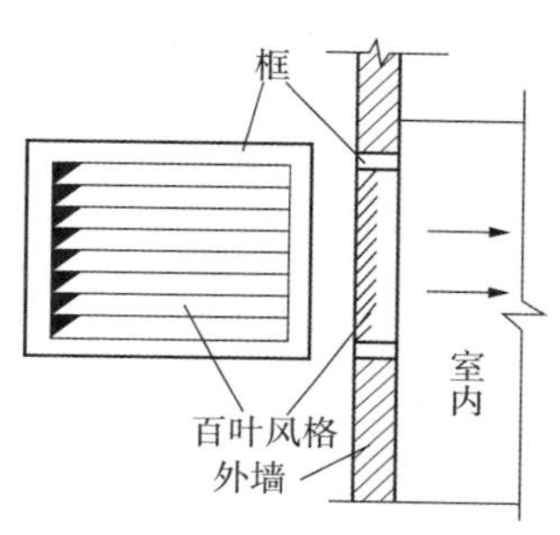

图7.8　采风口

通风系统一般包括风管、风管部件、风机及空气处理设备等。

(1)送风系统的组成

送风系统由采风口、空气处理箱、风箱、通风管道、进风口和风量调节阀组成。

①采风口的作用是采集室外的新鲜空气,要求设在空气不受污染的外墙上,如图7.8所示。采风口上设有百叶风格或细孔的网格,以便挡住室外空气中的杂物进入送风系统。

通风系统的组成

②空气处理箱可以对空气进行必要的过滤、加热处理。在机械送风系统中,一般是将空气过滤器、空气加热器设置在同一个箱体中,这种箱体称为空气处理箱(图7.9)。空气处理箱可以是砖砌、混凝土浇筑,也可以用钢板或玻璃钢制作。

③通风机是机械送风系统中的动力设备。工程中,常用的风机是离心风机和轴流风机。

④通(送)风管道是输送空气处理箱处理好的空气到各送风区域。根据制作方式不同,通风管道可分为风管和风道。风管是采用金属、非金属薄板或其他材料制作而成,如图7.10所示;风道是采用混凝土、砖等建筑材料砌筑而成,如图7.11所示。通风管道的断面形状主要有矩形和圆形两种。

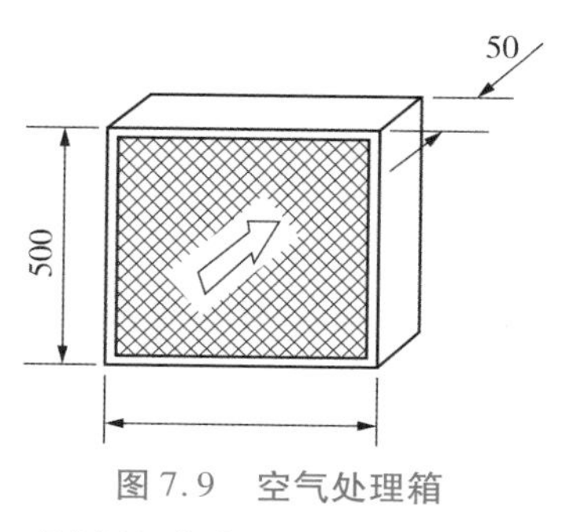

图7.9　空气处理箱

图7.10　风管

图7.11　风道

通风管道中还包括许多风管配件,如弯头、三通、四通、变径、来回弯、天圆地方等,如图7.12所示。

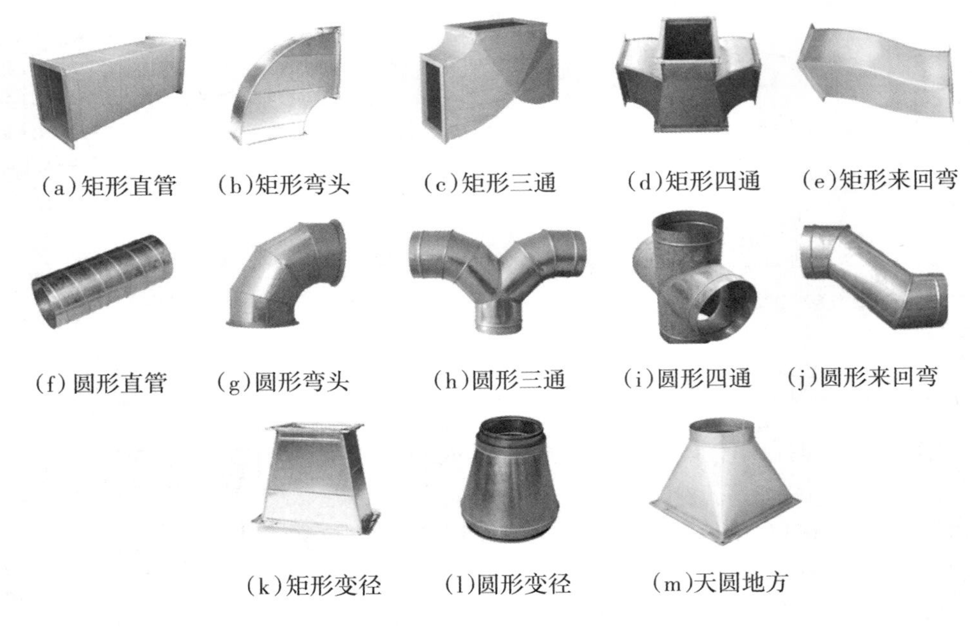
(a)矩形直管 (b)矩形弯头 (c)矩形三通 (d)矩形四通 (e)矩形来回弯
(f)圆形直管 (g)圆形弯头 (h)圆形三通 (i)圆形四通 (j)圆形来回弯
(k)矩形变径 (l)圆形变径 (m)天圆地方

图7.12 风管及配件

⑤送风口是直接将送风管道送过来的空气送至各个送风区域或工作点。送风口的种类较多,主要有侧送风口(单层百叶、双层及三层百叶)、散流器、孔板送风口及喷射送风口等,如图7.13所示。

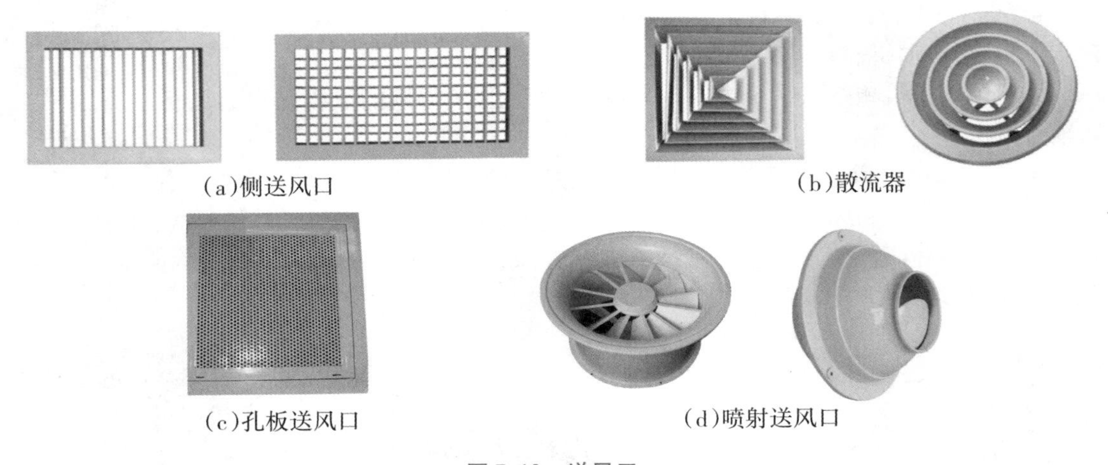
(a)侧送风口 (b)散流器
(c)孔板送风口 (d)喷射送风口

图7.13 送风口

⑥风量调节阀用于送风系统的开、关和进行风量调节。常用的风量调节阀有插板阀、蝶阀、对开多叶调节阀等,如图7.14所示。

(2)排风系统的组成

排风系统由排风罩或排风口、通风管道、风机、排风帽及空气净化设备组成。

①排风罩或排风口。排风罩用来将污浊或含尘的空气收集并吸入风管内,有柜式排风罩、外部吸气罩等,如图7.15所示。如果用在除尘系统中,排风罩则称为吸尘罩;排风口与送

风口类似,通常采用单层百叶风口。

(a)插板阀

(b)蝶阀

(c)对开多叶调节阀

图7.14 风量调节阀

(a)柜式排风罩

(b)外部吸气罩

图7.15 排风罩

②通(排)风管道是用来输送污浊或含尘空气的。在一般的排风除尘系统中,多用圆形风管,因为圆形风管的水力条件好,且强度也较矩形风管高。

③风机是机械排风系统的动力设备,其结构性能如前所述。

④排风帽是机械排风系统的末端设备,其作用是直接将室内污浊空气(或经处理达标后的空气)排至室外大气中,并防止雨水的侵入。常用的排风帽有伞形排风帽、圆筒形排风帽、三叉形排风帽、无动力排风帽等,如图7.16所示。

(a)伞形排风帽

(b)圆筒形排风帽

(c)三叉形排风帽

(d)无动力排风帽

图7.16 排风帽

⑤空气净化设备是用于排除有毒气体或含尘气体的机械排风系统,它将有毒气体或含尘空气净化处理达标后排放到大气中。通风系统中常用的净化设备主要是除尘器。除尘器又有重力沉降式除尘器、旋风除尘器、袋式除尘器。

a.重力沉降式除尘器:它是一个比通风管道断面尺寸增大了若干倍的除尘小室,如图7.17所示。含尘空气由除尘小室的一端上方进入,由于小室的过流断面突然扩大,含尘空气的流动速度迅速降低。在含尘空气缓慢地由小室的一端流向另一端的过程中,空气中的粉尘粒子在重力作用下逐渐向灰斗里沉降,使得粉尘从空气中分离出来,而净化后的洁净空气由除尘小室的另一端出口排出。

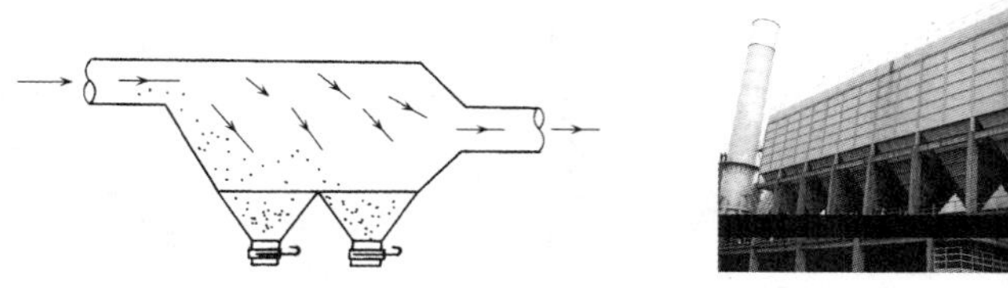

图 7.17　重力沉降式除尘器

b.旋风除尘器:利用含尘空气在除尘器中的螺旋运动及离心力作用达到分离尘粒的目的,使空气得到净化,如图 7.18 所示。如果在旋风除尘器内壁敷设耐磨衬,可以用于净化含有高磨蚀性粉尘的烟气,但对微细尘粒的除尘效率不高。

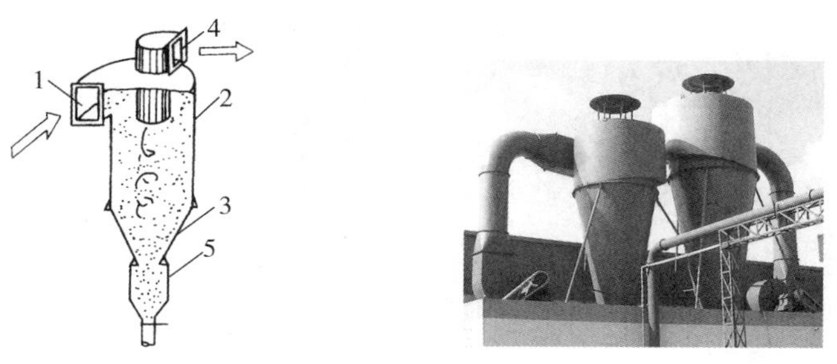

图 7.18　旋风除尘器

1—进气口;2—圆筒体;3—圆锥体;4—排气管;5—排尘口与集灰斗

c.袋式除尘器:利用棉布、毛呢和人造纤维布等做成滤袋,然后将滤袋按一定的排列规律设置在一个箱体内,含尘空气沿着预先设计好的道路,由箱体下部进入各条滤袋中,对含尘空气进行过滤处理,使粉尘从空气中分离出来,达到净化空气的目的,如图 7.19 所示。

图 7.19　袋式除尘器

1—进气口;2—箱体;3—滤袋;4—净化气体出口;5—振打装置;6—灰斗;7—插板阀

7.1.3　风管、法兰与附件的加工制作

通风工程中,常用的板材有金属板材和非金属板材两大类。

金属板材有普通钢板、镀锌钢板、不锈钢板、铝板等,一般的通风空调管道可采用0.5 ~ 1.5 mm 厚的钢板;有防腐及防火要求的场所可选用不锈钢板和铝板。

非金属板材有塑料复合板(在普通钢板表面喷涂 0.2 ~0.4 mm 厚塑料层)、塑料板、玻璃钢板等。塑料复合板用于防腐要求高或温度在-10 ~70 ℃有腐蚀性的空调系统,连接方式只能是咬口连接或铆接;塑料板因其光洁耐腐蚀,可以用于洁净空调系统中;玻璃钢板耐腐蚀性好,强度高,常用于带腐蚀性气体的通风系统中。

1)金属风管的加工制作

金属风管的加工制作工艺流程:板材选用及复检→风管预制→风管组 装→加固→质量检查。

(1)板材选用及复检

应根据施工图及相关技术文件的要求选用板材,对材料进行复检应符合相关规范的要求。

(2)风管预制

风管预制的工艺流程:放样下料→钢板剪切→风管板材拼接及接缝→风管折方、卷圆→成型。

①放样下料。根据施工图中风管的几何形状和规格,将其展开平面图画线,画线时留出咬口或接口余量,如图 7.20 所示。

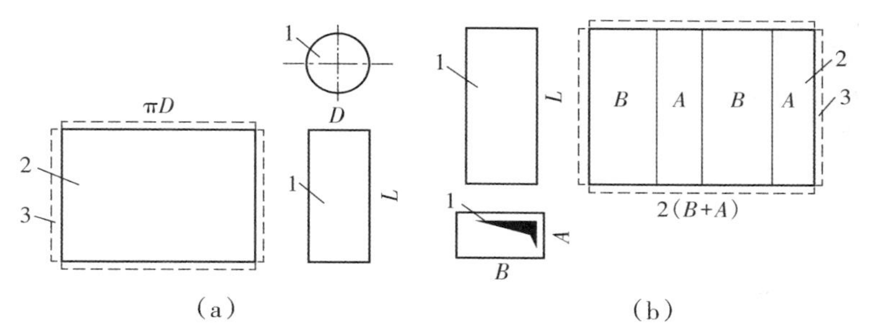

图 7.20　风管的剪切下料

1—风管;2—展开图;3—接口余量

②钢板剪切。钢板剪切必须进行下料的复核,以免有误,按画线形状用剪切机或手工剪刀进行剪切。剪切口要平、直(曲线要圆滑)。

③风管板材拼接及接缝。风管板材拼接方法常用的有咬口连接、焊接连接和铆钉连接,如表 7.1 所示。

表 7.1　风管板材的拼接方法

<table>
<tr><th rowspan="2">板厚/mm</th><th colspan="4">材质</th></tr>
<tr><th>镀锌钢板(有保护层的钢板)</th><th>普通钢板</th><th>不锈钢板</th><th>铝板</th></tr>
<tr><td>$\delta \leqslant 1.0$</td><td rowspan="2">咬口连接</td><td rowspan="2">咬口连接</td><td>咬口连接</td><td rowspan="2">咬口连接</td></tr>
<tr><td>$1.0 < \delta \leqslant 1.2$</td><td rowspan="3">氩弧焊或电焊</td></tr>
<tr><td>$1.2 < \delta \leqslant 1.5$</td><td>咬口连接或铆接</td><td rowspan="2">电焊</td><td>铆接</td></tr>
<tr><td>$\delta > 1.5$</td><td>焊接</td><td>气焊或氩弧焊</td></tr>
</table>

a. 咬口连接：将需要相互连接的两块钢板的边缘先折成钩状，再将其钩挂起来，压紧。这种连接方法主要适用于风管的闭合接口、几块钢板拼在一起的拼接口和圆形风管弯头的节间缝等处。常用的咬口形式及其适用范围如表 7.2 所示。

表 7.2　常用的咬口形式及其适用范围

咬口形式	名称	适用范围
	单咬口	用于板材的拼接和圆形风管的闭合咬口
	立咬口	用于圆形弯管或直接的管节咬口
	联合角咬口	用于矩形风管、弯管、三通管及四通管的咬接
	转角咬口	较多用于矩形直管的咬缝、有净化要求的空调系统，有时也用于弯管或三通管的转角咬口缝
	按扣式咬口	矩形风管大多采用此咬口，有时也用于弯管、三通管或四通管

b. 焊接连接：通常采用电焊、气焊等。焊接时，常见的焊缝形式及其适用范围如表 7.3 所示。

表 7.3　常见的焊缝形式及其适用范围

焊缝形式	名称	适用范围
	对接焊缝	用于钢板与钢板的纵向或横向拼接焊缝，以及风管的闭合接口缝等
	扳边焊缝	用于圆形风管弯头的节与节之间的接缝
	角焊焊缝	用于矩形风管以及矩形风管弯头的角缝

c. 铆接连接：将要连接的板材板边搭接，用铆钉穿连铆合在一起。通风工程中，板材与板材的连接很少使用铆接，这种连接方式多用于风管与角钢法兰之间的连接，如图 7.21 所示。

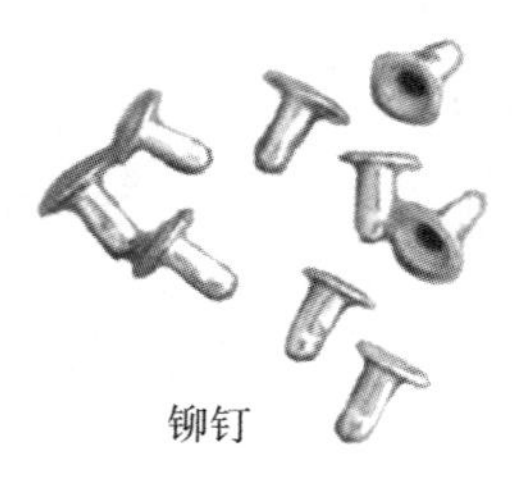

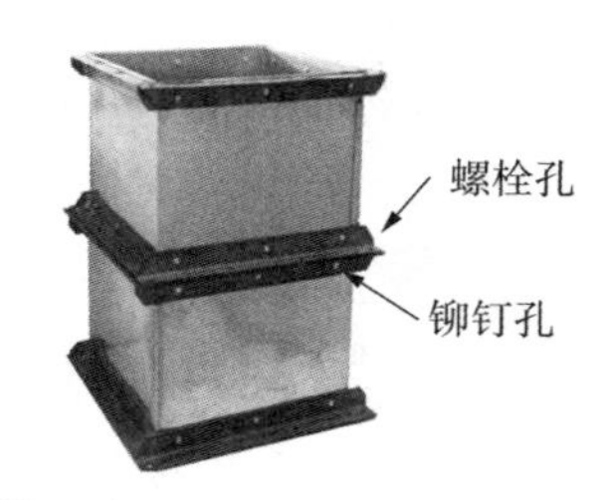

图 7.21　铆接连接示意图

④风管的折方、卷圆,分别用于矩形风管及圆形风管和配件的连接。

⑤成型。折方或卷圆后的钢板用合口机或手工进行合缝。操作时,用力均匀,不宜过重。单、双口确实咬合,无胀裂和半咬口现象。

(3)风管组装

系统较小时,可一次组装而成,系统较大时可分成二或三部分组装。组装可在地面进行,组装时应注意风管的平直度,防止扭曲或起波。组装时,可采用法兰连接,法兰与风管的连接采用铆接或焊接,法兰加垫料后应均匀拧紧螺栓。

(4)加固

为避免风管断面变形和减小管壁在系统运转中由于振动而产生的噪声,管径或边长较大的风管,需要进行加固。矩形风管边长大于630 mm,保温风管边长大于800 mm,管段长度大于1 250 mm或低压风管单边面积大于1.2 m^2、中高压风管单边面积大于1.0 m^2,均应采取加固措施。

风管可采用管内或管外加固件、管壁压制加强筋等形式进行加固,如图7.22所示。矩形风管加固件宜采用角钢、轻型钢材或钢板折叠,圆形风管加固件宜采用角钢。

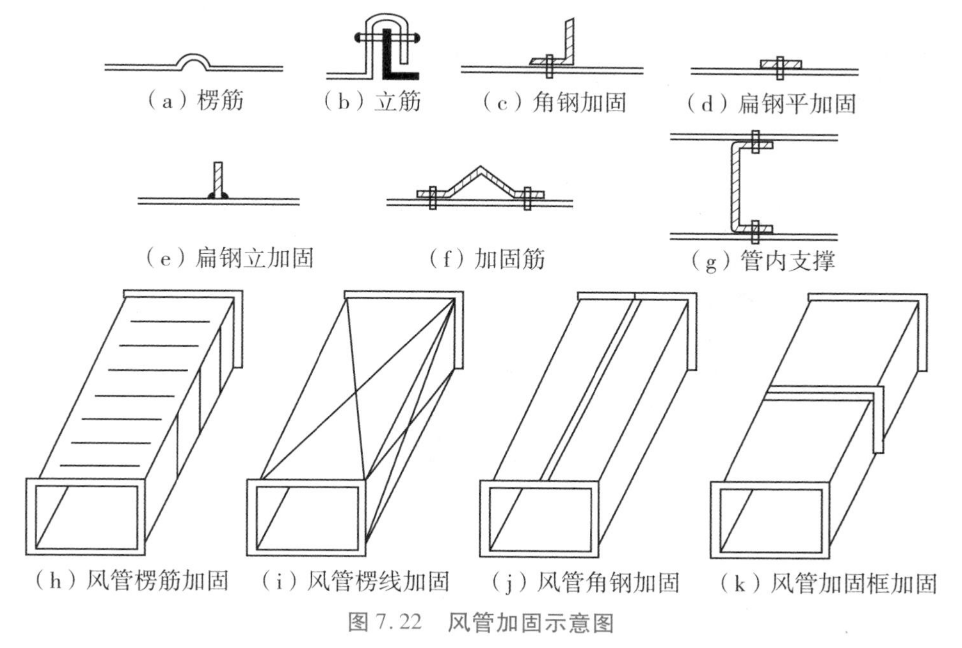

图7.22 风管加固示意图

(5)质量检查

风管加工制作完成后应进行质量检查。检查方法有尺量、观察检查、进行强度和严密性试验等,检查结果应符合设计和相关规范要求。

2)法兰的加工制作

通风管道之间及管道与部件最主要的连接方式是法兰连接。常用的法兰是角钢法兰和扁钢法兰。

(1)矩形法兰制作

矩形风管法兰制作的顺序是下料、找正、焊接及钻孔,如图7.23所示。将4根角钢在平台上放料下样,用型钢切割机按线切断。下料调直后放在冲床上冲击铆钉及螺栓孔,孔距不应大于150 mm。冲孔后的角钢放在焊接平台上进行焊接,焊接时按各规格模具卡紧。

(2)圆形法兰制作

圆形风管法兰制作的顺序是下料、卷圆、焊接、找平及钻孔,如图7.24所示。将整根角钢的一端放到法兰弯曲机上进行煨弯,直至将角钢煨成所需直径的法兰。取下煨好的法兰,以气割法切断后逐片找圆、对焊、冲孔。

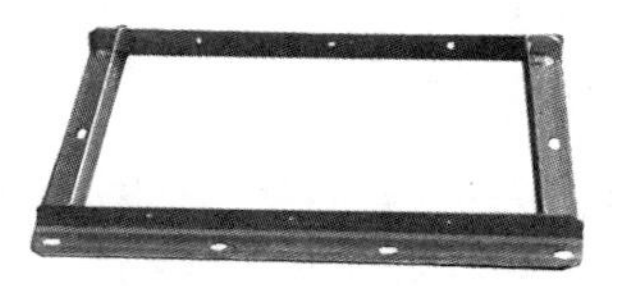

图7.23　矩形法兰

图7.24　圆形法兰

(3)共板法兰制作

共板法兰风管工艺是快速法兰风管工艺的一种。共板法兰制作的顺序是下料、打孔、焊接、钻螺孔、上漆防腐,如图7.25所示。它兼具角钢法兰风管的优点,结构强、无焊接、无铆接;其风管成品外形美观,尺寸规矩准确,外形线条流畅;风管生产可以工厂化、规模化、标准化、自动化,加工速度快捷;全镀锌板制造,耐腐蚀性好,连接严密,漏风率低,降低能耗,节省运行费用。共板法兰在暖通工程中应用广泛。

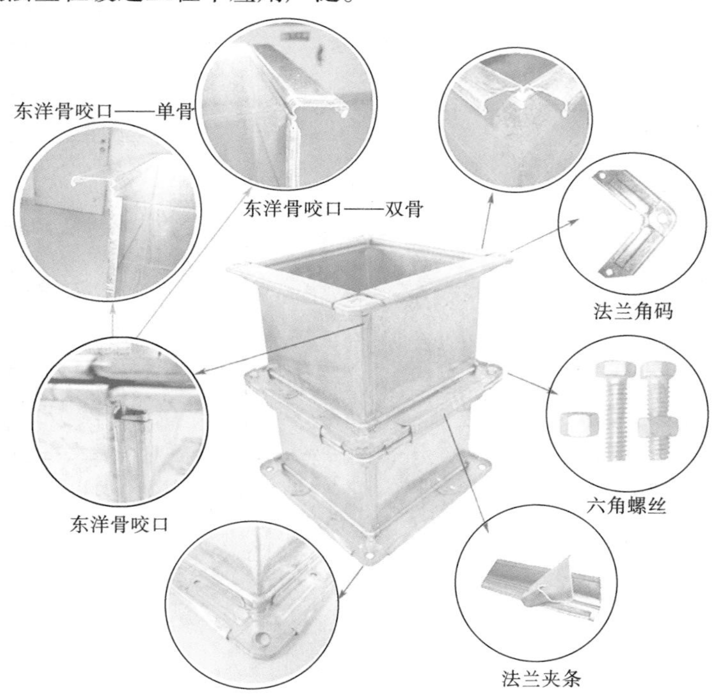

图7.25　共板法兰及其配件

3)风帽的制作

风帽通常安装在室外,是通风系统的末端设备,主要作用是防止雨雪直接进入风管中,同时适应风向的变化。常用的有伞形风帽、筒形风帽、锥形风帽等。

伞形风帽主要由伞形帽、支撑和加固圈组成，如图7.26所示。制作时，伞形风帽采用黑铁皮，支撑和加固圈采用扁钢。

筒形风帽主要由法兰、扩散管、伞形帽、外圆筒和支撑等组成，如图7.27所示。扩散管、伞形帽、外圆筒采用黑铁皮制作，法兰采用角钢制作，支撑采用扁钢制作。组装时，扩散管的下口与角钢法兰铆接，上口与支撑采用螺栓连接。

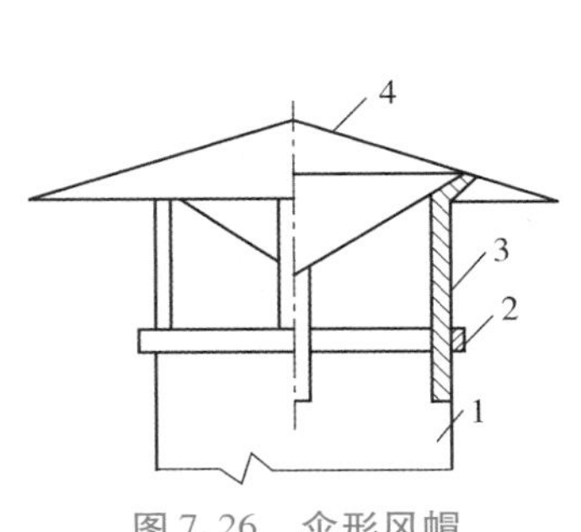

图7.26　伞形风帽

1—立风管；2—加固圈；
3—支撑；4—伞形帽

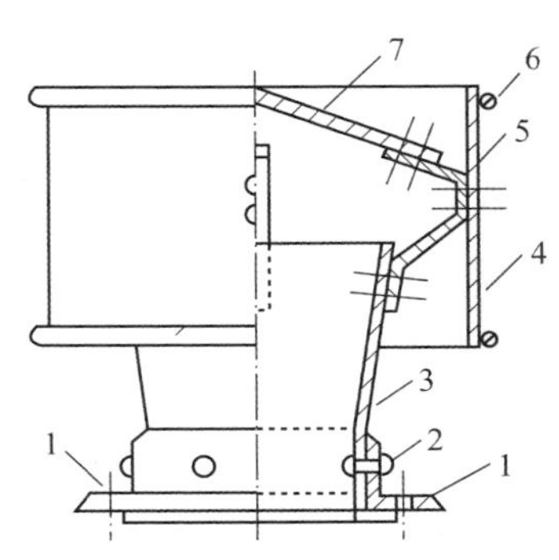

图7.27　筒形风帽

1—角钢法兰；2—铆钉；3—扩散管；4—外圆筒；
5—支撑；6—加固筋；7—伞形帽

4）软管接头制作、安装

风机在运行时会产生噪声，为了防止噪声随风管传到室内，一般在风机进出口、空调器与风管连接处及跨越沉降缝处设置软管接头。

软管接头的长度一般为200 mm，材质通常为帆布，如图7.28所示。对于腐蚀性介质的通风系统，可采用玻璃纤维布或软塑料薄膜制作。软管接头不易保温，而且不能代替变径管。

（a）圆形

（b）矩形

图7.28　柔性短管

7.1.4　通风系统安装

（1）通风系统安装的要求

①风管支架一般由角钢、扁钢和槽钢制作而成，多采用沿墙、沿柱敷设的托架及吊架，其支架形式如图7.29所示。

圆形风管多采用扁钢管卡加吊杆安装。对直径较大的圆形风管，可采用扁钢管卡两侧做双吊杆，以保证其稳固性。

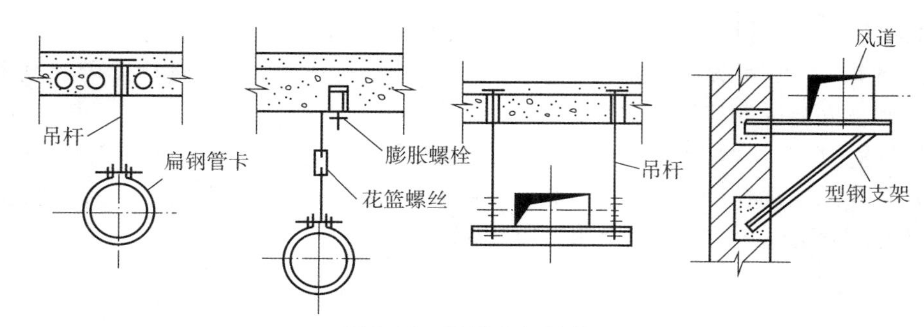

图 7.29　风管支架形式

矩形风管多采用双吊杆加吊架或墙、柱上安装型钢支架。吊架可以穿楼板固定、膨胀螺栓固定、预埋件焊接固定。

风管支架承受风管及保温层的自重，也需承受输送气体的动荷载。因此，在施工中应按有关图集要求的支架间距安装，不得与土建或其他专业管道支架共用。施工时，应保证管中心位置、支架间距准确，支架应牢固平整。支架安装前应刷两遍防锈漆。

金属风管（含保温）、非金属风管与复合风管水平安装时，支吊架的最大间距应符合表7.4、表7.5规定。

表 7.4　水平安装金属风管支吊架的最大间距　　单位：mm

风管边长 b 或直径 D	矩形风管	圆形风管	
		纵向咬口风管	螺旋咬口风管
≤400	4 000	4 000	5 000
>400	3 000	3 000	3 750

注：薄钢板法兰、C形、S形插条连接风管的支吊架间距不应大于3 000 mm。

表 7.5　水平安装非金属与复合风管支吊架的最大间距　　单位：mm

风管类别		风管边长 b						
		≤400	≤450	≤800	≤1 000	≤1 500	≤1 600	≤2 000
		支吊架最大间距						
非金属风管	无机玻璃钢风管	4 000	3 000			2 500	2 000	
	硬聚氯乙烯风管	4 000	3 000					
复合风管	聚酯铝箔复合风管	4 000	3 000					
	酚醛铝箔复合风管	2 000				1 500		1 000
	玻璃纤维复合风管	2 400		2 200		1 800		
	玻镁复合风管	4 000	3 000			2 500	2 000	

注：边长大于2 000 mm的风管可参考边长为2 000 mm的风管。

②风道防腐。当风道内输送带有腐蚀性气体时，除管道材质应具有防腐性能，还可以在内壁做防腐涂层或喷涂防腐防磨损的保护层。当风道内输送高温、高湿的气体时，最好在管内壁做防锈蚀处理。防锈处理可刷防锈漆及磷化底漆，在管道不需保温且空气湿度较大的车间，管道外壁也需做防腐蚀处理。

③风道保温。当风道输送低温气体或温度较高的气体时，均需做防结露及保温处理。风道多采用导热系数值为0.035～0.058 W/(m·℃)，并具有良好阻燃性能的保温材料。常用的保温材料有聚苯乙烯泡沫板、岩棉板(或岩棉卷材)、超细玻璃棉板(或玻璃棉卷材)、聚氨酯泡沫板等。

(2)通风管道安装工艺

通风系统施工工艺

通风管道安装工艺流程：安装准备→支吊架制作、安装→风管加工制作→风管安装→风管与风阀连接→风管与风机连接→风口安装→严密性试验→试运转。

①安装准备：风管安装应待风机、除尘设备等安装完毕再进行。认真熟悉施工图纸，根据施工图进行实测实量，并将实测数据标在施工草图上。

②支吊架制作、安装：需在顶棚、墙面、柱体处弹出风道及标高中心线，以保证风道位置的准确。

通风管道施工工艺

支吊架制作工序：确定形式→材料选用→型钢矫正及切割下料→钻孔处理→焊接连接→防腐处理→质量检查。

支吊架安装工序：埋件预留→支吊架定位放线→固定件安装→支吊架安装→调整与固定→质量检查。

③风管加工制作：将施工图中风管的实测数据作为预制厂或现场加工的依据，并按系统将每段风管、管件编号顺序排列。风管预制完毕应进行自检，法兰与风管固定时要保证垂直度，可以采用角尺进行测量。

④风管安装：可以采用人工或吊具就位。断面小、位置低的风管，可采用人工就位；系统较长、位置高的风管，可采用倒链等吊具就位。

⑤风管与风阀连接：大多采用法兰连接，其连接方式和采用的垫料与风管接口一样；也可以采用插接式，将风阀两端制成插入式，风阀插口的外径等于风管内径，插入长度50 mm，采用自攻螺钉固定。

⑥风管与风机连接：为缓冲风机的振动，应在进出口处加软管接头。连接风管前，宜做单机试运转，检查有无故障。

⑦风口安装：风管与风口的连接宜采用法兰连接，也可采用槽形或工形插接连接。

⑧严密性试验：通风系统安装完成后，需要对系统进行严密性试验。

低压系统风管的严密性试验应采用抽检，抽检率为5%，且不得少于1个系统。在加工工艺得到保证的前提下，采用漏光法检测。检测不合格时，应按规定的抽检率做漏风量测试。

中压系统风管的严密性试验，应在漏光法检测合格后，对系统漏风量测试进行抽检，抽检率为20%，且不得少于1个系统。

高压系统风管的严密性试验，全部进行漏风量测试；净化空调系统风管的严密性试验，1～5级的系统按高压系统风管的规定进行，6～9级的系统按中压系统风管的规定执行。

⑨系统试运转:用于检查各支风管的流量、出风口风速、排气罩的抽吸风速、总风量等是否符合设计要求。

7.2 高层建筑的防烟排烟

在火灾事故的死伤者中,大多数是由于烟气导致的窒息或中毒。在现代高层建筑中,各种在燃烧时产生有毒气体的装修材料的使用,以及高层建筑中各种竖向管道产生的烟囱效应,使烟气更容易迅速扩散到各个楼层,不仅造成人身伤亡和财产损失,而且由于烟气遮挡视线,使人们在疏散时产生心理上的恐慌,给消防抢救工作带来很大困难。因此,在高层建筑设计中,必须认真慎重地进行防烟排烟设计,以便在火灾发生时,能顺利地进行人员疏散和消防灭火工作。

7.2.1 高层建筑防烟、排烟设施设置部位

根据《建筑设计防火规范》(GB 50016—2014,2018 年版)的规定,对于 10 层及 10 层以上的居住建筑及建筑高度超过 24 m 的新建、扩建和改建的高层民用建筑(不包括单层主体建筑高度超过 24 m 的体育馆、会堂、影剧院等公共建筑,以及高层民用建筑中人民防空地下室)及与其相连的裙房,都应进行防火设计。

建筑的以下场所或部位应设置防烟设施:

①防烟楼梯间及其前室;

②消防电梯间前室或合用前室;

③避难走道的前室、避难层(间)。

建筑的以下场所或部位应设置排烟设施:

①设置在一、二、三层且房间建筑面积大于 100 m^2 或 4 层及以上楼层、地下或半地下的歌舞娱乐放映游艺场所;

②中庭;

③公共建筑内建筑面积大于 100 m^2 且经常有人停留的地上房间;

④公共建筑内建筑面积大于 300 m^2 且可燃物较多的地上房间;

⑤建筑内长度大于 20 m 的疏散走道;

⑥地下或半地下建筑(室)、地上建筑内的无窗房间,当总建筑面积大于 200 m^2 或一个房间建筑面积大于 50 m^2,且经常有人停留或可燃物较多时。

7.2.2 高层建筑防火分区与防烟分区

进行防、排烟设计时,首先要了解清楚建筑物的防火分区,并且合理划分防烟分区。防烟分区应在同一防火分区内,其建筑面积不宜过大,一般不超过《建筑防烟排烟系统技术标准》(GB 51251—2017)中的相关规定。然后,再确定合理的防、排烟方式和进一步选择合理的防、排烟系统,继而确定送风道、排风道、排烟口、防火阀等位置。

1) 防火分区

在建筑设计中进行防火分区的目的是防止火灾扩大,可根据房间用途和性质的不同对建筑物进行防火分区,分区内应设置防火墙、防火门、防火卷帘等设备。通常规定楼梯间、通风竖井、风道空间、电梯、自动扶梯升降通路等形成竖井的部分要作为防火分区。

根据《建筑设计防火规范》(GB 50016—2014,2018 年版)的规定,防火分区标准如表 7.6 所示。

表 7.6　每个防火分区允许最大建筑面积

名称	耐火等级	防火分区的最大允许建筑面积/m^2	备注
高层民用建筑	一、二级	1 500	对于体育馆、剧场的观众厅,防火分区的最大允许建筑面积可适当增加
单、多层民用建筑	一、二级	2 500	
	三级	1 200	—
	四级	600	—
地下或半地下建筑(室)	一级	500	设备用房的防火分区最大允许建筑面积不应大于 1 000 m^2
商业营业厅、展览厅等	一、二级	4 000(设置在高层建筑内)	设有火灾自动报警系统和自动灭火系统,且采用不燃烧或难燃烧材料装修
		10 000(设置在单层或多层建筑的首层内)	
		20 000(设置在地下室或半地下室)	

注:①表中规定的防火分区最大允许建筑面积,当建筑内设置自动灭火系统时,可按本表的规定增加 1.0 倍;局部设置时,防火分区的增加面积可按该局部面积的 1.0 倍计算。

②裙房与高层建筑主体之间设置防火墙时,裙房的防火分区可按单、多层建筑的要求确定。

竖向防火分隔设施主要有楼板、避难层、防火挑檐、功能转换层等。对于建筑物中的电缆井、管道井等竖向井,除井壁材料和检查门有防火要求外,对于建筑高度不超过 100 m 的高层建筑,其井内每隔 2 ~3 层在楼板处用相当于楼板耐火极限的不燃烧体作防火分隔;建筑高度超过 100 m 的高层建筑,应在每层楼板处作相应的防火分隔。

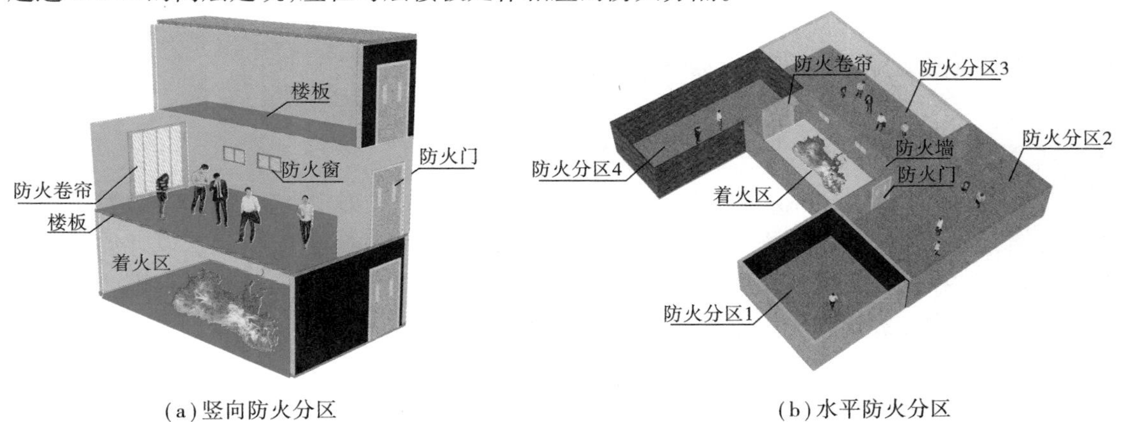

(a)竖向防火分区　(b)水平防火分区

图 7.30　防火分区示意图

水平防火分隔设施主要有防火墙、防火门、防火窗、防火卷帘和防火水幕等,建筑物墙体客观上也发挥着防火分隔的作用。防火分区示意如图7.30所示。

2)防烟分区

根据《建筑设计防火规范》(GB 50016—2014,2018年版)的规定,设置排烟设施的走道及净高不超过6 m的房间,要求划分防烟分区。不设排烟设施的房间(包括地下室)和走道,不划分防烟分区。

防烟分区可通过挡烟垂壁、隔墙或从顶棚下突出不小于0.5 m的梁来划分,如图7.31所示。挡烟垂壁是用不燃材料制成的,从顶棚下垂不小于500 mm的固定或活动挡烟设施。活动挡烟垂壁在火灾时,因感温、感烟或其他控制设备的作用能自动下垂。

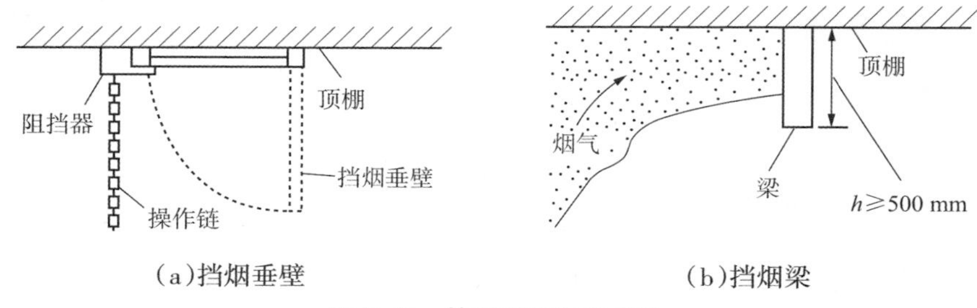

图7.31　挡烟垂壁和挡烟梁

在建筑设计中进行防烟分区是对防火分区的细分化,防烟分区内不能防止火灾的扩大,它仅能有效地控制火灾产生的烟气流动。在有发生火灾危险的房间和用作疏散通道的走廊间,加设防烟隔断;在楼梯间设置前室,设自动关闭门,作为防火、防烟的分界。此外,还应注意竖井分区,如百货公司的中央自动扶梯处是一个大开口,应设置用感烟火灾探测器控制的隔烟防火卷帘。

一般来说,每个防烟分区采用独立的排烟系统或垂直排烟道(竖井)进行排烟;如果防烟分区的面积过小,会使排烟系统或垂直排烟道数量增多,提高系统和建筑造价;如果防烟分区的面积过大,使高温的烟气波及面积加大,受灾面积增加,不利于安全疏散和扑救。

防烟分区应合理划分,防烟分区过大时(包括长边过长),烟气水平射流的扩散中,会卷吸大量冷空气而沉降,不利于烟气的及时排出;而防烟分区的面积过小,又会使储烟能力减弱,使烟气过早沉降或蔓延到相邻的防烟分区。

7.2.3　高层建筑防、排烟方式

排烟与通风中的排风做法和原理都相似。根据所利用的动力情况,可以分为自然排烟和机械排烟。在任何一个建筑物中,采用自然排烟还是采用机械排烟,应视建筑设计的具体情况确定。自然排烟方式简单、经济,宜优先采用。而对性质重要、功能复杂的高层建筑和超高层建筑或无条件自然排烟的其他建筑,应采用机械排烟方式。

1)自然排烟

自然排烟是利用火灾时室内热气流的浮力或室外风力的作用,通过与室外相邻的阳台、外墙上的外开窗或专用排烟口将室内烟气排出的排烟方式。自然排烟方式的优点是结构简单,不需要电源和复杂的装置,运行可靠性高,平时可用于建筑物的通风换气等;缺点是排烟效果受风压、热压等因素的影响,排烟效果不稳定,设计不当会适得其反。

自然排烟分为室内自然排烟和竖井自然排烟。室内自然排烟是在室内设置对外开口或可开启外窗进行自然排烟;竖井自然排烟一般在高层建筑的适中位置,设置专用的排烟竖井,并在各层设置有自动或手动控制的排烟口(排烟口应设置在上部,发生火灾时能自动或手动打开),依靠火灾时室内产生的热压和室外气流的风压形成的"烟囱效应"进行自然排烟。

①利用建筑物阳台、凹廊、外窗等自然排烟,如图7.32、图7.33所示。

②利用竖井排烟,如图7.34所示。

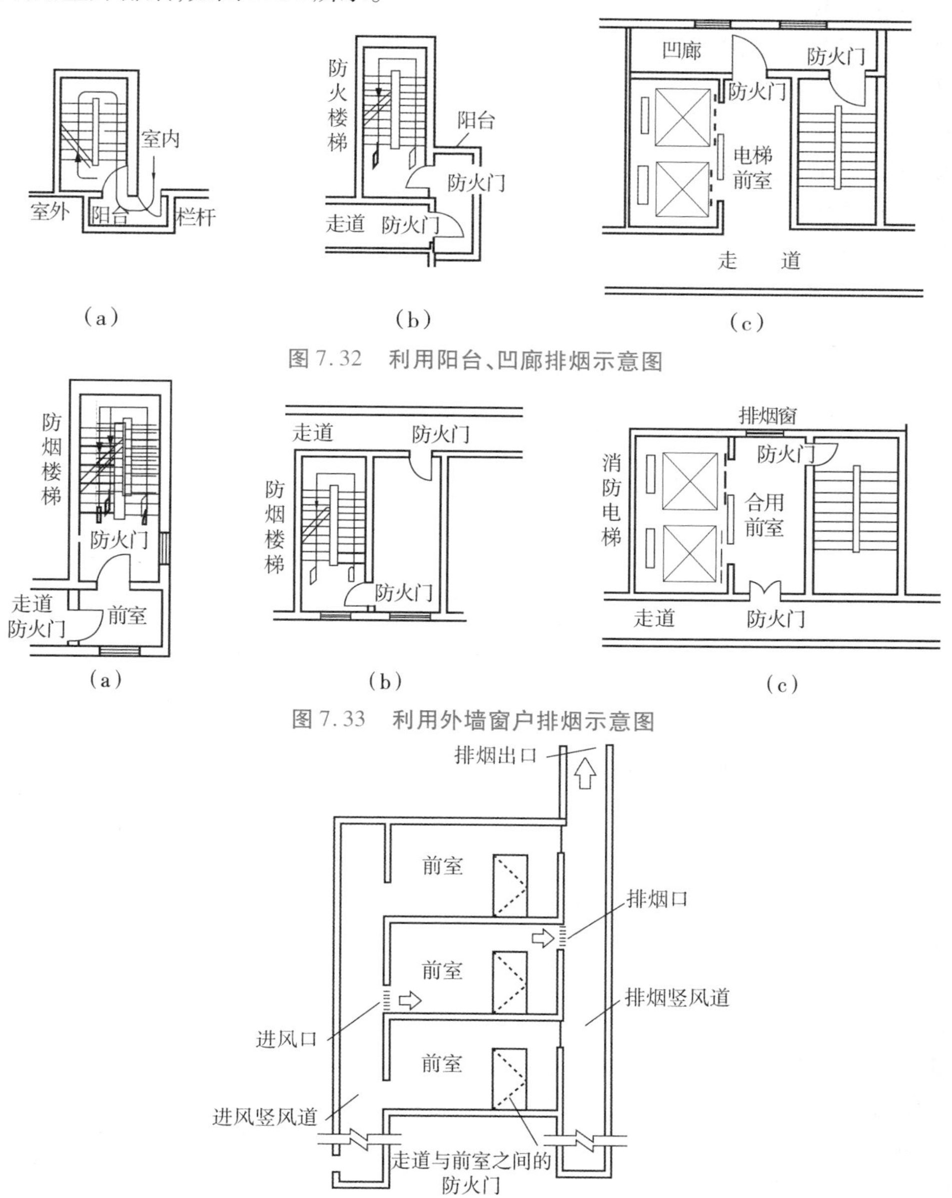

图7.32　利用阳台、凹廊排烟示意图

图7.33　利用外墙窗户排烟示意图

图7.34　利用竖井排烟

2)机械排烟和机械加压送风防烟

(1)机械排烟

机械排烟是用风机产生的气体流动和压力差控制烟气流动方向的防烟技术。在火灾发生时,用风机气流造成的压力差阻止烟气进入建筑物的安全疏散通道内,保证人员疏散和消防扑救的需要。机械排烟有以下特点:

①不受外界条件(如内外温差、风力、风向、建筑特点、着火位置等)的影响,能保证有稳定的排烟量;

②风道截面小,可以少占用有效建筑面积;

③机械排烟的设施费用高,需要经常保养维修,否则在使用时有可能因故障而无法启动;

④需要有备用电源。

一般建筑的机械排烟系统由挡烟垂壁(或挡烟梁)、排烟口、防火阀、排烟管道、排烟风机和排烟出口等部件组成,如图 7.35 所示。

中庭机械排烟是把中庭作为着火层的一个大排烟道,排烟口设置在中庭的顶棚上,或设置在紧靠中庭的集烟区。在中庭上部设置排烟风机,使着火层保持负压,便可有效地控制烟气和火灾,如图 7.36 所示。

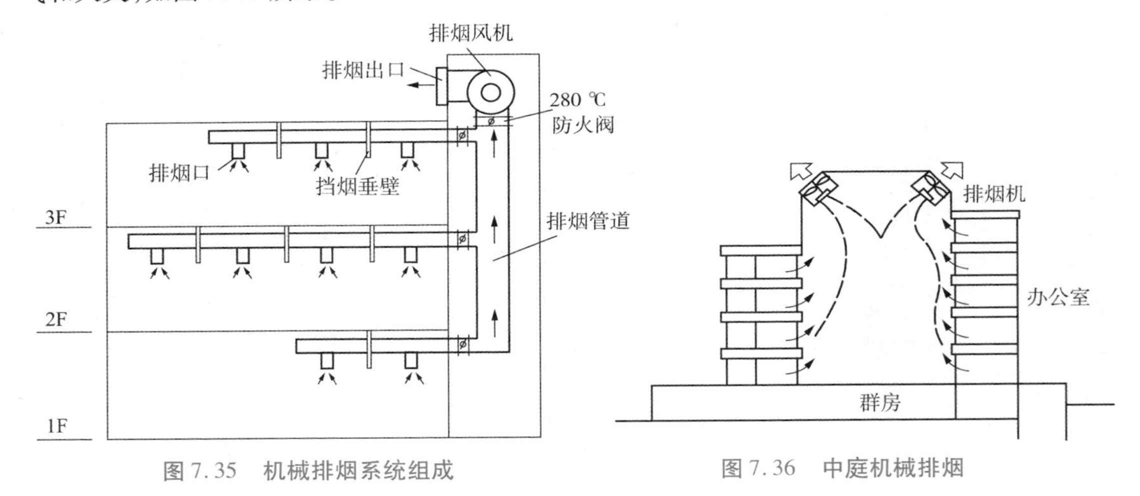

图 7.35　机械排烟系统组成

图 7.36　中庭机械排烟

(2)加压送风防烟

高层民用建筑在不具备自然排烟条件的防烟楼梯间、消防电梯前室或合用室,或采用自然排烟措施的防烟楼梯间且不具备自然排烟条件的前室,应进行机械加压送风防烟。防烟楼梯间和合用前室的机械加压送风防烟系统,宜分别独立设置。加压送风防烟示意如图 7.37 所示。

加压送风系统的控制方式一般由消防控制中心远距离控制和就地控制两种形式相结合。消防控制中心设有自动和手动两套集中控制装置,当大楼某部位发生火灾时,通过火灾报警系统将火情传至消防控制中心,随即通过远程控制系统(自动或手动)控制,开启加压送风口,同时开启送风机。

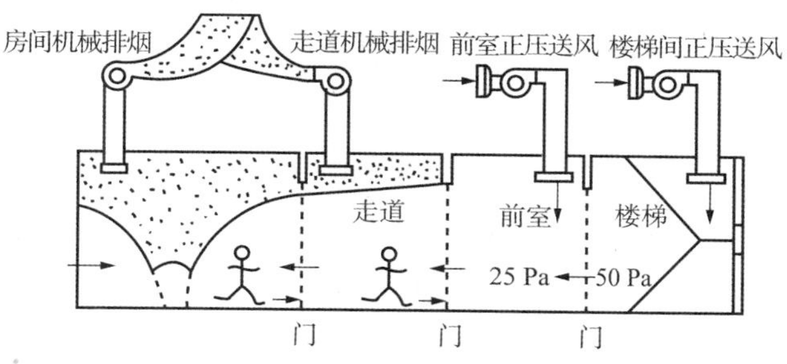

(a)走道排烟、前室加压送风、楼梯间加压送风

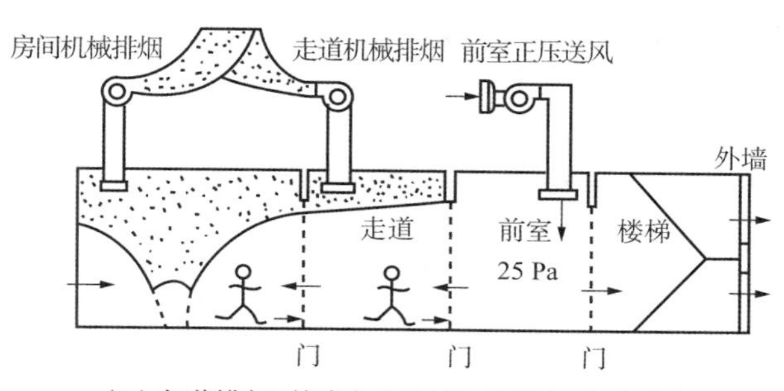

(b)走道排烟、前室加压送风、楼梯间自然排烟

图7.37　加压送风防烟示意图

7.3　建筑空调系统

空气调节简称空调，是一门采用人工方法，创造和保持满足一定温度、相对湿度、洁净度、气流速度等参数要求的室内空气环境的科学技术。空调技术在促进国民经济和科学技术发展、提高人们生活水平等方面都具有重要的作用。

7.3.1　空调系统的分类

随着空调技术的发展和新空调设备的不断推出，空调系统的种类也日益增多，空调系统的分类方法也有很多。

(1)按空气处理设备的集中程度分类

按空气处理设备的集中程度分为集中式空调系统、半集中式空调系统和分散式空调系统。

①集中式空调系统：系统中的所有空气处理设备，包括风机、空气处理设备等，都设置在一个集中的空调机房里，空气经过集中处理后，再送往多个空调房间，如图7.38所示。

空调系统的组成

②半集中式空调系统：除了有集中的空调机房和集中处理一部分空调系统需要的空气外，还设有分散在空调房间的末端空气处理设备。常用的半集中式空调系统为风机盘管加新风系统，如图7.39所示。风机盘管是分散在空调房间的末端空气

处理设备,可以单独调节室内室温,以满足各空调房间的空气调节要求,新风统一由空调机组进行处理。

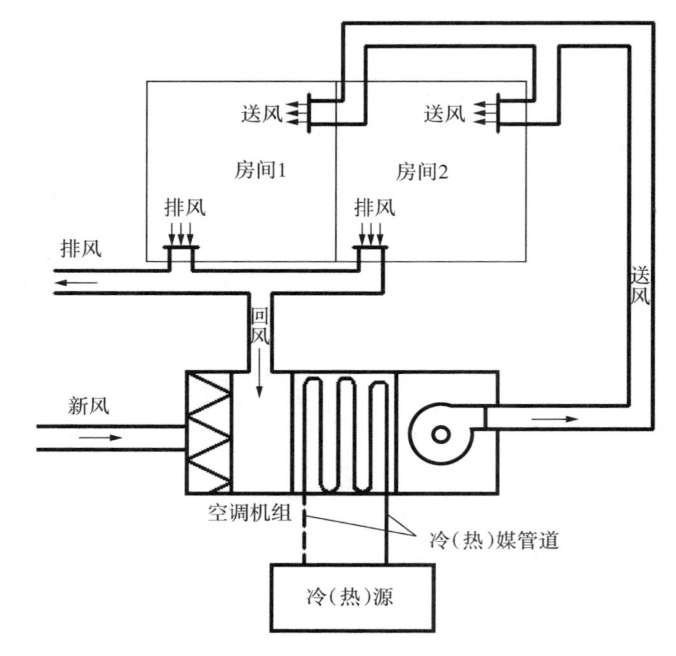

图 7.38　集中式空调系统

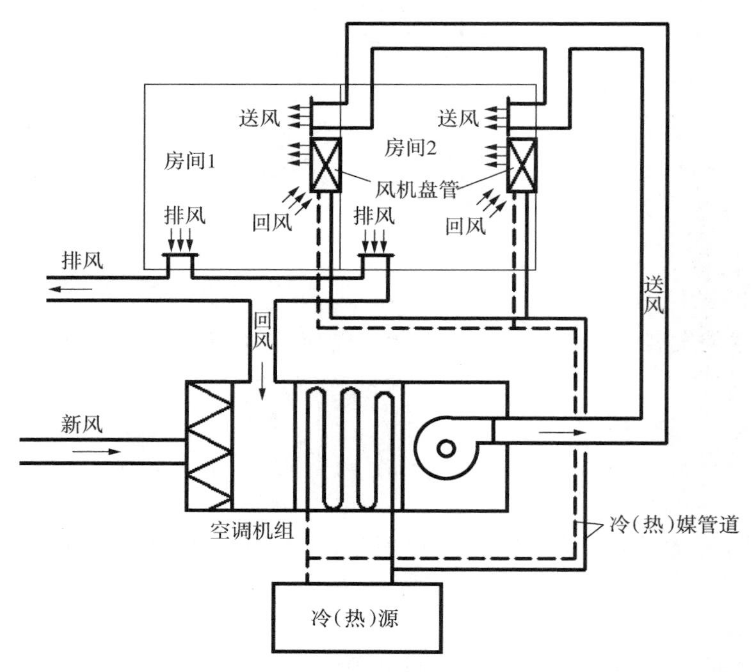

图 7.39　半集中式空调系统

③分散式空调系统(空调机组):又称为局部空调系统,是把空气处理所需的冷热源、空气处理和输送设备、控制设备等集中设置在一个或两个箱体内,组成一个紧凑的空调机组。空

调房间通常使用的窗式空调和分体式空调就属于这类系统,如图7.40和图7.41所示。分体式空调分别由室内机和室外机组成,两机组之间用制冷剂(氟利昂类、氨)管道连接。

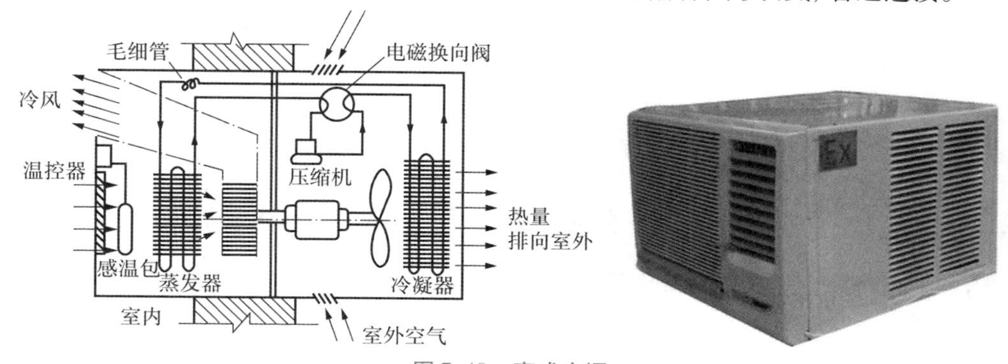

图7.40　窗式空调

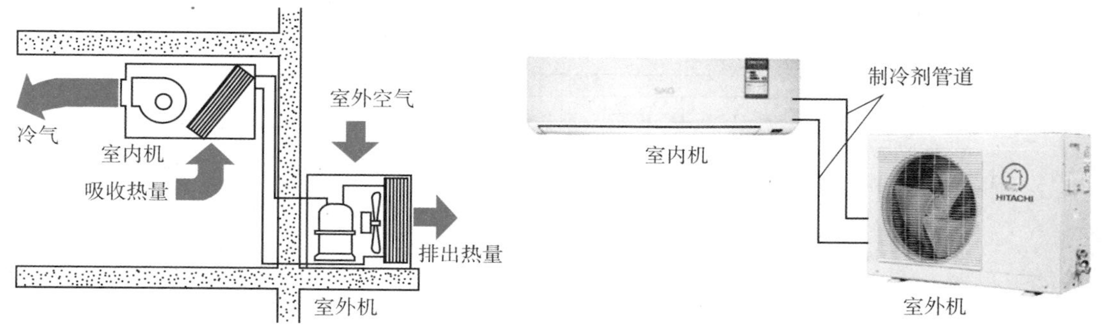

图7.41　分体式空调

(2)按处理空气的来源分类

按处理空气的来源不同分为全新风系统、封闭式系统、混合式系统。

①全新风系统:空调机组处理的空气全部来自室外新鲜空气,集中处理后送入空调房间,使用后全部排出室外。这种系统主要适用于空调房间内有有害气体产生的场所。

②封闭式系统:空调机组处理的空气全部来自空调房间本身,其经济性好,但卫生条件差。

③混合式系统:空调机组处理的空气一部分来自室外新鲜空气,另一部分来自空调房间回风,其主要目的是节能。

(3)按输送承担空调负荷的介质不同分类

按输送承担空调负荷的介质不同分为全空气系统、全水系统、空气-水系统、制冷剂系统。

①全空气系统:空调房间内所有负荷全部由集中处理的空气承担,如集中式空调系统。

②全水系统:空调房间内所有负荷全部由水(冷热媒水管)承担,如独立设置的风机盘管系统。

③空气-水系统:空调房间内负荷一部分由集中处理的空气承担,一部分由水(冷热媒水管)承担,如风机盘管加新风系统。

④制冷剂系统:空调房间内负荷由制冷剂(氟利昂类、氨)承担,如窗式空调和分体式空调。

(4)按室内环境的要求分类

按室内环境的要求不同分为一般空调系统、恒温恒湿空调系统、净化空调系统。

①一般空调系统:对空调房间内的空气温度和相对湿度不要求恒定,允许在一定范围内波动,适用于办公楼、宾馆、体育场等。

②恒温恒湿空调系统:对空调房间内的空气温度和相对湿度要求恒定在一定范围内,适用于精密加工车间、生物制药车间、实验室等。

③净化空调系统:对空调房间内的空气温度和相对湿度要求恒定在一定范围内,并且还有一定的洁净度(含尘粒数、细菌浓度等)要求,适用于无尘车间、洁净手术室等。

7.3.2 集中式空调系统的组成

集中式空调系统主要由空气处理部分、空气输送部分、空气分配部分、冷热源部分及自控调节装置部分组成,如图7.42所示。

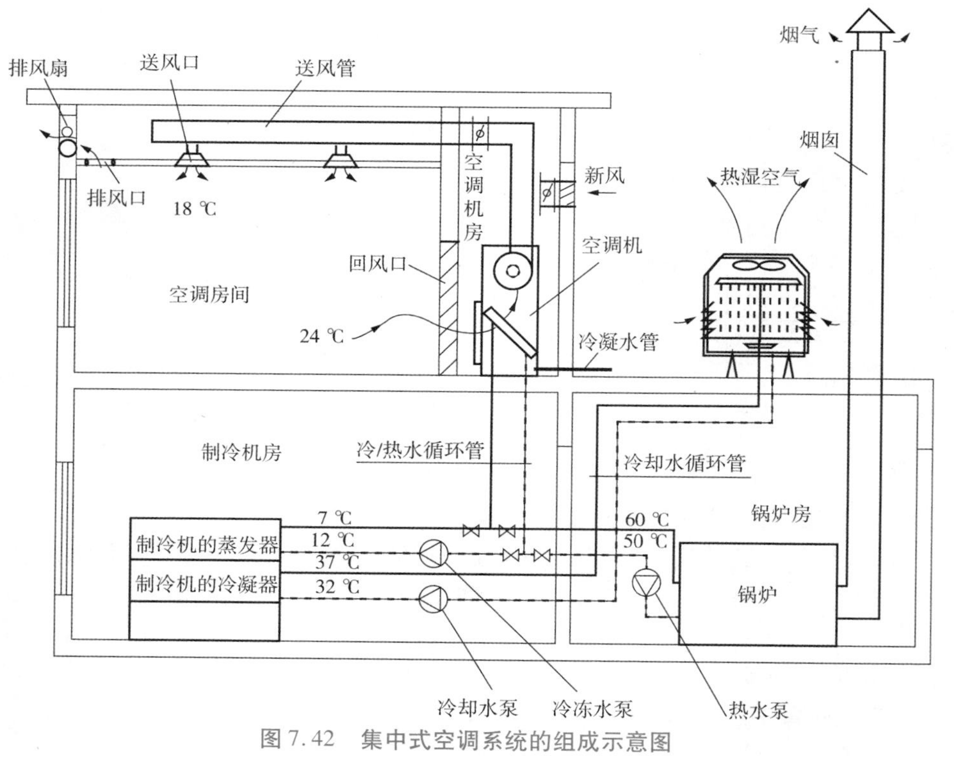

图7.42 集中式空调系统的组成示意图

(1)空气处理部分

空气处理部分是一个包括各种空气处理设备在内的空气处理室,主要对空气进行加热、冷却、加湿、减湿、净化等。

(2)空气输送部分

空气输送部分主要包括送风机、风管系统及必要的风量调节装置。其作用是不断将空气处理设备处理好的空气有效地输送到各空调房间。

(3)空气分配部分

空气分配部分主要包括设置在不同位置的送风口、回风口和排风口。其作用是合理地组织空调房间的空气流动,保证空调房间内工作区(一般是2 m以下的空间)的空气温度和相对湿度均匀一致;空气的流速不致过大,以免对室内工作人员和生产产生不良影响。

(4)冷热源部分

冷热源部分是指为空调系统提供冷量和热量的成套设备。

①冷源部分:一般由专门的冷水机组(制冷机)制备。

冷冻水循环系统是连接冷水机组与空调机之间的水循环系统,负责把冷水机组制备的冷冻水送到末端的空调机或风机盘管使用。冷却水循环系统是连接冷水机组与冷却塔之间的水循环系统,负责通过冷却塔把冷水机组的热量释放到大气中去。

②热源部分:一般由设置在锅炉房内的锅炉产生,有热水或蒸汽。

(5)自控调节装置部分

自控调节装置是利用自动控制装置,保证空调房间内的空气环境状态参数达到期望值的控制系统。其主要调节温度、湿度、洁净度、风速、风量等参数。

中央空调系统通常按照满负荷运行进行计算和选型。然而在实际使用过程中,由于各种因素的影响,空调系统的运行状态很难达到满负荷。传统水泵、冷热源机组、空气处理设备通常为定频,由于电机转速无法调控,空调系统中的设备一直全功率运行,很大程度增加了能量的损失。变频控制技术的合理应用,能有效调整和优化中央空调能源消耗,同时也是优化空调房间舒适度、降低噪声的有效方法。

变频技术是一种把直流电逆变成不同频率的交流电的转换技术。变频技术是伴随着三相异步电动机及负载的变速需求产生的,其原理是通过改变供电频率来实现电动机运转速度的调节功能。由电机学公式 $n=60f(1-s)/p$ 可知,转速 n 与电源频率 f 成正比,改变频率即可改变转速。变频技术在中央空调中的应用主要包括末端空调设备送风的变频控制、循环水泵的变频控制、冷热源机组的变频控制、新风机的变频控制。

①中央空调末端送风的变频控制。在中央空调系统中,冷冻水在冷冻水泵的压力作用下,由冷热源送至末端的空调设备,空调设备内的风机不断循环所在房间的空气,使之通过供冷水或热水的盘管(图 7.43)不断被冷却或加热,以保持房间的温度。水温固定,对送风量进

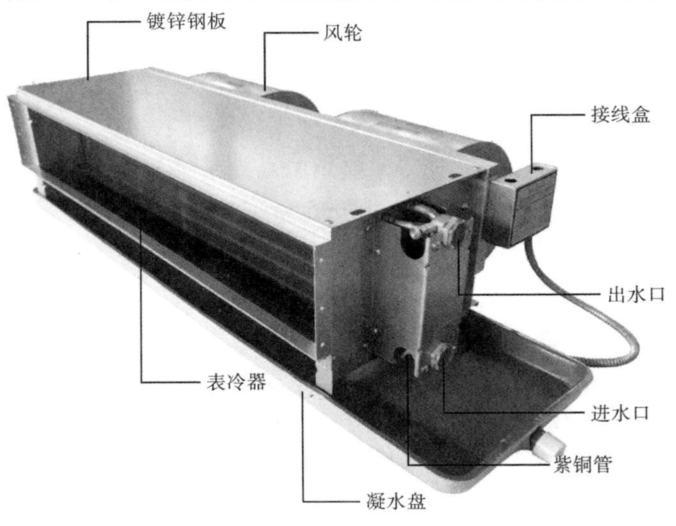

图 7.43　风机盘管

行改变,可以实现对室内制冷量或制热量的改变,从而更好地对室内温度进行调节。风量的控制需要通过调整风机转速来实现,变频技术中的变频器可以满足这一需求。变频器可以对风机实现无级变速,变频过程中输入端的电压也会发生改变,不仅可以节约能耗,还能降低噪声。

②空调循环水泵的变频控制。水泵的转速、流量、扬程和功率之间存在以下关系:

$$\frac{n_1}{n_0}=\frac{Q_1}{Q_0} \tag{1}$$

$$\left(\frac{n_1}{n_0}\right)^2=\frac{H_1}{H_0} \tag{2}$$

$$\left(\frac{n_1}{n_0}\right)^3=\frac{N_1}{N_0} \tag{3}$$

$$\left(\frac{Q_1}{Q_0}\right)^3=\frac{N_1}{N_0} \tag{4}$$

式中,n 为水泵的转速,Q 为水泵的流量,H 为水泵扬程,N 为水泵功率,1 和 0 分别表示水泵两种不同的工况。从式中可以看出,水泵功率与流量的 3 次方成正比。

图 7.44 变频水泵

变频水泵(图 7.44)通过变频控制器控制并改变水泵电机的转速,从而改变流量及扬程。当系统所需流量降低时,电机转速降低,水流量减小,水泵轴功率降低,节约电能效果显著。中央空调系统通常采用一级泵变流量水系统,空调末端系统变流量运行,冷冻水泵根据空调负荷变化,通过变频器改变水泵的转速调节水量,自动变频变流量运行,节约能耗。

③冷水机组的变频控制。空调系统中,冷水机组的能耗占空调系统总能耗的 70% ~80%。中央空调机组大部分时间是部分负荷下运转,只有极小部分时间为满负荷运转。采用压缩机变频控制的方法实现冷水机组部分负荷运转时的调节,使其始终处在最佳运行状态。在部分负荷下实现冷水机组的高效节能运行,可以极大程度的降低空调能耗。图 7.45 所示为变频离心式冷水机组。

④新风机的变频控制。在空调系统实际运行状态下,室内人员密度是随着时间不断发生变化的,故室内 CO_2 含量也在时刻更新。相应的,风量就需要时刻变化。但在设计阶段,新风量通常按照最不利人员密度的最大数值确定,也就意味着新风机组大多数时间是在低于负荷状态下运行。如果在低负荷下却按照高负荷的需求运行,就会导致中央空调的运行效率下降,造成资源浪费。采用 CO_2 浓度传感器与变频新风机相结合,在人员密度减少时,CO_2 浓度传感器检测到室内 CO_2 降低,反馈信号控制变频风机转速,降低风量,从而降低能耗,如图 7.46 所示。

图7.45　变频离心式冷水机组

1—经济器;2—控制柜;3—变频柜;4—压缩机;5—冷凝器;6—蒸发器

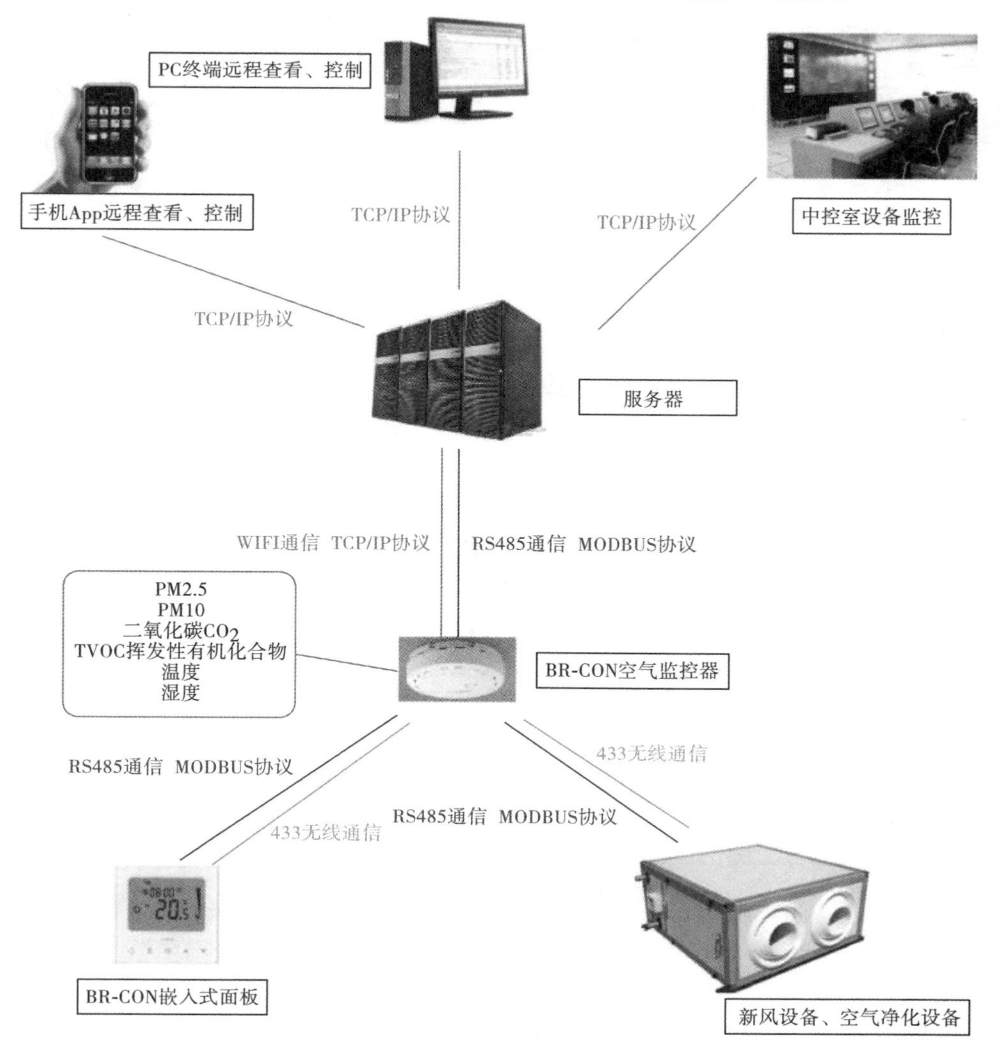

图7.46　新风机的变频控制

变频技术的应用实现了建筑的节能减排,在当前实现碳达峰、碳中和目标的大背景下,中央空调的设计应用变频节能技术,不仅可以降低能源消耗,还可以减少对生态环境的污染,给人们提供更高质量的生态环境。

7.3.3 空调设备及附属设施

(1)空气处理设备

①空气加热设备:用于冬季加热空气,可采用表面式空气加热器或电加热器来完成。表面式空气加热器里面用铜管做成换热盘管,盘管中通入热水或蒸汽,空气从盘管表面通过时进行热交换加热空气,如图 7.47 所示。电加热器是通过电阻丝发热来加热空气的设备,如图 7.48 所示。

图 7.47 表面式空气加热器

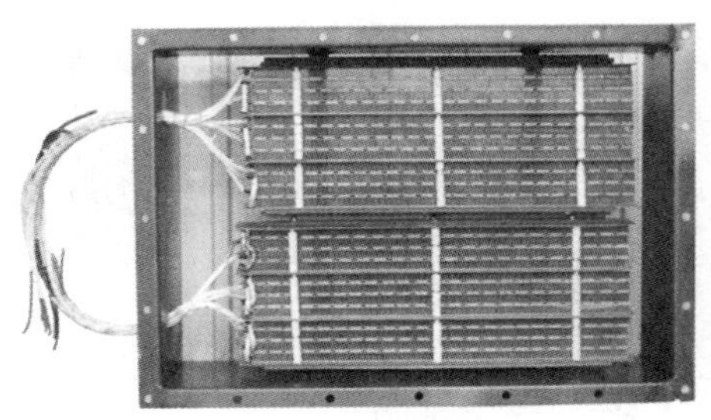

图 7.48 电加热器

②空气冷却设备:用于夏季冷却空气,可采用表面式冷却器和喷水室。表面式冷却器简称表冷器,它的构造与加热器组构造相似,由铜管上缠绕的金属翼片组成排管状或盘管状的冷却设备,管内通入冷冻水,空气从管表面侧通过热交换冷却空气。喷水室内有喷水管、喷嘴、挡水板及集水底池等,将具有一定温度的水通过水泵、喷水管,再经喷嘴喷出雾状水滴与空气接触,使空气冷却,如图 7.49 所示。

③空气加湿设备:常用的有喷水室和蒸汽加湿器。喷水室喷水加湿是通过喷头喷出细水滴或水雾,使空气与水雾进行湿热交换。蒸汽加湿器是将蒸汽直接喷射到风管的流动空气中,如图 7.50 所示。蒸汽加湿器加湿方法简单、经济,对工业空调可采用这种方法加湿,因为在加湿过程中会产生异味或凝结水滴,对风管有锈蚀作用,不适用于舒适空调系统。

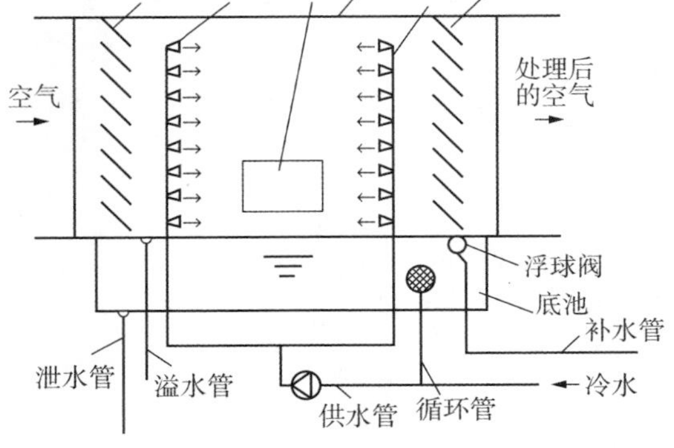

图 7.49 喷水室构造

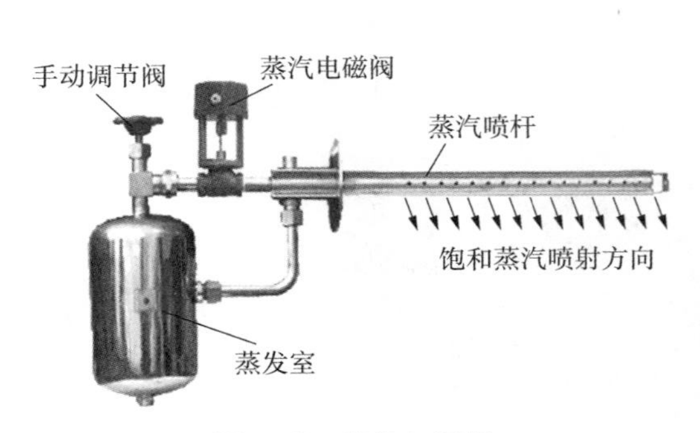

图 7.50 蒸汽加湿器

④空气除湿设备:可以采用表面冷却器除湿、加热通风除湿、冷冻除湿、吸湿剂除湿。加热通风除湿是将湿度较低的空气加热送入室内,从室内排出同等量的潮湿空气达到除湿的目的;冷冻除湿是利用制冷设备除掉空气中的凝结水,再将空气温度升高达到除湿的目的;吸湿剂除湿是利用液体或固体吸湿剂吸收空气中的水分达到除湿的目的。

⑤空气过滤设备:空气过滤主要是将大气中的有害微粒(包括灰尘、烟尘)和有害气体(含烟雾、细菌、病毒),通过过滤设备处理,降低或排除空气中的微粒。

根据过滤器过滤的能力、效率、微粒粒径及性质的不同,空气过滤器可分为粗效、中效及高效(含亚高效)3种类型,如图7.51所示。空调工程中,根据采用的空调方式及对空气洁净度的要求,多采用粗效过滤器、中效过滤器。

(a)粗过滤器

(b)中效过滤器

(c)高效过滤器

图7.51　空气过滤器

(2)组装式空调机组

组装式空调机组将各种空气处理设备、风机、阀门等制成带箱体的单元段,如图7.52所示。可根据工程需要进行组合,以实现多种空气处理的要求。

图7.52　组装式空调机组

(3)消声器

风机或其他空调设备运转时,机械运动产生的振动及噪声会通过风管、墙体、楼板等部位传至空调房间而造成噪声污染,风管内也会因高速气流而产生噪声。因此,通风空调系统必须进行消声减振处理。

消声器

消声器是允许气流通过,却又能阻止或减小声音传播的一种器件,是消除空气动力性噪声的重要措施。消声器的种类有很多,但究其消声机理,又可将其分为6种主要的类型,即阻性消声器、抗性消声器、阻抗复合式消声器、微穿孔板消声器、小孔消声器和有源消声器。按照形状可分为圆形和矩形消声器两种,如图7.53所示。

消声器一般单独设置支架，以便拆卸和更换。

(a)圆形　　(b)矩形

图 7.53　消声器

(4)制冷机组

制冷机组(冷水机组)是将全部的制冷设备组装成一个整体，直接向用户提供冷媒的设备，如图 7.54 所示。常用的有活塞式、螺杆式、离心式、溴化锂吸收式制冷机组等。

(5)冷却塔

冷水机组通常要与冷却塔配合使用。冷却塔通常置于屋顶，利用水作为循环冷却剂，负责从制冷机组中吸收热量并排放至大气中，以降低冷水机组的水温，其形状一般为桶状，如图 7.55 所示。

图 7.54　制冷机组

图 7.55　冷却塔

7.3.4　空调设备安装

(1)风机盘管安装

风机盘管安装工序：开箱检查→通电试验→支吊架制作安装→风机盘管安装→冷热媒管道及冷凝水管道安装→试运转。

中央空调系统施工工艺

(2)组装式空调机组安装

组装式空调机组安装工序：基础检验→开箱检查→通电试验→组装式空调机组安装→冷热媒管道及冷凝水管道安装→试运转。

(3)制冷机组、冷却塔安装

制冷机组和冷却塔安装工序：基础检验→开箱检查→机组运输吊装→机组就位安装→机组配管→试运转。

空调系统施工工艺

7.3.5　地源热泵供暖空调系统

地源热泵是陆地浅层能源通过输入少量的高品位能源实现由低品位热能向高品位热能转移的装置。地源热泵是以岩土体、地层土壤、地下水或地表水为低温热源，由水地源热泵机组、地热能交换系统、建筑物内系统组成的供热中央空调系统。

(1)地源热泵的原理

地源热泵是利用水与地能(地下水、土壤或地表水)进行冷热交换来作为地源热泵的冷热源，冬季把地能中的热量“取”出来，供给室内采暖，此时地能为“热源”；夏季把室内热量取出来，释放到地下水、土壤或地表水中，此时地能为“冷源”。地源热泵的工作原理如图 7.56 所示。地源热泵机组装置主要由压缩机、冷凝器、蒸发器和膨胀阀 4 部分组成，通过让液态工质(制冷剂或冷媒)不断完成蒸发(吸取环境中的热量)→压缩→冷凝(放出热量)→节流→再蒸发的热力循环过程，从而将环境里的热量转移到水中。压缩机起压缩和输送循环工质从低温低压处到高温高压处的作用，是热泵(制冷)系统的心脏；蒸发器是输出冷量的设备，它的作用是使经节流阀流入的制冷剂液体蒸发，以吸收被冷却物体的热量，达到制冷目的；冷凝器是输出热量的设备，从蒸发器中吸收的热量连同压缩机消耗功所转化的热量在冷凝器中被冷却介质带走，达到制热目的；膨胀阀对循环工质起节流降压作用，并调节进入蒸发器的循环工质流量。

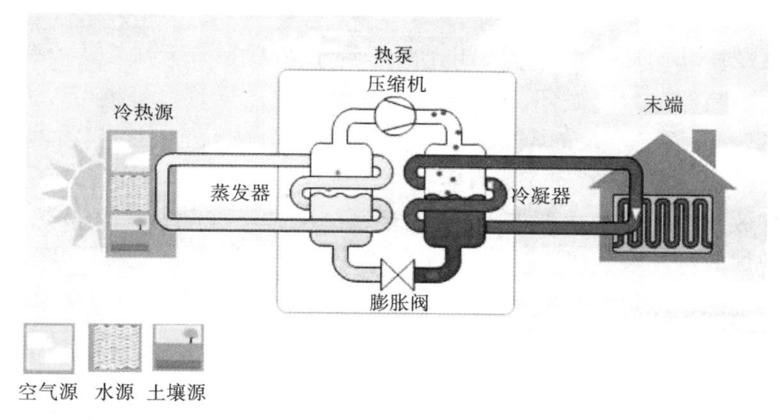

图 7.56　地源热泵工作原理

在制冷状态下(图 7.57)，地源热泵机组内的压缩机对冷媒做功，使其进行汽-液转化的循环。通过冷媒/空气热交换器内冷媒的蒸发，将室内空气循环所携带的热量吸收至冷媒中，在冷媒循环的同时，再通过冷媒/水热交换器内冷媒的冷凝，由水路循环将冷媒所携带的热量吸收，最终由水路循环转移至地下水或土壤里。在室内热量不断转移至地下的过程中，通过冷媒-空气热交换器，以 13 ℃以下冷风的形式向室内供冷。

在制热状态下(图 7.57)，地源热泵机组内的压缩机对冷媒做功，并通过四通阀将冷媒流动方向换向。由地下的水路循环吸收地下水或土壤里的热量，通过冷媒/水热交换器内冷媒的蒸发，将水路循环中的热量吸收至冷媒中，在冷媒循环的同时，再通过冷媒/空气热交换器内冷媒的冷凝，由空气循环将冷媒所携带的热量吸收。地源热泵将地下的热量不断转移至室内的过程中,以 35 ℃以上热风的形式向室内供暖。

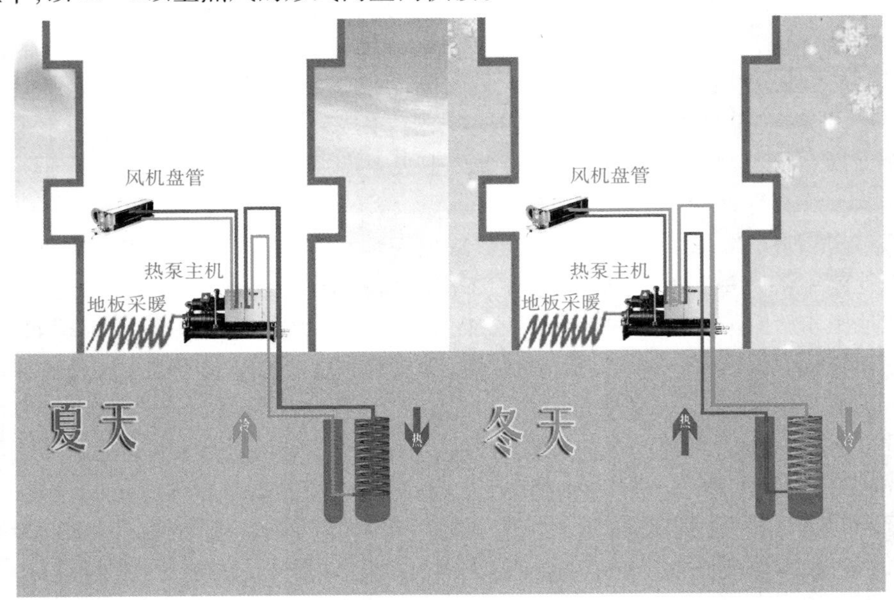

图 7.57　地源热泵制冷/热

(2)地源热泵的类型

地源热泵系统按其循环形式可分为闭式循环系统、开式循环系统和混合循环系统。闭式循环系统的地下换热器是封闭循环,所用管道为高密度聚乙烯管。管道可以通过垂直井埋入地下 150 ~200 ft(1 ft=0.304 8 m)深,或水平埋入地下 4 ~6 ft 处,也可以置池塘的底部;开式循环系统管道中的水来自湖泊、河流或者竖井之中的水源,与建筑物交换热量后,水流回到原来的地方或者排放到其他的合适地点;混合循环系统的地下换热器一般按热负荷计算,夏天所需冷负荷由常规的冷却塔提供。

地源热泵系统根据地热能交换系统形式的不同,可分为埋管式地源热泵系统、地下水地源热泵系统和地表水地源热泵系统。

(3)地源热泵的优点

①地源热泵技术属可再生能源利用技术。地源热泵是利用地球表面浅层地热资源作为冷热源,地表浅层是一个巨大的太阳能集热器,收集 47% 的太阳能量,比人类每年利用能量的 500 倍还多。它不受地域、资源等限制,量大面广、无处不在。

②地源热泵属经济有效的节能技术。地源热泵的 COP 值达到 4 以上,地源热泵机组的电力消耗与空气源热泵相比可以减少 40% 以上,与电供暖相比可以减少 70% 以上,制热系统比燃气锅炉的效率平均提高近 50% 。

③地源热泵环境效益显著。地源热泵机组运行时,不消耗水,也不污染水,不需要锅炉,不需要冷却塔,没有燃烧,没有排烟,运行没有任何污染,可以建造在居民区内,也没有废弃物,不需要堆放燃料废物的场地,且不用远距离输送热量。

④地源热泵一机多用,应用范围广。地源热泵系统可供暖、空气调节,还可供生活热水,一机多用,一套系统可以替换原来的锅炉加空调的两套装置或系统;可应用于宾馆、商场、办

公楼、学校等建筑,更适合于别墅住宅的采暖。

⑤地源热泵空调系统维护费用低。地源热泵系统的机械运动部件非常少,所有的部件埋在地下或安装在室内,避免受到室外恶劣气候的影响,延长了使用寿命;机组紧凑,节省空间;自动控制程度高,可无人值守。

课后习题

一、填空题

1. 通风系统的分类,按工作动力不同分为____________和____________。

2. 高层建筑在进行防火设计时,为了防止火灾和烟气的扩大要对建筑进行分区。其中,为了防止火灾扩大的分区叫____________,为了防止烟气扩大的分区叫____________。

3. 空调系统的分类中,按空气处理设备的集中程度分为____________、____________、半集中式空调系统。

4. 集中式空调系统由____________、____________、____________、冷热源部分及自动装置调节部分组成。

5. 根据过滤器过滤的能力、效率、微粒粒径及性质的不同,空气过滤器可分为__________、__________及高效(含亚高效)3种类型。

二、判断题

1. 防烟分区是对防火分区的细分化,防烟分区内不能防止火灾的扩大,它仅能有效地控制火灾产生的烟气流动。 (　　)

2. 冷冻水循环系统是连接冷水机组与冷却塔之间的水循环系统,负责通过冷却塔把冷水机组的热量释放到大气中去。 (　　)

三、选择题

1. 风机在运行时要产生噪声,为了防止噪声随风管传到室内,一般在风机出口和入口设置(　　)。

A. 法兰　　B. 风口　　C. 柔性短管　　D. 加固框

2. 以下哪个属于竖向防火分隔设施?(　　)

A. 防火门　　B. 楼板　　C. 防火窗　　D. 防火卷帘

3. 以下哪个属于水平防火分隔设施?(　　)

A. 避难层　　B. 楼板　　C. 防火挑檐　　D. 防火卷帘

四、简答题

1. 简述通风系统中送风系统和排风系统的组成。

2. 简述金属风管的加工制作工艺流程。

3. 简述通风管道的安装工艺流程。

第 8 章　建筑暖通施工图识读实训

【本章教学目标】

育人主题	建议学时（实训）	素质目标	知识目标	能力目标
精益求精	8(4)	(1)家国情怀:通过施工图识读,全面了解建筑暖通工程技术,激发学生的科技报国之心; (2)个人品格:培养团队协作精神和诚实、守信、善于沟通的良好品质; (3)职业素养:提升动手实践操作能力,通过持续不断地学习,找到解决问题的新方法,具有对新技术推广和对现有技术革新的进取精神	(1)能阐述建筑暖通施工图的识读步骤; (2)能将建筑暖通施工图中的图例符号与工程实物进行对应; (3)能描述本工程暖通系统施工工艺	(1)能熟练运用暖通施工图识读方法,提取工程施工信息; (2)能正确查询行业规范,处理复杂暖通施工图的识读要点; (3)能熟练运用暖通施工图识读方法,解决图纸常见疑难问题

8.1　建筑暖通施工图

暖通专业是城市建设和工业与民用建筑工程中的主要内容之一,在国民经济中占有重要地位。建筑工程中,暖通专业施工图一般包括采暖施工图、通风施工图、空调施工图等。

8.1.1　暖通施工图的组成

建筑暖通施工图由图纸目录、设计说明、施工说明、图例、设备材料表、平面图(风管、水管、设备平面)、详图(冷冻、空调机房平剖面节点)、系统图(风、水系统)、原理图(热力、制冷流程、空调冷热水流程)等组成。

(1)图纸目录

图纸目录是将全部的施工图进行分类编号,并填入图纸目录表格中。一般作为施工图的首页,用于施工技术档案的管理。

(2)设计施工说明

设计说明的主要内容有设计概况、设计参数、冷热源情况、冷热媒参数、空调冷热负荷及负荷指标、水系统总阻力、系统形式和控制方法等。施工说明的主要内容有管材、阀门附件型号、保温材料、系统工作压力、试压要求、施工安装要求及注意事项、管道容器的试压和冲洗、标准图集的采用等。

(3)图例

图例是用表格的形式列出该系统中使用的图形符号或文字符号,其目的是使读图者容易读懂图样。

(4)设备材料表

设备材料表一般都要列出暖通系统主要设备及主要材料的规格、型号、数量、具体要求。但是表中的数量一般只作为估计数,不作为设备和材料的供货依据。

(5)暖通平面图

暖通平面图采用正投影原理、水平全剖的方法绘制。其表达的内容主要有建筑轮廓、主要轴线、轴线尺寸、室内外地面标高、房间名称;风管、水管的规格、标高及定位尺寸;各类暖通风设备和附件的平面位置;设备和立管的编号等。

(6)暖通系统图

暖通系统图采用单线,按45°或30°轴测投影绘制,绘出设备、阀门、控制仪表、配件,标注介质流向、管径及设备编号、管道标高等,主要表达系统中管道、附件等的空间位置及走向。暖通系统图中的编号及设备等应与平面图一一对应。系统图一般采用与平面图同样的比例,但有时为了避免管道的重叠,可不严格按比例绘制。为了表达清楚,在重叠、密集处可断开引出绘制。

(7)暖通原理图

暖通原理图应表明整个系统的原理和流程。大型暖通系统中管道系统比较复杂,应绘制冷热源机房原理图、冷却水原理图、通风系统原理图等。原理图可不按比例绘制,但管路分支应与平面图相符,管道与设备的接口方向应与实际情况相符。

(8)详图

某些设备的构造或管道间的连接情况在平面图和系统图中表达不清楚,也无法用文字说明时,可以将这些部位局部放大比例画出详图。详图包括节点详图、大样图和标准详图。

8.1.2 暖通施工图的表示方法

(1)标高

水、汽管道标高均为管中心线标高,单位为m。标高注在管段的始、末端或翻身及交叉处,要能反映出管道的起伏与坡度变化。矩形风管的标高标注在风管底;圆形风管的标高标注在风管中心线,单位均为m。

(2)管径

水、汽管道的管径标注方法同给水排水施工图。矩形风管常用断面尺寸“长×宽”表示,如“200×100”表示长200 mm、宽100 mm的矩形风管;圆形风管的管径常用“ϕ直径”表示,如

"ϕ120"表示直径为 120 mm 的圆形风管。

(3)常用代号

①水、汽管道常用代号见表 8.1。

②风道常用代号见表 8.2。

表 8.1　水、汽管道代号

序号	代号	管道名称	序号	代号	管道名称
1	RG	采暖热水供水管	18	BG	冰水供水管
2	RH	采暖热水回水管	19	BH	冰水回水管
3	LG	空调冷水供水管	20	ZG	过热蒸汽管
4	LH	空调冷水回水管	21	ZB	饱和蒸汽管
5	KRG	空调热水供水管	22	Z2	二次蒸汽管
6	KRH	空调热水回水管	23	N	凝结水管
7	LRG	空调冷、热水供水管	24	J	给水管
8	LRH	空调冷、热水回水管	25	SR	软化水管
9	LQG	冷却水供水管	26	CY	除氧水管
10	LQH	冷却水回水管	27	GG	锅炉进水管
11	n	空调冷凝水管	28	XS	泄水管
12	PZ	膨胀水管	29	YS	溢水(油)管
13	BS	补水管	30	X1	连续排污管
14	X	循环管	31	XD	定期排污管
15	LM	冷媒管	32	F	放空管
16	YG	乙二醇供水管	33	FAQ	安全阀放空管
17	YH	乙二醇回水管			

表 8.2　风道代号

序号	代号	管道名称	序号	代号	管道名称
1	SF	送风管	6	ZY	加压送风管
2	HF	回风管	7	P(Y)	排风排烟兼用风管
3	PF	排风管	8	XB	消防补风风管
4	XF	新风管	9	S(B)	送风兼消防补风风管
5	PY	消防排烟风管			

(4)常用图例

①风道、阀门及附件常用图例见表 8.3。

表8.3 风道、阀门及附件图例

序号	名称	图例	备注
1	矩形风管	***×***	宽×高(mm)
2	圆形风管	φ***	φ直径(mm)
3	风管向上		—
4	风管向下		—
5	风管上升摇手弯		—
6	风管下降摇手弯		—
7	天圆地方		左接矩形风管,右接圆形风管
8	软风管		—
9	圆弧形弯头		—
10	带导流叶片的矩形弯头		—
11	消声器		
12	消声弯头		—
13	消声静压箱		—
14	风管软接头		—
15	对开多叶调节风阀		—
16	蝶阀		—
17	插板阀		—
18	止回风阀		—
19	余压阀	DPV DPV	—
20	三通调节阀		—
21	防烟、防火阀	*** ***	***表示防烟、防火阀名称代号

续表

序号	名称	图例	备注
22	方形风口	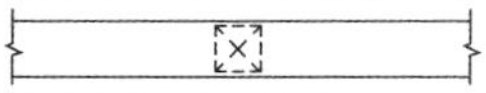	—
23	条缝形风口	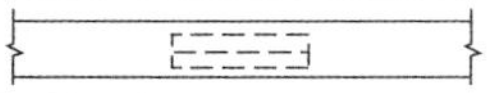	—
24	矩形风口	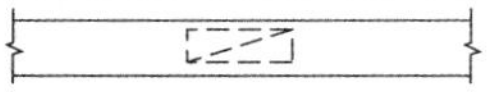	—
25	圆形风口	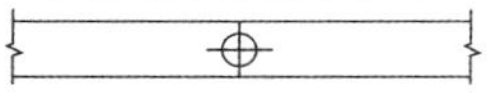	—
26	侧面风口	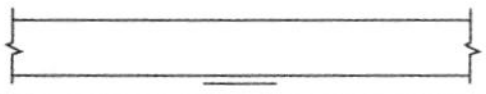	—
27	防雨百叶	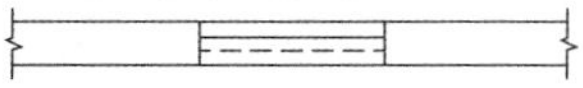	—
28	检修门	J J	—
29	气流方向		左为通用表示法,中表示送风,右表示回风
30	远程手控盒	B	防排烟用
31	防雨罩		—

②暖通空调设备常用图例见表8.4。

表8.4 暖通空调设备图例

序号	名称	图例	备注
1	散热器及手动放气阀	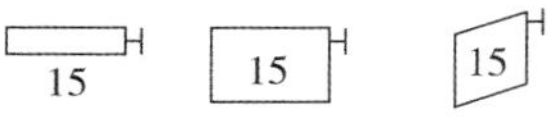 15 15 15	左为平面图画法,中为剖面图画法,右为系统图画法
2	散热器及温控阀	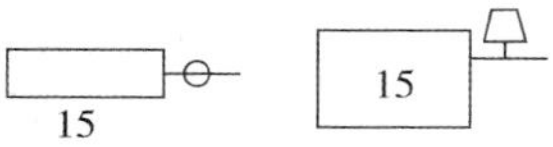 15 15	—
3	轴流风机	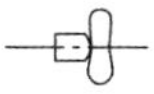	—
4	轴(混)式管道风机	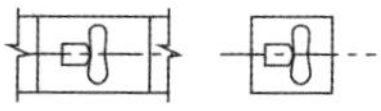	—
5	离心式管道风机	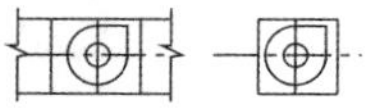	—
6	吊顶式排气扇	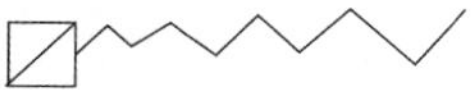	—
7	板式换热器	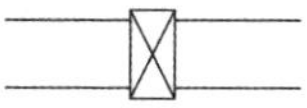	—
8	立式明装风机盘管	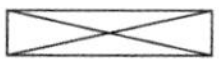	—
9	立式暗装风机盘管		—

续表

序号	名称	图例	备注
10	卧式明装风机盘管		—
11	卧式暗装风机盘管		—
12	窗式空调器		—
13	分体式空调器	室内机 室外机	—
14	射流诱导风机		—
15	减震器		左为平面图画法，右为剖面图画法

8.1.3　建筑采暖施工图的识读方法

识图顺序：按照设计目录、设计施工说明、设备材料表、平面图、系统图、详图的顺序从头至尾看。看剖面图时，要结合平面图反复对照看；看系统图时，要结合平面图和剖面图反复对照看；看详图时，要找准详图是针对哪个部分的详细表示，以便相互补充和说明，建立全面、系统的三维空间模型。

(1)设计施工说明

设计施工说明按照设计依据、设计范围、设计内容的顺序依次往下读，主要识读的内容有：

①建筑物的采暖面积、热源的种类、热媒参数、系统总热负荷。

②采用散热器的型号及安装方式、系统形式。

③安装和调整运转时应遵循的标准和规范。

④在施工图上无法表达的内容，如管道保温、油漆等。

⑤管道连接方式，所采用的管道材料。

⑥在施工图上未作表示的管道附件安装情况，如在散热器支管与立管上是否安装阀门等。

(2)平面图

识图顺序：先看底层、中间层、顶层的散热器，再按照采暖的水流(蒸汽)流动方向，从热力引入口起，依次识读供水(蒸汽)干管、立管、支管，回水(凝结水)支管、立管、干管。主要识读的内容有：

①建筑物的平面布置，其中应注明轴线、房间主要尺寸、指北针，必要时应注明房间名称及建筑各房间分布、门窗和楼梯间位置等。在图上应注明轴线编号、外墙总长尺寸、地面及楼板标高等与采暖系统施工安装有关的尺寸。

②热力入口位置，供、回水总管的名称、管径。

③干、立、支管的位置和走向、管径以及立管(平面图上为小圆圈)编号。

④散热器(一般用小长方形表示)的类型、位置和数量。

⑤主要设备或管件(如支架、补偿器、膨胀水箱、集气罐等)在平面上的位置。

⑥用细虚线画出的采暖地沟、过门地沟的位置。

(3)系统图

识图顺序:沿热水(蒸汽)的流动方向,从热力入口(热媒入口)起,依次识读供水(蒸汽)总管、供水(蒸汽)干管、各供水(蒸汽)立管、各散热器的供水(蒸汽)支管、各散热器的回水(凝结水)支管、回水(凝结水)干管、回水(凝结水)总管。主要识读的内容有:

①采暖管道的走向、空间位置、坡度,管径及变径的位置,管道与管道之间的连接方式。

②散热器与管道的连接方式,如是竖单管还是水平串联的,是双管上分或下分等。

③管路系统中阀门的位置、规格。

④集气罐的规格、安装形式(立式或是卧式)。

⑤蒸汽供暖疏水器和减压阀的位置、规格、类型。

8.1.4 通风、空调施工图的识读方法

(1)设计施工说明

识读顺序:通常按照设计依据、设计范围、设计内容的顺序依次往下读。主要识读的内容有:

①工程性质、规模、服务对象及系统工作原理。

②通风空调系统的工作方式、系统划分和组成,以及系统总送风、排风量和各风口的送、排风量。

③通风空调系统的设计参数,如室外气象参数、室内温湿度、室内含尘浓度、换气次数以及空气状态参数等。

④施工质量要求和特殊的施工方法。

⑤保温、油漆等的施工要求。

(2)平面图

通风空调平面图中有风和水两个系统。风系统和水系统要分别识读。

风系统识图顺序:按照风的流动方向,依次识读空调设备、送风干管、送风支管、送风口,然后到回风口、回风支管、回风干管,最后再回到空调设备,形成一个风系统循环环路。

水系统识图顺序:按照水流的方向,找到冷水机组的位置,依次识读供水干管、供水支管、空调设备、冷凝水支管、冷凝水干管,最后再回到冷水机组,形成一个水系统循环环路。

通风空调的平面图又分为各层平面图、空调机房平面图、冷冻机房平面图。

①各层平面图主要识读的内容有:

a. 风管、送风口、回(排)风口、风量调节阀和设备的平面位置,与建筑物墙面的距离及各部位尺寸。

b. 送风口、回(排)风口的空气流动方向,通风空调设备的外形轮廓、规格型号及平面坐标位置。

②空调机房平面主要识读的内容有:

a. 工程采用的空调器组合段代号，空调箱内风机、加热器、表冷器、加湿器等设备的型号、数量，以及该设备的定位尺寸。

b. 风管系统中，送风管、回风管、新风管与空调箱相连接的具体位置。

c. 水管系统中，冷、热媒管道及凝结水管道与空调箱相连接的具体位置。

d. 各管道、设备、部件的尺寸大小及定位尺寸。

e. 消声设备、柔性短管、防火阀、调节阀的位置尺寸。

③冷冻机房平面图主要识读的内容有：

a. 制冷机组的型号与台数、冷冻水泵和冷凝水泵的型号。

b. 冷(热)媒管道的布置。

c. 各设备、管道和管道上的配件(如过滤器、阀门等)尺寸大小和定位尺寸。

(3)剖面图

识读顺序：先查明通风空调平面图上的剖切位置，然后对照相应的通风空调平面图进行识读。主要识读的内容有通风管路及设备在建筑物中的垂直位置、相互之间的关系、标高及尺寸。

(4)系统图

识读顺序：对照通风空调平面图，结合通风空调剖面图，风系统图按照气流动方向识读，水系统图按照水流方向识读。主要识读的内容有风管、水管、部件及附属设备之间相对位置的空间关系。

(5)原理图

识读顺序：先找到制冷设备及空调处理设备的位置，风系统原理图按照气流动方向识读，水系统原理图按照水流方向识读。

8.2 多层建筑暖通施工图识读

识图时首先查看图纸目录，检查图纸是否缺失；然后看设计说明，以便掌握工程概况、技术指标、专项设计等，进而了解设计者的设计意图；最后粗略看图，细分系统，以分系统为主线结合系统图、详图等细读平面图，通过几种图的前后对照在脑海中形成三维图。

暖通工程施工图三维模型

某多层建筑暖通施工图如附图所示。查看图纸目录可知，该工程暖通专业图纸包括：图纸目录、设计说明、图例、材料表；原理图与大样图合在一起；通风、防排烟平面图；冷媒管平面图；空调风管平面图。

图例表中详细列出了各管线及空调附属部件的表示方法。

查看设计说明：本工程主要包括通风设计、防排烟设计和空调设计。风管采用镀锌钢板风管，风管壁厚按《通风与空调工程施工质量验收规范》(GB 50243—2016)的规定选用，风管采用法兰连接。空气冷凝水管道采用 UPC 管，多联机气液管采用去磷无缝紫铜管。矩形截面面积大于等于 0.38 m^2 和圆形直径大于等于 0.7 m 的风管系统均应设置抗震支吊架，风机设减震支吊架，接管处设不燃材料软接头。圆形风管均注管道中心标高，矩形风管均注其管道底面(不包括保温层)标高。若无特别说明,风管均底平齐。水管、冷媒管、空调风管采用橡塑套管(阻燃)保温,冷媒管保温厚度 $d \leqslant \phi 15.88$,$\delta = 10$ mm;$d \geqslant \phi 19.02$,$\delta = 20$ mm。冷凝水管保温厚度为 15 mm,空调送、回风管、新风管(含竖井内空调新风管)保温厚度为 30 mm。

8.2.1 通风系统识读

通风系统施工图识读方法

通风含自然通风和机械排风。自然通风主要靠开启门窗通风,机械排风主要设置在公共卫生间、消防水泵房、消防控制室、配电室、柴油发电机房及储油间。

(1)卫生间通风系统

各卫生间设置机械送排风系统,利用门窗进行自然补风。首先查找一层卫生间,男女卫生间各由 4 个管道式换气扇(自带止回阀)收集并通过 400 mm×250 mm 管道汇聚成 800 mm×250 mm 的风管经排气井在屋顶排出;二至四层男女卫生间各由 4 个管道式换气扇(自带止回阀)收集并通过 400 mm×250 mm 管道分别经排气井在屋顶排出。

(2)消防水泵房通风系统

消防水泵房通风系统 PF-1 利用入口进行自然补风;一台低噪声轴流风机安装在墙壁上进行机械通风。消防控制室通风系统 PF-6 与消防水泵房通风类同。

(3)储油间、柴油发电机房通风系统

储油间通风系统 PF-2 设置 1 台低噪声防爆风机 DZ-2.5,风机两侧设置风管软接头,通过进风口在Ⓑ轴及⑥轴相交处防雨百叶 500 mm×320 mm、风管 500 mm×320 mm、70 ℃的防火阀,风管通过 1 个单层百叶风口 500 mm×300 mm 后变径 400 mm×320 mm 至Ⓒ轴侧,竖向通过 2 个双层百叶风口 300 mm×300 mm 到储油间地面。储油间与柴油发电机房设置 70 ℃的电动防火阀 500 mm×200 mm 进行保护。

柴油发电机房通风系统 PF-3 与储油间通风类同。

(4)配电室通风系统

配电室通风系统 PF-4 设置 1 台低噪声防爆风机 DZ-3.5,风机两侧设置风管软接头,通过进风口在Ⓐ轴及⑦轴相交处防雨百叶 500 mm×320 mm、70 ℃的防火阀、风管 630 mm×400 mm,在Ⓒ轴侧分支的 1 根 500 mm×320 mm 风管,通过 1 个单层百叶风口 500 mm×300 mm 后变径 400 mm×320 mm 至⑨轴侧,竖向通过 2 个双层百叶风口 300 mm×300 mm 到配电室地面;在Ⓒ轴侧分支的另 1 根 500 mm×320 mm 风管,通过 1 个单层百叶风口 500 mm×300 mm 后变径 400 mm×320 mm 至Ⓓ轴侧,竖向通过 2 个双层百叶风口 300 mm×300 mm 到配电室地面。

8.2.2 防排烟系统识读

防排烟含自然排烟和机械排烟。自然排烟主要靠开启门窗排烟,机械排烟主要设置在不能自然排烟的疏散走道。

查看排烟系统原理图,排烟系统 PY-RF-4 屋顶设置消防风机 HTF(A)-Ⅲ-9.0,对照平面图可知二、三、四层分别通过单层百叶风口 1 200 mm×600 mm 收集烟气,经竖向排烟井 3(内衬镀锌钢板 1 600 mm×800 mm）、屋顶水平管 1 250 mm×630 mm、280 ℃防火阀、天圆地方、风管软接头、消防风机、风管软接头、ϕ900 镀锌风管、45°带不锈钢防虫网的防雨弯头排出。

8.2.3　空调系统识读

空调系统施工图识读方法

本项目消防控制室、配电房采用分体空调，配电房在Ⓐ轴侧预留 2 台 3P 空调，消防控制室在⑩轴侧预留 1 台 3P 空调。

实训基地的空调系统采用多联式空调（热泵）机组，机组设置在屋顶，主要有空调风系统、空调水系统。

（1）多联机空调风系统

查看多联机配管原理图、超配比及材料表，室外机 KTW-1 制冷量为 321 kW、制热量为 358 kW、电功率为 94.19/87.88 kW、噪声为 64 dB、质量为 1 810 kg，可以与 10 台 KT-1、12 台 KT-3、2 台 KT-4 室内机连接，其中 KT-1 的风量为 1 600 m^3/h、KT-3 的风量为 1 200 m^3/h、KT-4 的风量为 1 800 m^3/h。其他室外机类同。

一层机械实训基地有 2 台 KT-6，每台 KT-6 均通过风管软接头连接风管 1 103 mm×180 mm，回风采用双层百叶回风口，送风采用单层百叶送风口；其新风是通过 XFKT-2 补充，室外新风经过防雨百叶风口 1 000 mm×250 mm、电动多叶调节阀、静压箱、风管软接头，在空调新风机 XFKT-2 处理后经风管软接头、静压箱、各规格的风管、调节阀、双层百叶风口 1 000 mm×250 mm 送新风至末端。其他实训基地类同。

（2）多联机空调水系统

多联机空调水系统有空调冷媒管及冷凝水管。

屋顶 KTW-1 共有 8 台多联机，空调冷媒气管 ϕ44.5 首先沿屋顶水平敷设至空调管井 4 竖向到四楼，然后在四楼空调管井 4 引出在④轴与⑤轴中间分支变径，一支变径为 ϕ15.9，分别供实训基地 KT-3 及洽谈室 KT-1；另一支经 ϕ31.8、ϕ28.6、ϕ22.2、ϕ19.1、ϕ15.9 多次变径，分别供给党政办公室、教师工作室、实训基地、机房的室内机及空调新风机 XFKT-1，冷媒气管中的气体在室内机及空调新风机处进行换热后，变为液态沿液管逆向返回并汇集至屋顶 KTW-1。其他空调冷媒管类同。

冷凝水系统水管采用 UPVC 管，各层室内机及新风机的冷凝水管汇集不小于 0.003 坡度水平干管就近排至洗手间处。

课后习题

一、填空题

1. 工程图纸中，采暖热水供、回水管代号分别为__________、__________。

2. 工程图纸中，送风管、新风管代号分别为__________、__________。

3. 长 200 mm、宽 100 mm 的矩形风管，尺寸表示为__________；直径为 120 mm 的圆形风管，尺寸表示为__________。

二、判断题

1. 矩形风管的标高标注在风管底;圆形风管的标高标注在风管中心线,单位均为 m。 (　　)

2. 送风管、回风管、排风管、新风管通常用 SF、PF、HF、XF 分别表示。 (　　)

三、选择题

1. 以下哪个是对开多叶调节阀的图例?(　　)

2. 以下哪个是天圆地方的图例?(　　)

四、简答题

1. 简述采暖平面图的识图顺序及内容。

2. 简述采暖系统图的识图顺序及内容。

3. 简述通风空调图纸中,风系统和水系统的识图顺序。

五、实操题

根据所学内容编制教材附图的暖通施工组织设计。

模块 3

建筑电气工程模块

第9章　电气的基本知识、常用材料设备及工具

【本章教学目标】

育人主题	建议学时	素质目标	知识目标	能力目标
节能环保	4	(1)家国情怀：通过对电气国产材料发展变迁史的学习，激发学生的科技报国之心； (2)个人品格：通过新型环保材料的学习，增强节能环保意识； (3)职业素养：体会新工艺对提升建筑品质所起的作用，引导学生的创新意识	(1)认识安装工程中电气常用管材、附件、设备等实物，并口述其功能； (2)了解安装工程中电气常用材料、附件、设备的价格	(1)口述安装工程中电气常用管材、附件、设备的功能及特点； (2)了解安装工程中行业最新电气材料、附件、设备

9.1　电气的基本知识

电能是指电以各种形式做功的能力。电能的生产、变换、输送和分配统称电力系统，整个电能的产生、变换、输送、分配、使用就是一种大型的电路。电能在现代工业、农业、国防、科技以及日常生活中应用广泛。

认识生活中的建筑电气系统（电在建筑中的旅行）

9.1.1　电路的组成

电路就是电流的通路，电路为一闭合回路。电路由电源、负载和中间环节组成，如图9.1所示。

电源是指电路中供给电能的设备，其作用是将非电形式的能量转换为电能；负载是指用电设备，即电路中消耗电能的设备，其作用是将电能转换为其他形式的能量；中间环节连接电源和负载，在电路中起传输、分配电能以及保护等作用，主要包括连接导线、开关和保护设备等。

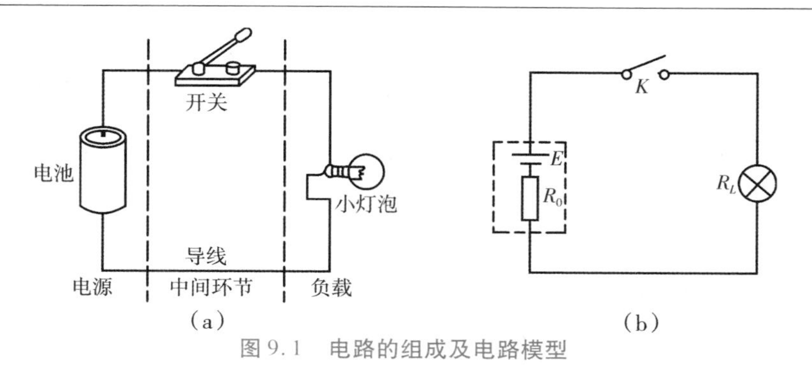

图9.1 电路的组成及电路模型

9.1.2 电路的工作状态

电路有3种工作状态,即通路、短路和开路。

通路就是将内外电路接通,构成闭合电路。通路是电路处于有载工作状态。

短路是闭合电路的特殊形式,是电源未经负载而直接由导体构成闭合的回路。其特点是短路电流很大,会烧坏绝缘、损坏设备;利用短路电流产生的高温也可进行金属焊接等。

开路是指整个电路的空载状态,其特征是电路电流为零。开路可以是内电路的断路,也可以是外电路的断开。

9.1.3 电路的基本物理量

电路中的基本物理量主要有电流、电压、电动势、电阻和电功率等。

(1)电流

电流强度简称电流,是电路中的电子受到电场力的作用,形成有规则的定向运动。电流的方向规定为正电荷的移动方向。电流的大小是用单位时间内通过导体某一横截面积的电荷量来度量的,用I表示,即$I=\frac{Q}{t}$。在国际单位制中,电荷的单位是库伦(C)、时间的单位是秒(s)、电流强度的单位是安培(A)。

(2)电压

电势是电荷在电场中具有的势能。电压也称为电势差或电位差,是单位电荷在电场中两点之间的电势之差。电压的方向规定为从高电位指向低电位方向。电压的大小等于单位正电荷因受电场力作用从A点移动到B点所做的功。电压强度的符号用U表示,即$U_{AB}=\frac{W_{AB}}{Q}$。在国际单位制中,功的单位是焦耳(J)、电压的单位是伏特(V)。

(3)电动势

在电源内部,单位正电荷从电源负极移到正极所做的功,称为电源的电动势。电动势的方向为低电位指向高电位。电动势的符号用E表示,电动势的单位是伏特(V)。

(4)电阻

电阻是导体阻碍电流通过的能力。导体的电阻越大,表示导体对电流的阻碍作用越大。电阻的符号用R表示,即$R=\frac{U}{I}$。在国际单位制中,电阻的单位是欧姆(Ω)。

(5)电功率

单位时间内电流所做的功称为电功率,简称功率。电功率是用来表示消耗电能快慢的物理量,用符号 P 表示,即 $P=\frac{W}{t}$。在国际单位制中,电功率的单位是瓦特(W)。

9.1.4 正弦交流电路

大小和方向均不随时间变化的电流统称为直流电;大小和方向均随时间作周期性变化且平均值为零的电压和电流统称为交流电。

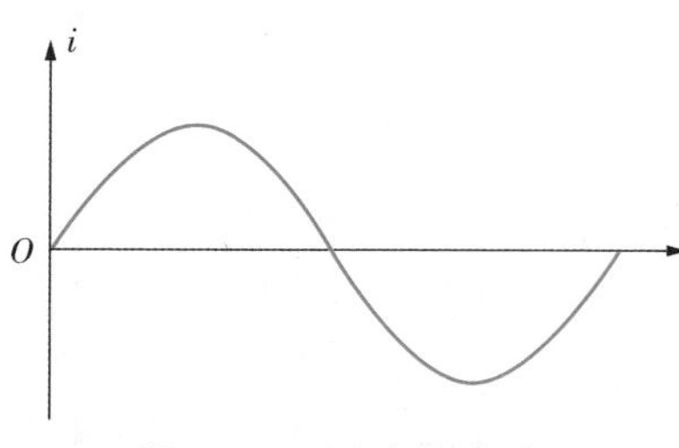

图9.2 正弦交流电流

交流电具有生产容易、成本低廉、便于输送和控制、易于转换和测量的优点,从而得到了广泛的应用。交流电通过整流设备能方便地变换成直流电。

随时间作正弦规律变化的电压和电流,称为正弦交流电。正弦交流电流的波形如图9.2所示,其瞬时值可用正弦函数表示为:$i=I_m\sin(\omega t+\varphi)$。

角频率、幅值和初相位称为正弦交流电的三要素。

(1)频率、周期与角频率

交流电的频率、周期与角频率表示交流电变化的快慢。

正弦交流电作周期性变化一次所需的时间称为周期,用符号 T 表示,单位是秒(s)。每秒内变化的次数称为频率,用符号 f 表示,单位是赫兹(Hz)。正弦交流电每秒内变化的角度称为角频率,用符号 ω 表示,单位是弧度/秒(rad/s)。

频率、周期与角频率的关系:$\omega=2\pi f=2\pi/T$。我国的供电系统中,交流电的频率是50 Hz,周期是0.02 s,角频率是314 rad/s。

(2)幅值、有效值

交流电的幅值与有效值表示交流电的大小。

正弦交流电在任一瞬间的值称为瞬时值,用小写字母表示,如 i、u、e 分别表示电流、电压、电动势的瞬时值。瞬时值中最大的值称为幅值或最大值,用带下标m的大写字母表示,如 I_m、U_m 和 E_m 分别表示电流、电压和电动势的幅值。

当一个交流电流在该交流电的一个周期内和一个直流电流通过相同的电阻产生的热量相等时,该直流电流值称为该交流电流的有效值。正弦电流(电压)的有效值等于其最大值(幅值)的 $\frac{\sqrt{2}}{2}$ 倍。

电流表、电压表测出的数值都是交流电的有效值。

(3)相位、初相位与相位差

相位表示交流电变化过程的量,它不仅决定该时瞬时值的大小和方向,还决定交流电的变化趋势;初相位表示交流电在计时开始时($t=0$)所处的变化状态;相位差表示两个同频率的交流电的相位之差。

以交流电流 $i=I_m\sin(\omega t+\varphi)$ 为例,把($\omega t+\varphi$)称为正弦交流电的相位角或相位。$t=0$ 时的相位角 φ,称为初相角或初相位。初相位的取值范围一般规定为 $-\pi\leqslant\varphi\leqslant\pi$。两个同频率正弦交流电的相位角之差,称为相位差。

9.1.5　三相交流电路

(1)三相交流电源

三相交流电是3个大小相等、频率相同、相位彼此相差120°的三相对称正弦量(图9.3)。由3个频率相同、振幅相同、相位互差120°的正弦电压源构成的电源称为三相电源。由三相电源供电的电路称为三相电路。三相电路分别为A(L_1)、B(L_2)、C(L_3)相,工程中用黄、绿、红3种颜色区分。

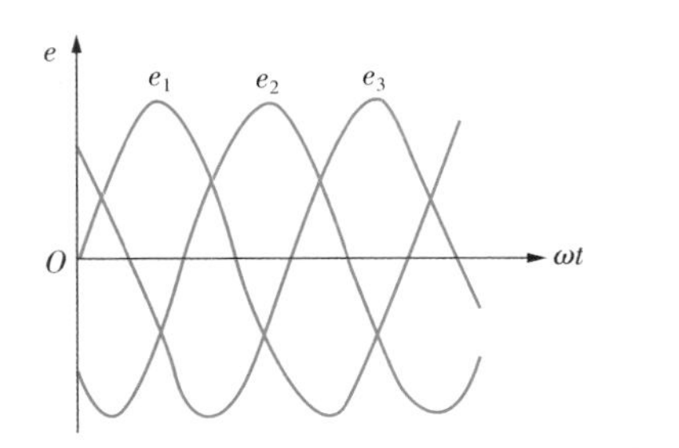

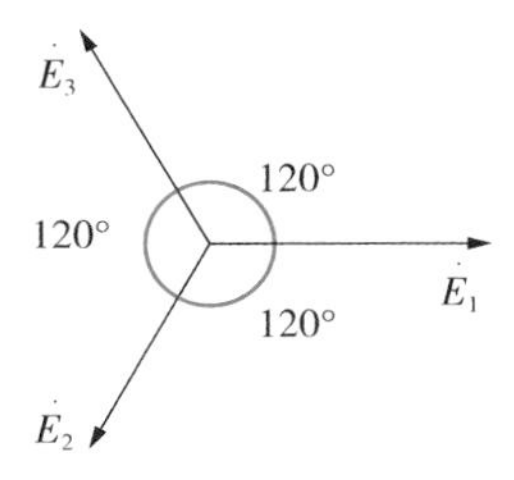

图9.3　三相交流电

三相电路在生产上应用最为广泛。发电、输配电和主要电力负载一般都采用三相制。三相电源一般有星形联接、三角形联接两种。将三相绕组的3个末端联结在一起后,与3个首端一起向外引出4根供电线,这种联结方法称为三相电源的星形联结,也称为三相四线制供电(图9.4);将三相电源中每相绕组的首端依次与另一相绕组的末端联结在一起,形成闭合回路,然后从3个联结点引出3根供电线,这种联结方法称为三相电源的三角形联结,也称为三相三线制供电(图9.5)。

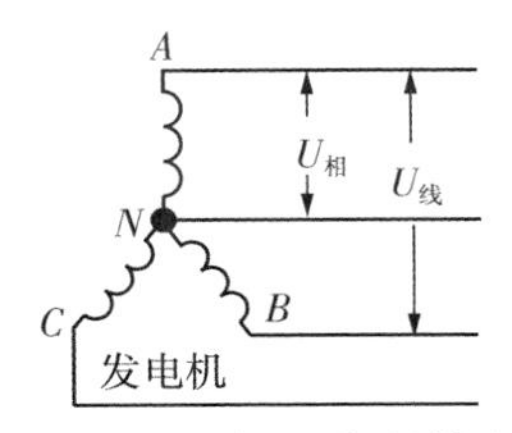

图9.4　三相四线制供电

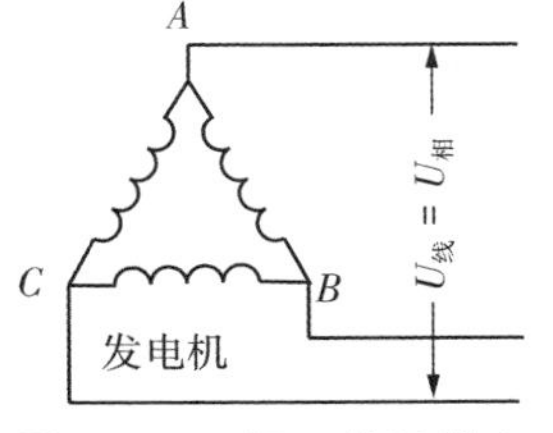

图9.5　三相三线制供电

三相四线制中,三相电源的公共端点称为中性点,用符号N(黑色或蓝色)表示;由中性点引出的线路称为中性线,简称中线。中线通常与大地相连,中线的接地点称为零点,接地的中性线称为零线。从三相电源的始端引出的输电线称为端线或相线,俗称火线。

火线与零线间的电压称为相电压,其有效值用 U_A、U_B、U_C 表示;火线间的电压称为线电压,其有效值用 U_{AB}、U_{BC}、U_{CA} 表示。因为三相交流电源的3个线圈产生的交流电压相位相差120°,3个线圈作星形连接时,线电压等于相电压的 $\sqrt{3}$ 倍。

(2)三相负载

生活中使用的各种电器根据其特点可分为单相负载和三相负载两大类。照明灯、电扇、电烙铁和单相电动机等都属于单相负载。三相交流电动机、三相电炉等三相用电器属于三相负载。三相负载的阻抗相同(幅值相等、阻抗角相等)则称为三相对称负载;否则,称为不对称负载。三相负载有 Y 形和△形两种连接方法,各有其特点,适用于不同的场合。

三相对称负载的 Y 形连接方法如图 9.6(a)所示,三相交流电源有 3 根火线接头 A、B、C,一根中性线接头 N。对于三相对称负载,中性线上无电流,只需接 3 根火线,如图 9.6(b)所示。

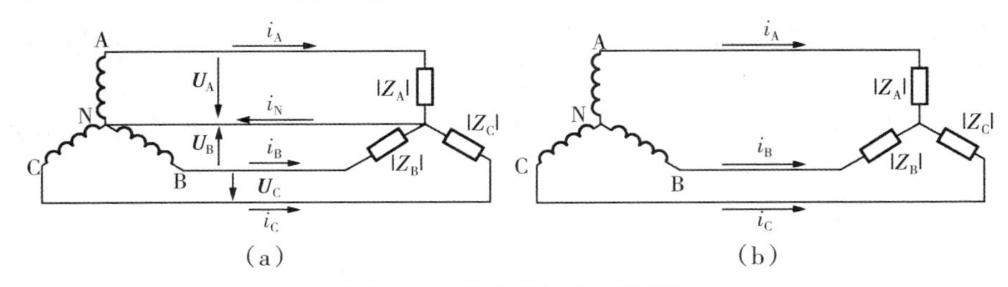

图 9.6 对称负载的 Y 形连接

三相负载的三角形连接如图 9.7 所示,三相交流电源的 3 根火线分别与负载相连,该电路没有零线,负载的额定电压等于电源线电压。

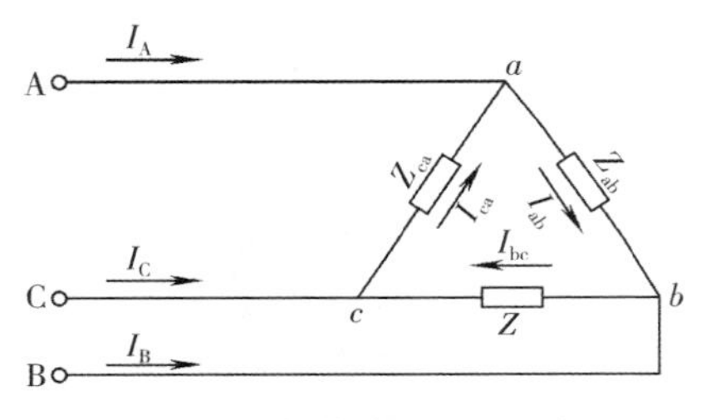

图 9.7 负载的三角形连接

9.2 导电材料

在发电厂、变电所及输电线路中,所用的导体有电线、电缆、母线等。

9.2.1 电 线

电线是指传导电流的导线,有实心的、绞合的或箔片编织的等各种形式。按绝缘状况分为裸电线和绝缘电线两大类。

(1)裸电线

裸电线是不包任何绝缘或保护层的电线。裸电线可作为传输电能和信息的导线,也可用于制造电机、电器的构件和连接线。一般用铜、铝、铜合金、铝合金以及铜包钢、铝包钢等金属材料制作,形状有圆单线、扁线和绞线。

常用的裸电线有铝绞线、铜绞线、铝合金绞线、铜芯铝绞线、钢芯铝合金绞线等,主要用于架空线路中。

(2)绝缘电线

绝缘电线是包覆绝缘层的电线。按绝缘材料不同分为橡皮绝缘线和塑料绝缘(屏蔽)线;

按芯线材料不同分为铜芯与铝芯线等;按芯线构造不同分为单芯与多芯等。

绝缘电线性能良好、制造工艺简便、价格便宜、应用广泛;缺点是对气温适应性能较差,不宜室外敷设。

常用绝缘电线的型号及用途见表9.1。

表9.1 常用绝缘电线的型号及用途

分类	型号	型号说明	用途
X-橡皮绝缘电线	BX(BLX)	铜(铝)芯橡皮绝缘线	适用于交流500 V及以下或直流1 000 V及以下的电气设备及照明装置
	BXF(BLXF)	铜(铝)芯氯丁橡皮绝缘线	
	BXR	铜芯橡皮绝缘软线	
V-聚氯乙烯绝缘电线	BV(BLV)	铜(铝)芯聚氯乙烯绝缘线	适用于各种交流、直流电器装置,电工仪表、仪器,电讯设备,动力及照明线路固定敷设
	BVV(BLVV)	铜(铝)芯聚氯乙烯绝缘氯乙烯护套圆型电线	
	BVVB(BLVVB)	铜(铝)芯聚氯乙烯绝缘氯乙烯护套平型电线	
	BVR	铜(铝)芯聚氯乙烯绝缘软线	
	BV-105	铜芯耐热105 ℃聚氯乙烯绝缘软线	
R-软线	RV	铜芯聚氯乙烯绝缘软线	适用于各种交流、直流电器,电工仪表,家用电器,小型电动工具,动力及照明装置的连接
	RVB	铜芯聚氯乙烯绝缘平型软线	
	RVS	铜芯聚氯乙烯绝缘绞型软线	
	RV-105	铜芯耐热105 ℃聚氯乙烯绝缘连接软电线	
	RXS	铜芯橡皮绝缘棉纱编织绞型软电线	
	RX	铜芯橡皮绝缘棉纱编织圆型软电线	

注:①B(B)——第一个字母表示平(扁)型线,第二个字母表示玻璃丝编制。

②V(V)——第一个字母表示聚氯乙烯绝缘,第二个字母表示聚乙烯护套。

③L表示铝,无L表示铜;F表示复合型;R表示软线;S表示双绞;X表示绝缘橡胶。

9.2.2 电 缆

认识电缆及其施工工艺

电缆是自带绝缘的一芯或多芯导体。电缆的种类成千上万,应用在各行各业中。它们的用途有传输电流和传输信号两种。传输电能类的电缆主要控制的技术性能指标是导体电阻、耐压性能;传输信号类的电缆主要控制的技术性能指标是特性阻抗、衰减及串音等。

1)电缆的基本结构

一般电缆最基本的结构有导体、绝缘层及保护层,如图9.8所示。

导体的作用是传输电流或信号,有实芯和绞合之分,材料有铜、铝、铜包铝等。国家标准规定,铜导体的电阻率不小于0.017 241 $\Omega \cdot mm^2/m$(20 ℃时),铝导体的电阻率要求不小于0.028 264 $\Omega \cdot mm^2/m$(20 ℃时)。电力电缆按其芯数有单芯、双芯、三芯、四芯、五芯之分,其线芯的形状有圆形、半圆形、扇形和椭圆形等。我国制造的电缆常用的线芯截面分为1.5 mm^2、2 mm^2、2.5 mm^2、4 mm^2、6 mm^2、10 mm^2、16 mm^2、25 mm^2、35 mm^2、50 mm^2、70 mm^2、95 mm^2、120 mm^2、150 mm^2、185 mm^2、240 mm^2 等规格。

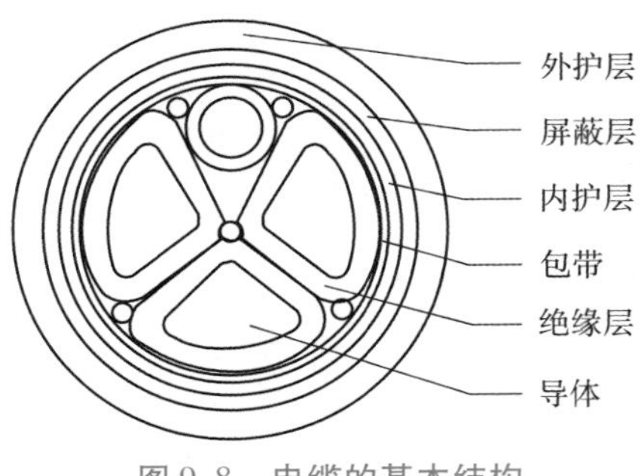

图9.8 电缆的基本结构

绝缘层包裹在导线外面起电气绝缘的作用。通常采用纸绝缘、橡皮绝缘、塑料绝缘等材料作绝缘层。其中,纸绝缘具有耐压强度高、耐热性能好和使用年限长等优点;塑料绝缘具有抗酸碱、防腐蚀和质量轻等特点。

保护层是使电缆适用各种使用环境,而在绝缘层外面施加的保护覆盖层。其主要作用是保护电缆在敷设运行过程中免受机械损伤和各种环境因素(如水、日光、生物、火灾等)的破坏,以保持长时间稳定的电气性能,它直接关系到电缆的寿命。保护层一般分为内护层和外护层。内护层用来保护电缆的绝缘不受潮湿,防止电缆浸渍剂外流及轻度机械损伤;外护层用来保护内护层。

2)电缆的型号、名称

电缆的型号是采用汉语拼音字母和阿拉伯数字组成,共有八部分。第一部分为电缆的用途代码;第二部分是绝缘代码;第三部分是导体材料代码;第四部分是内护层代码;第五部分是特性代码;第六部分是外护层代码;第七部分是特殊产品代码;第八部分是额定电压(单位为kV),如表9.2、表9.3所示。

表9.2 电缆型号字母含义

类型	绝缘层	导线材料	内护层	特性	特殊产品
电力电缆(省略不表示)	Z——纸绝缘	L——铝芯	V——聚氯乙烯绝缘	CY——充油	TH——湿热带
K——控制电缆	YJ——交联聚乙烯绝缘	T——铜芯	H——橡皮套	D——不滴油	TA——干热带
Y——移动电缆	V——聚氯乙烯绝缘	A(C)——铜包铝	Y——聚乙烯绝缘	P——干绝缘	—
P——信号电缆	X——橡皮绝缘	—	Q——铅包	C——重型	—
S——射频电缆	Y——聚乙烯绝缘	—	L——铝包	—	—
H——通信电缆	—	—	—	—	—

注:ZR——阻燃;NH——耐火;WDZ——无卤低烟阻燃;WDN——无卤低烟耐火。

表9.3　电缆外护层代号的意义

第一个数字		第二个数字	
代号	铠装层类型	代号	外被层类型
0	无	0	无
1	—	1	纤维绕包
2	双钢带	2	聚氯乙烯护套
3	细圆钢丝	3	聚乙烯护套
4	粗圆钢丝	4	—

ZR-YJV-3×120+1×70 0.6/1 kV 表示阻燃交联聚乙烯绝缘聚氯乙烯护套铜芯电力电缆，相电压为0.6、线电压为1 kV，规格为三芯120 mm^2 和一芯70 mm^2。

3)电缆安装工艺

电缆在安装前应首先检查：电缆通道是否通畅；电缆金属部分的防腐层是否完整；电缆的型号、电压、规格是否符合设计要求；电缆的外观应无损伤、绝缘层良好。其次，电缆敷设前应按设计和实际路径计算长度，合理安排每盘电缆，减少电缆接头。同时，在带电区域内敷设电缆时应有可靠的安全措施。

电缆敷设方式主要有直埋敷设、电缆沟内敷设、电缆桥架内敷设、穿管敷设等，较大直径电缆敷设常用人力拉引或机械拉引方法把电缆运至安装位置，如图9.9、图9.10所示。

图9.9　电缆的人力拉引

图9.10　电缆的机械牵引

(1)电缆直埋敷设

电缆直埋敷设适用于有保护层的铠装电缆(图9.11)，其施工工艺流程：准备工作→挖电缆沟→直埋电缆→铺砂盖砖→盖盖板→埋标桩。

电缆直埋敷设应符合下列要求：

①电缆表面距地面的距离不应小于0.7 m，穿越农田时不应小于1 m，且电缆应埋在冻土层以下。

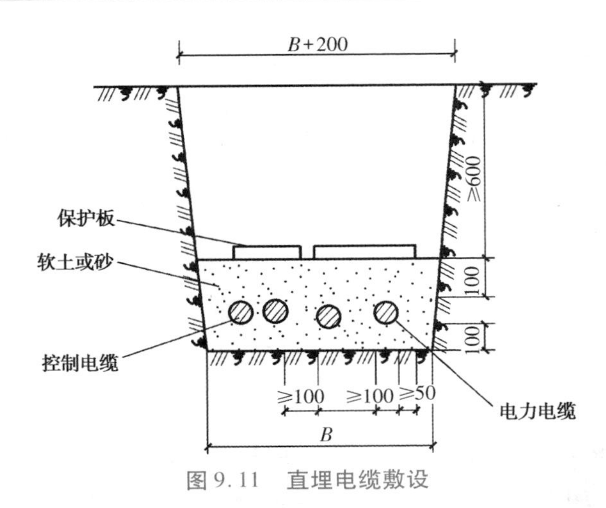

图9.11 直埋电缆敷设

②在电缆引入建筑物、与地下建筑物交叉及绕过地下建筑物处等受条件限制时，可浅埋，但应采取保护措施。

③当敷设大截面、重型电缆时，环境条件允许的情况下，宜采用机械拉引方法。

④在电缆线路路径上，有可能使电缆受到机械性损伤、化学作用、地下电流、振动、热影响、腐殖物质、虫鼠等危险的地段，均应依据规范要求采取保护措施。

电缆与铁路、公路、城市街道、厂区道路交叉时，应敷设于坚固的保护管或隧道内。电缆管的两端宜伸出道路路基两边各2 m，伸出排水沟0.5 m；在城市街道应伸出车道路面。

直埋电缆在直线段每隔50～100 m处、电缆接头处、转弯处、进入建筑物等，应设置明显的方位标志或标桩。

直埋电缆回填土前，应经隐蔽工程验收合格。回填土应分层夯实。

(2)电缆沟内敷设

电缆沟内敷设的施工工艺流程：准备工作→电缆沿电缆沟敷设→挂标志牌。

电缆沟内敷设施工工艺类似于电缆直埋敷设(图9.12)，但电缆沟壁要用防水水泥砂浆抹面，电缆敷设在沟壁的角钢支架上，最后盖上水泥板；在容易积水的地方，应考虑开挖排水沟；电缆沟应平整，且有一定的坡度；沟内应设置适当数量的积水坑，及时将沟内积水排除；电缆敷设时，电缆的弯曲半径应符合规范要求及电缆本身的要求；电缆放在地沟时，边敷设边检查电缆是否损伤；放电缆的长度不能控制得太紧，电缆的两端、中间接头、电缆井内、电缆过管处、垂直位差处均应留有适当的余度，并作波浪状摆放；电缆敷设完毕，应请建设单位、监理单位及质量检查部门共同进行隐蔽工程验收。

在电缆沟内的支架应安装牢固，横平竖直；支架与预埋件焊接固定时，焊缝饱满；在有坡度的电缆沟内或建筑物上安装的电缆支架，应有与电缆沟或建筑物相同的坡度；电缆支架必须等电位接地。

(3)电缆桥架内敷设

电缆桥架内敷设细分为桥架的敷设和桥架内的电缆敷设，其一般施工工艺是：准备工作→弹线定位→预留孔洞、支吊架、预埋铁件→支吊架固定及桥架敷设→保护接地→电缆敷设→绝缘检查→挂标志牌→防火堵料。

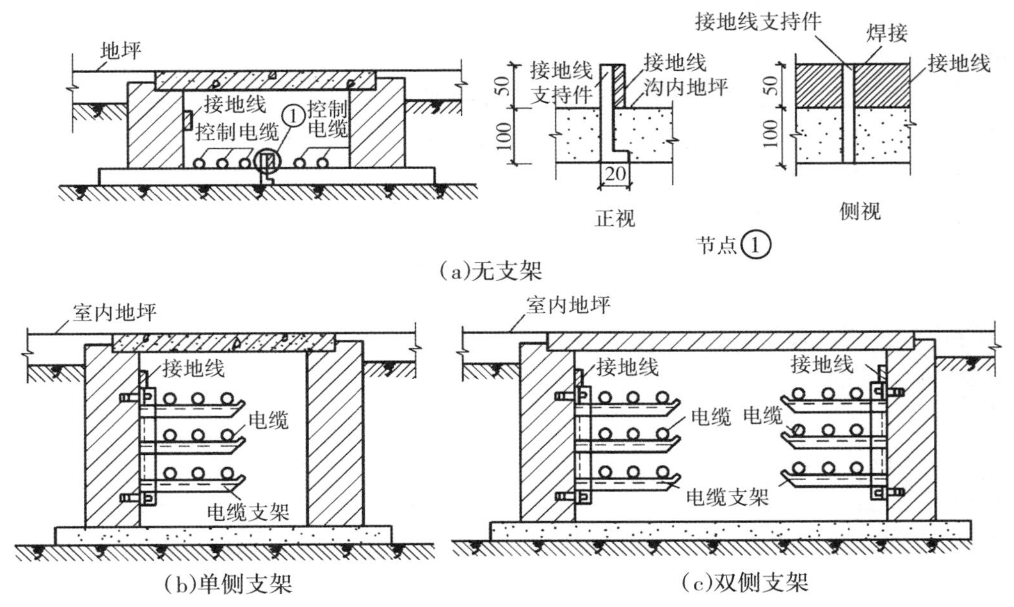

(a)无支架

(b)单侧支架　　(c)双侧支架

图9.12　电缆沟内敷设

桥架内电缆水平敷设时,应单层敷设、排列整齐,不得有交叉;电缆首尾两端、转弯两侧及每隔5~10 m处设固定点;桥架内的电缆应在首端、尾端、转弯及每隔50 m处设置编号、型号、规格及起止点等标记;不同等级电压的电缆应分层敷设,高电压电缆"由上而下",水平通道中如有35 kV及以上高压电缆或引入盘柜时,宜"由下而上";电缆沿桥架敷设穿过楼板时,预留通洞,敷设完后应将洞口用防火材料堵死。

(4)电缆穿管敷设

电缆需要在导管内敷设时,应依照施工图纸和现场情况,确定电缆管的位置、路径,统计其品种规格和数量,然后进行备料。

电缆导管的安装一般有明装和暗装两种形式。

当电缆导管明装时,管道应排列整齐、横平竖直。其全长水平及垂直偏差一般应不大于电缆管外径的1/2。明敷电缆管时应安装固定,与建筑物表面间的距离应不小于10 mm;不宜将管子直接焊在支架上。电缆管支持点间的距离,当设计无规定时,不宜超过3 m。当塑料管的直线长度超过30 m时,宜加装伸缩节。钢管穿入接线盒、盘、柜、箱等设备内部时,管口露出的长度应在5~10 mm,并用带有绝缘衬垫的锁紧螺母加上橡皮密封垫予以固定,以防止雨水进入箱内。

电缆导管需暗敷时,在选择电缆管敷设路径时,应考虑使管材用量少、弯曲少、穿越基础次数少。当设备位置尚未确定时,不应埋设电缆管,电缆管口应尽量与设备进线对准,排列整齐。穿过楼板、混凝土地板的电缆管应与地面垂直。埋设于不同地方时,应注意:

①电缆管穿过建筑物墙壁、隧道壁时,管口应与墙面平齐,并需注意墙两侧和进入隧道的管端标高,以便电缆放上支架和接入设备。

②埋入混凝土墙或基础内的管子,宜用支架固定或焊在主钢筋上。

③埋在混凝土结构内的导管,要在第一层钢筋绑扎后进行,电缆管弯头的弧形部分不宜

露出地面。

④埋设通入电缆隧道(沟道)内的电缆管时,应事先了解电缆走向,使电缆管的方向与电缆走向一致,即防止电缆在穿管时出现小于90°的弯曲。

⑤敷设于铁路、公路下的电缆管,其埋置深度应低于路基或排水沟1 m以上;与铁路、公路平行敷设的电缆管,距路轨或路基的距离保持在3 m以上。

⑥镀锌钢管埋于地下时,其埋置深度不应小于0.7 m,在人行道下面敷设时,不应小于0.5 m。钢管埋入地面的深度不应小于0.1 m(混凝土内不作规定);伸出建筑物散水坡的长度不小于0.25 m。

⑦在电气设备处埋管时,应按设备安装图及有关的土建图纸,确定设备接线部位的坐标及标高,引至设备的电缆管管口位置,应便于与设备连接且不妨碍设备拆装和进出,并列敷设的电缆管管口应排列整齐。

⑧嵌入式设备下埋管,要先明确面板朝向,导管埋至墙中心偏面板侧。

⑨利用电缆管作接地线时,与接地干线间应有可靠的连接,且应先焊好接地线,再敷设电缆。管箍(有丝扣的管接头)两端应用跨接线焊接,以确保全长导电良好。设备利用金属管接地时,管口下侧焊镀锌螺栓。

⑩电缆导管安装完毕,应用木塞或焊以薄铁板堵严管口,以防进入杂物影响以后穿敷电缆的工作。对埋入混凝土内的电缆管,应检查管路是否畅通、清洁,再用铁板封堵严管口,以免浇灌混凝土时浇入管内。

(5)电缆头安装

冷缩式电缆头制作

电力电缆头分为终端头和中间接头,是输变电电缆线路中的重要部件。它的作用是绝缘、分散电缆头外屏蔽切断处的电场、防水等。

电缆头按安装场所分为户内式和户外式;按电缆头制作安装材料分为干包式、环氧树脂浇注式、冷缩式和热缩式等。

9.2.3 母 线

封闭母线槽安装

母线将各载流分支回路连接在一起,起汇集、分配、传输电能的作用。一般在进出线回路较多时设置。大多采用矩形或圆形截面的裸导线或绞线。其一般施工工艺是:准备工作→放线测量→支架制作、安装→绝缘子安装→母线加工、安装→涂色漆→检查送电。

母线安装时应符合以下规定:

①上下布置的交流母线,从上到下的顺序应该是A、B、C相;直流母线,正极在上,负极在下。

②水平布置的交流母线,盘后向盘前的排列是A、B、C相;直流母线,正极在后,负极在前。

③面对引下线的交流母线,从左至右排列为A、B、C相;直流母线,正极在左,负极在右。

④交流母线的涂色,A相为黄色、B相为绿色、C相为红色;直流母线,正极为褐色,负极为蓝色。

母线在运行中,有较大的电能通过,短路时,承受着很大的热效应和电动力效应。母线按结构分为硬母线、软母线、封闭母线等。材料分别有铜、铝和钢等。

9.3 电气其他常用材料

在电力设备安装、制造及施工中，其他常用材料主要有绝缘材料、安装材料及固结材料等。

9.3.1 常用绝缘材料

绝缘材料又称为电介质，是一种不导电的物质。常用的绝缘材料按其化学性质不同，可分为无机绝缘材料、有机绝缘材料和混合绝缘材料。

(1)绝缘油

绝缘油主要用来填充变压器、油开关、浸渍电容器和电缆等。绝缘油在变压器和油开关中起绝缘、散热和灭弧等作用。

(2)树脂

树脂是有机凝固性绝缘材料。电工常用树脂有环氧树脂、聚氯乙烯、酚醛树脂、松香等。常见的环氧树脂是由二酚基丙烷与环氧丙烷在苛性钠溶液的作用下缩合而成的；聚氯乙烯是热缩性合成树脂，性能较稳定，有较高的绝缘性能，耐酸、耐蚀，能抵抗大气、日光、潮湿的作用，可用作电缆和导线的绝缘层和保护层。

(3)绝缘漆

绝缘漆按其用途分为浸渍漆、涂漆和胶合漆等。浸渍漆用来浸渍电机和电器的线圈，如沥青漆(黑凡立水)、清漆(清凡立水)和醇酸树脂漆(热硬漆)等；涂漆用来涂刷线圈和电机绕组的表面，如沥青晾干漆、灰磁漆和红磁漆等；胶合漆用于粘合各种物质，如沥青漆和环氧树脂等。

(4)橡胶和橡皮

橡胶分天然橡胶和人造橡胶两种。其特性是弹性大、不透气、不透水，且有良好的绝缘性能。但纯橡胶在加热和冷却时都容易失去原有的性能，因此在实际应用中常把一定数量的硫黄和其他填料加在橡胶中，然后再经过特别的热处理，使橡胶能耐热和耐冷。这种经过处理的橡胶称为橡皮。

(5)玻璃丝

电工用玻璃丝是用无碱、铝硼硅酸盐的玻璃纤维制成的。它的耐热性高、吸潮性小、柔软、抗拉强度高、绝缘性能好，可以做成许多种绝缘材料，如玻璃丝带、玻璃丝布、玻璃纤维管、玻璃丝胶木板以及电线的编织层等。

(6)绝缘包带

绝缘包带又称为绝缘包布，在电气安装工程中主要用于电线、电缆接头的绝缘。常用的有黑胶布带、橡胶带、塑料绝缘带等。

(7)电瓷

电瓷是用各种硅酸盐和氧化物的混合物制成的。电瓷在抗大气作用上有极好的稳定性，有很高的机械强度、绝缘性和耐热性，不易表面放电。电瓷主要用于制造各种绝缘子、绝缘套管、灯座、开关、插座和熔断器等。

9.3.2 常用安装材料

电气中常用的安装材料主要有金属管、塑料管、桥架等。

(1)金属管

水煤气钢管用作电线、电缆的保护管,可以暗配于一些潮湿场所或直埋于地下,也可以沿建筑物、墙壁或支吊架敷设。

薄壁钢管(电线管)多用于敷设在干燥场所的电线、电缆的保护管,可明敷或暗敷。

金属波纹管也称为金属软管或蛇皮管,主要用于设备上的配线保护,如图 9.13(a)所示。

普利卡金属套管是电线、电缆保护套管的更新换代产品,其种类有很多,但基本结构类似,都是由镀锌钢带卷绕成螺纹状,属于可挠性金属套管,具有搬运方便、施工容易等特点,如图 9.13(b)所示。

(a)金属波纹管

(b)普利卡金属套管

图 9.13　金属管

(2)PVC 塑料管

PVC 硬质塑料管由聚氯乙烯树脂加入稳定剂、润滑剂等经捏合、滚压、塑化、切粒、挤出成型加工而成。不应用于环境温度在 40 ℃以上的高温场所。在经常发生机械冲击、碰撞、摩擦等易受机械损伤的场所,也不应使用。

半硬塑料管由聚氯乙烯树脂加入增塑剂、稳定剂及阻燃剂等经挤出成型制得,多用于一般居住和办公建筑等干燥场所的电气照明工程中暗敷布线。管材一般成捆供应,每捆 100 m,连接方式采用粘接,弯曲无须加热。

(3)线槽、桥架

①线槽:又称为走线槽、配线槽、行线槽,用来将电源线、数据线等线材整理规范,固定在墙上或者天花板上的电气材料。一般有塑料材质和金属材质两种。其规格常用"宽度×高度"表示,如 100×50,表示该线槽的宽度为 100 mm、高度为 50 mm。

②桥架:由托盘或梯架的直线段、弯通、组件以及托臂(臂式支架)、吊架等构成,具有密接支承电缆的刚性结构系统,是使电线、电缆等铺设达到标准化、系列化、通用化的铺设装置。桥架适用于电压 10 kV 以下的电力电缆、照明配线以及控制电缆等的敷设。其规格常用"宽度×高度"表示,如 1 000×200,表示该桥架的宽度为 1 000 mm、高度为 200 mm。

桥架按形式分为槽式、梯式、托盘式、组合式等;按材料分为钢制、铝合金、玻璃钢等;按表面处理方式分为冷镀锌、喷塑、喷漆、热镀锌等。

a. 槽式电缆桥架是一种全封闭型电缆桥架,有底有盖,四面钢板,如图 9.14 所示。槽式桥架对屏蔽干扰和重腐蚀环境中电缆的防护都有较好的效果，最适用于敷设计算机电缆、通信电缆、热电偶电缆及其他高灵敏系统的控制电缆等。

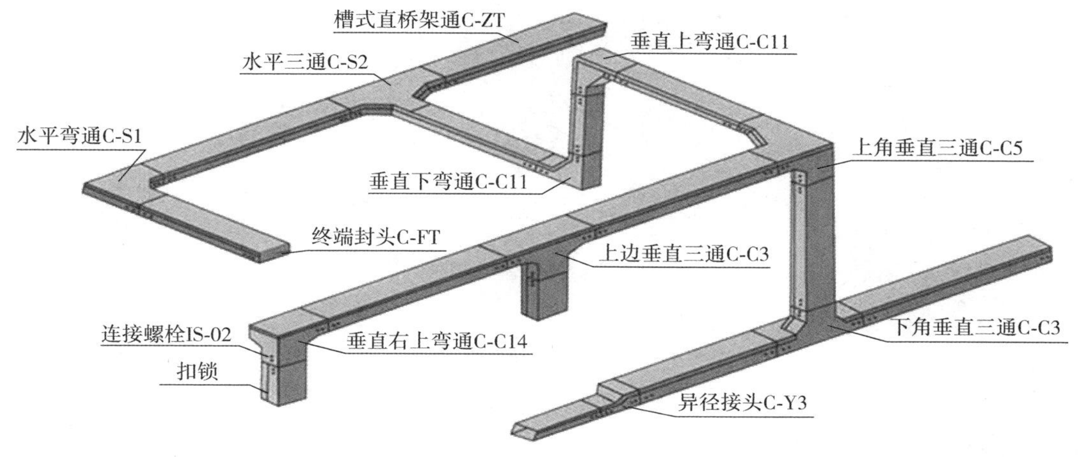

图9.14 槽式电缆桥架

b.梯式桥架具有质量轻、成本低、造型别致、安装方便、散热、透气好等优点，适用于直径较大电缆的敷设，如图9.15所示。

c.托盘式电缆桥架具有质量轻、载荷大、造型美观、结构简单、安装方便等优点，如图9.16所示。托盘式电缆桥架是石油、化工、轻工、电信等方面应用最广泛的一种。它既适用于动力电缆的安装，又适用于控制电缆的敷设。

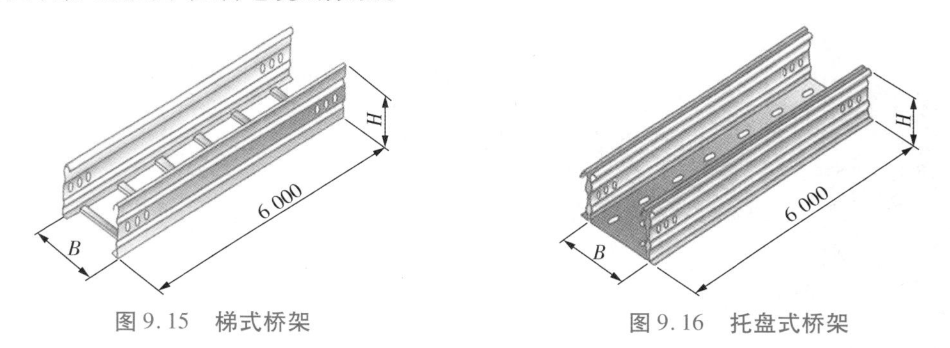

图9.15 梯式桥架　　图9.16 托盘式桥架

d.组合式桥架是一种新型桥架，是电缆桥架系列中的第二代产品，采用宽100 mm、150 mm、200 mm 3种基型，可以根据现场安装任意转向、变宽、分引上等(图9.17)。在任意部位不需要打孔、焊接就可用管引出。它具有结构简单、生产运输方便、配置灵活、安装方便、形式新颖等特点，适用于各种电缆的敷设。

安装桥架时，首先在弹线定位及预留好孔洞后，预埋好吊杆、吊架。在进行水平桥架安装的过程中，应按负荷曲线选取最佳跨距进行桥架的支撑，跨距一般为1.5~3 m；垂直敷设时，其固定点间距不宜大于2 m。

桥架直线段组装时，应先做干线，再做分支线。桥架应平整，无扭曲变形，内壁无毛刺，各种附件齐全。桥架与桥架连接可采用内连接头或外连接头，配上平垫和弹簧垫，用螺母紧固。桥架的接口应平整，接缝处应紧密平直。桥架盖装上后应平整、无翘角，出线口的位置应准

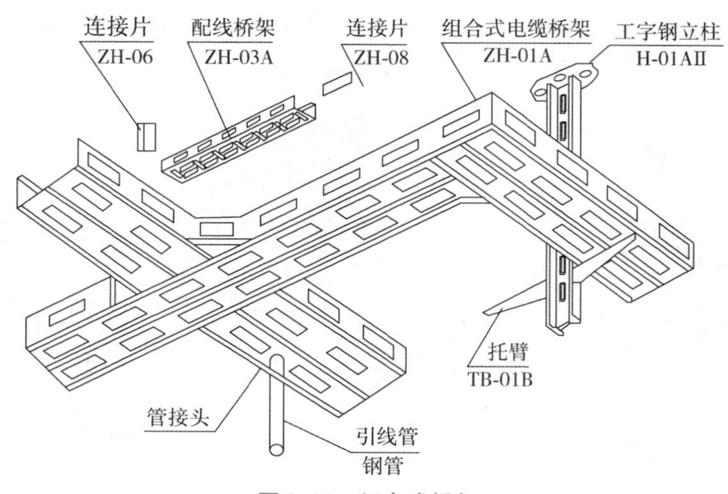

图 9.17　组合式桥架

确。在吊顶内敷设时,应留有检修孔。

桥架穿墙及穿楼板做法如图 9.18 所示。桥架的所有非导电部分的铁件均应相互连接和跨接,使之成为一个连续导体,并做好整体接地。桥架经过建筑物的变形缝(伸缩缝、沉降缝)时,桥架本身应断开,槽内用内连接板搭接,不需要固定。金属桥架应可靠接地,桥架及其支架首端和末端均应与接地(PE)或接零(PEN)干线相连接。

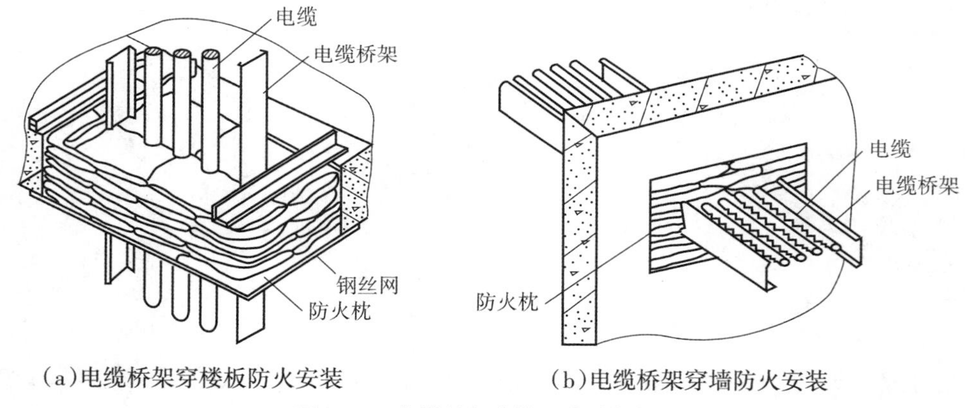

图 9.18　电缆桥架穿墙及穿楼板做法

9.3.3　常用固结材料

除一般常见的圆钉、扁头钉、自攻螺钉、铝铆钉及各种螺丝钉外,常用的固结材料还有直接固结于硬质基体上采用的水泥钉、射钉、膨胀螺栓和塑料胀管。

水泥钢钉是一种直接打入混凝土、砖墙等的手工固结材料。操作时,最好先将钢钉钉入被固定件内,再往混凝土、砖墙等上钉。

射钉是采用优质钢材,经过加工处理后制成的新型固结材料,具有很高的强度和良好的韧性。射钉与射钉枪、射钉弹配套使用,利用射钉枪击发射钉弹,使弹内火药燃烧释放的能量,将各种射钉直接钉入混凝土、砖砌体等其他硬质材料的基体中,将被固定件直接固定在基体上。利用射钉固结,便于现场及高空作业,施工快速简便,劳动强度低,操作安全可靠。射钉分为普通射钉、螺纹射钉和尾部带孔射钉。

膨胀螺栓由底部呈锥形的螺栓、能膨胀的套管、平垫圈、弹簧垫片及螺母组成。用电锤或冲击钻钻孔后,安装于各种混凝土或砖结构上。钻孔位置要一次定准,一次钻成,避免位移、重复钻孔,造成“孔崩”。钻孔直径与深度应符合膨胀螺栓的使用要求。一般在强度低的基体(如砖结构)上打孔,其钻孔直径要比膨胀螺栓直径缩小1~2 mm。

塑料胀管由聚乙烯、聚丙烯为原料制成。塑料胀管比膨胀螺栓的抗拉、抗剪能力低,适用于静定荷载较小的材料。使用塑料胀管,当往胀管内拧入木螺钉时,应顺胀管导向槽拧入,不得倾斜拧入,以免损坏胀管。

9.4　电气常用工具

在电气施工及验收中,常用工具主要有电工工具及测量工具等。

9.4.1　电工工具

电气中,电工常用工具主要有剥线钳、电工刀、梯子、蹬板、脚扣、腰带、保险绳、验电器、绝缘手套、绝缘靴等。

(1)剥线钳

剥线钳是用来剥除小直径导线绝缘层的专用工具(图9.19)。它的手柄是绝缘的,适用于工作电压为500 V以下的带电操作。使用时,将要剥削的绝缘长度用标尺定好后,即可把导线放入相应的刃口中,用手将钳柄一握,导线的绝缘层即被割破自动弹出。

(2)电工刀

电工刀是用来剖削或切割电工器材的常用工具(图9.20)。剥导线绝缘层时,刀口朝外以45°倾斜推削,用力要适当,不可损伤导线金属体。刀柄结构无绝缘体的不能带电操作,有绝缘结构的新式电工刀也应注意操作安全,防止触电。

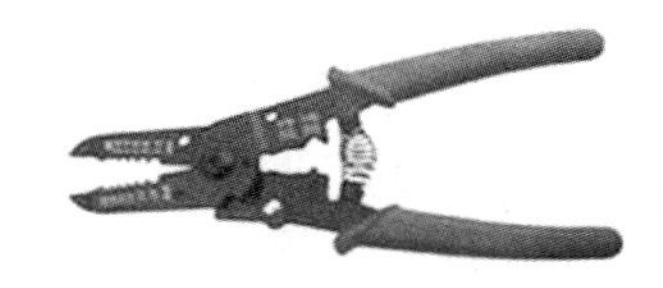

图9.19　剥丝钳

图9.20　电工刀

(3)梯子

电工常用的梯子有直梯和人字梯两种。直梯通常用于户外登高作业,人字梯通常用于户内作业。直梯的两脚应各绑扎胶皮之类的防滑材料。梯上作业时,两脚应一高一低紧贴在梯上，便于扩大人体作业的活动范围。人字梯应在中间绑扎两道防自动滑开的安全绳。登在人字梯上操作时，切不可采取骑马式站立，一是防梯子滑开造成事故，二是防操作时用力过猛导致站立不稳而跌伤。

(4)蹬板、脚扣、腰带、保险绳

蹬板又称为踏板，用于攀登电杆，由板和绳两部分组成。蹬板和白棕绳均应能承重 300 kg，每半年应进行一次载荷试验，在每次登高作业前应做人体冲击试验。

脚扣又称为铁脚，也是攀登电杆的工具。其常见形式有两种：一种是扣环上制有铁齿，供登木电杆用；另一种是扣环上有橡胶套，供登混凝土电杆用。脚扣攀登速度快，但在杆上操作易疲劳，只适用于杆上短时间作业。每次在登杆前，对脚扣也应做人体试验，同时应检查扎扣皮带是否牢固可靠。

腰带、保险绳是电杆登高操作必备用品。腰带用来系挂保险绳、腰绳和吊物绳，使用时应系结在臀部上，不系在腰部，防止扭伤腰部；保险绳用来防止人体万一下落摔伤，使用时一端要可靠地系结在腰带上，另一端用保险钩挂在牢固的横担或抱箍上。

(5)绝缘手套、绝缘靴

绝缘手套是用天然橡胶制成，用绝缘橡胶或乳胶经压片、模压、硫化或浸模成型的五指手套，主要用于电工作业。按 IEC 标准区分为 00、0、1、2、3、4 共 6 个等级。00 级与 0 级通常视为低压绝缘手套，1 ~4 级通常视为高压绝缘手套。

绝缘靴是采用绝缘材料制成的安全鞋，用于高压电力设备方面电工作业时作为辅助安全用具。

9.4.2 测量工具

1)验电器

验电器使用

验电器是检验导线和电气设备是否带电的一种电工常用工具。验电器分为低压验电笔和高压验电器两种。

(1)低压验电笔

低压验电笔又称为测电笔(简称电笔)，有数字显示式和发光式两种。数字显示式测电笔可以用来测量交流和直流电压，测试范围是 12 V、36 V、55 V、110 V、220 V，如图 9.21 所示；发光式低压验电笔又分为钢笔式和螺丝刀式(又称为旋凿式或起子式)两种，发光式低压验电笔检测电压的范围为 60 ~500 V，如图 9.22 所示。

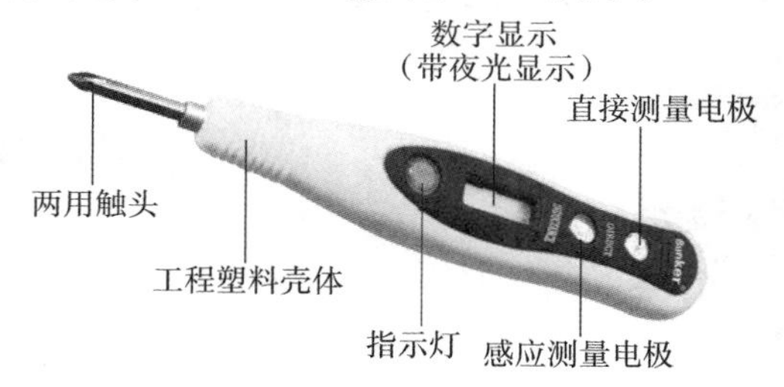

图 9.21　数字显示式测电笔

低压验电笔不仅测试设备是否带电，还可以区别所测电压的高低、区别直流电与交流电、区别相线与零线以及区别直流电的正负极等(图9.23)。

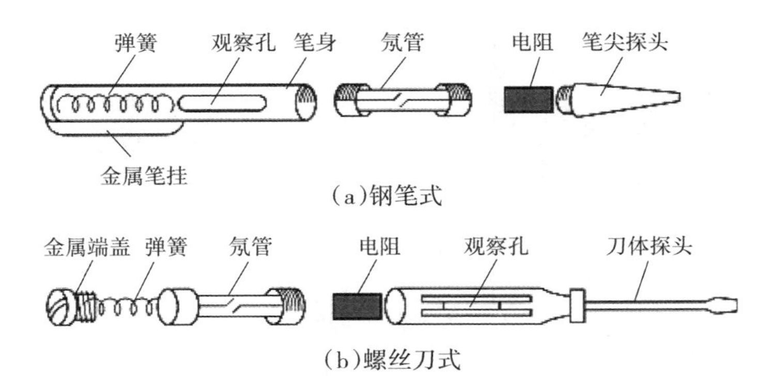

图9.22　发光式验电笔

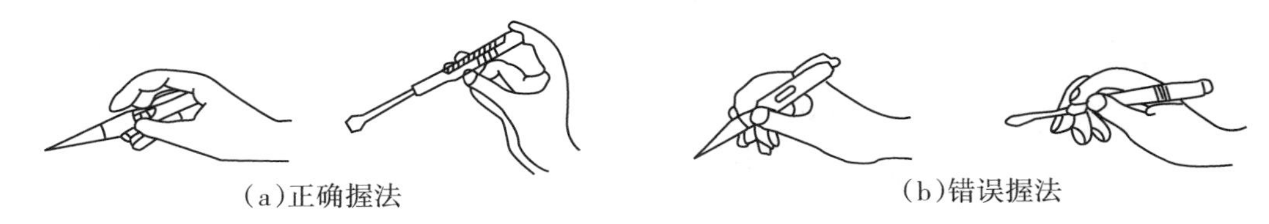

图9.23　低压验电器使用方法

(2)高压验电器

高压验电器又称为高压测电器,10 kV 高压验电器由金属钩、氖管、氖管窗、紧固螺钉、护环和握柄组成(图9.24)。高压验电器在使用时,切记手握部位不得超过护环(图9.25)。

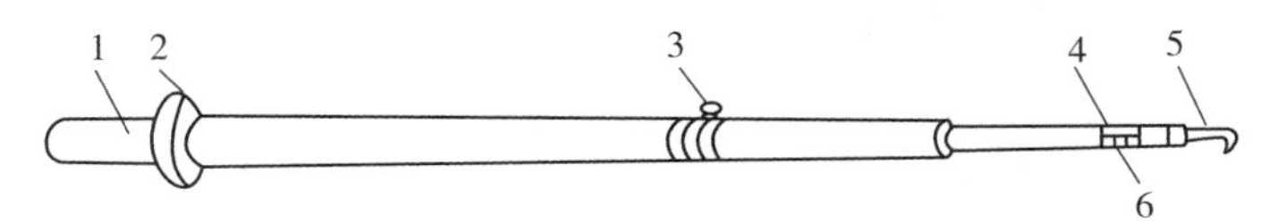

图9.24　10 kV 高压验电器

1—握柄;2—护环;3—紧固螺钉;4—氖管窗;5—金属钩;6—氖管

2)电工仪表

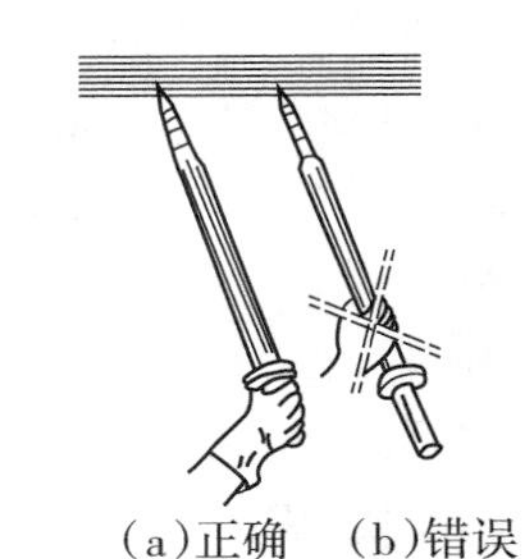

图9.25　高压验电器使用方法

电工仪表是专业电工运用的检测工具。电工仪表可分为指示仪表、数字仪表、比较仪表。其中,指示仪表是最常见的一种仪表,按准确度等级可分为0.1、0.2、0.5、1.0、1.5、2.5、5.0七个等级;按外壳防护性能分为普通、防尘、防溅、防水、水密、气密、隔爆等7种类型;按使用方式分为安装式和可携式;按工作原理分为磁电系、电磁系、电动系、感应系、静电系、振簧系、电子系等。

常用的仪表有电流表、电压表、兆欧表、万用表与钳形表等。电流表又称为安培表,用于测量电路中的电流,如图9.26所示;电压表又称为伏特表,用于测量电路中的电压,如图9.27所示。

图 9.26　电流表

图 9.27　电压表

(1)兆欧表

兆欧表又称为高阻表,俗称摇表,主要用来测量绝缘电阻的直读式仪表,如图 9.28 所示。兆欧表主要用来检查电气设备、家用电器或电气线路对地及相间的绝缘电阻,以保证这些设备、电器和线路工作在正常状态,避免发生触电伤亡及设备损坏等事故。

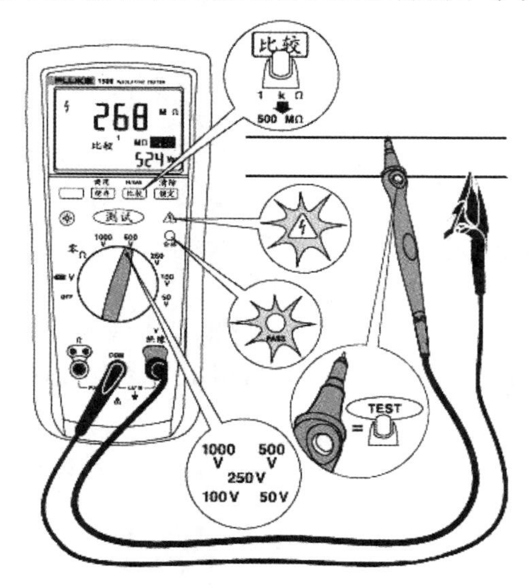

图 9.28　兆欧表

兆欧表的额定电压有 50 V、100 V、250 V、500 V、1 000 V、2 500 V 等几种,测量范围有 500 MΩ、1 000 MΩ、2 000 MΩ 等,变电所一般用 500 V、1 000 V 或 2 500 V 的兆欧表;摇表的表盘刻度线上有两个小黑点,小黑点之间的区域为准确测量区域。

使用摇表前,首先要选表、校表(一次开路和短路试验),其次把被测设备与线路断开。测量绝缘电阻时,一般只用 L 和 E 端,但在测量电缆对地的绝缘电阻或被测设备漏电较严重时,就要使用 G 端,并将 G 端接屏蔽层或外壳。线路接好后,可按顺时针方向转动摇把,摇动的速度应由慢而快,当转速达到 120 r/min 左右时,保持匀速转动 1 min 后读数,并且要边摇边读数;测量完毕后,慢摇、拆线放电。

(2)万用表

万用表又称为多用表、三用表、复用表,是一种多功能、多量程的便携式电测仪表。万用表一般都能测交直流电流、电压、电阻等。万用表主要由表头、测量线路和转换开关组成。表头是一只高灵敏度的磁电式直流电流表,万用表的主要性能指标基本上取决于表头的性能。

测量线路是把各种被测量转换到适合表头测量的微小直流电流的电路，由电阻、半导体元件及电池组成。它能将各种不同的被测量（如电流、电压、电阻等）、不同的量程，经过一系列的处理（如整流、分流、分压等），统一变成一定量限的微小直流电流送入表头进行测量。转换开关是万用表选择不同测量功能和不同量程时的切换元件。

万用表和钳形表的使用——测电流、电压、电阻

常用的万用表有模拟式万用表和数字万用表。现在，数字式万用表已成为主流，有取代模拟式万用表的趋势。与模拟式万用表相比，数字式万用表灵敏度高，准确度高，显示清晰，过载能力强，便于携带，使用更简单。

MF30 型模拟式万用表、DT890 型数字式万用表分别如图 9.29、图 9.30 所示。

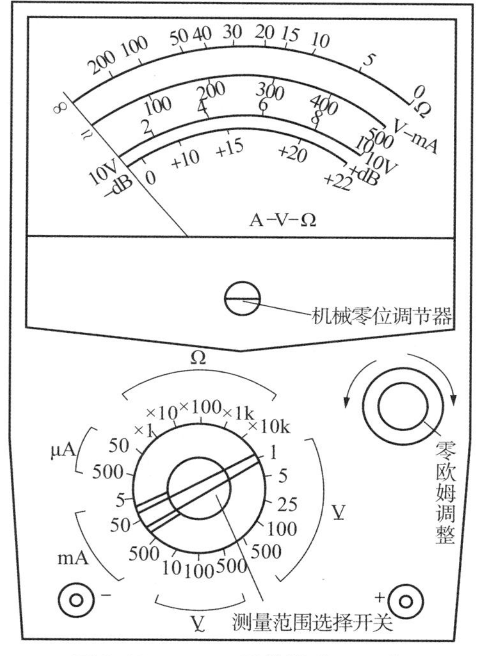

图 9.29　MF30 型模拟式万用表

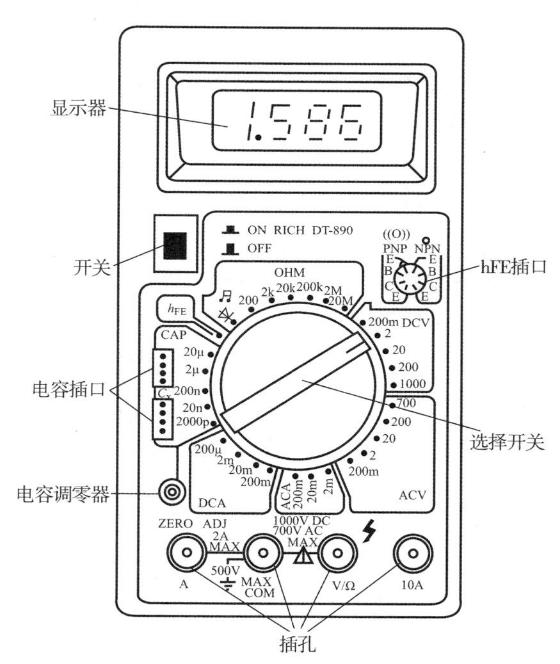

图 9.30　DT890 型数字式万用表

课后习题

一、填空题

1. 电路的工作状态有________、________和________3 种。

2. 半硬塑料管多用于一般居住和办公建筑等干燥场所的电气照明工程中________布线。

3. 电线是指传导电流的导线，有实心的、绞合的或箔片编织的等各种形式。按绝缘状况分为______和______两大类。

二、选择题

1. PVC 硬质塑料管适用于民用建筑或室内有酸、碱腐蚀性介质的场所，不应在环境温度

(　　)以上的场所使用。

A. 25 ℃　　B. 30 ℃　　C. 40 ℃　　D. 50 ℃

2. (　　)桥架最适用于敷设计算机电缆、通信电缆、热电偶电缆及其他高灵敏系统的控制电缆等。

A. 槽式　　B. 梯架式　　C. 托盘式　　D. 组合式

3. 根据施工规范,直埋电缆埋设深度距地面不应小于(　　)m。

A. 0.6　　B. 0.7　　C. 1.0　　D. 1.2

三、判断题

1. 托盘式桥架不能用于控制电缆敷设。(　　)

2. 电缆 ZR-YJV-3 * 120+1 * 70 0.6/1 kV 表示阻燃耐火交联聚乙烯绝缘聚氯乙烯护套铜芯电力电缆。(　　)

3. 当电缆导管明装时,管道应排列整齐,横平竖直,其全长水平及垂直偏差一般应不大于电缆管外径的 1/3。(　　)

四、简答题

1. 电路的组成、工作状态有哪些?

2. 正弦交流电的三要素是什么?

3. 常用的低压电器有哪些?

4. 什么叫三相四线制、三相三线制?

5. 导电材料有哪些? 电缆型号由哪些组成? 常用的绝缘线有哪些?

6. 常用的验电器有哪些? 如何使用?

7. 常用的电气测量工具有哪些? 如何使用?

第 10 章　建筑变配电系统

【本章教学目标】

育人主题	建议学时	素质目标	知识目标	能力目标
节能低碳	4	(1)家国情怀:通过国家电网全覆盖、村村通工程案例,增强学生的社会责任担当意识; (2)个人品格:增强节约电能意识,提升社会责任感; (3)职业素养:体会新工艺在电能传输和分配中所起的作用,引导学生的创新意识	(1)认识建筑变配电系统示意图,并口述电能传输和分配路径; (2)判断民用建筑电气供配电方式并举例	(1)绘制建筑变配电各系统的施工流程简图; (2)判断具体案例项目的干线系统形式

建筑电气是以电能、电气设备和电气技术为手段,创造、维持和改善室内的电、光、热、声环境的一门学科。随着建筑技术的迅速发展和现代化建筑的出现,建筑电气涉及的范围已由原来的单一的供配电、照明、防雷和接地,发展成为以近代物理学、电磁学、无线电电子学、光学、声学等理论为基础,应用于建筑工程领域内的一门新兴学科。计算机和自动控制技术的发展与应用,对建筑物内部的给排水、空调制冷、消防、保安监控、通信、广播及共用电视天线、经营管理等实行最佳控制和最佳管理。因此,建筑电气已成为现代化建筑的一个重要标志。

日常生活中,通常将建筑电气分成强电和弱电两类。以传输、分配、转换电能为目的的供配电系统,其电压、电流、功率的值较大,称为强电系统;以传送、处理、储存信号为目的的电子电路,其功率、电流、电压值较小,称为弱电系统。

10.1　概　述

自然界中蕴藏的能量是极其丰富的。各种非电形式的能源,都可以方便地通过发电厂转换成电能等。

10.1.1 电能的产生、输送与分配

由电源、电力网以及电能用户等组成的整体,称为电力系统,如图10.1所示。

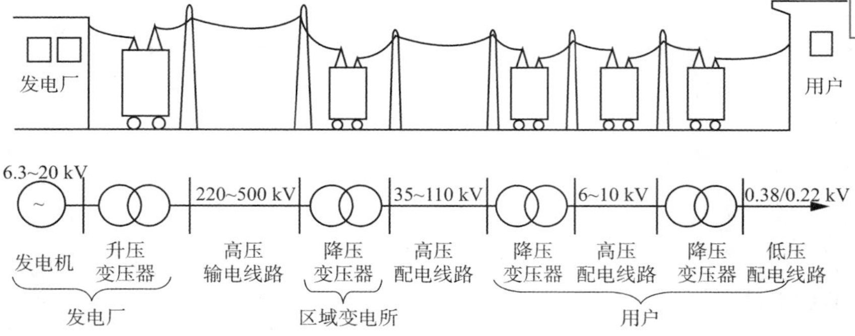

图10.1 从发电厂至用户的输配电过程示意图

(1)发电厂

发电厂是将各种形式的能量转换为电能的工厂。发电厂按所利用的一次能源的不同,有火力发电厂、水力发电厂、原子能发电厂、风力发电厂等。

火力发电厂是利用燃料的化学能产生电能,一般建在燃料产地及交通方便的地方。

水力发电厂是利用水的位能来生成电,一般建在江河、峡谷及水库等水力资源丰富的地方。我国的长江三峡电厂,总装机容量为1 820万kW,年发电量为847亿(kW·h)/a,是世界之最。

各种类型的发电厂,通过电力网将电能输送和分配给用户。电力网做成环网,可以避免个别发电机因检修或发生故障而造成用电地区大面积停电,从而提高供电的可靠性。此外,还可以根据季节的不同以及电网的总负荷,来调配水力发电厂、火力发电厂等负荷,以达到总供电与总负荷基本平衡,节省能源,提高效率,保证电网运行的安全性和经济性。

(2)电能输送

用电地区离发电厂很远,需要将产生的电能进行远距离输送。考虑到经济性,采用较高电压输送更经济。发电厂受绝缘水平的限制,发出的电压不能太高,目前发电机通常采用的电压等级为6 kV、10 kV。因此,在输电时,除供给发电厂附近的用户外,大部分经过升压变压器先将电压升高,然后输送出去。一般输出距离越远,输送功率越大,则输电电压就需要越高。目前,国内输电电压有110 kV、220 kV、500 kV等。线路电压等级、输送容量及输送距离间的关系见表10.1。

表10.1 线路电压等级与输送容量及输送距离的关系

线路额定电压/kV	输送容量/MW	输送距离/km	线路额定电压/kV	输送容量/MW	输送距离/km
0.38	<0.1	<0.6	110	10.0~50.0	50~150
3	0.1~1.0	1~3	220	100.0~300.0	100~300

续表

线路额定电压/kV	输送容量/MW	输送距离/km	线路额定电压/kV	输送容量/MW	输送距离/km
6	0.1～1.2	4～15	330	200.0～1 000.0	200～600
10	0.2～2.0	6～20	500	800.0～2 000.0	400～1 000
35	2.0～10.0	20～50	750	—	—

(3)电能分配

为了满足用电设备对工作电压的要求,在用电地区需设置降压变电所,将电压降低。通常,在用电地区设置降压变电所,将输电电压降低到6～10 kV,然后分配到居住区等负荷中心,由变电所或配电变压器将电压降低到380/220 V,给低压用电设备供电。

10.1.2　负荷分级

负荷分级是根据用电单位(即电能用户)和用电设备的规模、功能、性质及其在政治、经济上的重要性进行确定。负荷分级的目的和意义在于根据不同的负荷级别确定用电单位和用电设备的供电要求及供电措施,以保证供电系统的安全性、可靠性、先进性和合理性。根据建筑物的重要性及中断供电在政治、经济上造成的损失或影响的程度,将民用建筑用电负荷分为一级负荷、二级负荷和三级负荷。

(1)一级负荷

中断供电将造成重大的政治、经济损失或人员伤亡的负荷,称为一级负荷。例如,重要的铁路枢纽、通信枢纽、重要的国际活动场所、重要的宾馆、医院的手术室、重要的生物实验室等。除了采用两个互相独立的电网电源供电之外,一级负荷的供电方式还应设置备用电源,一般备用电源采用柴油发电机组或直流蓄电池组。

在一级负荷中,中断供电将影响实时处理计算机及计算机网络正常工作或者中断供电将发生爆炸、火灾、严重中毒以及特别重要场所中,不允许中断供电的一级负荷为特别重要负荷。

(2)二级负荷

中断供电将造成较大的政治、经济损失或引起公共场所秩序混乱的负荷,称为二级负荷。例如,地、市政府办公楼,三星级旅馆,甲级电影院,地、市级主要图书馆、博物馆、文物珍品库等。二级负荷的供电方式除了采取两条彼此独立的线路之外,根据实际情况,还应设置备用电源。

(3)三级负荷

不属于一级负荷和二级负荷的用电负荷称为三级负荷。三级负荷对供电无特殊要求。

具体建筑物的负荷分级,应参阅现行设计规范、规程。按照负荷要求的可靠性等级,采取相应的供电方式,区别对待,以达到提高投资的经济效益、社会效益、环境效益的目的。

民用建筑常用电力负荷级别见表10.2。

表 10.2 民用建筑常用电力负荷级别

建筑类别	建筑物名称	用电设备及部位	负荷级别
住宅建筑	高层普通住宅	电梯、楼梯照明	二级
旅馆建筑	高级旅馆	宴会厅、新闻摄影、高级客房电梯	一级
	普通旅馆	主要照明	二级
办公建筑	省、市、部级办公室	会议室、总值班室、电梯、档案室、主要照明	一级
	银行	主要业务用计算机及外部设备电源、防盗信号电源	一级
教学建筑	教学楼	教室及其他照明	二级
	实验室	—	一级
科研建筑	科研所重要实验室、计算机中心、气象台	主要用电设备	一级
		电梯	二级
文娱建筑	—	舞台、电声、贵宾室、广播及电视转播、化妆照明	一级
医疗建筑	县级及以上医院	手术室、分娩室、急诊室、婴儿室、重症监护室、照明	一级
		细菌培养室、电梯	二级
商业建筑	省辖市以上百货大楼	营业厅主要照明	一级
		其他附属	二级
博物建筑	省、市、自治区及以上博物馆展览馆	珍贵展品室、防盗信号电源	一级
		商品展览用电	二级
商业仓库建筑	冷库	冷库、有特殊要求的冷库压缩机、电梯、库内照明	二级
监狱建筑	监狱	警卫信号	一级

10.1.3 民用建筑供配电

供电一般是指从高压 10 kV 或 380/220 V 取得电源，配电是将电能分配到各个用电负荷。采用各种用电设备和线缆将电源与用电负荷连接起来组成供配电系统。

供配电系统的设计应满足供电可靠性、安全性及电压质量的要求，贯彻“适用、先进、安全、经济、美观”的设计原则，采用的技术标准和装备水平应与工程性质、规模、功能要求以及建筑环境设计相适应。系统接线不宜复杂，在操作安全、检修方便的前提下，应有一定的灵活性，配电系统不宜超过三级。

1)供电的基本形式

民用建筑的用电负荷在 100 kW 以下，一般低压配电室 380/220 V 直接供电。

民用建筑的用电负荷在 100 kW 以上，分为小型、中型和大型民用建筑。供电的基本形式如图 10.2 所示。

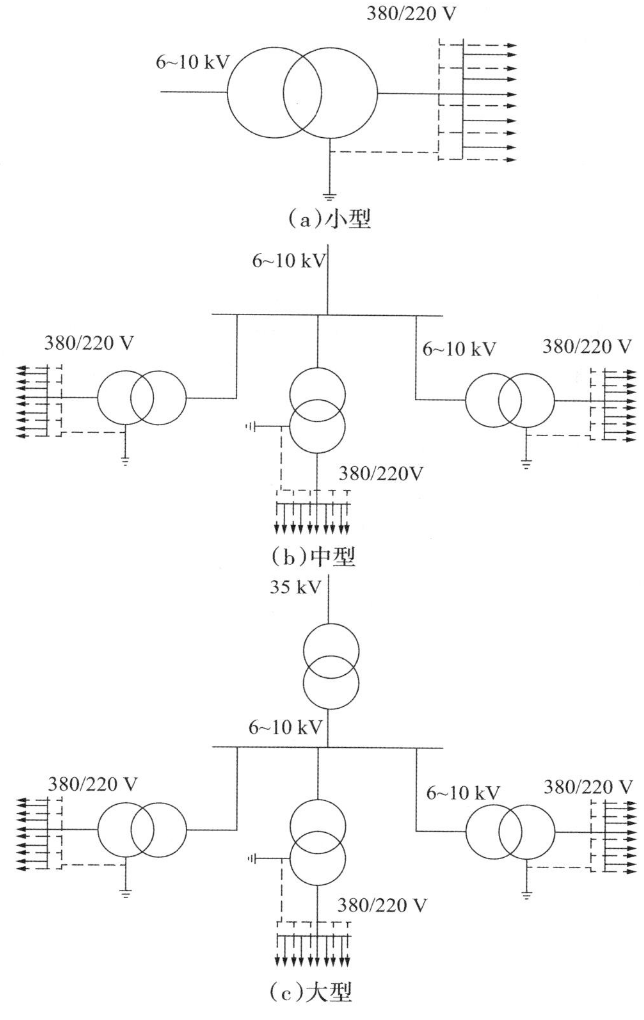

图 10.2 小、中、大型民用建筑供电系统

2)配电系统的基本形式

配电系统由配电装置及配电线路组成。配电形式主要有树干式、放射式、混合式等,配电系统应根据具体情况选择使用。

(1)树干式系统

树干式系统的特点是从供电点引出的每条配电线路,可连接几个用电设备或配电箱,如图 10.3(a)所示。树干式配电系统线路的总长度短,可以节约有色金属,比较经济;供电点的回路数量较少,配电设备也相应减少,配电线路安装费用也相应减少。其缺点是干线发生故障时,影响的范围大,供电可靠性较差,导线的截面面积较大。这种配电方式在用电设备较少,且供电线路较长时经常采用。

(2)放射式系统

放射式系统的特点是配电线路发生故障时互不影响,供电可靠性高,配电设备集中,检修比较方便;缺点是系统灵活性差,导线消耗量较多,如图 10.3(b)所示。这种配电方式经常用于用电设备容量较大,负荷集中或重要的用电设备;需要集中联锁启动、停车的设备;有腐蚀性介质和爆炸危险等,不宜将配电及保护设备放在现场的场所。

(3)混合式系统

混合式系统具有放射式与树干式系统的共同特点,如图 10.3(c)所示。这种供电方式适用于用电设备多或配电箱多,容量又比较小,用电分布比较均匀的场合。

(4)链式系统

链式系统除了具有与树干式系统相似的特点外,它还适用于设备距配电柜较远,而彼此相距又较近的不重要的容量较小的用电设备,如图 10.3(d)所示。这种方式连接的用电设备组在 5 台以下,连接照明配电箱宜为 3 ~4 个。

(5)变压器-干线式系统

变压器-干线式系统除了具有树干式系统的优点外,接线更简单,能大量减少低压配电设备,如图 10.3(e)所示。为了提高母干线的供电可靠性,应当减少接出的分支回路数,一般不宜超过 10 个。对于频繁起动、容量较大的冲击负荷,以及对电压质量要求严格的用电设备,不宜采用此方式供电。

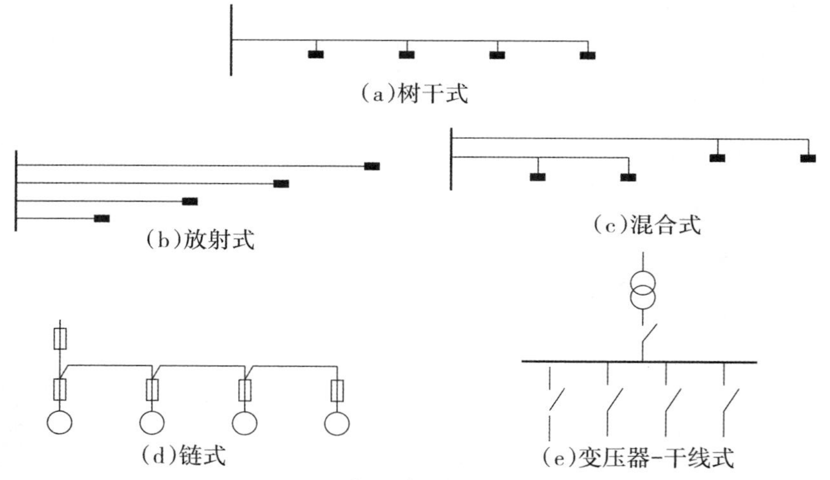

图 10.3　配电系统的基本形式示意图

民用建筑内部的配电形式与线路功能要求、敷设方式、线路距离、负荷分布等条件有关,具体使用什么配电形式,一般选择多个方案,经过安全、质量、经济等对比后才能确定。

3)智能配电系统

智能配电系统是按照用户需求,利用数据分析,遵循配电系统的标准规范而开发的具有专业性强、自动化程度高、易使用、高性能、高可靠等特点的综合管理系统。

(1)智能配电系统的架构

结合控制技术、云计算和大数据分析与服务,基于物联网的数字化智能配电系统,在我国产业加快数字化转型的趋势下快速发展,得到了充分应用。整个系统由终端产品感知层、边缘控制层和应用分析层组成,支持有线和无线通信架构以及多种行业标准通信协议,实现全兼容的数据传输,完成整个供配电系统电能质量的采集,贯通高压到终端、母线到电源,联接供配电设备全路径。将配电系统中的智能设备互联互通，实现主动性高效维护，保障配电运行更加安全、可靠。

(2)智能配电系统的功能

从能源效率管理、电能质量管理、电气资产管理和运行维护管理4个维度，对供配电系统实现全过程数字化管理。做到主动式运维，通过对配电系统故障信息的预警、预防以及预测，从而缩短停电时间、减少停电次数、延长设备寿命；通过配电设备信息存档、状态评估、规范运维工作流程、能效分析，降低维护成本，提升能源效率，节省设备资产，提升运营体系的高效性。

10.2　变配电所

变配电所是供配电系统的中间枢纽，是建筑供配电系统的重要组成部分。变配电所为建筑物内用电设备提供和分配电能。

10.2.1　变配电所选址

变配电所应满足进出线方便、便于设备的装卸和搬运、避开有剧烈振动、接近负荷中心、靠近电源侧的场所，不应设在厕所、浴室或其他经常积水场所的正下方，不宜设在多尘、雾或有腐蚀性气体的场合。高层建筑的变配电所，宜设在地下一层(当地下层多于一层时)或首层。一般情况下，低压供电半径不宜超过250 m。

10.2.2　变配电所的组成和分类

变配电所是变换电压和分配电能的场所，它由高压配电室、变压器室、低压配电室、控制室等组成，其布置方式取决于各设备的数量和规格尺寸，同时应符合设计规范。高压配电室的作用是接收电能，低压配电室的作用是分配电能；变压器室的作用是将高压电转变成低压电；控制室的作用是预告信号。小区变配电所常用布置形式如图10.4所示。

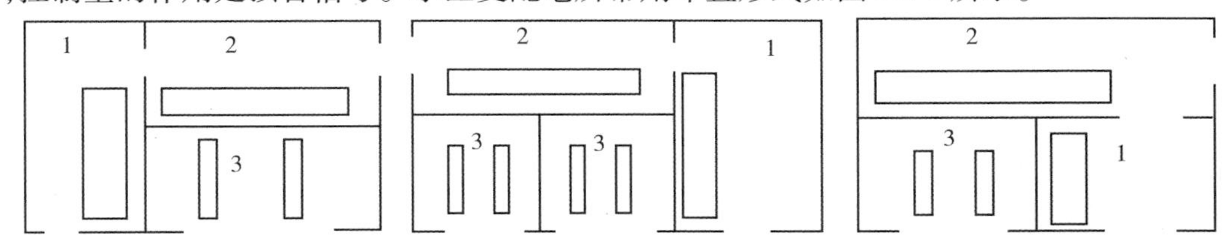

图10.4　小区变配电所布置形式

1—高压配电室；2—低压配电室；3—变压器室

根据变换电压的情况不同，变配电所分为升压变电所和降压变电所两大类。对于仅装设受、配电设备而没有电力变压器的，称为配电所。

按在供电系统中的位置及作用，降压变电所可以分为大区变电所和小区变电所两种。居住小区变电所高压输入侧电压通常为6～10 kV，低压输出侧电压为380/220 V。

10.2.3 变配电所主接线

变配电所中，供、配电系统上直接用于生产和使用电能的设备称为一次设备，如发电机、变压器、断路器、隔离开关、母线、电力电缆和输电线路等；对一次设备的工作进行控制、保护、监察和测量的设备称为二次设备，如测量仪表、继电器、操作开关、按钮、自动控制设备、计算机、信号设备、控制电缆以及提供这些设备能源的供电装置（如蓄电池、硅整流器等）。

变配电所主接线是指由一次设备依一定次序相连接的接受电能并分配电能的电路，主要有无母线接线、单母线接线、双母线接线等形式。

（1）无母线接线

无母线接线在电源与出线或变压器之间没有母线连接，如图10.5所示。此方式接线简单，设备少，经济性好，通常适用于容量较小且只有一台变压器的变电所。

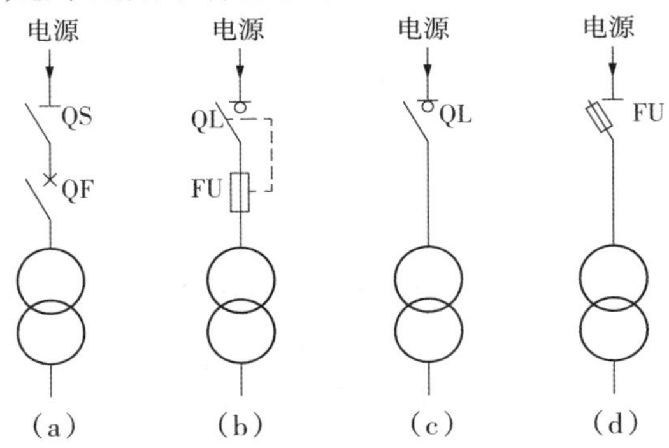

图10.5 无母线接线主接线示意图

（2）单母线接线

单母线接线简单清晰，设备较少，操作方便，占地少，但运行可靠性和灵活性不高，仅适用于线路数量较少、母线短的变配电所。

单母线接线有单母线不分段及单母线分段两种，如图10.6所示。

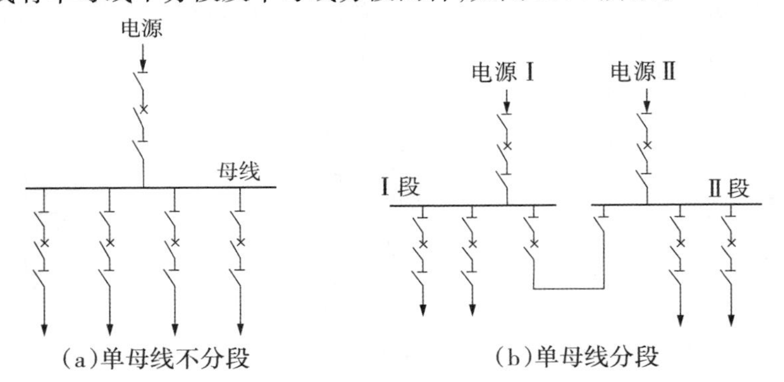

图10.6 单母线接线主接线示意图

单母线不分段的每条引入线和引出线的电路中都装有断路器和隔离开关，电源的引入和引出是通过一根母线连接的。单母线分段接线是由电源的数量、负荷计算、电网的结构来决定的，其中一段母线发生故障时，非故障段母线不间断供电。

(3)双母线接线

双母线接线有两组母线,每回线路都经一台断路器和两组隔离开关分别与两组母线连接,母线之间通过母线联络断路器 QF(简称母联)连接,如图 10.7 所示。其优点是供电可靠、调度灵活、扩建方便等。

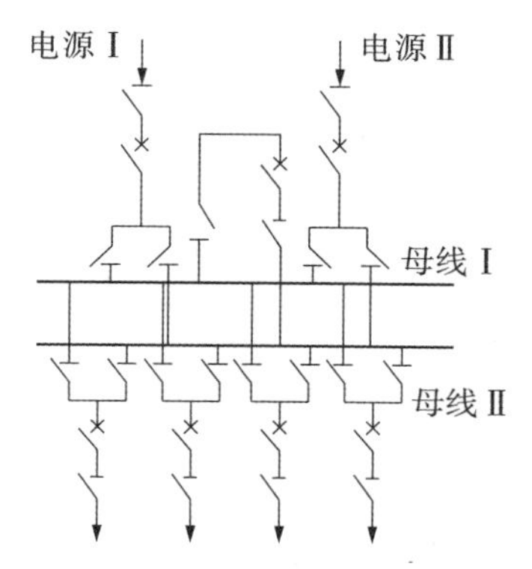

图 10.7　双母线接线主接线示意图

10.2.4　变压器

变压器是变电所内的主要设备,起着变换电压的作用。

(1)变压器的种类

变压器的种类有很多,按相数分为单相变压器和三相变压器;按冷却方式分为干式变压器和油浸式变压器;按用途分为电力变压器、仪用变压器、试验变压器和特种变压器等;按绕组形式分为双绕组变压器、三绕组变压器和自耦变压器;按铁芯形式分为芯式变压器、非晶合金变压器和壳式变压器等。

电力系统中,常用的三相变压器有干式和油浸式两种。干式变压器的铁芯和绕组都不浸在任何绝缘液体中,通常用于安全防火要求较高的场合。油浸式变压器外壳是一个油箱,变压器内部装满变压器油,套装在铁芯上的原、副绕组都要浸在变压器油中,如图 10.8 所示。

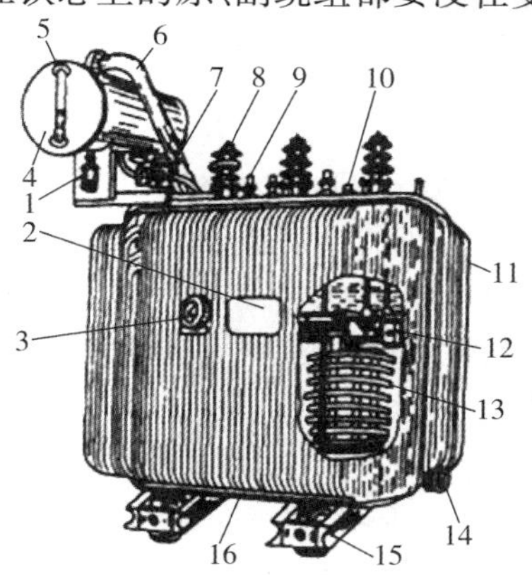

图 10.8　油浸式变压器

1—信号温度计;2—铭牌;3—吸湿器;4—油枕;5—油标;6—气体继电器;
7—安全气管;8—高压套管;9—低压套管;10—分接开关;11—油箱;12—铁芯;
13—绕组及绝缘;14—放油阀;15—小车;16—接地端子

互感器是一种仪表变压器,有电流互感器和电压互感器之分。电流互感器是一种电流变换电器,用来隔离高电压和大电流,通常是将大电流变成小电流,以取得测量和保护用的小电流信号,副边绕组额定电流是固定的 5 A 或 1 A;电压互感器是一种电压变换电器,用来隔离高压电压,通常是将高电压变成低电压,以取得测量和保护用的低电压信号,副边绕组额定电压是固定的 100 V。

变压器、电流互感器、电压互感器的表示符号如图 10.9 至图 10.11 所示。

图 10.9　变压器(T)　　图 10.10　电流互感器(TA)　　图 10.11　电压互感器(TV)

(2)变压器的型号

变压器的型号通常由表示相数、冷却方式、调压方式、绕组线芯等材料的符号,以及变压器容量、额定电压、绕组连接方式组成,即线圈耦合方式+相数+变压器特征(冷却方式、线圈数、线圈材料、调压方式等)+设计序号-额定容量(kV · A)/高压侧电压(kV)。

线圈耦合方式:0 表示自耦。

相数:S 表示三相,D 表示单相。

冷却方式:C 表示干式浇注绝缘,G 表示干式空气自冷,J 表示油浸自冷,F 表示油浸风冷,S 表示油浸水冷,FP 表示强迫油循环风冷,SP 表示强迫油循环水冷。

线圈数:S 表示三线圈,省略表示双线圈。

线圈材料:L 表示铝线圈,B 表示箔式绕组,省略表示铜线圈。

调压方式:Z 表示有载调压,省略表示无励磁调压。

设计序号:设计系列采用数字表示。

额定容量(kV · A)/高压侧电压(kV):分别采用数字表示。

型号 SCB9-100/10 表示:三相干式箔式变压器,设计序号是 9,额定容量为 100 kV · A,高压侧电压为 10 kV。

随着国家对绿色低碳、节能的要求越来越高,新型低损耗的变压器也越来越多,如采用高磁感取向硅钢和非晶合金作为铁芯的高效变压器、硅橡胶绝缘干式变压器等。

在建筑业实现“双碳”战略目标的技术框架中,变压器是设备节能的突出代表,在选择和使用上存在着巨大的节能潜力。根据现行国家标准《电力变压器能效限定值及能效等级》(GB 20052—2020),变压器选择应通过技术分析和计算,确定变压器最佳负荷系数、最小功率损耗、节能负荷系数以及经济负荷系数。在综合考虑用户负荷以及初装费用的情况下,确定合理的变压器运行方式及变压器容量,以便实现变压器的经济运行,减少变压器的有功功率损耗,为用户节省投资和运行成本,最大限度满足用户需求。

(3)变压器安装工艺

变压器的安装工艺流程:变压器及附件进场→器身检查→本体及附件安装→接地(接零)支线敷设→电气试验→注油→整体密封检查→试运行。

10.3　常用高压电器

凡对电能的产生、输送、分配和使用起控制、调节、检测、转换及保护作用的电气设备,统称为电器。高压电器设备主要由开关设备、保护设备、测量设备、连接母线、控制设备及端子箱组成。

10.3.1　开关设备

开关设备有高压隔离开关、高压负荷开关、高压断路器等。

(1)高压隔离开关

高压隔离开关用QS表示,其图例及型号如图10.12所示。高压隔离开关主要用于隔离高压电源,以保证对被隔离的其他设备及线路进行安全检修。高压隔离开关将高压装置中需要检修的设备与其他带电部分可靠地断开,并有明显可见的断开间隙。高压隔离开关没有专门的灭弧装置,因此不能带电负荷操作,否则可能会发生严重的事故。

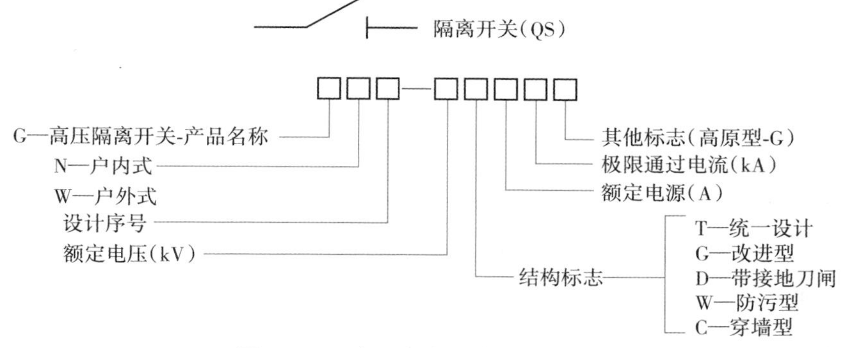

图10.12　高压隔离开关图例及型号

(2)高压负荷开关

高压负荷开关用QL表示,其图例及型号如图10.13所示。高压负荷开关具有简单的灭弧装置,主要用在高压侧接通和断开正常工作的负荷电流,但因其灭弧能力不高,故不能切断短路电流。它必须和高压熔断器串联使用,靠熔断器切断短路电流。

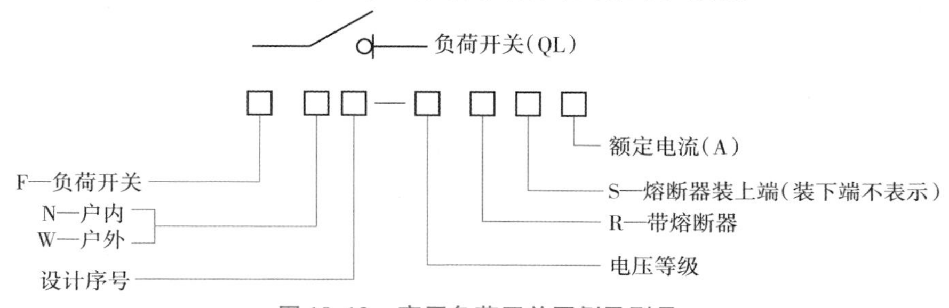

图10.13　高压负荷开关图例及型号

(3)高压断路器

高压断路器用 QF 表示,其图例及型号如图 10.14 所示。高压断路器不仅能接通和断开正常负荷的电流,还能在保护装置作用下自动跳闸,切除故障(如短路故障)电流。因为电路短路时电流很大,断开电路瞬间会产生非常大的电弧,所以要求断路器具有很强的灭弧能力。由于断路器的主触头是设置在灭弧装置内的,无法观察其通或断的状态,即断开时无可见的断点。因此,考虑使用安全,一般断路器不能单独使用,为了保证电气设备的安全检修,通常要在断路器前端或前后两端加装高压隔离开关。

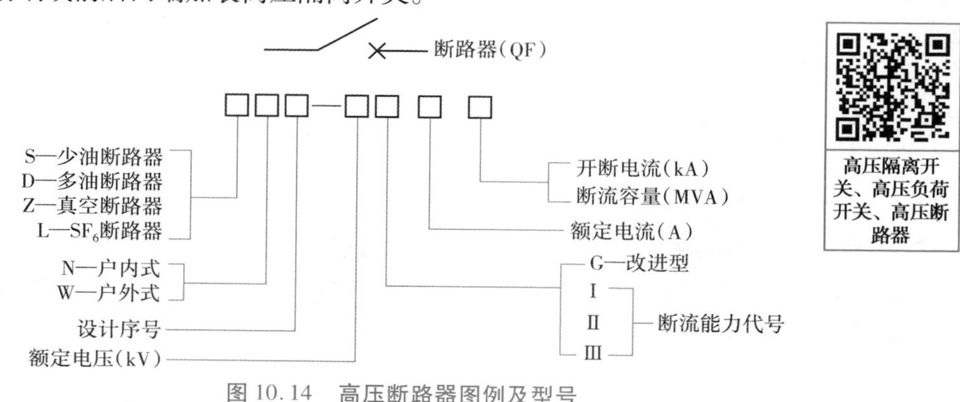

图 10.14 高压断路器图例及型号

10.3.2 保护设备

保护设备主要有高压熔断器、避雷器和电流继电器等。

(1)高压熔断器

高压熔断器用 FU 表示,其图例及型号如图 10.15 所示。当所在电路的电流超过规定值并经过一定时间后,能使其熔体熔化而切断电路。如果发生短路故障,其熔体会快速熔断而切断电路。因此,熔断器的主要功能是对电路进行短路保护,也具有过负荷保护的功能。

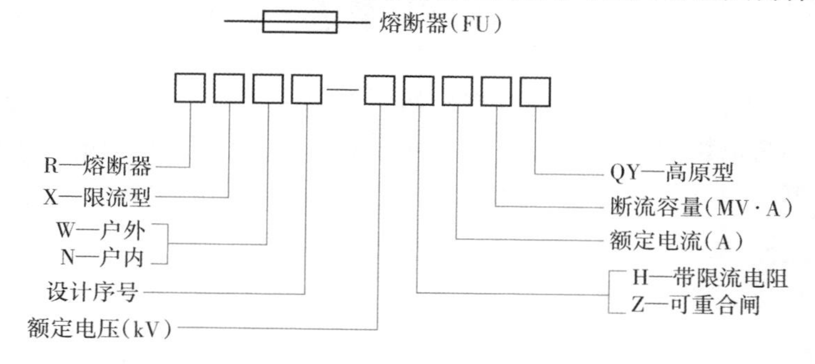

图 10.15 高压熔断器图例及型号

(2)避雷器

避雷器用 F 表示,其图例及型号如图 10.16 所示。避雷器用来保护变压器或其他配电设备免受雷电产生的过电压波沿线路侵入而击穿其绝缘的危害。

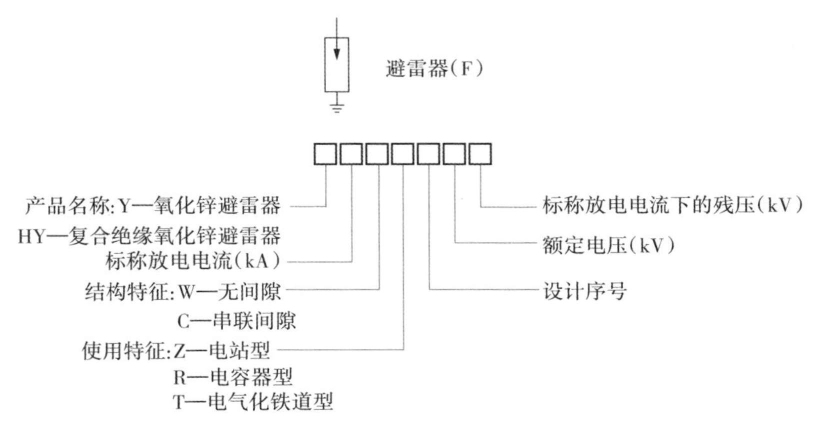

图10.16　避雷器图例及型号

(3)高压继电器

高压继电器用于交直流操作的各种保护和自动控制装置中,以增加触点的数量及容量。当继电器线圈施加激励量大于或等于其动作值时,衔铁被吸向导磁体,同时衔铁压动触点弹片使触点接通、断开或切换被控制的电路。当继电器的线圈被断电或激励量降低到小于其返回值时,衔铁和接触片返回到原来位置。

高压继电器包含密封的灭弧室、带动动触点运动的衔铁机构、提供动力的线圈部分、便于使用方安装与连接的附加部分等。

高压直流继电器主要采用真空和高压气体两种介质。它被广泛应用于不同领域,包括医疗仪器、航空和军用设备、商业应用等。

10.3.3　高压开关柜

高压开关柜是按照一定的线路方案将一、二次设备组装在一个柜体内而形成的高压成套配电装置,在变配电系统中用于保护和控制变压器及高压馈电线路。柜内装有高压开关设备、保护电器、监测仪表及母线、绝缘子等。

常用的高压开关柜可根据不同情况进行分类。

①按元件的固定特点分为固定式和手车式两大类。固定式高压开关柜的电气设备全部固定在柜体内,固定式因其更新换代快而使用较广泛;手车式高压开关柜的断路器及操作机构装在可从柜体拉出的小车上,便于检修和更换。

高压、低压配电柜结构形式

②按结构特点分为开启式和封闭式。开启式高压开关柜的高压母线外露,柜内各元件间也不隔开,结构简单、造价低;封闭式高压开关柜母线、电缆头、断路器和计量仪表等均被相互隔开,运行较安全。

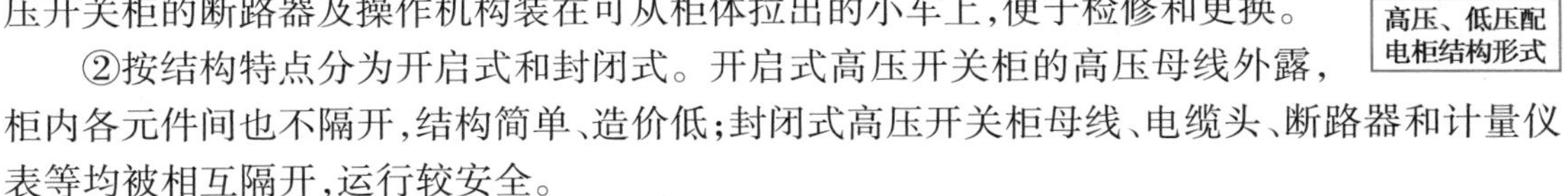

③按柜内装设的电器不同,分为断路器柜、互感器柜、计量柜、电容器柜等。

常用高压开关柜的型号如图10.17所示。

高(低)压配电柜安装

高压开关柜的安装工艺流程:基础型钢制作、安装→开关柜搬运、吊装→母线、电缆压接→柜内配线、校线→盘柜调试→试运验收。每台高压开关柜及基础型钢均应与接地母线连接。

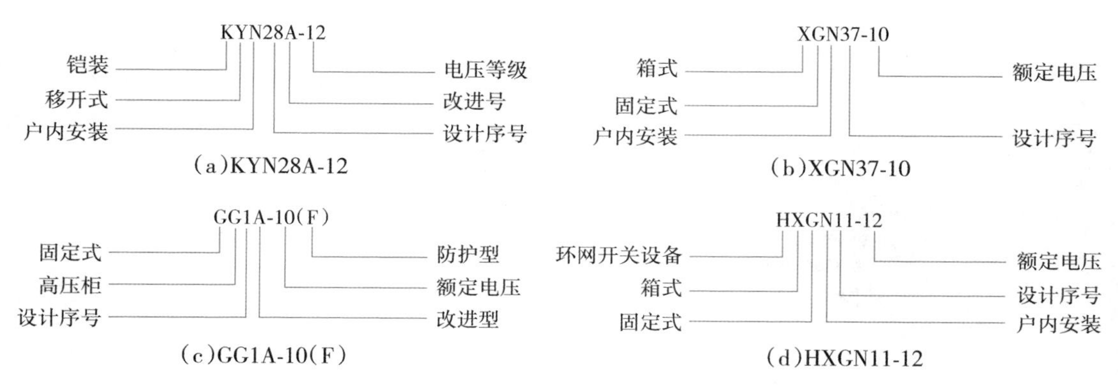

图 10.17　常用高压开关柜型号

10.4　常用低压电器

在额定交流电压 1 kV 以下、直流 1 200 V 以下的电路中起通断、保护、控制或调节作用的电器称为低压电器。

10.4.1　低压电器的定义及分类

低压电器按动作方式分为手动电器、自动电器。手动电器是指需要操作人员手动操作完成分合等动作的电器;自动电器是指按照信号或某个物理量的变化而自动动作的电器。

低压电器按用途分为配电电器、控制电器。配电电器是用于电能输送和分配的电器;控制电器是用于控制电路的接通与分断的电器。

低压电器按执行机构分为有触点电器和无触点电器。有触点电器是指通断的执行功能是通过触头来实现的;无触点电器是指通断的执行功能是通过输出信号的高低电平来实现的。

10.4.2　常用低压电器

电气安装工程中,常用的低压电器有低压熔断器、低压刀开关、低压负荷开关、低压断路器、接触器、继电器、低压配电屏(柜)、配电箱等。

(1)低压熔断器

低压熔断器是配电系统中的保护设备,保护线路及低压设备免受短路电流或过载电流的损害。低压熔断器是一种结构简单、使用方便、价格低廉的保护电器。

低压熔断器主要由熔体(俗称保险丝)和安装熔体的熔管或熔座两部分组成。熔体是熔断器的核心部件;熔管是装熔体的外壳,熔管及熔管内填充材料可防止熔体熔断时金属液滴飞溅并兼有灭弧作用。

常用的低压熔断器有瓷插式、螺旋式、无填料封闭管式、有填料封闭管式、有填料快速式等。低压熔断器的型号表示方法及含义如图 10.18 所示。

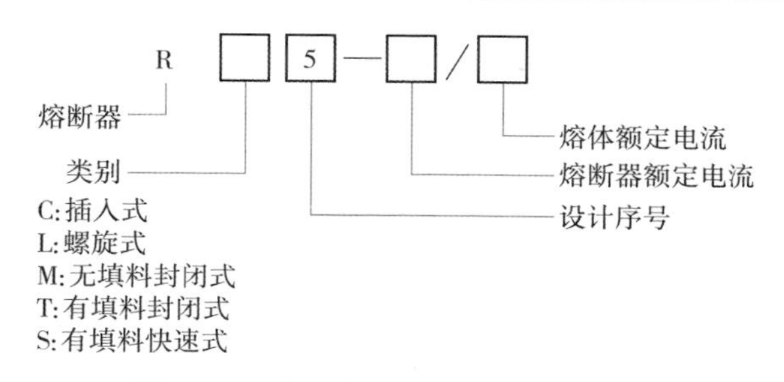

图 10.18　低压熔断器的型号表示方法

(2)低压刀开关

低压刀开关又称为隔离开关或闸刀开关,在配电设备中主要用来将电路与电源隔离,或作为不频繁地接通与分断电路之用,也可对小容量电动机进行直接控制。

低压刀开关通常由绝缘底板、动触刀、静触座、灭弧装置和操作机构组成。根据工作原理、使用条件和结构形式的不同,低压刀开关分为刀开关、刀形转换开关、开启式负荷开关(胶盖瓷底刀开关)、封闭式负荷开关(铁壳开关)、熔断器式刀开关和组合开关等;根据刀的极数和操作方式,刀开关可分为单极、双极和三极。

常用的低压刀开关有大容量、开启式、封闭式、熔断器式等。低压刀开关的型号表示方法及含义如图 10.19 所示。

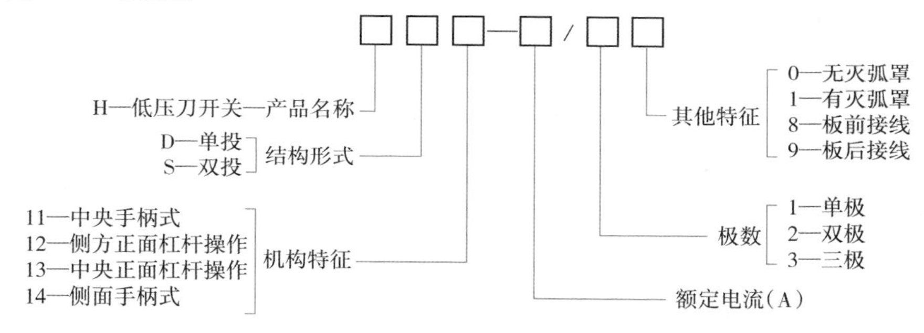

图 10.19　低压刀开关的型号表示方法

(3)低压负荷开关

低压负荷开关是能在正常的导电回路条件或规定的过载条件下关合、承载和开断电流,也能在异常的导电回路条件(短路)下按规定的时间承载电流的开关设备。低压负荷开关由刀开关和熔断器串联组合而成,具有操作方便、安全经济的特点。它可以切断额定负荷电流和一定的过载电流,但不能切断短路电流。

常用的低压负荷开关有 HK 型、HH 型、HR 型。低压负荷开关的型号表示方法及含义如图 10.20 所示。

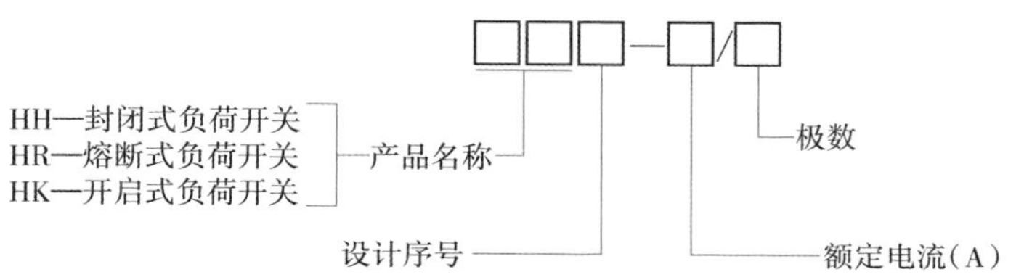

图 10.20　低压负荷开关的型号表示方法

(4)低压断路器

低压断路器又称为自动空气开关,具有良好的灭弧性能。它可带负荷通断电路,又能在短路、过载与欠压时保护电器。

低压断路器一般由感测元件、执行元件和传递元件组成。低压断路器按结构形式分为框架式和塑料外壳式两种。

常用的低压断路器型号有 C 系列、D 系列、K 系列等。低压断路器的型号表示方法及含义如图 10.21 所示。

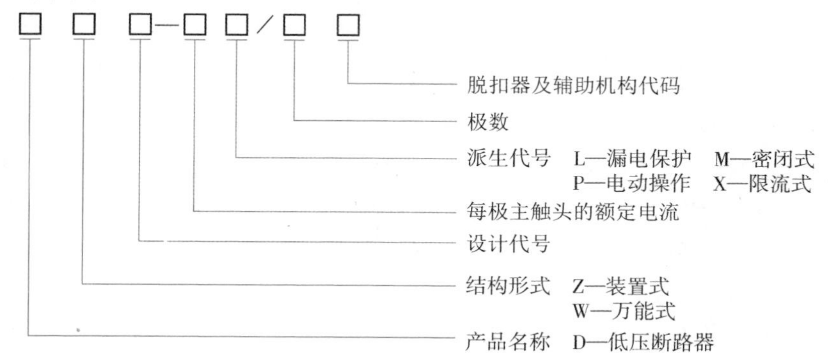

图 10.21 低压断路器的型号表示方法

(5)接触器

接触器是一种适用于远距离频繁地接通和分断交直流主电路及大容量控制电路的电器。它主要用于控制电动机,也可用于控制其他电力负载,如电热器、照明、电焊机、电容器等。

接触器按其主触头通过的电流种类不同,分为交流接触器和直流接触器。

接触器主要由电磁系统、触头系统、灭弧系统 3 个部分组成。电磁系统由线圈、静铁芯、动铁芯、短路环组成;触头系统包括主触头和辅助触头;小容量接触器常采用电动力灭弧、相间隔弧板隔弧及陶土灭弧罩灭弧,大容量接触器常采用纵缝灭弧罩及栅片灭弧,直流接触器常采用磁吹式灭弧。

交流接触器常用型号有 CJ20、CJ32 等系列,直流接触器有 CZ0、CZ18、CZ21、CZ22 等系列。

(6)继电器

时间继电器、热继电器、接触器、按钮等的安装

继电器根据某种电量(电压或电流)或非电量(热、时间、转速等)是否达到预先设定的值而决定动作或不动作,以接通与断开控制电路,完成控制和保护任务。继电器的种类有很多,其中最常用的是热继电器。

热继电器的结构主要由热元件、双金属片、触头 3 个部分组成。热继电器的复位方式有自动复位和手动复位两种。

(7)电源自动转换开关

电源自动转换开关、浪涌保护器

电源自动转换开关由一个或几个转换开关电器和其他必需的电器组成,用于检测电源电路,并将一个或多个负载电路从一个电源自动转换到另一个电源。

双电源自动转换开关由两台三极或四极的塑壳断路器及其附件(辅助、报

警触头)、机械联锁传动机构、智能控制器等组成。

(8)浪涌保护器

浪涌保护器(简称SPD)是一种为各种电子设备、仪器仪表、通信线路提供安全防护的电子装置。当电气回路或者通信线路中因外界干扰突然产生尖峰电流或者电压时,浪涌保护器能在极短时间内导通分流,从而避免浪涌对回路中其他设备的损害。

10.4.3 低压配电装置

低压配电装置一般由线路控制设备、测量仪器仪表、低压母线及二次接线、保护设备、低压配电柜(屏)等组成。其中,线路控制设备主要有各种低压开关、接触器、控制按钮等;测量仪器仪表指电流表、电压表、功率表等;保护设备指低压熔断器、继电器等。

(1)低压配电屏(柜)

低压配电屏(柜)是指交直流电压在1 000 V以下的成套电气装置。低压配电屏(柜)是按照一定的线路方案,将一、二次设备组装在一个屏(柜)体内形成的成套配电装置。按结构形式不同可分为固定式、抽屉式、混合安装式等。

低压配电屏(柜)型号表示方法如图10.22所示。

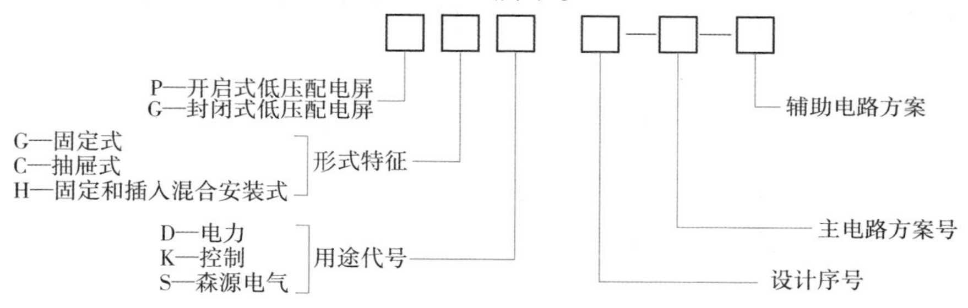

图10.22 低压配电屏(柜)表示方法

(2)低压配电箱

低压配电箱是按电气接线要求将开关设备、测量仪表、保护电器和辅助设备组装在封闭或半封闭柜中或屏幅上的低压配电装置。低压配电箱是电气工程的重要组成部分,主要作用是合理地分配电能,便于对电路进行开合操作。

配电箱按其结构分为台式、箱式、板式等;按其功能分为动力配电箱、照明配电箱、电表箱、插座箱等;按产品生产方式分为定型产品、非定型产品和现场组装配电箱等;按安装方式分为明装、暗装及落地安装等。

课后习题

一、填空题

1. 中断供电将造成较大的政治、经济损失或引起公共场所秩序混乱的负荷,称为______负荷。

2. 高层建筑的配变电所,宜设在地下一层(当地下层多于一层时)或首层。一般情况下,低压供电半径不宜超过______ m。

3. 用来保护变压器或其他配电设备免受雷电产生的过电压波沿线路侵入而击穿其绝缘危害的电器是______。

二、选择题

1. 民用供配电系统的设计应满足供电可靠性、安全性及电压质量的要求，系统接线不宜复杂，应有一定的灵活性，配电系统不宜超过(　　)。

A. 一级　　B. 二级　　C. 三级　　D. 四级

2. (　　)配电系统中，干线发生故障时，影响的范围大，供电可靠性较差，导线的截面面积较大；适合在用电设备较少，且供电线路较长时经常采用。

A. 树干式　　B. 放射式　　C. 链式　　D. 混合式

3. 高压配电装置的安装工艺流程步骤有：①基础槽钢安装；②器件检查；③进出线连接；④交接试验；⑤配电装置安装；⑥通电试运行。以下排列顺序正确的是(　　)。

A. ①②④③⑤⑥　　B. ①⑤②④③⑥　　C. ②①⑤④③⑥　　D. ②④③①⑤⑥

三、判断题

1. 为了满足用电设备对工作电压的要求，在用电地区需设置降压变电所，将电压降低。通常在用电地区设置降压变电所，将输电电压降低到 6 ~ 10 kV，然后分配到居住区等负荷中心。(　　)

2. 树干式配电系统特点是配电线路发生故障时互不影响，供电可靠性高，配电设备集中，检修比较方便。(　　)

3. 双母线接线简单清晰，设备较少，操作方便和占地少；但运行可靠性和灵活性不高，仅适用于线路数量较少、母线短的变、配电所。(　　)

四、简答题

1. 建筑供配电系统的组成部分有哪些？

2. 电力负荷等级是怎样分类的？它们的供电要求如何？

3. 常用的高压电器有哪些？有何特点？

4. 室内变配电所的布置形式有哪些？

第 11 章　建筑电气照明系统

【本章教学目标】

育人主题	建议学时	素质目标	知识目标	能力目标
智慧宜居	4	(1)家国情怀:通过电气照明系统知识应用,提高居住环境舒适性,提升人们的生活品质; (2)个人品格:通过电气照明系统三级配电学习,提升学生的整体思维观; (3)职业素养:培养学生的演绎和归纳能力,以及将复杂问题简单化、抽象问题形象化的能力	(1)讲述电气照明回路基本原理; (2)完整列出电气照明系统施工流程,且顺序正确	(1)能够实地辨识电气照明系统组成实物; (2)能够绘制电气照明安装工程的施工流程简图,列出施工要点

电气照明是利用电光源将电能转换成光能,在夜间或在天然采光不足的情况下提供亮的环境,以保证生产、工作、学习和生活的需要。自从电光源出现,电气照明就作为现代人工照明的基本方式,被广泛用于生产和生活等各个方面。电气照明装置还能起到装饰建筑物,美化环境的作用。电气照明已成为当今建筑设计的一个重要组成部分。

11.1　电气照明的基本知识

照明是一门以光学为基础的综合性技术,就是合理利用光线以达到满意的视觉效果。

11.1.1　基本物理量

光是能量存在的一种形式,可以通过辐射的方式在空间进行传播。

(1)光通量

一个光源不断地向周围空间辐射能量,在辐射的能量中,有一部分能量使人的视觉产生光感。光源在单位时间内向周围空间辐射并引起视觉的能量,称为光通量。光通量符号为 Φ,单位是流明(lm)。

(2)发光强度

发光强度简称光度,是指光源在某一特定方向上,单位立体角(每球面度)内的光通量。光度符号为 I,单位是坎德拉(cd)。1 cd=1 lm/sr。

(3)照度

照度是指单位被照面积上所接受的光通量。照度符号为 E,单位是勒克斯(lx),1 lx=1 lm/m^2。

照度大小与光源的光通量成正比。确定照度标准是进行照明设计的重要依据。

(4)亮度

被视物体在视线方向单位投影面上所发出的光度称为亮度。亮度符号为 L,单位是 cd/m^2。

光线在室内空间的传播,是一个多次反射、透射和吸收的过程。照明效果不仅与光源有关,而且与建筑所用材料及内装饰情况有关。

11.1.2 光源的主要特征参数

光源的特征参数主要有发光效率、色温、显色性、眩光及频闪效应等。

(1)发光效率

光源消耗 1 W 电功率发出的光通量称为发光效率,简称光效,单位为流明/瓦(lm/W)。发光效率是研究光源和选择光源的重要指标之一。通常白炽灯的发光效率为 10 ~ 20 lm/W、荧光灯为 50 ~ 60 lm/W、高压钠灯为 80 ~ 140 lm/W。

(2)色温

光源在可见区和绝对黑体的辐射完全相同时,此时黑体的温度就称为此光源的色温。色温是表示光源光谱质量最通用的指标,用 Tc 表示,单位是 K。

(3)显色性

光源对物体的显色能力称为显色性。显色性用显色指数(Ra)表示。显色指数是指在具有合理允许的色适应状态下,被测光源照明物体的颜色与参比光源照明同一色样的颜色符合程度的度量。

(4)眩光

眩光是指视野中由于不适宜亮度分布或在空间上、时间上存在极端的亮度对比,以致引起视觉不舒适和降低物体可见度的视觉条件。

(5)频闪效应

由于电流作周期性变化,因此发光源发出的光通量也随之作周期性变化,称为频闪效应。

11.1.3 照明种类

照明按用途分为正常照明、应急照明、值班照明、警卫照明、景观照明和障碍照明等。

(1)正常照明

正常照明是指在正常情况下使用的室内外照明。所有居住房间和工作、运输、人行车道以及室内外庭院和场地等,都应设置正常照明。

(2)应急照明

应急照明是指因正常照明的电源失效而启动的照明,包括备用照明、安全照明和疏散照明。所有应急照明必须采用能瞬时可靠的照明光源,一般采用白炽灯和卤钨灯。

①备用照明用于确保正常活动继续进行。通常用在由于工作中断或误操作容易引起爆炸、火灾和人身伤亡或造成严重政治后果和经济损失的场所。医院的手术室和急救室、商场、体育馆、剧院、变配电室、消防控制中心等,都应设置备用照明。

②安全照明用于确保处于潜在危险中的人员安全,如使用圆形锯或处理热金属作业和手术室等处应装设安全照明。

③疏散照明用于确保疏散通道能被有效地辨认和使用。一旦正常照明熄灭或发生火灾,将引起混乱的人员密集的场所,如宾馆、影剧院、展览馆、大型百货商场、体育馆、高层建筑的疏散通道等,均应设置疏散照明。

(3)值班照明

值班照明是指非工作时间为值班所设置的照明。值班照明宜利用正常照明中能单独控制的一部分或利用应急照明的一部分或全部。

(4)警卫照明

警卫照明是指为改善对人员、财产、建筑物、材料设备的保卫和警戒而安装的照明,如用于警戒以及配合闭路电视监控而配备的照明。

(5)障碍照明

在建筑物上装设作为障碍标志的照明,称为障碍照明。例如,为保障航空飞行安全,在高大建筑物和构筑物上安装的障碍标志灯,障碍标志灯的电源应按主体建筑中最高负荷等级要求供电。

(6)景观照明

景观照明是指为室内外特定建筑物、景观设置的带艺术装饰性的照明,包括装饰建筑外观照明、喷泉水下照明、用彩灯勾画建筑物的轮廓、室内景观投光以及广告照明等。

11.2　电光源

按发光原理,照明用的电光源分为热辐射光源、气体放电光源、固体发光电光源、微波光源、准分子光源等。

热辐射光源是利用电流将灯丝加热到白炽程度而辐射出的可见光,常用的有白炽灯、卤钨灯;气体放电光源是利用电流通过灯管中的蒸汽而产生弧光放电,可产生大量的可见光和大量的紫外线(紫外线再激励管内的荧光粉使之发出可见光),常用的有荧光灯、高压汞灯、金属卤化物灯、高压钠灯、管形氙灯等。

11.2.1 常用照明电光源

(1)白炽灯

白炽灯主要由灯头、灯丝、玻璃泡组成。灯丝用高熔点的钨丝材料绕制而成,并封入玻璃泡内,玻璃泡抽成真空,再充入惰性气体氩或氮,以提高灯泡的使用寿命。白炽灯结构简单、价格低廉、使用方便、启动迅速、显色性好,因此得到了广泛使用。白炽灯的主要缺点是发光效率低、寿命短。

(2)卤钨灯

卤钨灯是在白炽灯的基础上改进而成。卤钨灯由灯丝(钨丝)和耐高温的石英灯管组成,在管内充有适量卤素(碘或溴)和惰性气体。被蒸发的钨和卤素在管壁附近化合成卤化物。卤化物由管壁向灯丝扩散迁移,在钨丝周围形成一层钨蒸气,一部分钨又重新回到钨丝上。这样钨不致沉积在管壁上,既防止了灯管发黑,又有效抑制了钨的蒸发,提高了光源的使用寿命。卤钨灯的结构如图 11.1 所示。

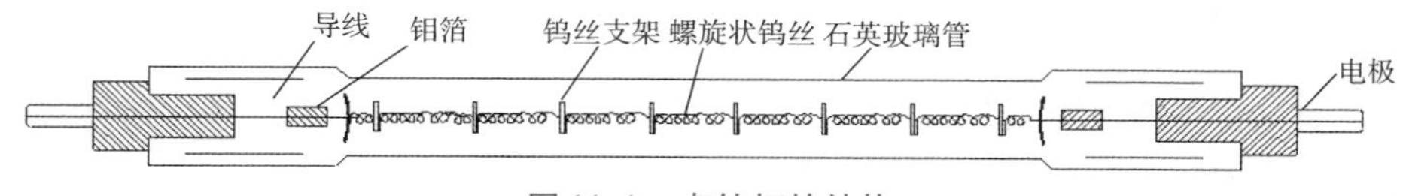

图 11.1　卤钨灯的结构

卤钨灯具有体积小、寿命长、显色性好、发光效率高等优点,但使用了石英玻璃管,故价格较贵。卤钨灯的功率一般较大,主要用于大面积照明场所或投光灯。

(3)荧光灯

荧光灯俗称日光灯,它是利用汞蒸气在外加电压作用下产生弧光放电,发出少许可见光和大量紫外线(紫外线再激励管内的荧光粉使之发出可见光),使之发出大量的可见光。荧光灯具有发光效率高、光色好、表面温度低等优点。但是荧光灯的显色性稍差,有频闪效应。

荧光灯由灯管、镇流器、启辉器 3 个主要部件组成,其接线如图 11.2 所示。

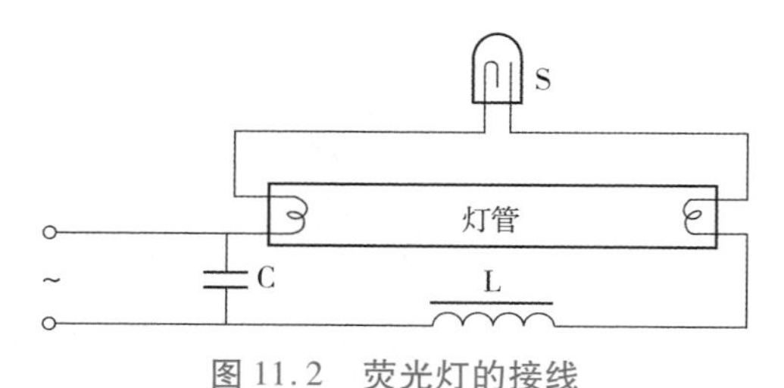

图 11.2　荧光灯的接线

照明用荧光灯有以下几种光色:日光、冷白光、暖白光。日光色荧光灯接近自然光,应用最广泛。

荧光灯使用的注意事项如下:

①荧光灯工作的最适宜环境温度为 18 ~25 ℃,温度过高或过低都会造成启辉困难或光效降低;

②荧光灯不宜频繁启动,电源电压波动不宜超过±5%,否则将影响光效和使用寿命;

③启辉器开闭瞬间易对无线电波产生干扰；

④荧光灯必须与相应的镇流器、启辉器配套使用；

⑤破损灯管要妥善处理，以防汞害。

(4)高压汞灯

高压汞灯又称为高压水银灯，它是靠高压汞蒸气放电产生的紫外线激发涂在玻璃外壳内壁上的荧光粉而发出荧光。高压汞灯由灯头、玻璃外壳、石英放电管3个部分组成，如图11.3所示。

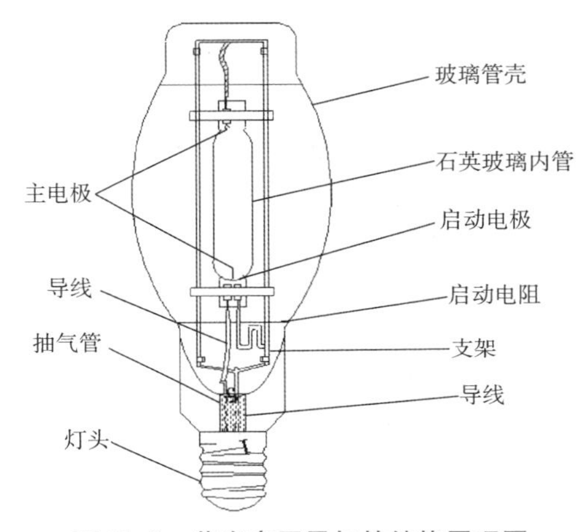

图11.3　荧光高压汞灯的结构原理图

(5)金属卤化物灯

金属卤化物灯是在高压汞灯灯管内壁添加某些金属卤化物，并依靠金属卤化物的循环作用，不断向电弧提供相应的金属蒸气。其特点是功率大、尺寸小、光效高、光色好及抗电压波动稳定性高，常用在体育馆、高大厂房、繁华街道等场所。

(6)高压钠灯

高压钠灯是利用高压钠蒸气放电发光的一种弧光气体放电光源。其光效高、寿命长，但显色性差、启动时间长，广泛应用于街道、广场及大型车间等场所。

(7)管形氙灯

管形氙灯(长弧氙灯)是利用高压氙气放电产生强光的弧光放电灯。其显色性好、功率大、光效高，俗称“人造小太阳”，适用于广场、机场、海港等照明。

11.2.2　新型光源

节能减排、发展低碳经济是我国的重大战略，发展、推广高效节能的绿色产品是目前的趋势。在此背景下，许多新型照明光源不断出现，如LED灯、无极灯、微波硫灯等。

LED灯接线与五孔插座的接线

(1)LED灯

LED灯也称为发光二极管，是一种半导体固体发光器件。它是利用固体半导体芯片作为发光材料，当两端加上正向电压，半导体中的少数截流子和多数截流子发生复合，放出过剩的能量而引起光子发射，直接发出红、橙、黄、绿、青、蓝、紫、白色的光。LED 灯具有高效节能、超长寿命、绿色环保、直流驱动、无频闪、光效率高、安全系数高等优点，广泛应用于建筑照明工程中，发展前景相当广阔。

(2)无极灯

无极灯也称为电磁感应灯，是利用电磁感应原理使汞原子电离产生紫外线，激发荧光物质发光。无极灯有高频无极灯和低频无极灯之分，无极灯具有寿命长、节能效果显著、安全性高、绿色环保等特点，适用于工厂车间、图书馆、温室蔬菜植物棚、礼堂大厅、会议室、大型商场天花板、很高的厂房、运动场、隧道、火车站、危险地域照明、景观绿化照明、交通复杂地带路灯、水下灯等，特别适用于高危和换灯困难且维护费用昂贵的重要场所。

(3)微波硫灯

微波硫灯是利用微波电磁场激发硫原子而发光。微波硫灯发光效率高、光谱分布接近太阳光光谱，消除了汞金属对环境的污染，是一种绿色照明产品。目前，微波硫灯应用于广场、体育馆、建筑物泛光、投光及大型车间、飞机场、博物馆、火车站等场所照明。

11.2.3 电光源性能

常见的电光源主要性能比较见表 11.1。

表 11.1 常用电光源的主要性能比较表

参数	电光源名称					
	白炽灯	荧光灯	高压汞灯	卤钨灯	高压钠灯	管形氙灯
额定功率范围(W)	10 ~ 1 000	6 ~ 125	50 ~ 1 000	500 ~ 2 000	250 ~ 400	1 500 ~ 10^5
发光效率(lm/W)	6.5 ~ 19	25 ~ 67	30 ~ 50	19.5 ~ 33	90 ~ 100	20 ~ 37
平均寿命(h)	1 000	2 000 ~ 3 000	2 500 ~ 5 000	1 500	3 000	500 ~ 1 000
启动稳定时间	瞬时	1 ~ 3 s	4 ~ 8 min	瞬时	4 ~ 8 min	1 ~ 2 s
再启动时间	瞬时	瞬时	5 ~ 15 min	瞬时	10 ~ 20 min	瞬时
功率因数 $\cos\varphi$	1	0.33 ~ 0.7	0.44 ~ 0.67	1	0.44	0.4 ~ 0.9
色温 K	2 400 ~ 2 900	6 500	4 400 ~ 5 500	2 700 ~ 3 400	1 900 ~ 2 100	1 900 ~ 2 100
一般显色指数 Ra	95 ~ 99	70 ~ 80	30 ~ 40	95 ~ 99	20 ~ 25	90 ~ 94
频闪效应	不明显	明显	明显	不明显	明显	明显
表面亮度	大	小	较大	大	较大	大
电压变化对光通的影响	大	较大	较大	大	大	较大
环境温度对光通的影响	小	大	较小	小	较小	小
耐震性能	较差	较好	好	差	较好	好

11.2.4 灯　具

在电气工程中，有了合适的照明光源还不够，要使这些光源的照明效果得到最大限度的发挥，还需要灯具对光通量进行合理分配，从而有效地使配光达到相应的标准。灯具是光源、附件和灯罩的总称。灯具的作用是固定保护光源，合理配光，保护眼睛免受光源高亮度引起的视觉眩光，保护照明安全（如防爆灯具），发挥装饰效果等。

灯具的分类方法有很多，通常按灯具的配光特性、灯具的结构、用途和安装方式进行分类。

1）国际照明学会（CIE）的配光分类法

按灯具上半球和下半球发出的光通量的百分比进行分类，灯具共有 5 种，见表 11.2。

表 11.2　灯具按光通量在上下半球空间分配比例的分类

类型	直接型	半直接型	漫射型	半间接型	间接型
上半球光通量	0～10%	10%～40%	40%～60%	60%～90%	90%～100%
下半球光通量	100%～90%	90%～60%	60%～40%	40%～10%	0～10%
配光曲线代表形状					
特点	1. 光线集中在下半部，工作面可得到高照度； 2. 光线利用率高，适用于高大厂房的一般照明	1. 下半部光线仍占优势，空间也得到适当照度； 2. 眩光比直接型小	1. 空间各方向光强基本一致，可达到无眩光； 2. 适用于需要创造环境气氛的场所	1. 向下光线只有一小部分，增加了反射光的作用，可使光线柔和； 2. 光线利用率较低，一般不太采用	1. 光线向上射，顶棚变成二次发光体，光线柔和均匀； 2. 光线利用率低，故很少采用

（1）直射型灯具

直射型灯具光通利用率最高，但灯的上部几乎没有光线，顶棚很暗，与明亮灯光容易形成对比眩光。按配光曲线的形态，直射型灯具又分为广照型、配照型、深照型、均匀配光型和特深照型 5 种。直射型灯具一般由反光性能良好的不透明材料制成，如搪瓷、铝和镀锌镜面等。

常用的白炽灯具有深照型灯、配照型灯和广照型灯等，如图 11.4 所示。它们都属于直射型灯具，都是工厂中常用的照明灯具。

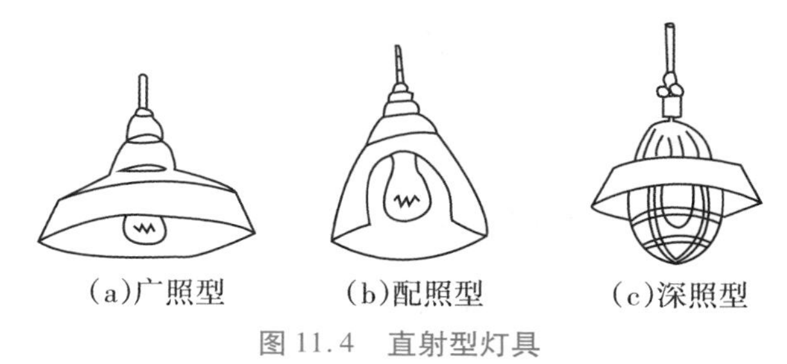

（a）广照型　（b）配照型　（c）深照型

图 11.4　直射型灯具

(2)半直射型灯具

半直射型灯具能将较多的光线照射在工作面上,又可以使空间环境得到适当的亮度,改善房间内的亮度比。这种灯具常用半透明材料制成下面开口的式样,如玻璃菱形罩等。

(3)漫射型灯具

漫射型灯具能将光线均匀地投向四面八方,光通利用率最低,但造型美观,光线均匀柔和。这种灯具常采用漫射透光材料制成封闭式的灯罩。

(4)半间接型灯具

半间接型灯具上半部用透明材料,下半部用漫射透光材料制成。上半球光通量的增加,增强了室内反射光的效果,使光线更加均匀柔和。这类灯具常用于民用建筑的装饰照明。

(5)间接型灯具

间接型灯具将光线由上半球发射出去,经顶棚反射到室内,能很大限度地减弱阴影和眩光,光线均匀柔和。这类灯具适用于剧场、美术馆、医院及与其他形式的灯具配合使用。

2)按灯具结构特点分类

按结构特点,灯具可分为开启型、闭合型、封闭型、密闭型、防爆型等。开启型灯具的光源与外界环境直接相通;闭合型灯具用透明罩将光源包合起来,但内外仍能自然通气;封闭型灯具用透光罩将灯具内外隔绝,但内外空气可有限流通;密闭型灯具是透明罩固定处严密封闭,内外空气不能流通,如防水防尘灯具;防爆型灯具是透明罩本身及其固定窗特别坚实,且有一定的隔爆空间。

3)按灯具用途分类

按用途不同,灯具可分为功能为主的灯具和装饰为主的灯具。功能为主的灯具是指为符合高效率和低眩光的要求而采用的灯具,如商店用荧光灯、路灯、室外用投光灯和陈列用聚光灯等;装饰为主的灯具一般由装饰性零部件围绕光源组合而成。

4)按灯具安装方式分类

按安装方式的不同,灯具大致可分为壁灯、筒灯、吊灯、吸顶灯、射灯、放置式灯、格栅式灯等。

11.3 电气照明系统

电气照明系统是指由电源(变压器或室外供电网)引向室内照明灯具的配电线路。

11.3.1 电气照明系统的组成

电气照明系统主要由进户线、配电箱、室内布线、用电设备(照明灯具)组成,如图11.5所示。

(1)进户线

由建筑室外进入室内配电箱柜的这段电源线称为进户线。进户线的设置应考虑安全、经济、建筑美观等因素,通常有架空进户、电缆埋地进户两种方式。

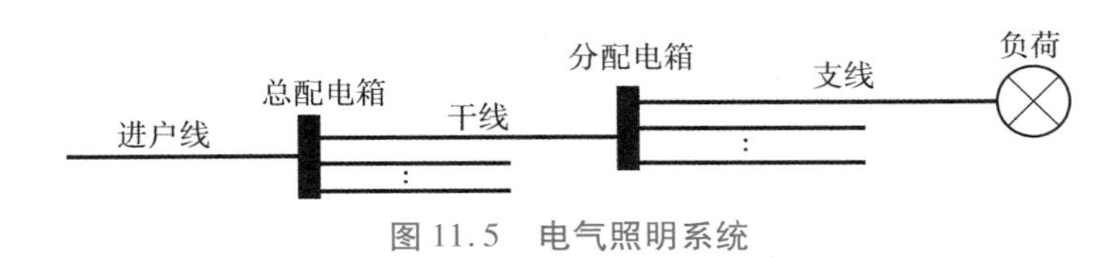

图11.5 电气照明系统

(2)配电箱

配电箱是用于接受和分配电能的装置,设置于建筑物的公共场所和房间内。箱内装有该箱分管范围之内全部用电设备的控制和保护设备,如安装开关(自动空气开关)、保护(漏电保护器)和计量(电度表)设备,部分配电箱还安装有信号指示设备,如信号灯、电铃等。

(3)室内布线

室内布线主要有干线及支线。布线的敷设方式主要有明敷及暗敷。

干线是指连接总配电箱与分配电箱之间的线路。其作用是将电能输送到分配电箱。配线方式主要有放射式、树干式等。

支线是指从分配电箱到用电设备的线路。其作用是将电能直接传递给用电设备。支线的布线原则是"每灯每线、开关断火、单线表示、三相平衡"。"每灯每线"是指每盏灯要有自己独立的回路;"开关断火"是指开关必须接在火线上;"单线表示"是指每个回路中无论有几根导线均采用一根线条表示;"三相平衡"是指各相线所带负荷基本相同。

(4)用电设备

电气照明系统中,常用的电气设备主要有灯具及控制灯具的开关、插座等。

灯具控制接线主要有单控及双控形式,其接线方式如图11.6所示

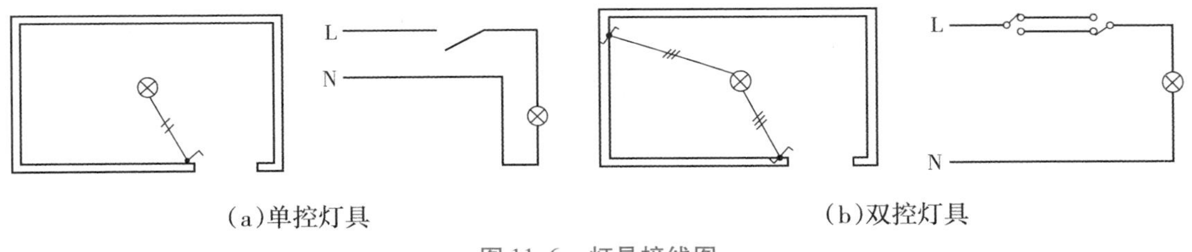

(a)单控灯具 (b)双控灯具

图11.6 灯具接线图

插座接线主要是单相两孔、单相三孔、三相四孔及安全五孔等形式,其接线方式如图11.7所示。

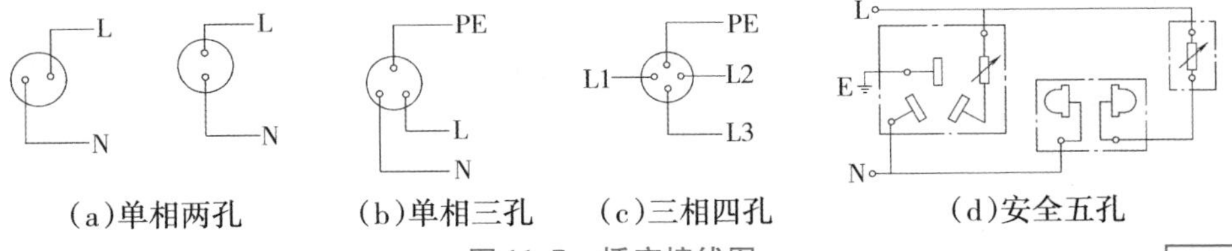

(a)单相两孔 (b)单相三孔 (c)三相四孔 (d)安全五孔

图11.7 插座接线图

11.3.2 电气照明系统安装工艺

了解配管配线及其施工工艺

电气照明系统安装中,应本着经济、节俭、美观、实用等原则,密切与土建、水暖等工程配合,保质、保量地完成电气施工任务。

电气照明系统安装工艺流程：施工准备→配合土建预埋管、盒、箱等→线槽、桥架、明管安装→配电箱安装→线缆敷设→用电设备安装→调试。

电气照明系统安装工艺

1）施工准备

熟悉施工图纸，掌握图纸设计功能及敷设途径、方法等，还应与暖通、给排水等有关专业核对图纸，做好人、材、机的准备。

2）预埋管、盒、箱

保护管敷设（暗敷）

在绑扎钢筋时进行预埋。

在现浇混凝土板、墙、柱内配管时，除按位置埋设线盒外，还应做好固定工作，以防灌注混凝土时振动引起位置偏移；管口应采取封堵措施，以免水泥浆流入而堵塞管子，影响穿线；线管煨弯应保证足够的弯曲半径，暗配时弯曲半径应大于6倍管子外径。

金属管采用丝扣连接，进行接地跨接。

土建拆模后，应及时找出预埋在混凝土内的盒、箱，并用铁丝试通管路，做好管口及箱、盒的临时封堵保护工作。

在施工过程中，应每层做质量评定及隐蔽验收，并有甲方代表或监理参与。

3）电缆桥架、线槽、明管安装

（1）桥架安装

桥架施工前，应在现场实测、实量，根据平面尺寸确定直线段及弯头数量，以便订购、制作。桥架应防腐良好，连接螺栓应采用镀锌件。

桥架安装前，应先安装支架或吊架，支（吊）架应平直、牢固，安装支（吊）架前应先放线。水平桥架支架安装间距为1.5～3 m，垂直安装的支架间距不大于2 m，支架安装前应做防腐处理。

金属电缆桥架及其支架在全长范围内应有不少于2处与PE线干线相连接。桥架外壳每段应采用软铜绞线（$\geq 4\ mm^2$）做接地跨接，并和PE线连接。

竖井内桥架过楼层应参照《电气竖井设备安装》（04D701—1）做防火堵燃处理。

（2）线槽安装

线槽敷设前，配合土建做好预留预埋工作，待屋顶、墙面等砂浆工序完成后方可敷设线槽。首先做好线槽定位工作，其次做好线槽固定工作，最后进行线槽连接。

电缆桥架线槽敷设

线槽直线段连接应采用连接板，用垫圈、弹簧垫圈、螺母紧固，接茬处应缝隙严密平齐；线槽进行交叉、转弯、丁字连接时，应采用单通、二通、三通、四通或平面二通、平面三通等进行变通连接，导线接头处应设置接线盒或将导线接头放在电气器具内；线槽与盒、箱、柜等接茬时，进线口和出线口等处应采用抱脚连接，并用螺丝紧固，末端应加装封堵；建筑物的表面如有坡度时，线槽应随其变化坡度；待线槽全部敷设完毕后，应在配线之前调整检查，确认合格再进行槽内配线。

（3）明管敷设

明管敷设首先预制加工支架、吊架，然后测定盒箱位置；其次进行支架、吊架安装固定；最后管路敷设连接并接地线。

水平和垂直敷设的明配管要整齐、美观，横平竖直。敷设时将钢管穿入管卡，然后将管卡逐个拧紧，严禁将钢管与支架、吊架焊接；固定点间距应均匀，管卡与终端、转变中心、电气器具、接线盒边缘的距离为 150 ~ 300 mm，同一房间内的管卡高度要排列一致并处于同一标高上。

管子连接时，管件应与 JDG、KBG、薄壁镀锌钢管相适配，钢管管口锉光滑平整，接头处牢固紧密，被连接管管口应对严。管进盒箱应开孔整齐，与管径相适配（要求一管一孔）。两根以上管入盒箱时，长度应一致，间距应均匀，排列应整齐有序。连接使用专用螺丝刀拧断侧顶螺丝。

配管时遇到下列情况应增加接线盒：管路长度超过 30 m；管路长度超过 20 m 且有 1 个弯曲；管路长度超过 15 m 且有两个弯曲；管路长度超过 8 m 且有 3 个弯曲。

4）配电箱安装

所有照明箱、柜应安装牢固，垂直偏差不得大于规范及设计要求。

所有配电箱、柜的型号及规格应符合设计要求；箱体开孔必须采用开孔器，严禁用气焊割孔；墙上明装箱体用膨胀螺固定；墙上暗装箱体应用水泥砂浆固定，面板四周紧贴墙面；配管进箱内应整齐，且不大于 5 mm。

所有配电箱、柜均应分别设置零线（N）和保护地线（PE）端子，明管敷设至箱体应采用锁母，并焊好保护地线（PE）。

箱内接线排列整齐，且有明显回路编号，各开关启闭灵活；多股铜线应用压线鼻，凡有电气元件的箱、柜、门扇均应接 PE 线。

5）线缆敷设

硬质塑料管配线

电能的输送需要传输导线，导线的布置和固定称为配线。

管内穿线前应熟悉图纸，了解电气系统的原理、设备的控制及联锁、灯具的控制方式，并了解每根管内有几个回路数、几对导线以及导线的规格型号，始端、终端在何处，导线能不剪断的地方尽量不剪断，以免浪费导线和导线过多产生接头。应按规范对电气照明系统的管内导线分色。

管内穿线前一定要清理干净管内积水和杂物，并在管口套好护圈；管内穿线时，应采用放线架人工放线，导线应顺直地穿入管中，在放线、穿线过程中，防止导线在管内扭绞，以免影响导线质量；所有管内导线不得有接头，所有接头应放在接线盒内或者在电气设备端子上；导线在接线盒内连接宜采用压接帽，多股铜线在连接设备或接线端子时，应搪锡，必须使用接线鼻子。

导线在与电气设备或器具连接时，应对敷设的全部线路进行接线及绝缘电阻值测试，要求 1 kV 以下的电气线路用 500 V 摇表测试，绝缘电阻值应不小于 0.5 MΩ，线路要求全部接通，且符合设计要求。

为便于穿线，当管路过长或弯多时，也应适当地加装接线盒或加大管径。

6）用电设备安装

电气照明系统中，常用的用电设备有灯具、开关、插座等。

(1)灯具安装

灯具安装顺序:放线定位→灯头盒与配管到位→管内穿线→灯具安装→导线绝缘电阻测试→灯具接线→灯具试亮。

灯具安装前,建筑工程必须拆除对灯具安装有妨碍的模板、脚手架,顶棚、地面等抹灰工作必须完成,地面清理工作应结束,房门可以关锁。在结构施工中,配合土建做好灯具安装所需预埋件的预埋工作。

灯具内配线应严禁外露;使用螺纹灯时,相线必须压在灯芯柱上;荧光灯接线,按厂家提供的接线图正确接线;灯具固定应牢固可靠,每个灯具固定用的螺丝或螺栓不少于2个;当吊灯灯具质量大于3 kg时,应采用预埋吊钩或螺栓固定;当软线吊灯灯具质量大于0.5 kg时,应增设吊链或用钢管来悬吊灯具;采用钢管做灯具的吊杆时,钢管内径一般不小于10 mm,壁厚不小于1.5 mm。

特种灯具应检查标志灯的指示方向正确无误;应急灯是否灵敏可靠;事故照明灯具是否有特殊标志。

(2)开关安装

开关、插座安装

①标高应一致,且应操作灵活、接触可靠;

②照明开关安装位置应便于操作,各种开关距地面一般为1.3 m,边缘距门框为0.15 ~0.2 m,且不得安在门的反手侧;

③翘板开关的扳把应上合下分(一灯多开关控制者除外);

④照明开关应接在相线上。

(3)插座安装

①单相两孔插座,面对插座的右孔或上孔与相线连接,左孔或下孔与零线连接;

②单相三孔插座,面对插座的右孔与相线连接,左孔与零线连接;

③单孔、三相四孔及三相五孔插座的接地(PE)或接零(PEN)线接在上孔;

④插座的接地端子不与零线端子连接;

⑤同一场所的三相插座,接地的相序应一致;

⑥在潮湿场所采用密封型且带保护地线触头的保护型插座,安装高度不低于1.5 m;

⑦地面插座与地面齐平或紧贴地面,盖板固定牢固,密封良好。

11.3.3 照明系统发展趋势

随着科技的不断发展,智能化逐渐融入人们的日常生活,如今照明智能控制运用得十分广泛。智能照明系统是利用先进电磁调压及电子感应技术,改善照明电路中不平衡负荷所带来的额外功耗,提高功率因数,降低灯具和线路的工作温度,达到优化供电目的的照明控制系统。智能照明系统隶属于楼宇自控系统中的一个子系统,也可以单独使用。目前,智能照明控制方式主要为有线方式和无线方式。有线方式主要包括DALI总线、KNX总线、RS485总线等;无线方式包括LoRa、WiFi无线局域网、蓝牙、ZigBee等。

随着物联网技术的发展,智能照明向智慧照明迈进,以人的行为、视觉功效、视觉生理心理研究为基础,开发以人为本的高效、舒适、健康的智慧化照明。智慧照明根据人的需求来设计控制,并能灵活地对系统进行改变调整;智慧照明响应可持续发展战略,能满足日益增多的不同类型设备的接入;智慧照明标准化,为不同厂商设备统一制定标准,加速了照明系统控制技术的发展。

课后习题

一、填空题

1. 应急照明是指因正常照明的电源失效而启动的照明。它包括备用照明、安全照明和疏散照明。所有应急照明必须采用能______的照明光源。

2. 进户线的设置应考虑安全、经济、建筑美观等因素,通常有______、______两种方式。

3. 桥架安装前应先安装支架或吊架,支(吊)架应平直、牢固。安装支(吊)架前应先放线,水平桥架支架安装间距为______ m,垂直安装的支架间距不大于______ m。

二、选择题

1. 荧光灯俗称日光灯,是目前广泛使用的一种电光源。荧光灯主要部件组成不包括(　　)。

A. 灯管　　B. 灯丝　　C. 镇流器　　D. 启辉器

2. 光线集中在下半部,工作面上可得到高照度,光线利用率高,适用于高大厂房的一般照明的灯具是(　　)。

A. 直接型灯具　　B. 间接型灯具　　C. 半直接型灯具　　D. 半间接型灯具

3. 为便于穿线,当管路过长或弯多时,应适当加装接线盒或加大管径。两个线端之间有一个转弯时,两个线端之间的距离不超过(　　)m。

A. 30　　B. 20　　C. 15　　D. 8

三、判断题

1. 高压汞灯由灯头、玻璃外壳、石英放电管 3 部分组成。(　　)

2. 漫射型灯具光线向上射,顶棚变成二次发光体,光线柔和均匀;但光线利用率低,故很少采用。(　　)

3. 在现浇混凝土板、墙、柱内配管时,除按位置埋设线盒外,还应做好固定工作,以防止灌注混凝土时振动引起位置偏移;管口应采取封堵措施,以免水泥浆流入而堵塞管子,影响穿线;线管煨弯应保证足够的弯曲半径,暗配时弯曲半径应不小于 12 倍管外径。(　　)

四、简答题

1. 电气照明的种类有哪些? 电气照明的供电方式有哪些?

2. 常用的电气配管配线的种类有哪些?

3. 灯具、插座是如何接线的?

4. 灯具的分类有哪些?

5. 简述室内电气照明系统的组成。

6. 简述灯具、插座、照明开关的安装工艺流程。

第 12 章　安全用电与防雷接地系统

【本章教学目标】

育人主题	建议学时	素质目标	知识目标	能力目标
安全宜居	4	(1)家国情怀:通过雷击事故案例剖析,增强学生的社会责任担当意识; (2)个人品格:通过建筑防雷接地系统学习,提升学生的质量安全意识; (3)职业素养:培养学生良好的质量、安全意识和爱岗敬业的工作态度	(1)讲述防雷接地系统原理; (2)完整列出防雷接地系统施工流程,且顺序正确	(1)能够实地辨识防雷接地系统的组成实物; (2)能够绘制防雷安装工程的施工流程简图,列出施工要点

12.1　安全用电

安全用电是指在用电和电气操作中保证人身安全及设备安全。人体触电是电气事故中最主要的事故之一。触电事故占建筑施工事故的15% ~20%,建筑行业安全用电工作的重点是防止发生人体触电事故。

12.1.1　触电对人体的伤害

触电是指人体触及带电体后,电流对人体造成的伤害。它有电击和电伤两种类型。

电击是直接接触带电体,使一定的电压施加于人体,电流通过人体内部,破坏人的心脏、神经系统、肺部的正常工作造成的人体伤害。人们通常所说的触电就是指电击,大部分触电死亡事故都是电击造成的。人体触及带电的导线、漏电设备的外壳或其他带电体,以及雷击或电容放电,都可能导致电击。电击是内伤,是最具致命危险的触电伤害。

电伤是指电流的热效应、化学效应、机械效应及电流本身作用造成的人体伤害。它包括电弧烧伤、烫伤、电烙印、皮肤金属化、电气机械性伤害、电光眼等不同形式的伤害。电伤是外伤。

电击和电伤常会相伴发生。

12.1.2　触电事故发生的原因

触电事故的原因主要有人的因素、环境因素、设备因素等。

人的因素表现在:安全失控、安全员检查不严、缺乏电气安全知识、思想麻痹大意、无证上岗、新工人上岗未经三级教育、安全交底不清、违章作业等。

环境因素表现在:突遇大风、雷雨天气;工作场所有大量爆炸危险的气体或粉尘;与户外高压线距离太近,又无保护网等。

设备因素主要有:设备绝缘损坏,线缆磨损破皮老化,电气开关无防雨、防潮措施,绝缘检验工具无专人保管、无定期检查、校验失灵等。

12.1.3　影响触电危险性的因素

触电的危险性与人体的电阻值,通过人体电流的大小、频率、持续时间和路径,以及电压的高低、人的身心健康状况等因素有关。

(1)人体的电阻值

人体的电阻值通常在1~2 kΩ,基本上由表皮角质层电阻大小决定。人体的电阻值会随时、随地、随环境等因素而变化。干燥皮肤的电阻大,通过的电流小,危害小;潮湿皮肤的电阻小,通过的电流就大,危害也大;皮肤触及带电部分的面积越大,电阻就越小,通过的电流就大,危害也大。

(2)电流的大小

通过人体电流的大小对触电者的伤害程度起决定作用。对于工频交流电(50 Hz),按照通过人体电流的大小和人体呈现的不同状态,将其划分为感知电流、摆脱电流及致命电流。

感知电流是指引起人体感知的最小电流,一般不会对人体造成伤害。人体平均感知电流有效值为0.10~1.1 mA。

摆脱电流是指人触电后能自行摆脱的最大电流,是人体可以忍受且一般不会造成危险的电流。人体的平均摆脱电流为10~16 mA。但是,即使在摆脱电流以下,如果长时间的流经人体,也会有生命危险。

致命电流是指在短时间内危及生命的最小电流。当电流达100 mA以上,足以致人死亡。

(3)电源频率

电源的频率也是影响触电伤害程度的一个重要因素,常用的50 Hz的工频交流电对人体的伤害程度最为严重。当电源的频率偏离工频越远,对人体的伤害程度越轻,但高压高频电流对人体依然十分危险。

(4)通过人体电流的时间

电流对人体的伤害与电流通过人体时间的长短有关。通电时间越长,因人体发热出汗和电流对人体组织的电解作用,人体电阻逐渐降低,导致通过人体电流增大,触电的危险性也随之增大。

(5)电流通过人体的路径

电流通过人体的路径与触电伤害程度有直接关系。电流通过头部会使人昏迷而死亡;通过脊髓会导致截瘫及严重损伤;通过中枢神经或有关部位,会引起中枢神经系统强烈失调而导致残废;通过心脏会造成心跳停止而死亡;通过呼吸系统会造成窒息。实践证明,从左手至脚是最危险的电流路径,从右手到脚、从手到手也是很危险的路径,从脚到脚是危险较小的路径。

(6)加在人体上的电压

人体的电阻和流经人体的电流随外加于人体的电压而变化。当人体电阻一定时,作用于人体的电压越高,通过人体的电流就越大。但是流经人体的电流大小与作用于人体的电压并不是直线关系,因为随着电压的升高,人体的表皮角质层有电解或类似击穿的现象发生,使得人体电阻急剧下降。目前,我国采用的安全电压以 36 V、24 V、12 V 等级居多。

(7)身心健康状况

身体的健康状况对触电伤害有很大影响,患有心脏病、肺结核等的人如果触电,后果更为严重。身体上暂时的变化,如出汗、酒醉等也会增加触电伤害。

12.1.4 人体触电的方式

人体触电大体可分为直接接触触电和间接触电两大类。

(1)直接接触触电

直接接触触电是指人体任何部位直接接触电气设备的带电部分而形成的触电。它是触电形式中后果最严重的一种。直接接触触电分为单相触电和两相触电,如图 12.1 所示。

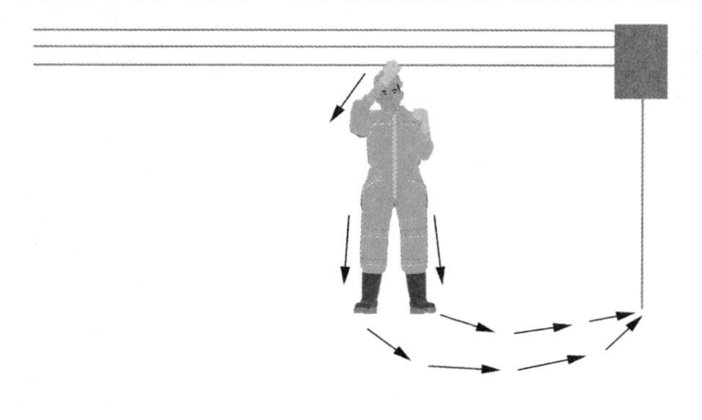

(a)单相触点

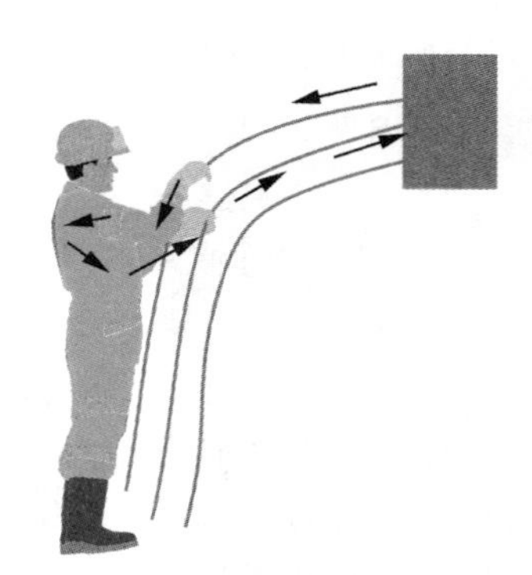

(b)两相触点

图 12.1　直接接触触电

单相触电是人体的一部分在接触一根带电相线(火线)的同时,另一部分又与大地接触。在触电事故中,单相触电的事例最多,其中因接触漏电外壳造成的单相触电较为常见。单相触电的危险程度取决于电网电压高低、中性点是否接地以及绝缘情况等。

两相触电是人体同时接触两根带电相线的触电事故。这是最危险的触电方式。

(2)间接触电

间接触电是人体接触到本应不带电的物体而导致的触电。当人体触击到发生漏电故障的电气设备外壳,或者是落地带电体接地点时,将受到接触电压或跨步电压的作用,在一定程度上也会引起触电事故,如图12.2所示。

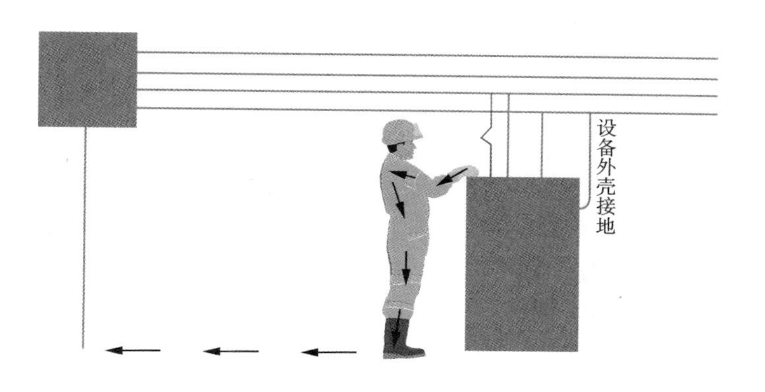

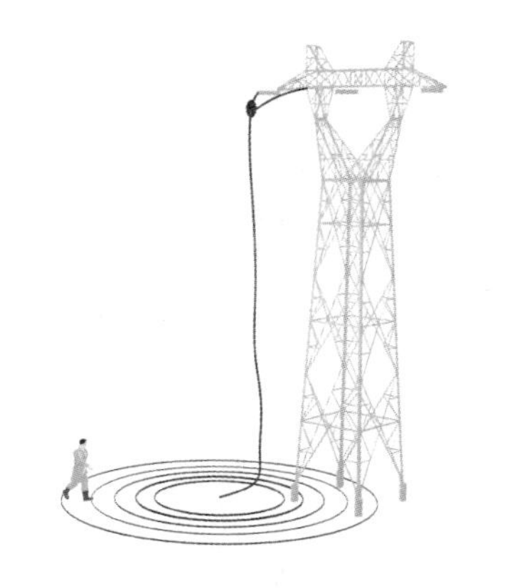

图12.2　间接触电

为保证安全,通常情况下电气设备的外壳都经过了接地处理。当设备因一相绝缘损坏漏电时,接地电流将自设备外壳通过接地体向四周大地(半径为20 m)成半球状流散,接地体周围产生不同电位。此时若人体触及漏电设备外壳,将视人体所处的位置与接地体的距离产生不同的接触电压。当人体离接地体越远,接触电压越大;当人体处于接地体附近,接触电压接近于零。

带电体着地时,电流流过周围土壤,产生电压降,人体接近着地点时,两脚之间形成跨步电压,其大小决定于离着地点的远近及两脚正对着地点的跨步距离。通常情况下,距着地点20 m外可不必考虑跨步电压,视为安全区。

12.1.5　触电急救

触电事故发生后,应尽快使触电者脱离电源并实行正确的紧急救护。

(1)脱离电源

当自己触电又清醒时,保持冷静设法脱离电源并向安全地方转移,如遇跨步电压触电时,应双脚并拢向外跳。

当其他触电者未脱离电源前,救护人员不得直接用手触及触电者。如果触电者是触及低压电,应迅速切断电源或使用绝缘工具、干燥木棒等不导电物体解脱触电者;如果触电者触及高压带电设备,救护人应迅速切断电源,或用适合该电压级的绝缘工具(如高压绝缘棒)解脱触电者。救护人在抢救过程中,应注意保持自身与周围带电部分必要的安全距离。

(2)急救救护

当触电者脱离电源后,应立即根据具体情况,迅速对症救治,同时通知医生前来抢救。触电后1 min救治的,90%有良好效果;触电后6 min救治的,仅10%有良好效果;触电后12 min救治的,救活率很低。因此,及时抢救极为重要。

如果触电者神志尚清醒,则应使之就地躺平,严密观察,暂时不要让其站立或走动;如果触电者伤势严重,心跳和呼吸均已停止,则在通畅气道后,立即进行口对口(鼻)的人工呼吸或胸外按压心脏的人工循环,并立即送医院抢救。

人工呼吸法,首先解开触电者的衣服、裤带,松开上身,使其胸部能自由扩张,使触电者仰卧,不垫枕头,使头先侧向一边,清除其口腔内的血块、假牙及其他异物,然后将其头部扳正,使之尽量后仰,鼻孔朝天,使气道畅通。救护人位于触电者一侧,用一只手捏紧其鼻孔,确保不漏气,用另一只手将其下颌拉向前下方,使其嘴巴张开,向触电者大口吹气,放松鼻(或嘴)自由呼气,每分钟 12 次,如图 12.3 所示。

胸外按压心脏的人工循环法,首先使气道畅通,在平整牢固的地面平躺下,救护人位于触电者一侧,跨腰跪在触电者腰部,两手相叠(对儿童可只用一只手),手掌根部放在心窝稍高一点的地方(掌根放在胸骨的下 1/3 部位),自上而下垂直均衡地用力向下按压,压出心脏里面的血液,按压后,掌根迅速放松(但手掌不要离开胸部),使触电者胸部自动复原,心脏扩张,使血液又回到心脏,每分钟约 60 次,如图 12.4 所示。

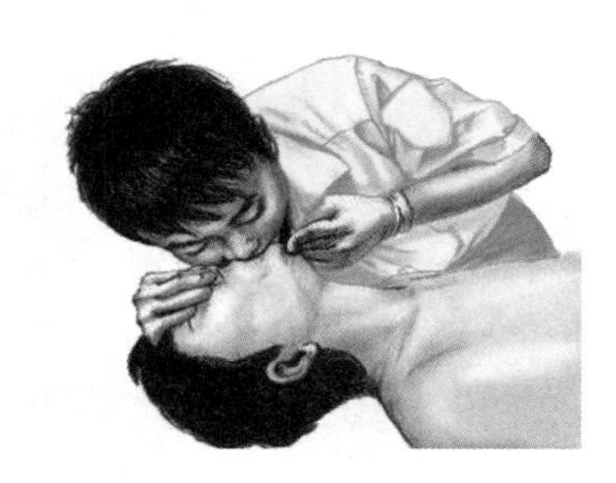

图 12.3　人工呼吸法

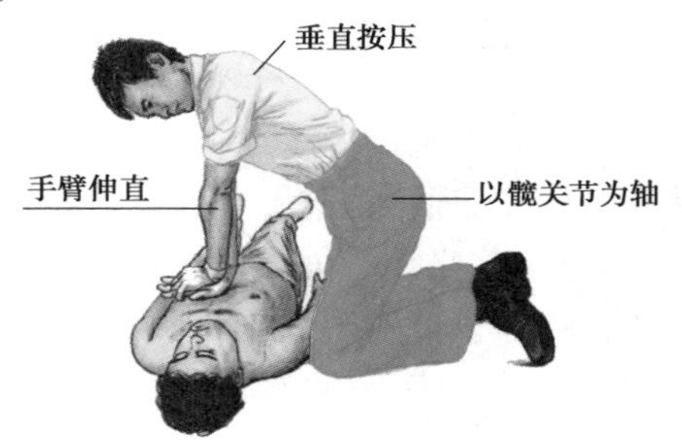

图 12.4　人工循环法

在施行心肺复苏(含人工呼吸和人工循环)时,救护人应密切观察触电者反应。只要发现触电者有苏醒迹象,如眼皮闪动或嘴唇微动,就应中止操作几秒钟,以让触电者自行呼吸和心跳。

12.2　安全用电技术

从事与电有关或直接从事电气的工作,必须掌握有关用电的理论知识。

12.2.1　安全电压等级

安全电压指不戴任何防护设备,接触时对人体各部位不造成任何损害的电压。我国安全电压额定值的等级为 42 V、36 V、24 V、12 V 和 6 V。

安全电压应根据作业场所、操作员条件、使用方式、供电方式、线路状况等因素选用。任何情况下都不要把安全电压理解为绝对没有危险的电压。一般情况下,当空气干燥、工作条件好时,可使用 24 V、36 V;对于潮湿而触电危险性较大的环境,安全电压规定为 12 V。因此,12 V、24 V 和 36 V 为我国规定的安全电压 3 个等级。

12.2.2　电气接地

电气所谓的“地”是指电位等于零的地方。电气设备的任何部分与大地做良好的连接就是接地。变压器或发电机三相绕组的连接点为中性点。如果中性点接地则称为零点，由中性点引出的导线称为中线或工作接零。为了尽可能地降低零线的接地电阻，除变压器中性点直接接地外，将零线一处或多处再次接地，称为重复接地。

为了保护人身和设备的安全，电气设备应可靠接地。电气设备的接地一般分为工作性接地和保护性接地。不同的接地方式示意图如图12.5所示。

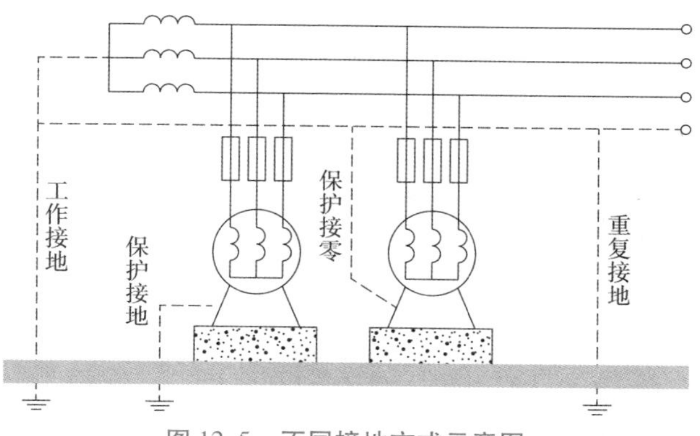

图12.5　不同接地方式示意图

工作性接地是指为满足电气系统正常运行需要，由电源中性点与接地装置做金属连接。

保护性接地是为了保证人身安全，避免发生人体触电事故，将电气设备的金属外壳与接地装置连接。当人体触及外壳已带电的电气设备时，由于接地体的接触电阻远小于人体电阻，绝大部分电流经接地体进入大地，只有很小部分流过人体，不至于对人的生命造成危害。

保护性接地分为保护接地和保护接零两种形式。保护接地是将用电设备的金属外壳通过导体与埋入地下的金属接地体相连接；保护接零是将用电设备的金属外壳与保护线（也称为保护零线）可靠连接。

12.2.3　低压配电系统接地形式

国际电工委员会（IEC）标准规定的低压配电系统接地有TN系统、TT系统、IT系统3种方式。

（1）TN系统

TN系统是电力系统中性点直接接地，受电设备的外露可导电部分通过保护线与接地点连接。按照中性线与保护线的组合情况，又分为TN-S系统、TN-C系统、TN-C-S系统。

①TN-S系统俗称三相五线制系统，如图12.6所示。图中L1、L2、L3为3根火线，整个系统的中性线（N）与保护线（PE）是分开的。这种系统消耗导线多，投资大，多用于环境较差、对安全可靠性要求较高的场所。因为TN-S系统可安装漏电保护开关，有良好的漏电保护性能，所以在高层建筑或公共建筑中得到了广泛使用。

②TN-C系统俗称四线制系统，如图12.7所示。整个系统的中性线（N）与保护线（PE）是

合一的，为一根 PEN 线。这种系统的优点是节约投资，比较经济，主要应用在工厂、车间等三相动力设备比较多建筑中。

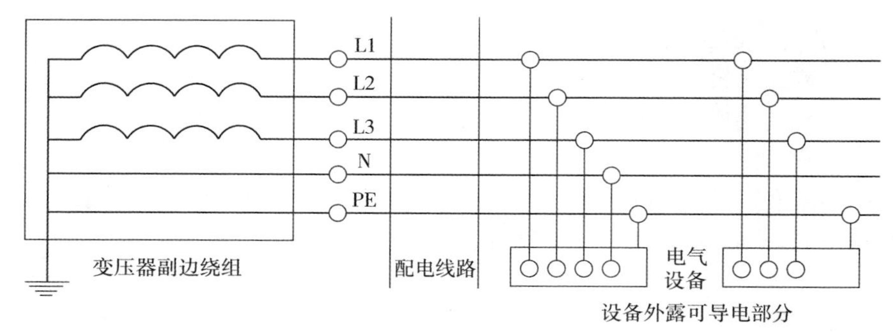

图 12.6　TN-S 系统

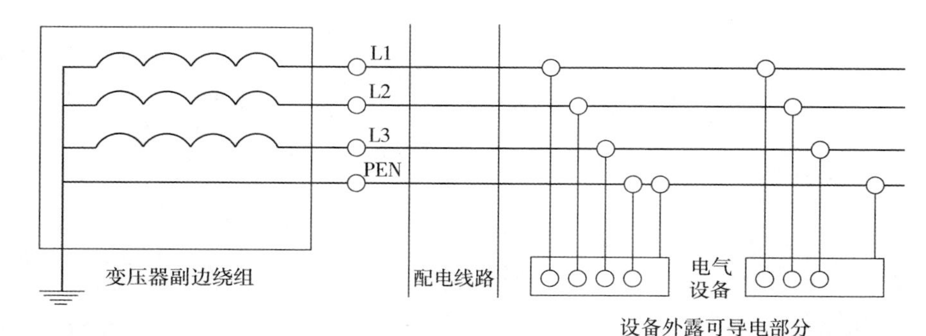

图 12.7　TN-C 系统

③TN-C-S 系统俗称四线半系统，如图 12.8 所示。系统中前一部分线路的中性线与保护线是合一的，后边是分开的。这种系统兼有上述两种系统的优点，主要应用在配电线路为架空配线、用电负荷较分散、距离又较远的系统中。

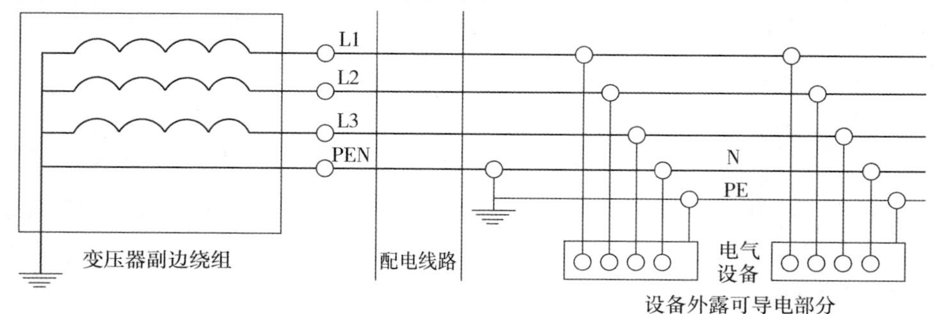

图 12.8　TN-C-S 系统

(2)TT 系统

TT 系统中性点直接接地，受电设备的外露可导电部分通过保护线接至与电力系统接地点无直接关联的接地极，如图 12.9 所示。在 TT 系统中，保护线可以各自设置。TT 系统适用于分散的民用建筑等场所。

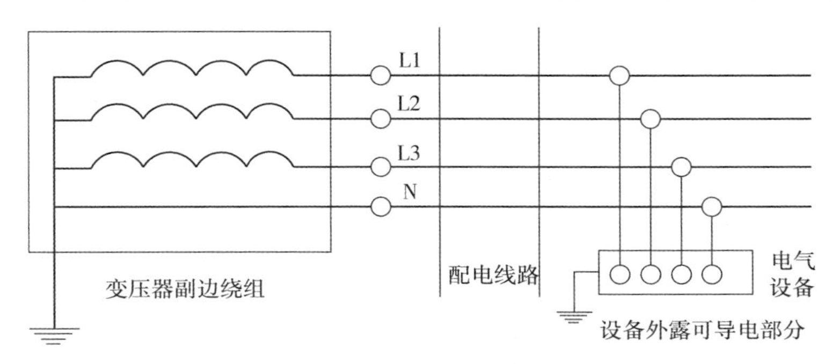

图12.9　TT系统

(3)IT系统

IT系统的带电部分与大地间无直接连接(或有一点经足够大的阻抗接地),受电设备的外露可导电部分通过保护线接至接地极,如图12.10所示。IT系统中的电磁环境适应性比较好,但不能装断零保护装置,也不应设置零线重复接地。当任何一相故障接地时,大地即作为相线工作,可以减少停电次数,多用于煤矿及工厂等希望尽量少停电的系统。

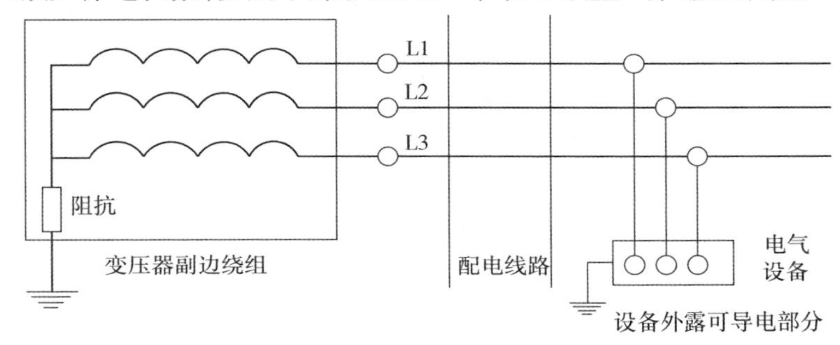

图12.10　IT系统

12.2.4　安全用电措施

(1)安全用电标志

有效防止触电事故,必须了解安全用电标志,常用标志如图12.11所示。

图12.11　安全用电标志

(2)安全用电原则

①不靠近高压带电体,不接触低压带电体。

②不用湿手闭合开关,插入或拔出插头。

③安装检修电器要穿绝缘鞋,站在绝缘体上,且要切断电源。

④禁止用铜丝代替保险丝,禁止用橡皮胶代替绝缘胶布。

⑤电路安装漏电保护器,定期检查。

⑥雷雨时,不得使用电视机、录音机等,且要拔出电源插头及天线插头。

⑦不得在架有电缆、电线的下面放风筝和进行球类活动。

12.3 建筑防雷接地系统

雷电是一种大气放电现象。雷电的破坏作用主要是当雷电流通过建(构)筑物或电气设备对大地放电时,会对建(构)筑物或电气设备产生破坏作用,或威胁到相关人员的人身安全。

12.3.1 雷电的形成与危害

(1)雷电的形成

雷是带有电荷的雷云之间、雷云与大地(物体)之间产生急剧放电的自然现象。雷电的形成是比较复杂的,一般认为某些云积累正电荷,另一些云积累负电荷,随着电荷的积累,电压逐渐增高,同时云层之间、云层与大地之间形成强大的电场,电荷积累增加到一定程度时,电场被击穿,发生强烈的爆炸和闪光,也就是通常所说的雷鸣和闪电。

由于雷云放电形式不同,可形成直击雷、感应雷和球形雷等。雷云与大地之间直接通过建(构)筑物、电气设备或树木等放电,称为直击雷,如图 12.12 所示;感应雷则通过雷击目标旁边的金属物等导电体感应,间接打击到物体上,如图 12.13 所示;球形雷则像火球一样,会飘进室内。

(2)雷电的危害

直击雷是带电云层与建筑物、其他物体、大地或防雷装置之间发生的迅猛放电现象,并由此伴随产生的电效应、热效应或机械力等一系列的破坏作用。其主要危害建筑物、建筑物内电子设备和人。直击雷的电压峰值通常可达几万伏甚至几百万伏,电流峰值可达几万安培乃至几十万安培,其破坏性很强的主要原因是雷云蕴藏的能量在极短的时间(通常只有几微秒到几百微秒)就释放出来。防避直击雷通常都是采用避雷针、避雷带、避雷线、避雷网或金属物件作为接闪器将雷电流接收下来,并通过作引下线的金属导体导引至埋于大地起散流作用的接地装置再泄散入地。直击雷的破坏作用最为严重,如图 12.12 所示。

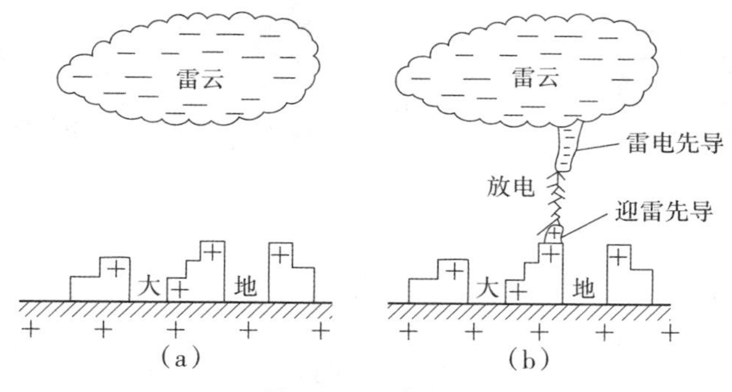

图 12.12 直击雷

感应雷也称为雷电感应，它分为静电感应雷和电磁感应雷。静电感应雷是由于带电积云接近地面架空线路导线，或其他导电凸出物顶部，感应出大量电荷引起的，它将产生很高的电位；电磁感应雷是由于雷电放电时巨大的冲击雷电流在周围空间产生迅速变化的强磁场引起的，这种迅速变化的磁场能在邻近的导体上感应出很高的电动势。雷电感应引起的电磁能量若不及时泄入地下，可能产生放电火花，引起火灾、爆炸或造成触电事故并危及人身安全，如图12.13所示。

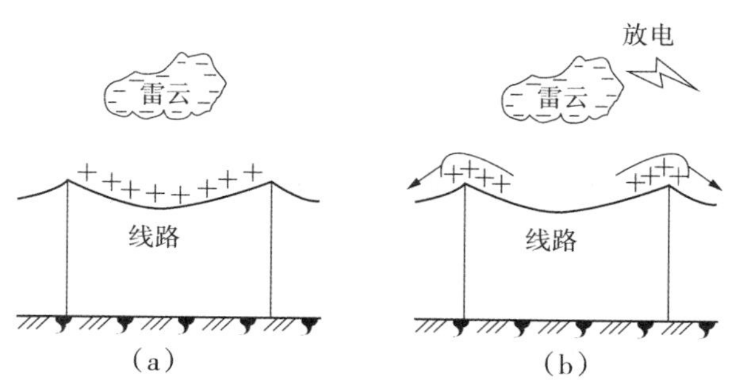

图12.13　感应雷

球形雷俗称地滚雷，通常在雷暴时发生，为圆球形状的闪电，这是一种真实的物理现象。球形雷十分亮，近圆球形，直径15～40 cm不等。球形雷的危害较大，它可以随气流起伏在近地空中自在飘飞或逆风而行。它可以通过开着的门窗进入室内，常见的是穿过烟囱后进入建筑物。它甚至可以在导线上滑动，有时会悬停，有时会无声消失，有时又会因为碰到障碍物而爆炸。

雷电波侵入是指高电压沿着架空线路、金属管道引入室内，如图12.14所示。由于架空线路或金属管道对雷电的传导作用，雷电波可能沿着这些管线侵入室内，危及人身安全或损坏设备。当雷云出现在架空线上方，在线路上因静电感应而聚集大量异性等量的束缚电荷，当雷云向其他地方放电后，线路上的束缚电荷被释放便成自由电荷向线路两端行进，形成很高的过电压。在高压线路，过电压可高达几十万伏，在低压线路也可达几万伏。雷电波侵入，如果金属设备接触不良或有间隙，就会产生火花放电，引起火灾事故；如果沿线路串入电气设备，就可能击穿设备绝缘而损坏设备。

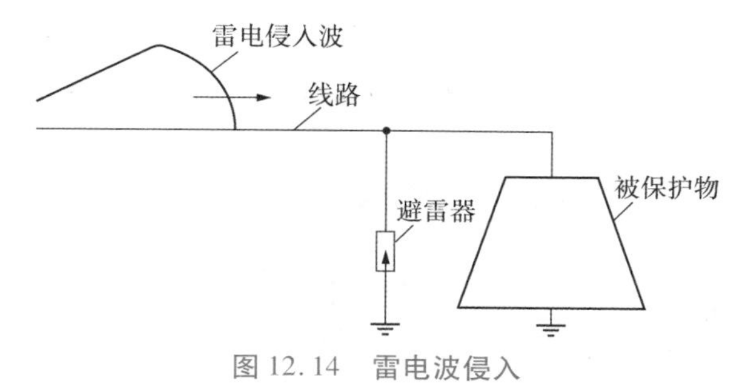

图12.14　雷电波侵入

(3)建筑物易受雷击的部位

雷电危害有一定的规律。根据统计，容易遭受雷击的部位是高耸、突出部位，如水塔、烟囱、屋角、山墙、女儿墙等。

不同屋顶坡度(0°、15°、30°、45°)建筑物的雷击部位如图 12.15 所示。屋角与檐角的雷击率最高。屋顶的坡度越大,屋脊的雷击率也越大。当坡度大于 40°时,屋檐一般不再遭受雷击。当屋面坡度小于 27°,长度小于 30 m 时,雷击点多发生在山墙,而屋檐一般不再遭受雷击。

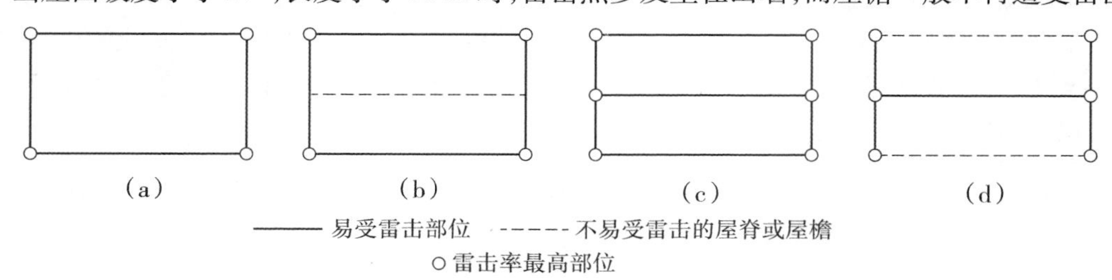

—— 易受雷击部位 ----- 不易受雷击的屋脊或屋檐

○ 雷击率最高部位

图 12.15 不同屋顶坡度建筑物的雷击部位

12.3.2 民用建筑的防雷分类

建筑物根据其重要性、使用性质、发生雷电事故的可能性和后果,并结合防雷要求分类。根据《建筑物防雷设计规范》(GB 50057—2021)将民用建筑防雷分为 3 类。

(1)第一类防雷建筑物

①凡制造、使用或贮存炸药、火药、起爆药、火工品等大量爆炸物质的建筑物,因电火花而引起爆炸,会造成巨大破坏和人身伤亡者;

②具有 0 区(连续出现或长期出现爆炸性气体混合物的环境)或 10 区(连续出现或长期出现爆炸性粉尘的环境)爆炸危险环境的建筑物;

③具有 1 区(在正常运行时可能出现爆炸性气体混合物的环境)爆炸危险环境的建筑物,因电火花而引起爆炸,会造成巨大破坏和人身伤亡者。

(2)第二类防雷建筑物

①国家级重点文物保护的建筑物;

②国家级的会堂、办公建筑物、大型展览和博览建筑物、大型火车站、国宾馆、国家级档案馆、大型城市的重要给水泵房等特别重要的建筑物;

③国家级计算中心、国际通信枢纽等对国民经济有重要意义且装有大量电子设备的建筑物;

④制造、使用或贮存爆炸物质的建筑物,且电火花不易引起爆炸或不致造成巨大破坏和人身伤亡者;

⑤具有 1 区爆炸危险环境的建筑物,且电火花不易引起爆炸或不致造成巨大破坏和人身伤亡者;

⑥具有 2 区(在正常运行时不可能出现爆炸性气体混合物的环境,或即使出现也仅是短时存在的爆炸性气体混合物的环境)或 11 区(有时会将积留下的粉尘扬起而偶然出现爆炸性粉尘混合物的环境)爆炸危险环境的建筑物;

⑦工业企业内有爆炸危险的露天钢质封闭气罐;

⑧预计雷击次数大于 0.06 次/a 的部、省级办公建筑物及其他重要或人员密集的公共建筑物。

（3）第三类防雷建筑物

①省级重点文物保护的建筑物及省级档案馆；

②预计雷击次数大于或等于 0.012 次/a，且小于或等于 0.06 次/a 的部、省级办公建筑物及其他重要或人员密集的公共建筑物；

③预计雷击次数大于或等于 0.06 次/a，且小于或等于 0.3 次/a 的住宅、办公楼等一般性民用建筑物；

④预计雷击次数大于或等于 0.06 次/a 的一般性工业建筑物；

⑤根据雷击后对工业生产的影响及产生的后果，并结合当地气象、地形、地质及周围环境等因素，确定需要防雷的 21 区（具有闪点高于环境温度的可燃液体，在数量和配置上能引起火灾的环境）、22 区（具有悬浮状、堆积状的可燃粉尘或可燃纤维，虽不可能形成爆炸混合物，但在数量和配置上能引起火灾危险的环境）、23 区（具有固定状可燃物质，在数量和配置上能引起火灾危险的环境）火灾危险环境；

⑥在平均雷暴日大于 15 d/a 的地区，高度在 15 m 及以上的烟囱、水塔等孤立的高耸建筑物；

⑦在平均雷暴日小于或等于 15 d/a 的地区，高度在 20 m 及以上的烟囱、水塔等孤立的高耸建筑物。

12.3.3　防雷装置的组成

防雷接地系统的组成与施工工艺

防雷系统由接闪器、引下线和接地装置 3 个部分组成。

（1）接闪器

接闪器是专门用来接受雷击的金属导体，如图 12.16 所示。常见的有避雷针、避雷带（网）、避雷线、避雷器以及兼作接闪的金属屋面、金属构件等。

①避雷针是安装在建筑物突出部位或独立装设的针形导体，通常采用镀锌圆钢或镀锌钢管制成。避雷针对建筑物的防雷保护是有一定范围的，其保护范围以它能防护直击雷的锥形空间表示。

②避雷带是利用直径不小于 8 mm 的圆钢或厚度不小于 4 mm 且截面不小于 48 mm^2 的扁钢做成的条形长带，作为接闪器装于沿建筑物易受雷击的部位（如屋脊、女儿墙），是第二、三类建筑物防直击雷的主要措施。

③避雷网是利用建筑物的钢筋网或另装辅助避雷网作为保护。网格大小可根据建筑物重要性确定。避雷网又分明网和暗网，其网格越密可靠性越好。

④避雷线架设在输电线路上方，用来保护输电线路免遭雷直击。

⑤避雷器是能释放雷电或兼能释放电力系统操作过电压能量，保护电气设备免受瞬时过电压危害，不致引起系统接地短路的电器装置。避雷器通常接于带电导线与地之间，与被保护设备并联。当过电压值达到规定的动作电压时，避雷器立即动作，流过电荷，限制过电压幅值，保护设备绝缘；电压值正常后，避雷器又迅速恢复原状，以保证系统正常供电。

（2）引下线

引下线是连接接闪器和接地装置的金属导体，一般采用圆钢或扁钢，也可利用建筑物钢筋混凝土中的钢筋。引下线可分明装和暗装两种。明装引下线应沿建筑物外墙敷设，敷设应

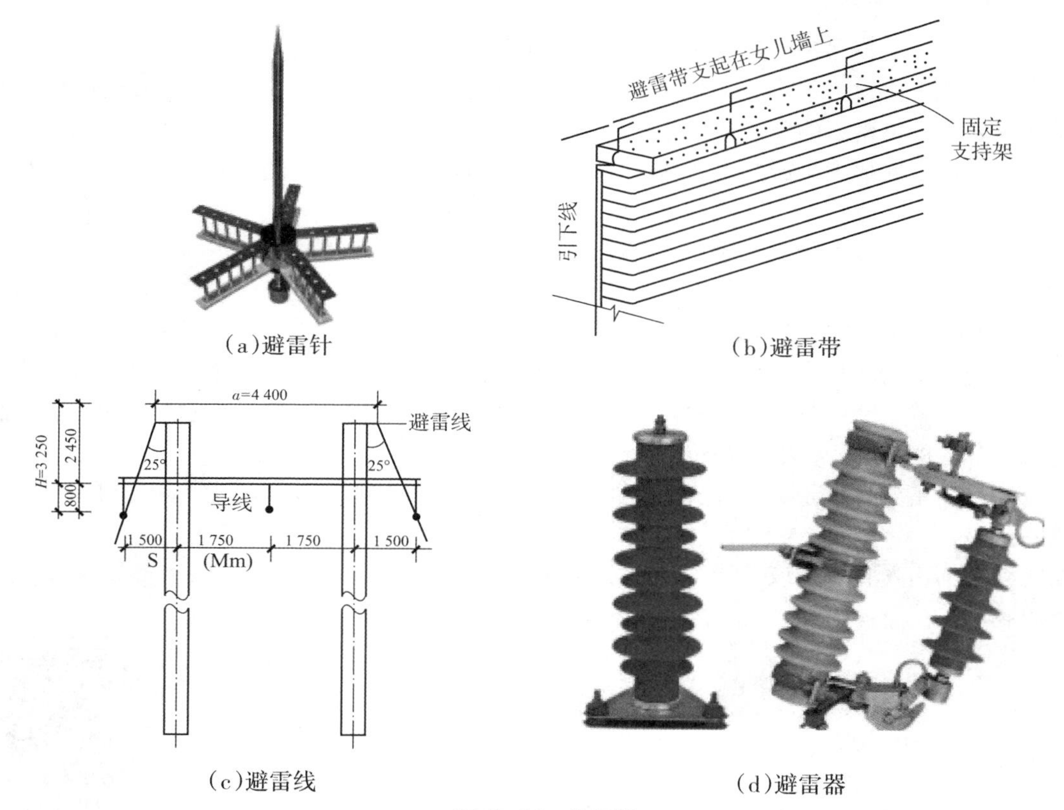

(a)避雷针
(b)避雷带
(c)避雷线
(d)避雷器

图 12.16　接闪器

尽量短而直并应保持一定的松紧度,若必需弯曲,弯角应大于 90°。

第一类防雷建筑物和第二类防雷建筑物至少应有两条引下线,其间距离分别不得大于 12 m 和 18 m;第三类防雷建筑物周长超过 25 m 或高度超过 40 m 时,也应有两条引下线,其间距离不得大于 25 m。

引下线应敷设于人们不易触及的地方。在易受机械损伤的地方,地面以下 0.3 m 至地面以上 1.7 m 的一段引下线应加竹管、角钢或钢管保护。采用角钢或钢管保护时,应与引下线连接起来,以减小通过雷电流时的电抗。

采用多条引下线时,为了便于检查接地电阻和引下线、接地线的连接情况,宜在各引下线距地面高约 1.8 m 处设断接卡。

(3)接地装置

接地装置是接地体和接地线的总称。它的作用是把引下线引下的雷电流迅速散到大地土壤中去。接地装置由接地极(板)、接地母线(户内、户外)、构架接地、接地引下线(接地跨接线)等组成,如图 12.17 所示。

接地体是埋入土壤中或混凝土基础中作散流用的金属导体。接地体分为人工接地体和自然接地体两种。自然接地体是兼作接地用的直接与大地接触的各种金属构件,如建筑物的钢结构、行车钢轨、埋地的金属管道等。人工接地体是直接打入地下专作接地用的经加工的各种型钢和钢管等。人工接地体有垂直埋设和水平埋设两种基本结构形式。常用的垂直接

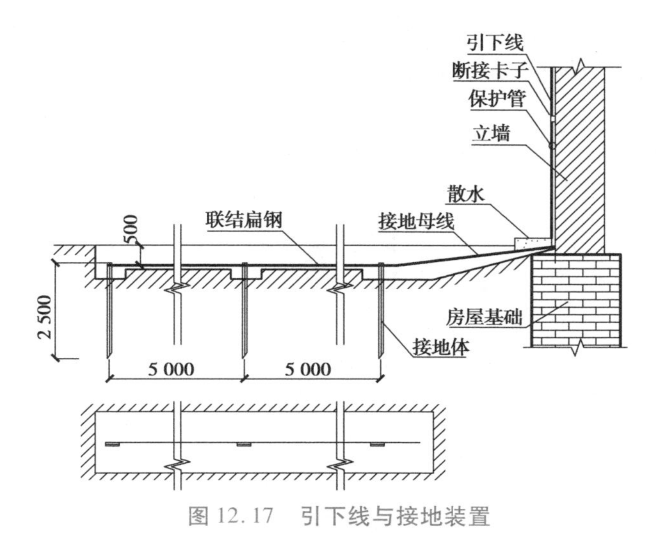

图 12.17　引下线与接地装置

地体为直径 50 mm、长 2.5 m 的钢管或∟50×5 的角钢，埋入地下的垂直接地体上端距地面不应小于 0.7 m；水平接地体多用于环绕建筑四周的联合接地，常用 40 mm×4 mm 镀锌扁钢（侧向敷设），埋设深度不小于 0.6 m，多根接地体水平敷设间距不小于 5 m。

接地线是从引下线断接卡或换线处至接地体的连接导体，也是接地体与接地体之间的连接导体。

12.3.4　防雷接地系统安装工艺

防雷接地系统安装工艺

防雷接地系统安装工艺流程：施工准备→接地体安装→接地干线→支架和引下线→避雷针、避雷带（均压环）、避雷网→测试。

①施工准备。认真熟悉图纸，准备好相应的机具及材料。

②接地体安装。如果是自然接地体，按设计图尺寸位置要求，标好位置，将底板钢筋搭接焊好，焊接处焊缝应饱满并有足够的机械强度，不得有夹渣、咬肉、裂纹、虚焊、气孔等缺陷，焊接处的药皮敲净后，刷沥青做防腐处理；如果是人工接地体，根据图纸要求的规格尺寸加工接地体，按设计图要求进行线路测量、画线、开挖沟槽、安装接地体及其连接的接地母线、检验接地体。接地体安装完毕后，请质监部门进行隐检并做好隐检记录。

③接地干线安装。接地干线应与接地体连接的扁钢相连接，分为室内与室外连接两种。室外接地干线敷设首先进行接地干线的调直、测位、打眼、煨弯，并将断接卡子及接地端子装好；敷设前，按设计要求的尺寸位置挖沟、埋设干线，回填土应压实（干线末端露出地以便接引地线）；室内接地干线明敷设，应先按设计位置预留孔与埋设支持件，然后固定支持件，敷设接地线。

④支架安装。预先做好有燕尾的防腐支架，按设计尺寸预埋，支架安装必须牢固，灰浆饱满、横平竖直。

⑤防雷引下线暗敷设。按设计要求找出全部主筋位置，用油漆作好标记，距室外地坪 1.8 m 处焊好作断接卡子或测试点。随钢筋逐层串联焊接至顶层，焊接出一定长度的引下线，搭接长度不应小于 100 mm。做完后请有关人员进行隐检，做好隐检记录。

⑥避雷针制作与安装。根据设计图纸确定避雷针的安装位置,然后同土建配合浇筑避雷针基础,同时预埋避雷针安装底板。待土建工作基本结束,引下线接地网安装完成后,将避雷针焊上一块肋板;然后竖起点焊于预留钢板上,用线锤检查避雷针垂直后将肋板点焊牢固;再将另外两个肋板分别点焊固定;最后对称施焊,将避雷针固定牢靠,焊接接地线,用水泥砂浆将肋板和底座一起隐蔽。

⑦避雷带(网)安装。避雷带(网)明装时,女儿墙、屋脊上安装避雷带(网)支架时,应预留预埋安装件或孔洞,埋设支架,逐段焊接避雷带(网),并把焊接处打磨光滑、刷防锈漆和银粉防腐。

⑧测试。接地装置整体施工完毕后,应测量其接地电阻。

接地电阻是指电流经过接地体进入大地并向周围扩散时遇到的电阻,常用接地电阻测量仪直接测量。《建筑电气工程施工质量验收规范》(GB 50303—2015)要求:人工接地体及利用建筑物基础钢筋的接地装置,必须在地面以上设置测试点,测试接地装置的接地电阻必须符合设计要求。当实测电阻不能满足设计要求时,可考虑采用置换电阻率较低的土壤、接地体深埋、接地体周围加减阻剂、外引法接地等措施降低电阻。

12.3.5 等电位联结

等电位联结是指将分开的装置、导电物体用等电位联结导体或电涌保护器连接起来,以减小雷电流在它们之间产生的电位差。等电位联结是一种不需增加保护电器,只要增加一些连接导线,就可以均衡电位和降低接触电压,消除因电位差而引起电击危险的措施。它既经济又能有效地防止电击。

等电位联结通常包括总等电位联结(MEB)、局部等电位联结(LEB)等。

总等电位联结是将总保护导体、总接地导体或总接地端子、建筑物内的金属管道和可利用的建筑物金属结构等可导电部分连接到一起,如图 12.18 所示。建筑物每一电源进线都应做总等电位联结,各总等电位联结端子板应互相连通。总等电位联结内各联结导体间连接可采用焊接,也可采用螺栓连接或熔接,等电位联结端子板应采用螺栓连接;总等电位联结安装完毕后,应进行导通性测试,如发现导通不良的管道连接处应作跨接线。

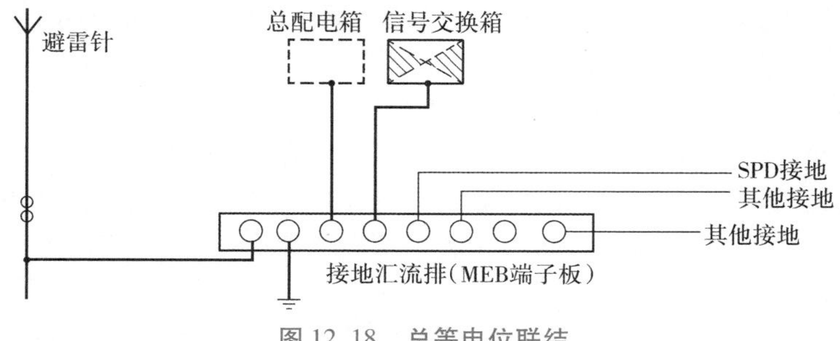

图 12.18 总等电位联结

局部等电位联结是在一个局部范围内将 PE 线或 PEN 线与附近所有能触及的外露导电部分和外部导电部分相互连接,使其在局部范围内处于同一电位,作为总等电位联结的补充。局部等电位联结的主要目的是使接触电压降低

至安全电压以下。常见的卫生间局部等电位联结方式如图 12.19 所示。

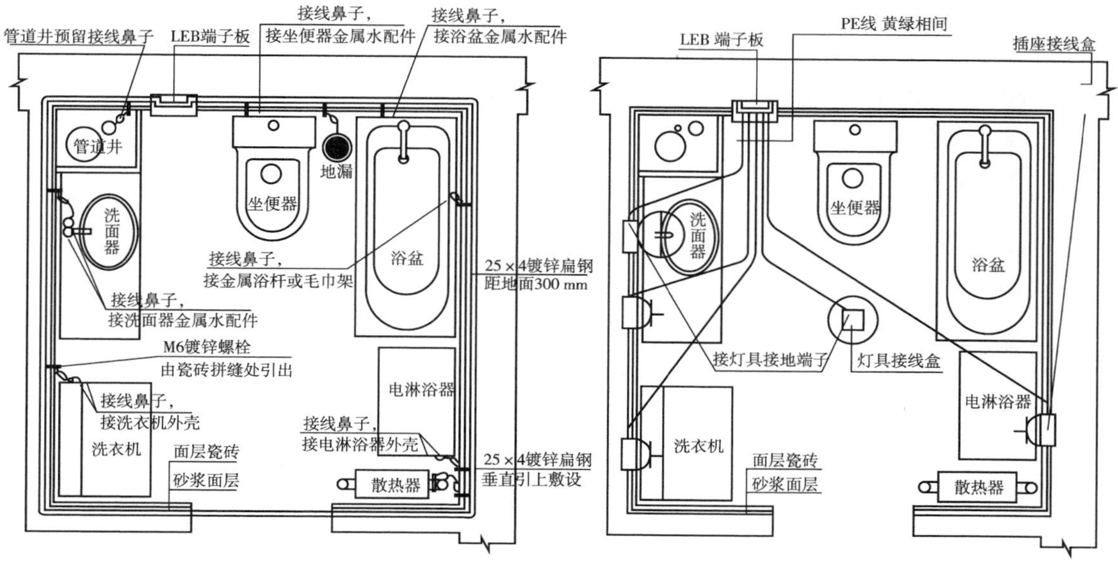

图 12.19　卫生间等电位联结方式

课后习题

一、填空题

1. 一般情况下，当空气干燥、工作条件好时，可使用 24 V、36 V；对于潮湿而触电危险性较大的环境，安全电压规定为____________。

2. 屋顶的坡度越大，屋脊的雷击率也越大，当坡度大于______时，屋檐一般不再遭受雷击。

3. 完整的防雷系统都由______、______和______ 3 个部分组成。

二、选择题

1. TN 系统中消耗导线多，投资大，多用于环境较差、对安全可靠性要求较高的场所。可安装漏电保护开关，有良好的漏电保护性能，在高层建筑或公共建筑中得到广泛采用的是(　　)。

A. TN-S 系统　　B. TN-C 系统　　C. TN-C-S 系统　　D. TN-S-C 系统

2. 防避直击雷通常都是通过接闪器将雷电流接收下来，并通过作引下线的金属导体导引至埋于大地起散流作用的接地装置再泄散入地，以下不属于接闪器的是(　　)。

A. 避雷针　　B. 避雷带　　C. 接地极　　D. 避雷线

3. 以下建筑物属于第一类防雷建筑物的是(　　)。

A. 国家级重点文物保护的建筑物　　B. 大型展览和博览建筑物

C. 烟花爆竹制造厂　　D. 高度在 15 m 及以上的烟囱

三、判断题

1. TN-C 系统的优点是节约投资，比较经济，主要应用在工厂、车间等三相动力设备比较多的建筑中。 (　　)

2. 避雷网又分明网和暗网，其网格越密，可靠性越好。 (　　)

四、简答题

1. 影响触电危险性的因素有哪些？

2. 安全电压的等级有哪些？

3. 低压配电系统的接地形式有哪些？

4. 防雷接地的组成有哪些？

5. 简述防雷接地系统安装工艺。

第 13 章　建筑智能化系统

【本章教学目标】

育人主题	建议学时	素质目标	知识目标	能力目标
智慧宜居	4	(1)家国情怀:通过建筑智能化技术应用,提高居住环境舒适性,提升人们的生活品质; (2)个人品格:加大科学技术普及,增强创新创业意识; (3)职业素养:培养学生为人类进步服务的意识,以及面向未来的开创精神	(1)讲述火灾自动报警系统等基本原理; (2)完整列出建筑智能化系统施工流程,且顺序正确	(1)能够实地辨识建筑智能化系统组成实物; (2)能够绘制建筑智能化系统的施工流程简图,列出施工要点

智能化建筑是将建筑、通信、计算机网络和监控等各方面的先进技术相互融合、集成为最优化的整体,具有工程投资合理、设备高度自控、信息管理科学、服务优质高效、使用灵活方便和环境安全舒适等特点,是能够适应信息化社会发展需要的现代化新型建筑。

13.1　概　述

智能建筑(IB)已成为现代建筑的重要标志之一。它不仅具有传统建筑的功能,而且具有传递、分析、处理信息的综合能力,是集多学科技术综合应用的载体。

13.1.1　智能建筑的定义

智能建筑目前尚没有统一的定义,美国智能建筑学会的定义是:通过对建筑物结构、系统、服务、管理 4 个基本要素进行最优化组合,为用户提供一个高效且经济的环境。《智能建筑设计标准》(GB 50314—2015)的定义是:以建筑为平台,兼备建筑设备、办公自动化及通信网络系统,集结构、系统、服务、管理及它们之间的最优化组合,向人们提供一个安全、高效、舒适、便利的建筑环境。可见,它是高新技术在建筑上的综合体现。

13.1.2 建筑智能化的组成

建筑智能化是指由系统集成中心(SIC)通过综合布线系统(PDS)来控制3A系统(BA:建筑设备自动化;CA:通信自动化;OA:办公自动化),实现高度信息化、自动化及舒适化的现代建筑物,如图13.1所示。

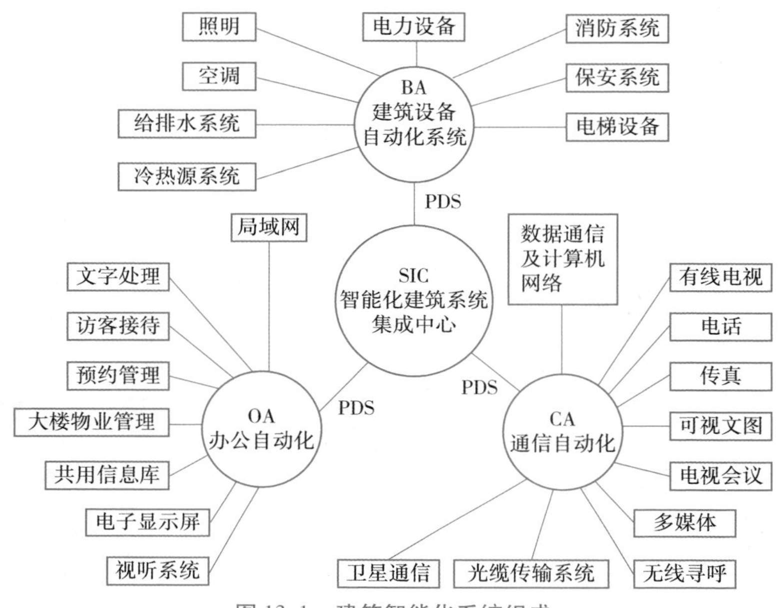

图13.1 建筑智能化系统组成

1)系统集成中心(SIC)

系统集成中心(SIC)是将各智能子系统通过网络、软硬接口构成逻辑和功能均统一协调的整体。它不是把各子系统简单叠加,而是综合运用各系统功能实现系统间信息要素的传输处理,以达到资源共享、高度自控的目的。

系统集成中心(SIC)具有各个智能化系统信息总汇集和各类信息综合管理的功能。具体要达到以下3个方面的要求:

①汇集建筑物内外各种信息。接口界面要标准化、规范化,以实现各智能化系统之间的信息交换及通信协议(接口、命令等)。

②对建筑物各智能化系统的综合管理。

③对建筑物内各种网络管理,必须具有很强的信息处理及数据通信能力。

2)综合布线系统(PDS)

综合布线系统(PDS)是一种集成化通用传输系统,利用无屏蔽双绞线(UTP)或光纤传输智能化建筑或建筑群内的语言、数据、监控图像和楼宇自控信号。它是智能化建筑连接3A系统各种控制信号必备的基础设施。综合布线系统(PDS)是建筑物内或建筑群之间的一个模块化、灵活性和实用性极高的信息传输通道,是智能建筑的“信息高速公路”。

(1)综合布线系统(PDS)结构

综合布线系统(PDS)也称为结构化布线(SCS),可以提供开放式标准接口,实现建筑物间或内部间的信号传输。PDS克服了传统布线各系统互不关联,施工管理复杂,缺乏统一标准及适应环境变换灵活性差等缺点。它采用积木式结构,模块化设计,实施统一标准,完全能满足智能化建筑高效、可靠、灵活性强的要求。

PDS通常是由工作区(终端)子系统、水平布线子系统、垂直干线子系统、管理子系统、设备间子系统及建筑群室外连接子系统6个部分组成,如图13.2所示。

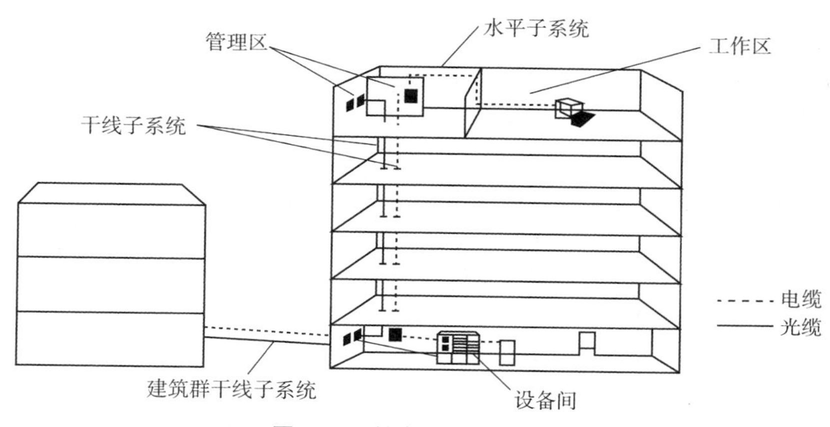

图13.2 综合布线系统结构

①工作区(终端)子系统:一个独立的需要设置终端设备的区域宜划分为一个工作区(如办公室)。工作区子系统由终端设备、适配器和连接信息插座的3 m左右的线缆共同组成。

②水平布线子系统:由每一个工作区的信息插座开始,经水平布线到楼层配线间的线缆、楼层配线设备及跳线等组成。

③垂直干线子系统:通常由设备间(如计算机房、程控交换机房)的配线设备以及设备间配线架至楼层配线架之间的连接电缆馈线或光缆组成。

④管理区子系统:干线子系统和水平子系统的桥梁,由设备间、楼层配线间的配线设备、输入/输出设备等组成。

⑤设备间子系统:由设备间的电缆、连接跳线架及相关支撑硬件、防雷保护装置等组成,是整个配线系统的中心单元。

⑥建筑群室外连接子系统:将一个建筑物中的线缆延伸到建筑群的另一些建筑物中的通信设备装置上,它由电缆、光缆和入楼处线缆上过流过压保护设备等相关硬件组成。

综合布线的拓扑结构有星形、总线形、环形、树状形等。不同的拓扑结构对综合布线系统的性能有直接影响。其中,星形拓扑结构的兼容性和稳定性能够满足综合布线系统不同的应用要求,因此在综合布线中得到了广泛应用。

综合布线的组成部件主要有传输介质、配线架、信息插座、通信引出端等。传输介质主要指各种双绞线线缆、光缆、配线架跳线等,连接器主要是各类配线架、转接器等。

(2)综合布线的特点

综合布线的特点是实用性、灵活性、扩充性、可靠性和经济性,而且其设计、施工与维护方便。

①实用性:能满足语言通信、数据通信、图像通信及多媒体信息通信的需要。

②灵活性:综合布线采用标准的传输线缆和连接硬件,模块化设计。因此,在任何一个信息插座上都能连接不同类型的终端设备,如电话机、个人计算机等。

③扩充性:布线系统可以扩充,以便将来技术更新和更大发展时,将设备扩充进去。

④可靠性:综合布线采用高品质的材料组合压接方式构成一条高标准信息传输通道,采用点到点端接,任何一条链路故障均不影响其他链路的运行,保证了系统运行的可靠性。

⑤经济性:可降低设备搬迁、用户重新布局和系统维护的费用。

3)建筑设备自动化

建筑设备自动化(BA)对智能化建筑中的暖通、空调、电力、照明、供排水、消防、电梯、停车场、废物处理等大量机电设备进行有条不紊的综合协调,科学地运行管理及维护保养工作。它为所有机电设备提供了安全、可靠、节能、长寿命运行的可靠保证。

建筑设备自动化系统必须包括建筑物管理子系统、安全保卫子系统、能源管理子系统3个子系统。

①建筑物管理子系统:是对建筑物内所有机电设备完成运行状态的监视、报表编制、启停控制及维护保养、事故诊断分析的系统。建筑物管理子系统通过设在现场各被控设备附近的控制分站来完成上述工作。

②安全保卫子系统:具备高度信息化办公室的安全保卫子系统的重要性越来越受到重视,出入口警卫、防盗、防灾、防火、车库管理、商业秘密等都属安全保卫子系统。它采用身份卡、闭路电视、遥感控制、传感控制等来实现安全保卫的要求。

③能源管理子系统:是在不降低舒适性的前提下,达到节能从而降低运行费用的目的。

4)通信自动化

通信自动化(CA)主要用于建筑物内外各种通信联系,并提供相应网络支持服务。该系统能高速处理智能化建筑内外各种语言、图像、文字、数据间的通信,可分为卫星通信、图文通信、语言通信及数据通信等。

①卫星通信突破了传统的地域观念,实现了“相距万里、近在眼前”的国际信息交往联系,起到了零距离时差传递信息的重要作用。

②图文通信可实现传真、可视数据检索、电子邮件、电视会议等多种通信业务。数字传送和分组交换技术的发展,以及采用大容量高速数字专用通信线路实现多种通信方式,使得根据需要选定经济高效的通信线路成为可能。

③语言通信系统可给用户提供预约呼叫、等候呼叫、自动重拨、快速拨号、转向呼叫、直接拨入、用户账单报告、语言邮政等上百种不同特色的通信服务。

④数据通信系统可供用户建立区域网,以连接其办公区内的电脑及其外部设备完成电子数据交换业务(EDI)。

5)办公自动化

办公自动化(OA)主要用于具体办公业务的人机信息交互系统,包括服务于建筑物本身的物业管理等公共部分和服务于用户具体业务领域的文字处理等专用部分。它能为用户提供最佳的办公条件。

智能化建筑中,要处理行政、财务、商务、档案、报表、文件等管理业务,以及安全保卫业务、防灾害业务等。这些业务特点是部门多、综合性强、业务量大、时效性高,没有科学的办公自动化系统来处理这些业务是不可想象的。因此,办公自动化系统被誉为智能化建筑忠实可靠的人事、财务、行政、保卫、后勤的总管。

OA 系统是在 CA 系统基础上建立起来的信息系统,主要由日常事务型和决策型两个子系统组成。前一个子系统是通用的,主要是提高人们的工作效率;后一个子系统,则是与人们从事的工作领域有关,是"专门领域的应用信息系统",如金融领域的专用信息系统、工业领域的专用信息系统、国家经济宏观调控领域的专用信息系统。

13.1.3　建筑智能化的特点

①发展迅速,内涵容量大。各种高新技术和设备将不断引入 3A 系统,如多媒体电脑、宽带综合业务数据网(B—ISDN)等。

②灵活性大,适应变化能力强。首先,智能化建筑环境具有适应变化的高度灵活性。例如,房间设计为活动开间(隔断)、活动楼板,大开间可分成不同工位的小隔间,每个工位楼板由小块楼板拼装而成,这样建筑开间和隔墙布置就可随需要而灵活变化。其次,管线设计具有适应变化的能力,可以适应租户更换、使用方式变更、设备位置和性能变动的各种情况。

③能源利用率高,能运行在最经济、可靠的状态。例如,空调系统采用焓值控制、最优启停控制、设定值自动控制与多种节能优化控制等措施,使大厦能耗大幅度下降,从而获得巨大的经济效益。

④3A 系统相互配合产生许多新功能。

a. 建筑物管理系统与远程通信系统的配合:可使用户利用身边的电话机作为终端,控制温度和湿度给定值的变更,温度和湿度测试值的确认,能源使用量和设备运行状态的通知,在异常时的用户报警通知,空调、照明投入和切断等;还可使建筑群(小区)管理中心,通过外部网络,对几座建筑物进行集中监视。

b. 建筑物管理系统与办公自动化系统的配合:使接在办公自动化区域网络上的个人电脑、工作站获得建筑物管理信息;使会议室等空间的预约管理系统与空调机运行结合起来实现联动;还可使建筑物管理系统收集到的能源使用量与办公自动化的财务管理系统相结合。

c. 远程通信系统与办公自动化系统的配合:使信息上孤立的建筑物成为广域网的一个结点。

13.2　火灾自动报警与消防联动系统

火灾自动报警系统是探测火灾早期特征、发出火灾报警信号,为人员疏散、防止火灾蔓延和启动自动灭火设备提供控制与指示的消防系统。消防联动控制系统是接收火灾报警控制器发出的火灾报警信号,按预设逻辑完成各项消防功能的控制系统。

设置火灾自动报警系统的目的是能够早期发现和通报火灾,以便及时采取有效措施控制和扑灭火灾,防止和减少火灾造成的损失,保护人们的生命和财产安全。

13.2.1 火灾自动报警系统

火灾自动报警系统能够在火灾初期,将燃烧产生的烟雾、热量和光辐射等物理量,通过感温、感烟和感光等火灾探测器变成电信号,传输到火灾报警控制器,并同时显示火灾发生的部位,记录火灾发生的时间。火灾自动报警系统与自动喷水灭火系统、室内消火栓系统、防排烟系统、空调系统、通风系统、防火门、防火卷帘、挡烟垂壁等相关设备联动,自动或手动发出指令,启动相应的设备。

火灾自动报警系统是智能建筑三大体系中BAS(建筑设备管理系统)的一个非常重要的独立子系统。

1)火灾自动报警系统组成

火灾自动报警系统一般由触发装置、报警装置、警报装置、控制装置和电源等组成,如图13.3所示。

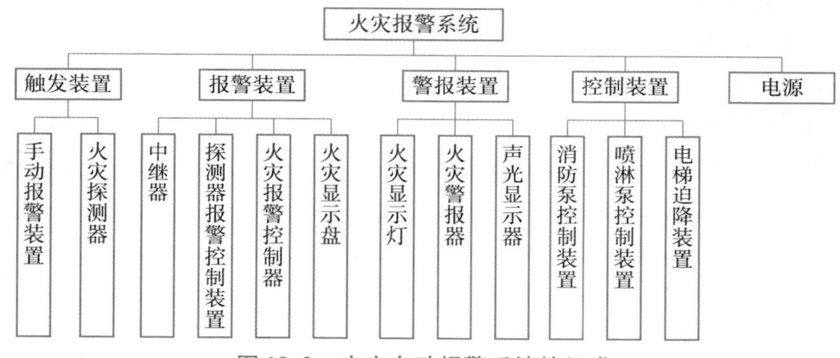

图13.3　火灾自动报警系统的组成

(1)触发器件

在火灾自动报警系统中,自动或手动产生火灾报警信号的器件称为触发器件,主要包括火灾探测器和手动报警按钮。

①火灾探测器。火灾探测器是能对火灾参数(烟、温度、光、气体浓度等)响应,并自动产生火灾报警信号的器件。火灾探测器是最关键的部件之一,是整个系统自动检测的触发器件,就像系统的“感觉器官”,能不间断地监视和探测被保护区域火灾的初期信号。

根据响应火灾参数的不同,火灾探测器可分为感烟式、感温式、感光式、可燃气体探测式和复合式5种基本类型;按传感器的结构形式分为点式探测器和线式探测器;按探测器与控制器的接线方式分为总线制、多线制,其中总线制又分为编码的和非编码的。

不同类型的火灾探测器适用于不同类型的火灾和不同场所。感烟火灾探测器对燃烧或热解产生的固体或液体微粒予以响应,可以探测物质初期燃烧产生的气溶胶或烟粒子浓度;感温火灾探测器响应异常温度、温升速率和温差等火灾信号,是使用面广、品种多、价格低的火灾探测器;感光火灾探测器又称为火焰探测器,主要对火焰辐射出的红外、紫外、可见光予以响应;可燃气体火灾探测器主要用于易燃、易爆场所中探测可燃气体(粉尘)的浓度,一般调整在爆炸浓度下限的1/3～1/2时动作报警;复合火灾探测器可响应两种或两种以上火灾参数的火灾探测器。

不同类型的火灾探测器的适用场所见表13.1。

表13.1 火灾探测器适用场所

<table>
<tr><th>类型</th><th>适宜选用的场所</th><th>不适宜选用的场所</th></tr>
<tr><td>离子感烟
火灾探测器</td><td rowspan="2">1. 饭店、旅馆、教学楼、办公楼的厅堂、卧室、办公室、商场、列车载客车厢等;
2. 计算机房、通信机房、电影或电影放映室等;
3. 楼梯、走廊、电梯机房、车库等;
4. 书库、档案库等</td><td>1. 相对湿度经常大于95%;
2. 气流速度大于5 m/s;
3. 有大量粉尘、水雾滞留;
4. 可能产生腐蚀性气体;
5. 在正常情况下有烟滞留;
6. 产生醇类、醚类、酮类等有机物质</td></tr>
<tr><td>光电感烟
火灾探测器</td><td>1. 有大量粉尘、水雾滞留;
2. 可能产生蒸汽和油雾;
3. 高海拔地区;
4. 在正常情况下有烟滞留</td></tr>
<tr><td>感温火灾探测器</td><td>1. 相对湿度经常高于95%;
2. 可能发生无烟火灾;
3. 有大量粉尘;
4. 吸烟室等在正常情况下有烟或蒸汽滞留的场所;
5. 厨房、锅炉房、发电机房、烘干车间等不宜安装感烟火灾探测器的场所;
6. 需要联动熄灭"安全出口"标志灯的安全出口内侧;
7. 其他无人滞留且不适合安装感烟火灾探测器,但发生火灾时需要及时报警的场所</td><td>1. 可能产生阴燃火或发生火灾不及时报警将造成重大损失的场所,不宜选择点型感温火灾探测器;
2. 温度在0 ℃以下的场所,不宜选择定温探测器;
3. 温度变化较大的场所,不宜选择具有差温特性的探测器</td></tr>
<tr><td>可燃气体探测器</td><td>1. 使用可燃气体的场所;
2. 燃气站和燃气表房以及存储液化石油气罐的场所;
3. 其他散发可燃气体和可燃蒸汽的场所</td><td>除适宜选用场所之外所有的场所</td></tr>
</table>

②手动报警按钮。手动报警按钮是手动方式产生火灾报警信号的器件,是火灾自动报警系统不可缺少的装置之一。

每个防火分区应至少设置一个手动火灾报警按钮,从防火分区内的任何位置到最近的手动报警按钮距离不应大于30 m。手动报警按钮易设置在公共场所的出入口,安装在墙上距地(楼)面高度1.3～1.5 m处,且在其端部应有明显标志。

(2)报警装置

报警装置是一种能对火灾探测器供电、接收、显示和传输火灾报警等信号,并能对消防设备发出控制指令的设备。它可以单独作火灾自动报警用,也可与消防灭火系统联动,组成自动报警联动控制系统。

火灾报警控制器是其中最基本的一种，它将接收到的火灾信号，经过运算处理后认定火灾，输出指令信号。一方面启动火灾报警装置；另一方面启动灭火联动装置，用于驱动各种灭火设备、减灾设备。火灾报警控制器是火灾自动报警系统的"躯体"和"大脑"，是系统的核心。

根据《消防词汇　第5部分：消防产品》(GB/T 5907.5—2015)的定义，火灾报警控制器应具有以下功能：

①储存记忆信息；

②能接收火灾探测器发送的火灾报警信号，迅速、正确地进行转换和处理，并以声、光等形式指示火灾发生的具体部位，进而发送消防设备的启动控制信号；

③自动监视系统的正确运行和对特定故障给出声光报警(自检)；

④火灾报警优先功能；

⑤向火灾探测器提供高稳定度的直流电源。

按用途不同，火灾报警控制器可分为区域火灾报警控制器和集中火灾报警控制器。

任一台火灾报警控制器所连接的火灾探测器、手动火灾报警按钮和模块等设备总数和地址总数，均不应超过3 200点，其中每一总线回路连接设备的总数不超过200点，且留有不少于额定容量10%的余量。

(3)警报装置

警报装置是指在火灾自动报警系统中，能够发出区别于一般环境声、光的警报信号的装置，用以在发生火灾时，以特殊的声、光、音响等方式向报警区域发出火灾警报信号，警示人们采取安全疏散、灭火救灾措施。常用的警报装置有声光报警器、警铃和讯响器等。

(4)控制装置

在火灾自动报警系统中，当接收到来自触发器的火灾信号后，能自动或手动启动相关消防设备并显示其工作状态的装置，称为控制装置。控制装置主要有自动灭火系统的控制装置、室内消火栓的控制装置、防排烟控制系统的控制装置、空调通风系统的控制装置、防火门控制装置及电梯迫降控制装置等。

(5)电源

火灾自动报警系统设置是否得当直接关系整个建筑和人员的生命财产安全，因此火灾自动报警应该有主电源和直流备用电源。主电源宜采用消防电源，备用电源宜采用专用的蓄电池。蓄电池组的容量应保证火灾自动报警及联动控制系统在火灾状态同时工作负荷条件下连续工作3 h以上。

2)火灾自动报警系统分类

火灾自动报警系统分为区域报警系统、集中报警系统和控制中心报警系统3种基本形式。区域报警系统宜用于二级保护对象；集中报警系统宜用于一、二级保护对象；控制中心报警系统宜用于特级、一级保护对象。在工程设计中，对某一特定的保护对象采取何种报警系统，要根据保护对象的个体情况合理确定。

(1)区域报警系统

区域报警系统是由区域火灾报警控制器、触发器件、警报装置等组成的火灾自动报警系统，如图13.4所示。

区域报警系统较简单,使用很广泛。它可单独用于工矿企业的要害部位(如计算机房)和民用建筑的塔式公寓、办公楼等场所。此外,在集中报警系统和控制中心报警系统中,区域火灾报警控制器也是必不可少的设备。

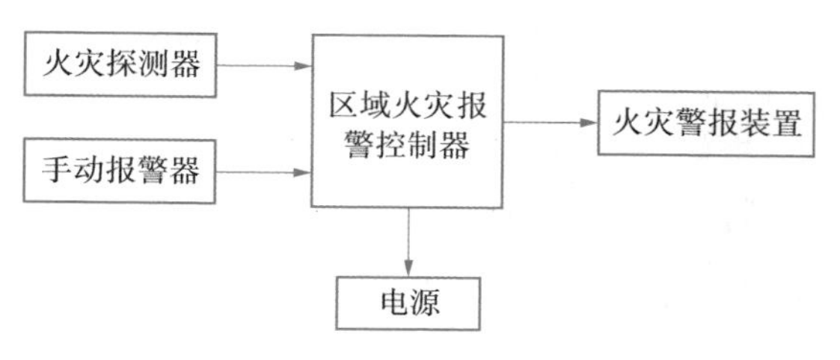

图13.4　区域报警系统的组成

采用区域报警系统应注意以下问题:

①单独使用的区域报警系统,一个报警区域宜设置一台区域火灾报警控制器,必要时可使用两台。如果需要设置的区域火灾报警控制器超过两台,就应当考虑采用集中报警控制系统。

②当用一台区域火灾报警控制器警戒多个楼层时,为了在火灾探测器报警后,管理人员能及时、准确地到达报警地点,迅速采取扑救措施,应在每个楼层的楼梯口处或消防电梯前室等明显地方设置识别着火楼层的灯光显示装置。

③安装壁挂式区域火灾报警控制器时,区域火灾报警控制器的底边距地面的高度宜为1.3~1.5 m。此外,区域火灾报警控制器靠近门轴的侧面距墙不应小于0.5 m,正面操作距离不应小于1.2 m。

④区域火灾报警控制器应设置在有人值班的房间或场所。如果确有困难,应安装在楼层走道、车间等公共场所或经常有值班人员管理巡逻的地方。

(2)集中报警系统

集中报警系统是由集中火灾报警控制器、区域火灾报警控制器、触发器件、警报装置等组成的功能较复杂的火灾自动报警系统,如图13.5所示。集中报警系统应由一台集中火灾报警控制器和两台以上区域火灾报警控制器组成,系统中应设置消防联动控制设备。集中火灾报警控制器应有能显示火灾报警部位的信号和联动控制状态信号,也可以进行联动控制。

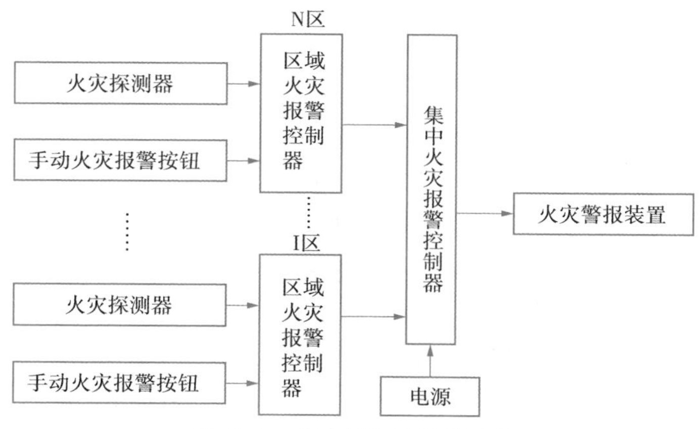

图13.5　集中报警系统的组成

集中报警系统通常用于功能较多的建筑物,如高层宾馆、饭店等。这时,集中火灾报警控制器应设置在有专人值班的消防控制室或值班室内,区域火灾报警制器设置在各层的服务台处。系统设备的布置应注意以下问题:

①集中火灾报警控制器的输入、输出信号线,要通过控制器上的接线端子连接,不得将导线直接接到控制器上。输入、输出信号线的接线端子上应有明显的标记和编号,以便线路的检查、维修和更换。

②消防控制室内设备的布置应按规定留出操作、维修空间。设备面盘正面的操作距离在单列布置时不小于 1.5 m,双列布置时不小于 2 m。在值班人员经常工作的一面,设备面盘距墙不小于 3 m。设备面盘后的维修间距不小于 1 m。设备面盘的排列长度大于 4 m 时,其两端应设宽度不小于 1 m 的通道。

③集中火灾报警控制器安装在墙上时,其底边距地面的高度宜为 1.3 ~ 1.5 m,靠近门轴的侧面距墙不应小于 0.5 m,正面操作距离不应小于 1.2 m。

④集中火灾报警控制器应设置在有专人值班的房间或消防控制室。控制室的值班人员应当经过当地公安消防机构培训后持证上岗。

⑤集中火灾报警控制器所连接的区域火灾报警控制器,应当满足区域火灾报警控制器的要求。

(3)控制中心报警系统

控制中心报警系统是由设置在消防控制室的消防控制设备、集中火灾报警控制器、区域火灾报警控制器、触发器件等组成的功能复杂的火灾自动报警系统,如图 13.6 所示。其中,消防控制设备主要包括火灾警报装置,火警电话,火灾应急照明,火灾应急广播,防排烟、通风空调、固定灭火系统的控制装置,消防电梯等联动装置。

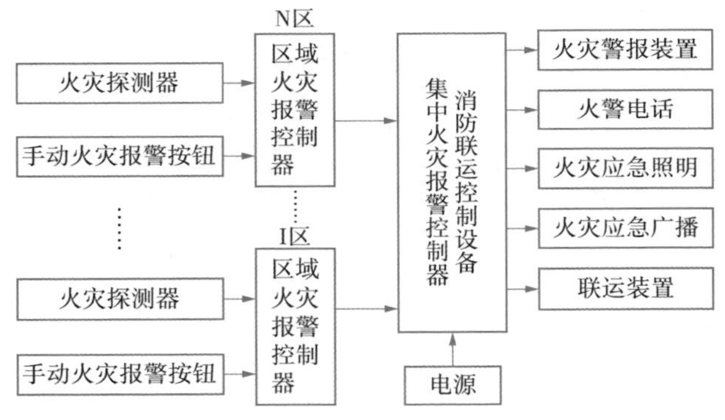

图 13.6　控制中心报警系统

控制中心报警系统的设计应符合下列要求:

①系统中至少设有一台集中火灾报警控制器、一台专用消防联动控制设备和两台以上区域火灾报警控制器。消防控制设备和集中火灾报警控制器都应设在消防中心控制室。

②系统应能集中显示火灾报警部位信号和联动控制状态信号。设在消防中心控制室以外的各台区域火灾报警控制器的火灾报警信号和消防设备的联动控制信号,均应按规定接到中心控制室的集中火灾报警控制器和联动控制盘上,显示其部位和设备号。

③系统中设置的集中火灾报警控制器和消防联动控制设备在消防控制室内的布置应符合下列要求:

a. 设备面盘前的距离,单列布置时不小于 1.5 m,双列布置时不小于 2 m;

b. 在值班人员经常工作的一面,设备盘面至墙的距离不应小于 3 m;

c. 设备面盘后的维修间距不宜小于 1 m；

d. 设备面盘的排列长度大于 4 m 时，其两端应设置宽度不小于 1 m 的通道；

e. 集中火灾报警控制器安装在墙上时，其底边距地面的高度宜为 1.3 ~ 1.5 m，靠近门轴的侧面距墙不应小于 0.5 m，正面操作距离不应小于 1.2 m。

13.2.2　消防联动控制系统

消防联动控制系统是当确认火灾发生后，启动各种消防设备，以达到报警及扑灭火灾的目的。通常包括消防联动控制器、消防控制室图形显示装置、传输设备、消防电气控制装置（防火卷帘控制器、气体灭火控制器）、消防应急广播设备、消防电话、消防设备应急电源、消防电动装置、消防联动模块、消火栓按钮全部或部分设备，如图 13.7 所示。

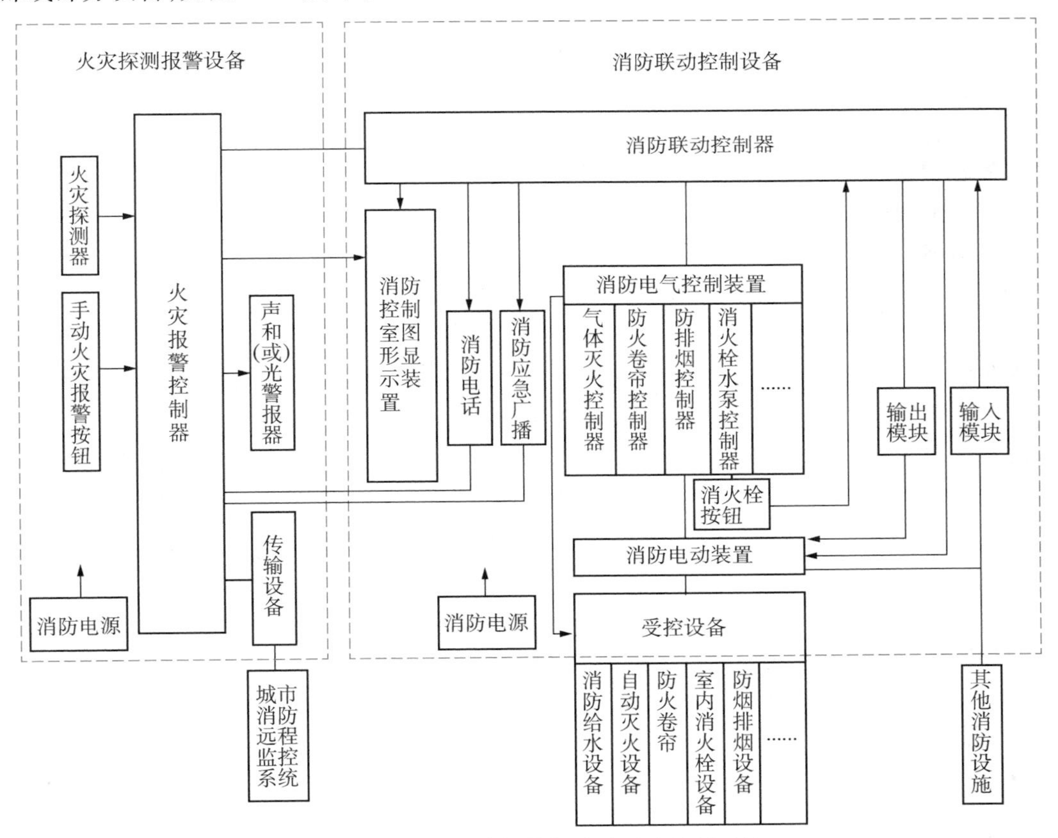

图 13.7　火灾自动报警与消防联动控制系统

（1）消防联动控制器

消防联动控制器是消防联动控制设备的核心组件。它通过接收火灾报警控制器发出的火灾报警信息，按预设逻辑对自动消防设备实现联动控制和状态监视。消防联动控制器可直接发出控制信号，通过驱动装置控制现场的受控设备。消防联动控制器应具有控制功能、故障报警功能、自检功能、信息显示与查询功能、电源功能等。

任一台消防联动控制器地址总数或火灾报警控制器（联动型）所控制的各类模块总数不超过 1 600 点，其中每一联动总线回路连接设备的总数不超过 100 点，且留有不少于额定容量 10% 的余量。总线式消防联动控制器应设置总线短路隔离器，每只总线短路隔离器保护的消防设备总数不超过 32 点，总线穿越防火分区时，在穿越处设置总线短路隔离器。

（2）消防控制室图形显示装置

消防控制室图形显示装置是消防联动控制设备的一个重要组件，安装在消防控制中心，能接收火灾报警控制器和（或）消防联动控制器的相关信息，并能在 3 s 内进入火灾报警和（或）联动状态，并显示状态。消防控制室图形显示装置由计算机主机、图形终端、通信模块、软件、电源单元组成，用红色指示报警、联动状态，黄色指示故障状态，绿色指示正常状态。消防控制室图形显示装置具有通信功能、状态显示功能、通信故障报警功能、信息记录功能、信息传输功能等。

（3）传输设备

传输设备是将火灾报警控制器的火警、故障、监管报警、屏蔽等信息传送至报警接收站的设备。传输设备应设置在消防控制室内；未设置消防控制室时，应设置在火灾报警控制器附近的明显部位。传输设备与火灾报警控制器、消防联动控制器、电气火灾监控器、可燃气体报警控制器等消防设备之间，应采用专用线路连接。传输设备装置的手动报警装置，应设置在便于操作的明显部位。

传输设备的主要部（器）件有指示灯（器）、显示器、音响器件、熔断器、接线端子、充电器及备用电源、开关和按键等。

（4）消防电气控制装置

消防电气控制装置应具有手动和自动控制方式，并能接收来自消防联动控制器的联动控制信号，在自动工作状态下，执行预定的动作，控制受控设备进入预定的工作状态。消防电气控制装置仅可配接启动器件，配接启动器件的消防电气控制装置应能接收启动器件的动作信号，并在 3 s 内将启动器件的动作信号发送给消防联动控制器。处于自动工作状态的消防电气控制装置在接收到启动器件的动作信号后，应执行预定的动作，控制受控设备进入预定的工作状态。

消防电气控制装置应设绿色主电源指示灯，在主电源正常时，该指示灯应点亮。消防电气控制装置应设红色启动指示灯，在执行启动动作后，该指示灯应点亮。具有故障报警功能的消防电气控制装置应设音响器件和黄色故障指示灯，当有故障发生时，该指示灯应点亮，音响器件应发出故障声信号。

（5）气体灭火控制器

气体灭火控制器是专用于气体自动灭火系统中，融自动探测、自动报警、自动灭火为一体的控制器。气体灭火控制器可以连接感烟、感温火灾探测器，紧急启停按钮，手自动转换开关，气体喷洒指示灯，声光警报器等设备，并且提供驱动电磁阀的接口，用于启动气体灭火设备。

气体灭火控制器主电源应采用 220 V、50 Hz 交流电源，电源线输入端应设接线端子。气体灭火控制器不应直接接收火灾报警触发器件的火灾报警信号。气体灭火控制器有控制和显示功能、故障报警功能、自检功能、电源功能等。

(6)消防应急广播

发生火灾时,为了便于组织人员安全疏散和通告有关救灾事项,集中报警和控制中心报警系统应设置消防应急广播。消防应急广播系统的联动控制信号应由消防联动控制器发出。消防应急广播的单次语音播放时间宜为10~30 s,与火灾声警报器分时交替工作,可采取1次火灾声警报器播放、1次或2次消防应急广播播放的交替工作方式循环播放。在消防控制室应能手动或按预设控制逻辑联动控制选择广播分区、启动或停止应急广播系统,并应能监听消防应急广播。在通过传声器进行应急广播时,应自动对广播内容进行录音。消防应急广播与普通广播或背景音乐广播合用时,应具有强制切入消防应急广播的功能。广播功率放大器应具有消防电话插孔,消防电话插入后应能直接讲话。

消防应急广播扬声器应设置在走道和大厅等公共场所,每个扬声器的功率不应小于3 W,其数量应能保证从一个防火分区的任何部位到最近一个扬声器的距离不大于25 m。走道内最后一个扬声器距走道末端的距离不大于12.5 m。

(7)消防电话

消防专用电话网络应为独立的消防通信系统。消防控制室应设置消防专用电话总机;多线制消防专用电话系统中的每个电话分机应与总机单独连接;消防控制室、消防值班室或企业消防站等处,应设置可直接报警的外线电话。

消防水泵房、发电机房、配变电室、计算机网络机房、主要通风和空调机房、防排烟机房、灭火控制系统操作装置处或控制室、企业消防站、消防值班室、总调度室、消防电梯机房及其他与消防联动控制有关的且经常有人值班的机房,应设置消防专用电话分机。消防专用电话分机应固定安装在明显且便于使用的部位,并应有区别于普通电话的标识。设有手动火灾报警按钮或消火栓按钮等处,宜设置电话插孔,并宜选择带有电话插孔的手动火灾报警按钮。各避难层应每隔20 m设置一个消防专用电话分机或电话插孔。电话插孔在墙上安装时,其底边距地面高度宜为1.3~1.5 m。

(8)消防设备应急电源

消防用电设备应采用专用的供电回路,其配电设备应设有明显标志。其配电线路和控制回路宜按防火分区划分。

火灾自动报警系统的交流电源应采用消防电源,备用电源可采用火灾报警控制器和消防联动控制器自带的蓄电池电源或消防设备应急电源。消防设备应急电源的输出功率应大于火灾自动报警及联动控制系统全负荷功率的120%,蓄电池组的容量应保证火灾自动报警及联动控制系统在火灾状态同时工作负荷条件下连续工作3 h以上。当备用电源采用消防设备应急电源时,火灾报警控制器和消防联动控制器应采用单独的供电回路,并应保证在系统处于最大负载状态下不影响火灾报警控制器和消防联动控制器的正常工作。

13.2.3 火灾报警系统与消防联动控制系统安装

火灾自动报警系统的施工流程:布管→线缆敷设→火灾探测器安装→火灾报警控制器安装→系统调试。

(1)布管

火灾自动报警系统的传输线路应采用金属管、可挠(金属)电气导管、B1级以上的钢性塑料管或封闭式线槽保护。线路暗敷设时，采用B1级以上的刚性塑料管保护，并应敷设在不燃烧体的结构层内，且保护层厚度不宜小于30 mm；线路明敷设时，采用金属管、可挠(金属)电气导管或金属封闭线槽保护。

①从接线盒、线槽等处引到探测器底座盒、控制设备盒、扬声器的线路，当采用金属软管保护时，其长度不应大于2 m。

②管路超过一定长度时，应在便于接线处装设接线盒。

③金属管子入盒时，盒外侧应套锁母，内侧应装护口；在吊顶内敷设时，盒的内外侧均应套锁母。

(2)线缆敷设

①火灾自动报警系统布线时，应根据现行国家标准《火灾自动报警系统设计规范》(GB 50116—2013)的规定，对导线的种类、电压等级进行检查。

②火灾自动报警系统的布线，还应符合现行国家标准《电气装置安装工程　电缆线路施工及验收标准》(GB 50168—2018)的规定。

③在管内或线槽的穿线，应在建筑抹灰及地面工程结束后进行。在穿线前，应将管内或线槽内的积水及杂物清除干净。

④不同系统、不同电压等级、不同电流类别的线路，不应穿在同一管内或线槽的同一槽孔内。

⑤导线在管内或线槽内，不应有接头或扭结；导线的接头，应在接线盒内焊接或用端子连接。

(3)火灾探测器安装

火灾探测器的安装应符合下列规定：

①探测器至墙壁、梁边的水平距离不应小于0.5 m。

②探测器周围0.5 m内不应有遮挡物。

③探测器至空调送风口边的水平距离不应小于1.5 m，至多孔送风顶棚孔口的水平距离不应小于0.5 m。

④在宽度小于3 m的内走道顶棚上设置探测器时，宜居中布置。感温探测器的安装间距不应超过10 m，感烟探测器的安装间距不应超过15 m，探测器距端墙的距离不应大于探测器安装间距的1/2。

⑤探测器宜水平安装，当必须倾斜安装时，倾斜角不应大于45°。

⑥探测器底座应固定牢靠，其导线连接必须可靠。

⑦探测器确认灯应面向便于人员观察的主要入口方向。

⑧探测器在即将调试时方可安装，在安装前应妥善保管，并应采取防尘、防潮、防腐蚀措施。

(4)火灾报警控制器安装

①火灾报警控制器在墙上安装时，其底边距地(楼)面的高度不应小于1.5 m；落地安装时，其底边宜高出地坪0.1～0.2 m。引入探测器的电缆或电线应整齐，电缆芯线和所配导线的端部均应标明编号，并与图纸一致；端子板的每个接线端，接线不得超过2根。控制器的主电源引入线，应直接与消防电源连接，严禁使用电源插头。

②消防控制设备在安装前应进行功能检查。消防控制设备的外接导线,当采用金属软管作套管时,其长度不宜大于2 m,且应采用管卡固定。

(5)系统调试

①调试负责人必须由有资格的专业技术人员担任,所有参加调试人员应职责明确,并应按照调试程序工作。应分别对探测器、区域报警控制器、集中报警控制器、火灾警报装置和消防控制设备等逐个进行单机通电检查,正常后方可进行系统调试,并填写调试报告。

②火灾自动报警系统的竣工验收由建设主管单位主持,设计、施工、调试等单位参加,共同进行。

13.3 安全防范系统

安全防范系统联动演示

安全防范系统是以维护社会公共安全为目的,运用安全防范产品和其他相关产品构成的入侵报警系统、视频监控系统、出入口控制系统、巡更系统、停车管理系统等,或由这些系统为子系统组合或集成的电子系统或网络。

建筑物的级别越来越高,其安全防范系统往往具有很高的自动化程度,而且有些还比较智能。

13.3.1 入侵报警系统

入侵报警系统工作原理

入侵报警系统是指利用传感器技术和电子信息技术探测并指示非法进入或试图非法进入设防区域的行为、处理报警信息、发出报警信息的电子系统或网络。根据信号传输方式的不同,入侵报警系统组建模式可分为分线制、总线制、无线制、公共网络。这4种模式可以单独使用,也可以组合使用;可单级使用,也可多级使用。

入侵报警系统一般由前端设备、传输设备、报警控制主机(处理、控制、管理)和输出设备(显示、记录)4个部分构成。

(1)前端设备

前端设备为各种类型的入侵探测器,是入侵报警系统的触觉部分,相当于人的眼睛、鼻子、耳朵、皮肤等,感知现场的温度、湿度、气味、能量等各种物理量的变化,并将其按照一定的规律转换成适于传输的电信号。

探测器主要有磁控开关、紧急报警装置、被动红外入侵探测器等。

(2)传输设备

传输方式的确定取决于前端设备分布、传输距离、环境条件、系统性能要求及信息容量等,宜采用有线传输为主、无线传输为辅的传输方式。

防区较少,且报警控制设备与各探测器之间的距离不大于100 m的场所,宜选用分线制模式;防区数量较多,且报警控制设备与所有探测器之间的连线总长度不大于1 500 m的场所,宜选用总线制模式;布线困难的场所,宜选用无线制模式;防区数量很多,且现场与监控中心距离大于1 500 m或现场要求具有设防、撤防等分控功能的场所,宜选用公共网络模式。

公共网络入侵报警系统组成如图 13.8 所示。

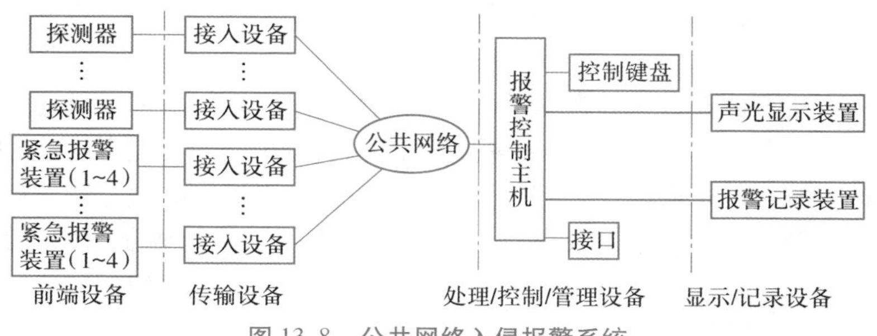

图 13.8 公共网络入侵报警系统

(3)报警控制主机

报警控制主机是入侵报警系统的核心设备。报警控制器自动接收前端设备发来的报警信息,在计算机屏幕上实时显示,同时发出声光报警。在平时,报警控制器对前端设备进行巡检、监控,保障系统的正常运行。

(4)输出设备

输出设备的主要功能是接受现场报警、显示及打印报警信息。它一般由微机、高分辨率的彩色显示屏、打印机、不间断电源(UPS)以及通信连接器组成。

13.3.2 视频监控系统

视频监控系统由摄像、传输、控制、图像处理和显示等组成,如图 13.9 所示。摄像机通过同轴视频电缆将视频图像传输到控制主机,控制主机再将视频信号分配到各监视器及录像设备,同时可将需要传输的语音信号同步录入到录像机内。通过控制主机,操作人员可以发出指令,对云台的上、下、左、右的动作进行控制及对镜头进行调焦变倍,并可通过控制主机实现在多路摄像机及云台之间的切换。利用特殊的录像处理模式,可对图像进行录入、回放、处理等操作,使录像效果达到最佳。

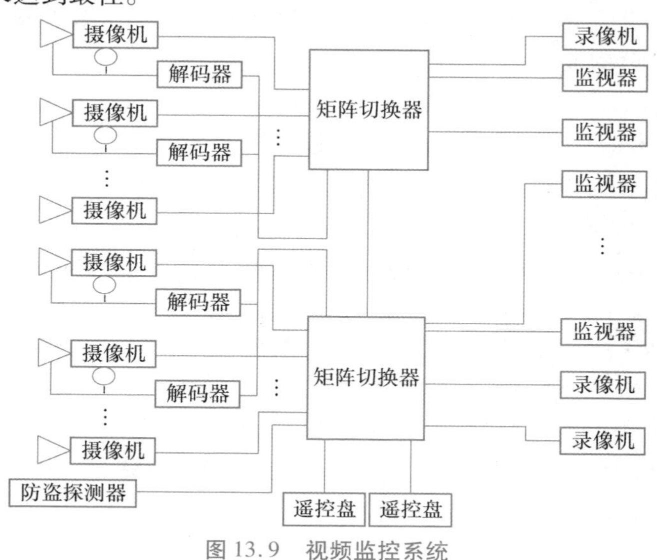

图 13.9 视频监控系统

(1)摄像

摄像是视频监控系统的前端设备,主要是探测现场的视频信息并将其转化为电信号传递给控制信息中心。摄像设备安装在现场,摄像负责信号的采集,主要包括摄像机、镜头、防护罩、云台、解码器、支架等设备。

(2)传输

传输系统将监控系统的前端设备与终端设备联系起来,包括视频信号和控制信号的传输。前端设备产生的图像信号、声音信号、各种报警信号通过传输系统传送到控制中心,并将控制中心的控制指令传送到前端设备,主要有馈线和视频放大器等。

(3)控制

控制是视频监控系统的心脏,是系统功能的执行者,主要对前端设备采集的信号进行相应处理,包括视频切换器、画面切换器、控制键盘、控制台、多媒体计算机、矩阵切换等。

(4)图像处理和显示

图像处理和显示是视频监控系统的终端设备,主要作用是显示现场视频画面、储存视频信息等。常用的有监视器、录像机和一些视频处理设备等。

13.3.3　出入口控制系统

出入口控制(门禁)系统采用现代电子设备与软件信息技术,在出入口对人或物的进出进行放行、拒绝、记录和报警等操作,同时对出入人员编号、出入时间等情况进行登录与存储,从而确保区域安全,实现智能化管理。

出入口控制系统有多种构建模式。按其硬件构成模式划分,分为一体型和分体型;按其管理控制方式划分,分为独立控制型、联网控制型和数据载体传输控制型。

出入口控制系统主要由识别部分、传输部分、管理和控制部分、执行部分以及相应的系统软件组成,如图13.10所示。

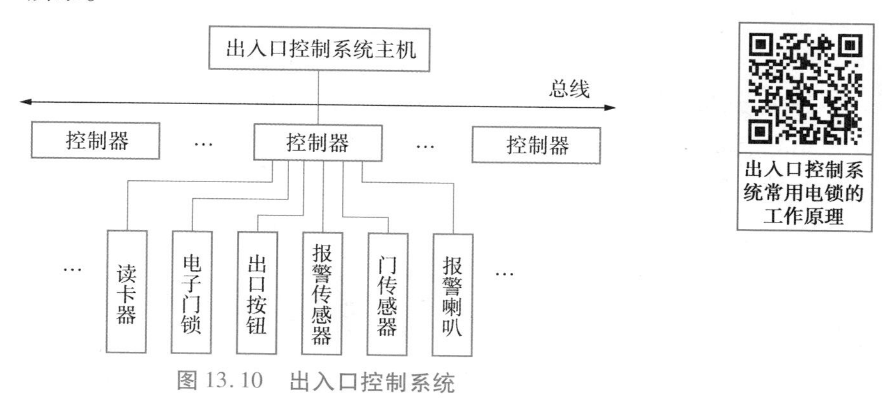

图13.10　出入口控制系统

(1)识别部分

对进入人员能够进行身份辨识,常用的识别技术主要有密码识别、读卡识别、人体生物识别等。识别部分的主要设备为读卡机。

(2)传输部分

传输部分应考虑出入口控制点位的分布、传输距离、环境条件及信息容量等。

(3)管理和控制部分

对系统操作员的授权、登录、交接进行管理,并设定操作权限,使不同级别的操作员对系统具有不同的操作能力,使不同级别的目标在各个出入口有不同的出入权限。

管理和控制部分能将出入事件、操作事件、报警事件等记录并存储于系统的相关载体中,并能记录时间、目标、位置等形成报表以备查看。

(4)执行部分

对授权人员开启门放行通过,对非授权人员拒绝进入并报警。出入准行装置可采用声、光、文字、图形等多种指示。

13.3.4 巡更系统

巡更系统是管理者考察巡更者是否在指定时间按巡更路线到达指定地点的一种手段。巡更系统包括巡更棒、通信座、巡更点、人员点(可选)、事件本(可选)、管理软件等,如图13.11所示。

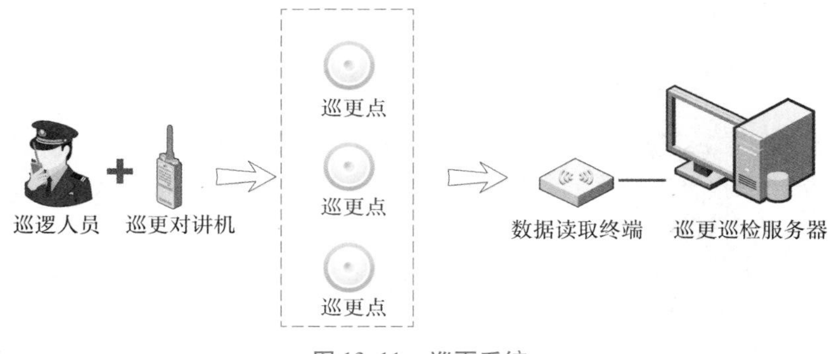

图13.11 巡更系统

13.3.5 停车管理系统

停车场管理系统是通过计算机、网络设备、车道管理设备搭建的对停车场车辆出入、场内车流引导、收取停车费进行管理的网络系统。它由车辆自动识别子系统、收费子系统、保安监控子系统组成,如图13.12所示。

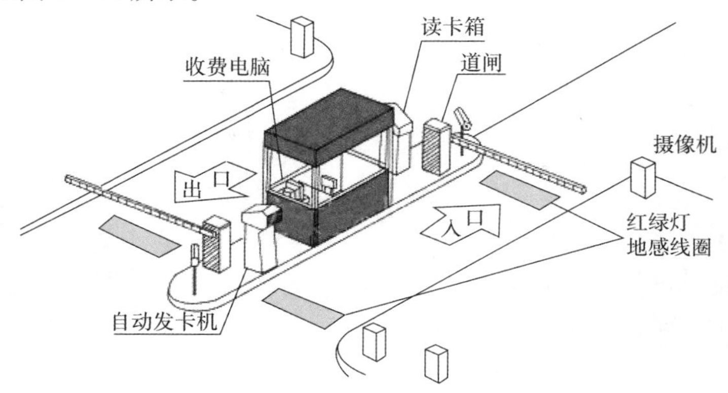

图13.12 停车场管理系统

13.4 有线电视和电话通信系统

根据电视信号传输媒介的不同,可以将电视的传输模式分为有线传输、无线传输及混合传输。采用有线传输的有共用电视天线系统(MATV)、闭路传输系统(CCTV)、有线电视系统(CATV);采用无线传输的有卫星广播系统、地面微波传输系统、无线电视广播系统。

13.4.1 有线电视系统

有线电视系统(CATV)是用射频电缆、光缆、多频道微波分配系统或其组合来传输、分配和交换声音、图像及数据信号的电视系统。

有线电视系统具有高质量、带宽性、保密性、安全性、反馈性、控制性、灵活性以及发展性等特性。

近些年,随着有线电视技术的不断进步,CATV呈现光纤化、数字化、双线传输的趋向,同时在有线电视光纤网架上架构IP宽带网,构成了"三网合一"。

1)有线电视系统的分类

按系统规模和用户数量来分,有线电视系统有大型、中型、中小型和小型系统。

按工作频段分,有线电视系统有VHF系统、UHF系统、VHF+UHF系统。

按功能分,有线电视系统有一般型和多功能型两种。

2)有线电视系统的组成

CATV系统由信号源设备、前端设备、干线传输、用户分配网络和用户终端组成,如图13.13所示。

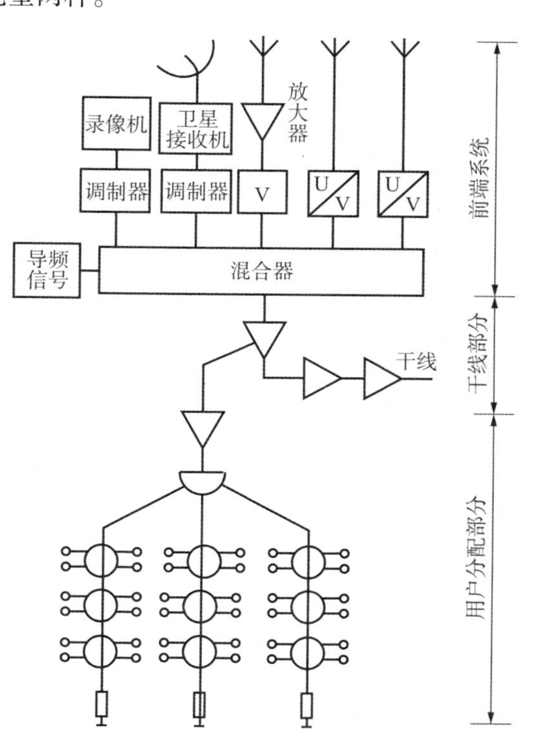

图13.13 有线电视系统

(1)信号源设备

信号源对系统提供各种各样的信号(图像和伴音等),以满足用户的需要。信号源设备通常有卫星地面接收站、电视接收天线、微波站、有线电视网、电视转播车、摄像机、计算机等。

(2)前端设备

前端设备是接在信号源及干线传输之间的设备。它对信号源提供的各路信号进行必要的滤波、变频、放大、调制、混合等处理,然后输出高质量的信号给干线传输。前端设备包括天线放大器、频道放大器、频道处理器、调制器、混合器、导频信号发生器以及连接线缆等部件。

(3)干线传输

干线传输是将前端设备提供的高频电视

信号通过传输媒体不失真地传输给分配系统。干线传输主要有各种类型的放大器、均衡器、光端机等,其传输方式主要有光纤、微波和同轴电缆3种。

(4)用户分配网络

用户分配网络是将前端传来的信号分配至各个用户点,主要设备有分配放大器、分支分配器、机上转化器以及它们之间的分支线等。

(5)用户终端

用户终端是有线电视系统的最后部分,从分配网络中获得信号。每个用户终端都有终端盒。

13.4.2 电话通信系统

电话通信系统是利用电信网实时传送双向语音以进行会话的一种通信方式,是世界范围电信业务量最大的一种通信。

1)电话通信系统的分类

按应用范围分类,有市内电话、本地电话、国内长途电话、国际长途电话、移动电话和专用电话等。

按交换机类型分类,有人工电话和自动电话。

2)电话通信系统的组成

电话通信系统由用户终端设备、传输系统和电话交换设备3个部分组成,如图13.14所示。

图13.14 电话通信系统

①用户终端设备:其功能是完成信号的发送和接收。用户终端设备主要有电话机、传真机、计算机终端等。

②电话传输系统:是解决相隔两地的用户间话音信号传送的关键设备。其按传输媒介分为有线传输(明线、电缆、光纤等)和无线传输(短波、微波中继、卫星通信等)。

③电话交换设备:是电话通信系统的核心,包括电话交换机、配线架、电源等设备。电话交换机的发展经历了4个阶段,即人工交换机、步进制交换机、纵横制交换机和程控交换机。程控交换机是当用户呼叫时,由处理机根据程序发出的指令来控制交换机的运行,以完成接续功能。

课后习题

一、填空题

1.当用一台区域火灾报警控制器警戒多个楼层时,应在每个楼层的楼梯口处或消防电梯前室等明显的地方设置__________。

2.消防控制室内设备的布置应按规定留出操作、维修的空间。设备面盘正面的操作距离在单列布置时不小于________ m，双列布置时不小于________ m。

3. 在宽度小于3 m的内走道顶棚上设置探测器时，宜居中布置。感温探测器的安装间距不应超过________ m，感烟探测器的安装间距不应超过________ m。

二、选择题

1. 电话通信系统由用户终端设备、传输系统和电话交换设备3个部分组成，其中用来完成信号发送和接收的是(　　)。

A. 用户终端设备　　B. 传输系统　　C. 电话交换设备　　D. 前端设备

2. 民用建筑内的扬声器设置在走道和大厅等公共场所时，其数量应能保证从一个防火分区的任何部位到最近一个扬声器的距离不大于(　　)m。

A. 15　　B. 20　　C. 25　　D. 30

3. 火灾自动报警系统验收前，建设单位应向公安消防监督机构提交申请报告，并附相关技术文件，下列选项中可不提交的资料是(　　)。

A. 系统竣工图　　B. 系统施工图　　C. 施工记录　　D. 调试报告

4. 火灾探测器实际安装数量超过100只，每个回路按实际安装数量(　　)的比例抽验，但抽验总数不应少于(　　)只。

A. 30%～50%，10　　B. 10%～20%，20　　C. 10%～20%，10　　D. 30%～50%，20

三、判断题

1. 安装壁挂式区域火灾报警控制器时，区域火灾报警控制器的底边距地面的高度宜在1.3 m以内。这样，既便于管理人员观察监视，又可方便小孩触摸。(　　)

2. 为节约成本，可将火灾事故广播线路和火灾自动报警信号回路同管敷设。(　　)

3. 综合布线采用标准的传输线缆和连接硬件，模块化设计。因此，在任何一个信息插座上都能连接不同类型的终端设备。(　　)

四、简答题

1. 火灾自动报警系统由什么组成？其作用是什么？

2. 火灾探测器分为哪几种？各适用于什么场合？

3. 简述火灾报警控制器的功能及地址、设备及其预留的要求。

4. 智能建筑的主要特征是什么？

5. 建筑智能化系统由哪几部分组成？各部分有什么功能？

6. 综合布线划分为几个部分？

7. 综合布线的特点是什么？

第 14 章　建筑电气施工图识读实训

【本章教学目标】

育人主题	建议学时（实训）	素质目标	知识目标	能力目标
精益求精	10(6)	(1)家国情怀:通过施工图识读,全面了解建筑电气工程技术,激发学生的科技报国之心; (2)个人品格:培养团队协作精神和诚实、守信、善于沟通的良好品质; (3)职业素养:提升动手操作能力,具有面对挑战和挫折的乐观精神	(1)能阐述建筑电气施工图的识读步骤; (2)能将建筑电气施工图中的图例符号与工程实物进行对应; (3)能描述本工程电气系统施工工艺	(1)能熟练运用电气施工图识读方法,提取工程施工信息; (2)能正确查询行业规范,处理复杂电气施工图的识读要点; (3)能熟练运用电气施工图识读方法,解决图纸常见疑难问题

14.1　建筑电气施工图

建筑电气施工图可以表明建筑电气工程的构成规模和功能,详细描述电气装置的工作原理,提供安装技术数据和使用维护方法。建筑工程中,电气施工图一般包括照明施工图、防雷接地施工图、动力施工图、弱电施工图等。

14.1.1　建筑电气施工图的组成

建筑电气施工图由说明性文件、电气系统图、电气平面图、布置图、接线图、电路图和详图等组成。

(1)说明性文件

①图纸目录。内容有序号、图纸名称、图纸编号、图纸张数等。

②设计说明。主要阐述电气工程设计依据、工程的要求和施工原则、建筑特点、电气安装标准、安装方法、工程等级、工艺要求及有关设计的补充说明等。

③图例。即图形符号和文字代号,通常只列出本套图纸中涉及的图形符号和文字代号所代表的意义。

④设备材料明细表。列出该电气工程需要的设备和材料的名称、型号、规格和数量,供设计概算、施工预算及设备订货时参考。

(2)电气系统图

电气系统图是用单线图表示电气工程的供电方式、电能分配、控制和设备运行状况的图样。从系统图中可以了解系统的回路个数、名称、容量、用途,电气元件的规格、数量、型号和控制方式,导线的数量、型号、敷设方式、穿管管径等。电气系统图包括变配电系统图、动力系统图、照明系统图、弱电系统图等。

(3)电气平面图

电气平面图是表示各种电气设备、元件、装置和线路平面布置的图样。它根据建筑平面图绘制出电气设备、元件等的安装位置、安装方式、型号、规格、数量等,是电气安装的主要依据。常用的电气平面图有变配电所平面图、室外供电线路平面图、照明平面图、动力平面图、防雷平面图、接地平面图、火灾报警平面图、综合布线平面图等。

(4)布置图

布置图是表现各种电气设备和器件的平面与空间位置、安装方式及其相互关系的图样。通常由平面图、立面图、剖面图及各种构件详图等组成。一般来说,布置图是按三视图原理绘制的。

(5)接线图

接线图在现场常被称为安装配线图,主要是用来表示电气设备、电气元件和线路的安装位置、配线方式、接线方法、配线场所特征的图样。

(6)电路图

电路图在现场常称为电气原理图,主要是用来表现某一电气设备或系统的工作原理的图样,它是按照各个部分的动作原理图采用分开表示法展开绘制的。通过对电路图的分析,可以清楚地看出整个系统的动作顺序。电路图可以用来指导电气设备和器件的安装、接线、调试、使用与维修等。

(7)详图

详图是表现电气工程中设备的某一部分的具体安装要求和做法的图样。详图一般采用标准通用图集,非标准的或有特殊要求的电气设备或元件安装,需要设计者专门绘制。

14.1.2　建筑电气图例、文字代号和标注格式

电气施工图是用各种电气符号、带注释的围框、简化的外形表示的系统、设备、装置、元件等相互关系的简图。

1)常用的电气图例符号

电气施工图是通过各种线型和符号来表达设计意图的,识读电气施工图必须掌握电气图例符号,见表14.1。

表 14.1　常用电气图例符号

名称	图例符号	名称	图例符号
屏、台、箱柜一般符号		动力或动力-照明配电箱	
照明配电箱(屏)		电源自动切换箱(屏)	
事故照明配电箱(屏)		隔离开关	
接触器(常开)		断路器	
熔断器一般符号		熔断器式开关	
避雷器		熔断器式隔离开关	
分线盒一般符号		室内分线盒	
灯的一般符号		室外分线盒	
顶棚灯		球形灯	
壁灯		花灯	
防水防尘灯		弯灯	
荧光灯		三管荧光灯	
五管荧光灯	5	广照型灯(配照型灯)	
功率因数表	cos φ	指示式电压表	V
总配线架	MDF	有功电能表	Wh
壁龛交接箱		中间配线架	IDF
开关一般符号		单极限时开关	t
单极开关		双极开关	
单极开关(暗装)		双极开关(暗装)	
三极开关		调光器	
三极开关(暗装)		钥匙开关	
单相插座一般符号		单相插座(密闭)	
单相插座(暗装)		单相插座(防爆)	
带保护接点插座一般符号		带保护接点插座(密闭)	
带保护接点插座(暗装)		带保护接点插座(防爆)	

续表

名称	图例符号	名称	图例符号
带接地插孔的三相插座		带接地插孔的三相插座（暗装）	
电信插座的一般符号		电铃	
天线一般符号		放大器一般符号	
两路分配器		三路分配器	
四路分配器		电线、电缆、母线、传输通路一般符号	
三根导线		n 根导线	n
有接地极接地装置		无接地极接地装置	
插座箱（板）		手动火灾报警按钮	
指示式电流表	A	匹配终端	
传声器一般符号		扬声器一般符号	
感烟探测器		缆式线型定温探测器	CT
感光火灾探测器		感温探测器	
气体火灾探测器（点式）		水流指示器	
火灾报警控制器		火灾报警电话机	
应急疏散指示标志灯	EEL	应急疏散照明灯	EL

2）常用文字代号

建筑电气工程图常用文字代号见表14.2至表14.4。

表14.2　线路敷设方式文字代号

敷设方式	新代号	旧代号	敷设方式	新代号	旧代号
穿焊接钢管敷设	SC	G	电缆桥架敷设	CT	
穿电线管敷设	MT	DG	金属线槽敷设	MR	GC
穿硬塑料管敷设	PC	VG	塑料线槽敷设	PR	XC
穿阻燃半硬聚氯乙烯管敷设	FPC	ZYG	直埋敷设	DB	
穿聚氯乙烯塑料波纹管敷设	KPC		电缆沟敷设	TC	
穿金属软管敷设	CP		混凝土排管敷设	CE	
穿扣压式薄壁钢管敷设	KBG		钢索敷设	M	

表 14.3　线路敷设部位文字代号

敷设方式	新代号	旧代号	敷设方式	新代号	旧代号
沿或跨梁(屋架)敷设	AB	LM	暗敷设在墙内	WC	QA
沿顶棚或顶板面敷设	CE	PM	暗敷设在屋面或顶板内	CC	PA
沿或跨柱敷设	AC	ZM	暗敷设在梁内	BC	LA
沿墙面敷设	WS	QM	暗敷设在柱内	CLC	ZA
吊顶内敷设	SCE		地板或地面下敷设	F	DA

表 14.4　标注线路用途文字代号

名称	常用文字代号			名称	常用文字代号		
	单字母	双字母	三字母		单字母	双字母	三字母
控制线路	W	WC		电力线路	W	WP	
直流线路		WD		广播线路		WS	
应急照明线路		WE	WEL	电视线路		WV	
电话线路		WF		插座线路		WX	
照明线路		WL					

3)常用的文字标注格式

(1)线路的标注格式

电气线路在图中可以用单线、多线及混合线表示,如图 14.1 所示。学会用单线图法绘制电气照明平面图,是进行电照设计的基本能力。能看懂单线图,是正确阅读电气照明平面图的关键一步。应通过实践,掌握单线图的绘制和阅读技巧。

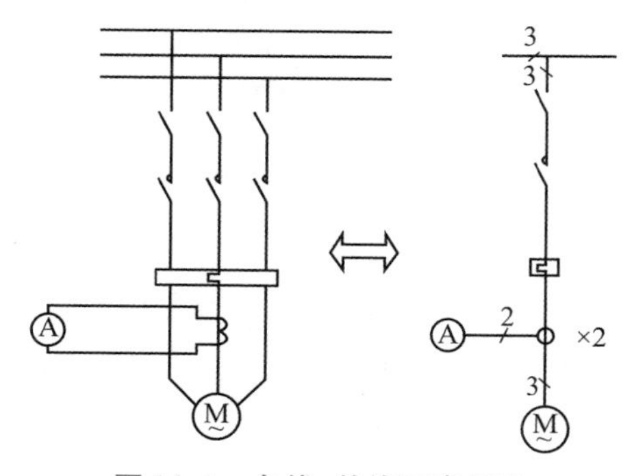

图 14.1　多线、单线图表示法

线路的文字标注基本格式为 ab-c(d×e+f×g)i-jh。其中,a 表示线缆编号;b 表示型号;c 表示线缆根数;d 表示线缆线芯数;e 表示线芯截面面积,mm^2;f 表示 PE、N 线芯数;g 表示线芯截面面积,mm^2;i 表示线路敷设方式;j 表示线路敷设部位;h 表示线路敷设安装高度，m。

上述字母无内容时，则省略该部分。

例如：n12-BLV3×2.5 SC20-FC，表示系统中编号为n12的线路，敷设有3根2.5 mm^2 聚氯乙烯绝缘铝芯导线，穿过直径为20 mm的焊接钢管，沿地板暗敷设在地面内。

(2)用电设备的标注格式

用电设备的文字标注格式为$\frac{a}{b}$。其中，a表示设备编号；b表示额定功率，kW。

例如：$\frac{\text{P02C}}{\text{40 kW}}$表示设备编号为P02C，容量为40 kW。

(3)动力和照明配电箱的标注格式

动力和照明配电箱的文字标注格式为a-b-c或a $\frac{b}{c}$。其中，a表示设备编号；b表示设备型号；c表示设备功率，kW。

例如：2 $\frac{\text{PXTR-4-3×3/1 CM}}{54}$表示2号配电箱，型号为PXTR-4-3×3/1 CM，功率为54 kW。

(4)桥架的标注格式

桥架的文字标注格式为$\frac{a\times b}{c}$。其中，a表示桥架的宽度，mm；b表示桥架的高度，mm；c表示安装高度，m。

例如：$\frac{800\times200}{3.5}$表示电缆桥架的高度为200 mm，宽度为800 mm，安装高度为3.5 m。

(5)照明灯具的标注格式

照明灯具的文字标注格式为a-b $\frac{c\times d\times L}{e}$ f。其中，a表示同一个平面内，同种型号灯具的数量；b表示灯具的型号；c表示每盏照明灯具中光源的数量；d表示每个光源的容量，W；e表示安装高度，当吸顶或嵌入安装时用“-”表示；f表示安装方式；L表示光源种类(常省略不标)。

例如：10-PKY 501 $\frac{2\times40}{2.7}$Ch表示共有10套PKY501型双管荧光灯，容量2×40 W，安装高度为2.7 m，采用链吊式安装。

(6)开关及熔断器的标注格式

开关及熔断器的标注格式为a-b-c/I。其中，a表示设备编号；b表示设备型号；c表示额定电流，A；I表示整定电流，A。

14.1.3　电气施工图的识读方法

阅读建筑电气施工图，应先熟悉该建筑物的功能、结构特点等，然后再按照一定的顺序进行阅读，才能比较迅速、全面地读懂图纸。

一套建筑电气施工图包括的内容比较多，图纸往往有很多张，一般应按以下顺序依次阅读和做必要的相互对照阅读：

(1)看标题栏及图纸目录

了解工程名称、项目内容、设计日期及图纸数量和内容等。

(2)看总说明

了解工程总体概况及设计依据,了解图纸中未能表达清楚的各有关事项。例如,供电电源的来源、电压等级、线路敷设方法、设备安装高度及安装方式、补充使用的非标准图集图形符号、施工时应注意的事项等。

(3)看系统图

各分项工程的图纸中都包含有系统图,如变配电工程的供电系统图、电力工程的电力系统图、照明工程的照明系统图以及电缆电视系统图等。看系统图的目的是了解系统的基本组成,主要电气设备、元件等的连接关系及它们的规格、型号、参数等,以掌握该系统的基本概况。

(4)看平面布置图

平面布置图是建筑电气施工图的重要图纸之一,如变配电所电气设备安装平面图、电力平面图、照明平面图、防雷接地平面图等,都是表示设备安装位置、线路敷设方法及所用导线型号、规格、数量、管径大小的图纸。通过阅读系统图,了解系统组成概况之后,就可依据平面图编制工程预算和施工方案,组织施工。

(5)看电路图和接线图

了解各系统中用电设备的电气自动控制原理,用以指导设备的安装和控制系统的调试工作。因为电路图多是采用功能图法绘制的,看图时应依据功能关系从上至下或从左至右一个回路、一个回路的阅读。在进行控制系统的配线和调校工作中,还可配合接线图和端子图阅读。

(6)看安装详图

安装详图是详细表示设备安装方法的图纸,也是指导安装施工和编制工程材料计划的重要依据。

(7)看设备材料表

设备材料表提供了该工程使用的设备、材料的型号、规格和数量,是编制购置主要设备、材料计划的重要依据之一。

阅读图纸的顺序没有统一的规定,可以根据需要,自己灵活掌握,并应有所侧重。有时一张图纸可以反复阅读多遍。为更好地利用图纸指导施工,使之安装质量符合要求,阅读图纸时,还应配合阅读有关施工及验收规范、质量检验评定标准以及全国通用电气装置标准图集,以详细了解安装技术要求及具体的安装方法等。

14.2 多层电气工程施工图识读

电气工程施工图三维模型

某多层电气工程施工图如教材附图所示。查看图纸目录,了解到本套图纸主要包含设计施工说明、各种系统图、各层电力干线平面图、各层照明平面图、防雷接地平面图、各层火灾自动报警平面图、各层弱电平面图、各层空调风管配电平面图。从设计说明中,可以了解此工程为实习实训大楼,地上共4层,总高度为20.60 m,为多层公共建筑,同时清楚了配电箱、电缆电线材质和施工等要求。粗略查看其他图纸,可知设计有变配电系统以及动力、照明配电系统,建筑物防雷接地系统,火灾自动报警及联动控制系统,弱电干线系统及弱电管廊预留预埋设计。下面分别以此为主线详读图纸。

14.2.1　变配电系统

供配电系统施工图识读方法

本工程变配电系统主要有10 kV配电系统、变配电所2T低压配电系统、变配电所3T低压配电系统(空调专用变压器)、柴油发电机组低压配电系统。

(1)10 kV配电系统

本工程在负一层Ⓐ/Ⓓ轴及⑦/⑨轴设置高低压变配电房,10 kV变配电设备、2T变压器及低压配电设备共同布置在高低压变配电房中。10 kV电源由校区开闭所引来,采用YJV22-8.7/10 kV-3×120的电缆埋地敷设至变配电房内10 kV高压进线柜1AH1,经电压互感器柜1AH2和计量柜1AH3采用配套母线分别到出线柜1AH4、1AH5、1AH6,高压开关柜1AH4、1AH5、1AH6采用型号为WDZB-YJY-8.7/15 kV-3×95电缆,沿桥架放射式敷设至变压器,回路编号分别为WHP01、WHP02、WHP03。

采用HXGN-10高压配电柜,尺寸为宽750 mm、深1 600 mm、高2 200 mm,距⑨轴1 000 mm、距Ⓓ轴1 000 mm处依次排列。电缆室外敷设采用C-PVC150保护,进入室内后敷设在10 kV高压桥架400 mm×100 mm内。

(2)变配电所2T低压配电系统

变压器2T低压配电系统设置在建筑内负一层Ⓐ/Ⓒ轴及⑦/⑨轴处,变压器2T型号为SCRBH15-1250/10,外壳尺寸为1 885 mm×1 270 mm×1 770 mm,高压侧回路编号为WHP02,从高压开关柜1AH5引来;变压器采用镀锌扁钢63×5接地,接地电阻小于等于1 Ω;低压侧采用封闭母线槽2 500 A接至低压进线柜2AN01;2AN01经无功补偿柜2AN02-1和2AN02-2,采用相母线TMY-3×2(100×10)和中性母线TMY-1×(100×8)分别到低压开关柜2AN03、2AN04、2AN05、2AN06、2AN07。在竖向配电系统图及变配电房2T低压配电系统图中清晰地看到,低压开关柜2AN03共有4个配电回路,其中3个回路采用WDZB-YJY- 0.6/1 kV-4×300+1×150分别供一层防火分区二、一层防火分区三共20台配电箱供电,另一个回路采用WDZB-YJY-0.6/1 kV-2×(4×240+1×120)对一层防火分区三L1F3-AL13配电箱供电。低压配电柜2AN06中有2个回路为备用回路,低压配电柜2AN07有1个备用回路,其他的二级配电与2AN03类似。

除电容补偿柜外,低压配电柜的尺寸为宽800 mm、深800 mm、高2 200 mm,2AN01、2AN0/2-1、2AN02-2、2AN03、2AN04、2AN05距⑨轴1 470 mm、距Ⓒ轴2 850 mm处依次排列,2AN06、2AN07距Ⓐ轴1 470 mm、距⑨轴2 270 mm处依次排列。低压配电柜采用固定分隔式,出线方式为上进上出。

(3)柴油发电机组低压配电系统

负一层变配电房旁边⑥/⑦轴设有柴油发电机房,内有1台常用500 kW、备用550 kW柴油发电机组及储油量≤1 m^3的储油间,为二级负荷提供第二电源;当市电故障时,应急柴油发电机组应立即启动,并应在30 s(可调)内供电。

柴油发电机组自带控制屏，启动后采用相母线 TMY-3×(80×6.3)、中性母线 TMY-1×(63×6.3)、PE 母线 TMY-1×(25×3)分别接至双电源切换柜 AE00 及 AE03，双电源切换柜 AE00 和 AE03 各分一个回路采用消防耐火封闭式母线槽 CCKX-8-800A 和 CCKX-8-630A 供低压开关柜 2AN03—2AN07 和 1AN04—1AN07，并分别为其低压开关柜 2AN03—2AN07 和 1AN04—1AN07 的第二电源；双电源切换柜 AE00 分另一回路连接 AE01 和 AE02，其中 AE01 有 AE01-1、AE01-2、AE01-3 三个回路，AE01-1 回路采用电缆 BTTQ-0.6/1 kV-4×70+1×35 敷设在桥架中供屋顶消防风机，其他回路及应急开关柜类似。

柴油发电机组型号为 550DFAC，机组长 4 826 mm、宽 1 884 mm、高 2 409 mm，发电机可以在消防控制室内手动及联动启动；所有应急开关柜的尺寸为宽 800 mm、深 800 mm、高 2 200 mm，在相邻的高低压配电房中依次排列，开关柜采用固定分隔式，出线方式为上进上出。

14.2.2 动力配电系统

通常的动力配电是相对照明系统而言，动力配电是指三相电源。本工程动力配电回路较多，查看竖向干线系统图及配电箱系统图等可知，主要有消防泵动力配电、实训设备配电、空调主机配电、公区及应急照明配电、屋顶消防风机配电、空调风机盘管配电、电梯配电等；在平面图中基本无相应回路的标注，系统图只有回路的开始端及末端，中间只有一些各种规格的桥架。综上所述，电力干线敷设路径及回路始末端非常重要，下面分别举例读图。

(1)消防泵动力配电

消防动力配电柜 APE-XFB 有 2 个回路进线，分别是 2AN07-2 及 AE01-3，2 个回路的电缆 BTTQ-3×120+2×70 分别由高低压配电房的始端柜引出，敷设在消防强电桥架 300 mm×100 mm(中间带金属隔板)中到负一层走廊，沿着Ⓐ轴侧过水泵房门后进入水泵房，接入末端 APE-XFB 内的双电源切换开关；消防动力配电柜 APE-XFB 采用相母线 TMY-3×(40×4)和中性母线 TMY-(30×4)分别到低压开关柜 PLB、XHS、AL-WS；所有配电柜的尺寸为宽 800 mm、深 800 mm，APE-XFB、PLB、XHS、AL-WS 在Ⓑ轴泵房内依次排列；配电柜出线方式为上进上出。

PLB 引出 WP1 和 WP2 回路供 2 台喷淋泵，回路电缆为 ZCN-YJV-3×50+1×25+3×50，敷设在电缆桥架或钢保护管 SC80 中，水泵采用星三角启动，控制柜设置应急启泵功能；XHS 引出 WP3 和 WP4 回路供 2 台消防泵，回路电缆为 ZCN-YJV-3×50+1×25+3×50，敷设在电缆桥架或钢保护管 SC50 中，水泵采用星三角启动，控制柜设置应急启泵功能；AL-WS 引出 WP5 回路敷设在钢保护管 SC25 中绝缘线 ZDN-BV-5×4 供污水泵，引出 WP6 回路敷设在钢保护管 SC20 中绝缘线 ZDN-BV-5×2.5 供消防泵房风机，预留 2 个回路备用。

(2)实训设备配电

由配电箱竖向干线系统图、配电箱系统图及电力干线平面图可知，有 10 个回路的实训设备用电、71 个实训设备配电箱。以一层防火分区三实训设备用电(二)回路共 7 个配电箱为例识读图纸：进线回路为 2AN03-3，电缆型号为 WDZB-YJY-4×300+1×150，由低压配电柜 2AN03-3 引出，对 L1F3-AL6～AL12 树干式配电，在负一层进入电井投影位置后竖直进入一层电井内开关箱(内设多功能电表)，然后通过连接电井的强电桥架 600 mm×100 mm 及其分支桥架，在实训基地通过 T 接端子 WDZB-YJY-5×16 接入三坐标测量实训基地设备配电箱 L1F3-

AL6。其他实训配电箱 L1F3-AL7-12 类似。

(3)空调主机配电

由3T低压配电系统图、配电箱竖向干线系统图、配电箱系统图及电力干线平面图可知,有7个回路的空调主机用电、7个空调主机配电箱。以屋顶中央空调主机用电AP-KT4-2回路为例识读图纸:进线回路为3AN04-4,电缆型号为WDZB-YJY-4×300+1×150,由低压配电柜3AN04引出,在屋顶通过⑦轴的强电桥架300 mm×150 mm接入屋顶中央空调主机用电AP-KT4-2;屋顶中央空调主机用电AP-KT4-2有WL1-9共9个回路,分别通过2根WDZB-YJY-3×70+2×35电缆经SC100保护和7根WDZB-YJY-5×10电缆经SC40保护,敷设在屋面下,供9台空调主机。

(4)公区及应急照明配电

由配电箱竖向干线系统图、配电箱系统图及电力干线平面图可知,有2个回路的公区及应急照明用电、10个双电源配电箱。以一层防火分区三应急照明配电箱L1F3-ALE1为例识读图纸:配电箱有2个回路进线,由一层电井内开关箱ALEz2引至,电缆型号为BTTQ-5×16,然后通过T接端子经WDZBN-YJY-5×6接入实训设备配电箱L1F3-ALE1。其他公区及应急照明配电箱L1F3-ALE1类似。

(5)屋顶消防风机配电

由配电箱竖向干线系统图、配电箱系统图及电力干线平面图可知,屋顶消防风机配电箱WD-XFFJ4有2个回路进线,分别是2AN07-1及AE01-2,2个回路的电缆BTTQ-3×70+2×25分别由高低压配电房的始端柜引出,在负一层进入电井投影位置后竖直进入一层电井至屋顶⑧轴及Ⓒ轴处,然后通过连接电井的风机配电专用桥架200 mm×100 mm及其分支桥架在风机房接入末端WD-XFFJ4,末端电缆通过T接端子规格变为WDZBN-YJY-5×16。屋顶消防风机WD-XFFJ4引出WP1回路供风机PY-RF-1,回路电缆为WDZBN-YJY-4×10,敷设在钢保护管SC40中;引出WP2回路屋顶水箱稳压泵,回路电缆为WDZBN-YJY-5×6,敷设在钢保护管SC32中;引出WL1回路敷设在钢保护管SC20中绝缘线WDZCN-BYJ-3×2.5供风机房照明。

(6)空调风机盘管配电

由配电箱竖向干线系统图、配电箱系统图及电力干线平面图可知,有2个回路的空调风机盘管用电、9个配电箱,电源由1T变压器引来。以一层防火分区三风机盘管配电箱L1F3-AP-KT为例识读图纸:配电箱回路进线,电缆型号为WDZB-YJY-4×70+1×35,进入一层电井内开关箱APz2,然后通过T接端子WDZB-YJY-5×16接入实训设备配电箱L1F3-AP-KT。其他空调风机盘管配电箱类似。

(7)电梯配电

由配电箱竖向干线系统图、配电箱系统图及电力干线平面图可知,设有AP-DT3和AP-DT4两个电梯配电箱,链式配电,有2个回路进线,分别是2AN06-1及AE04-2,2个回路的电缆WDZB-YJY-3×70+2×25分别由高低压配电房的始端柜引出,在负一层进入电井投影位置后竖直进入电井,在四层电井内接入末端AP-DT4,末端电缆通过T接端子规格变为3×25+2×16。电梯配电箱AP-DT4引出WP1回路供电梯控制箱,回路电缆为WDZBN-YJV-5×16,在明敷的钢保护管SC80中;引出WL1回路敷设在钢保护管SC20中绝缘线WDZC-BYJ-3×2.5供电梯轿厢照明;引出WL2回路敷设在钢保护管SC20中绝缘线WDZC-BYJ-3×2.5供电梯井道照明;引出 WL3 回路敷设在钢保护管 SC20 中绝缘线 WDZC-BYJ-3×2.5 供电梯井道检修插座。

14.2.3 照明及风机盘管用电

(1)风机盘管用电

由 L1F3-AP-KT 配电箱系统图可知,配电箱共引出 6 个回路,WP1 回路为 WDZC-BYJ-3×4,沿顶板或墙面穿保护管 PC20 暗敷,在边墙上设置 8 个风机盘管开关,分别控制机械实训、测量实训及三坐标测量实训基地的 8 个风机盘管;WP6 回路为 WDZC-BYJ-3×4,沿顶板或墙面穿保护管 PC20 暗敷,接空调新风机 XFKT-2。其余风机盘管用电类似,读图时注意系统图和平面图结合阅读。

(2)应急照明用电

本工程每一层均设有应急照明,下面以一层 L1F3-ALE1 为例识读图纸。由 L1F3-ALE1 配电箱系统图可知,配电箱共引出 6 条回路,WE1 为照明回路,线路为 WDZCN-BYJ-4×2.5,沿顶板或墙面穿保护管 SC20 暗敷,在疏散走道、钳工实训基地和智能制造应用技术推广中心实训基地连接 22 W 的 LED 应急照明灯;WE2 回路与 WE1 类似,连接 22 W 的 LED 应急照明灯;WE3 回路连接 3 W 的 LED 应急疏散(指示)灯;WE4 回路与 WE3 类似,连接 3 W 的 LED 应急疏散(指示)灯;WE5 回路连接楼梯间 22 W 的 LED 应急照明灯;WE6 回路连接电井内的插座。其余应急照明用电类似,读图时注意系统图和平面图结合阅读。

(3)公区照明用电

本工程每一层均设有公区照明用电,下面以一层 L1F3-AT1 为例识读图纸。由 L1F3-AT1 配电箱系统图可知,配电箱共引出 5 个回路,WL1 ~4 为走道照明回路,线路为 WDZC-BYJ-3×2.5,敷设在疏散通道上方桥架中,无桥架处沿顶板或墙面穿保护管 PC20 暗敷,连接 22 W 的带透明玻璃罩万能型灯具;WL5 为开水器供电回路,线路为 WDZC-BYJ-5×6,敷设在疏散通道上方桥架中,无桥架处沿顶板或墙面穿保护管 SC32 暗敷,连接开水器开关箱。其余照明用电类似,读图时注意系统图和平面图结合阅读。

(4)实训室照明用电

实训室照明用电均以实训设备用电配电箱作为电源,下面以一层三坐标测量实训基地照明用电为例识读图纸。由 L1F3-AL6 配电箱系统图可知,配电箱共引出 3 个回路,WL1 为照明回路,线路规格为 WDZC-BYJ-3×2.5,沿顶板或墙面穿保护管 PC20 暗敷,在前后门侧均设置双控三联开关,分别控制三排 60 W 的 LED 光板灯;WL2 和 WL3 为实训室的插座回路,线路为 WDZC-BYJ-3×4,沿顶板或墙面穿保护管 PC20 暗敷,WL2 沿实训室边墙连接 4 个距地 0.3 m 高的安全插座,WL3 沿实训室边墙连接 5 个距地 0.3 m 高的安全插座。其余实训室照明用电类似,读图时注意系统图和平面图结合阅读。

14.2.4 防雷接地系统

本工程为二类防雷建筑。在屋顶和局部女儿墙上用 $\phi12$ 镀锌圆钢制作避雷带,突出屋面的金属构件或管道等均应与屋面避雷带焊接。防雷引下线利用结构柱或剪力墙中两根 $\phi16$

以上钢筋,上部与屋面避雷带焊接,下部与接地装置可靠连接。接地装置利用建筑物桩基础底板轴线上上下两层主筋中的两根通长筋焊接形成基础接地网或敷设—40×4 镀锌扁钢可靠焊接连通形成基础接地网。电气竖井内的接地干线和垂直敷设的金属管道及金属物与每层楼板钢筋做等电位联结,另外垂直敷设的金属管道及金属物的底端及顶端应与防雷装置连接。外墙引下线在室外地面下-1.0 m 处引出一根 1 m 长的—40×4 热镀锌扁钢,以备补打人工接地体。

14.2.5　火灾自动报警及联动控制系统

本工程设置火灾自动报警系统,消防报警系统采用控制中心系统报警,消防控制室设置在一楼。火灾自动报警系统与消防设备电源监控系统、电气火灾监控系统、防火门监控系统、消防智能巡检联网。

(1)火灾自动报警系统

组合琴台控制柜布置在消防控制室内,柜内配置有火灾报警控制器、消防联动控制器、手动控制盘、消防电话总机、应急广播控制器和图形显示器,消防电源满足火灾延续时间内消防用电要求。火灾自动报警系统采用二总线设计,系统总线上设置总线短路隔离器,每只总线短路隔离器保护的火灾探测器、手动报警按钮和模块等消防设备的总数超过 32 点。

从消防控制室分别引消防广播线、报警二总线、电源总线、消防电话线到弱电井,弱电井中的接线端子箱均有总线隔离器、电话模块和广播模块。消防广播线 WDZCN-RYJS-2×1.5 由接线端子箱引出,线路敷设时单独穿管 SC20 连接各层消防广播扬声器;报警支线 WDZCN-RYJS-2×1.5 由接线端子箱引出,沿火灾自动报警专用桥架或单独穿管 SC16 连接各层探测器、报警按钮、声光报警器、启泵按钮和模块等;电源支线 WDZCN-BYJ-2×1.5 由接线端子箱引出,单独穿管 SC20 连接声光报警器、火灾显示器和模块等;消防电话线 WDZCN-RYJYP-2×1.5 由接线端子箱引出,单独穿管 SC20 连接带电话插孔的启泵按钮和消防电话。

联动控制设有自动和手动两种触发装置,且从消防控制室直接由控制电缆引至各消防设备控制箱。火灾报警后,启动有关部位的防烟和排烟风机、排烟阀等,并接收其反馈信号;火灾报警后,报警阀压力开关动作,自动启动喷淋泵进行灭火;火灾报警后,任一消火栓启泵报警按钮动作,消防控制室可手动操作控制消防泵的启、停并显示其工作、故障状态;火灾报警后,用作防火分隔的防火卷帘任一侧的探测器动作,防火卷帘一次下降到底,并接收反馈信号;火灾报警后,由消防控制室自动控制强行点亮应急照明灯;确认火灾后,消防控制室自动或手动切断火灾区的非消防电源;火灾确认后,强制电梯全部停于首层,消防控制室接收其反馈信号,非消防电梯停止使用,消防电梯供消防相关人员使用。

(2)消防设备电源监控系统

消防设备电源发生过压、欠压、缺相、过流、中断供电等故障时,消防设备电源监控器进行声光报警、记录,并实时显示故障报警地点,通知专业人员及时到现场处理接地故障。消防设备电源监控系统只能用于报警,不能自动切断保护对象的供电电源。消防设备电源监控主机布置在消防控制室,主机电源线为 WDZDN-BYJ-2×2.5 穿 SC20 管暗敷,连接自动报警系统信号线 RS485、通讯线 ZR-RVS-2.1.5 穿 SC20 管暗敷。

(3)电气火灾监控系统

本工程低压开关柜所有回路均设置现场传感器,现场传感器采用不影响被监测电源回路的方式,并采集电压和电流信号及开关状态。现场传感器自带总线短路隔离器,当探测参数超过报警设定值时,能发出报警信号、控制信号并能指示报警部位。电气火灾监控主机布置在消防控制室,主机电源线为 WDZDN-BYJ-2×2.5 穿 SC20 管暗敷,连接自动报警系统信号线 RS485、通讯线 ZR-RVS-2.1.5 穿 SC20 管暗敷。

(4)防火门监控系统

发生火灾后,消防控制室联动控制吸合器释放,使防火门自动关闭,信号反馈到消防控制室。防火门监控主机布置在消防控制室,主机电源线为 WDZDN-BYJ-2×2.5 穿 SC20 管暗敷,连接自动报警系统信号线 RS485、通讯线 ZR-RVS-2.1.5 穿 SC20 管暗敷。

(5)消防智能巡检

消防智能巡检时电机转速较低,系统不产生水压。整个巡检过程中如设备接到消防命令,智能巡检控制器会立即发出停止巡检的指令,瞬时启动消防泵完成消防任务;如巡检过程中动作异常,智能巡检控制器会记录发生故障点、故障类别并发出声光报警,同时完成故障的上传(消防控制室),通知有关值班人员进行检修,确保消防设备万无一失。消防智能无压巡检柜布置在消防水泵房,连接自动报警系统信号线均为 ZR-kVV 4×1.5 穿 SC25 管暗敷。

14.2.6 其他弱电系统

本工程综合布线系统、有线电视系统、监控系统的构成及设备均由专业公司负责设计,本设计仅负责预留有关管线及终端设备的位置。

综合布线系统:本工程从室外引光缆(穿 SC100 保护管)进二楼弱电机房,干线采用弱电金属线槽敷设,支线采用 JDG20 管暗敷。

有线电视系统:本工程从室外引有线电视信号电缆(穿 SC100 保护管)一路,保护管引至有线电视总箱,干线采用弱电金属线槽敷设,支线采用 JDG20 管暗敷。

监控系统:本工程在主要出入口、电梯轿厢等位置设置摄像机,所有摄像机的电源均由主机供给,且主机自带 UPS 电源,供电时间大于 60 min;监控机房在负一层与消防控制室合用;每个摄像机穿 JDG20 热镀锌钢管在楼板或墙内暗敷。

课后习题

一、填空题

1. 建筑工程电气施工图中,沿墙面明敷的文字代号是________。

2. 动力和照明配电箱的文字标注格式为 a-b-c 或 $a\frac{b}{c}$。其中,a 表示________;b 表示________;c 表示________。

3. 线路的文字标注基本格式为 ab-c(d×e+f×g)i-jh。其中,a 表示________;b 表示________。

二、选择题

1. 建筑工程电气施工图中，穿焊接钢管敷设的符号是(　　)。

A. SC　　B. GC　　C. TC　　D. CP

2. 建筑工程电气施工图中，熔断器开关的图例是(　　)。

A. 　　B. 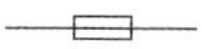　　C. 　　D.

3. 建筑工程电气施工图中，电源自动切换箱的图例是(　　)。

A. 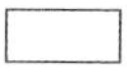　　B. 　　C.　　D.

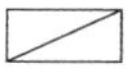

4. 建筑工程电气施工图中，壁灯的图例是(　　)。

A. 　　B. 　　C. 　　D.

三、判断题

1. 电路图可以用来指导电气设备和器件的安装、接线、调试、使用与维修。　(　　)

2. 安装详图可详细表示设备的安装方法，不能用来指导安装施工和编制工程材料计划。(　　)

3. 设备材料明细表应列出该项电气工程需要的设备和材料的名称、型号、规格和数量，供设计概算、施工预算及设备订货时参考。　(　　)

四、简答题

1. 建筑电气施工图的组成部分有哪些？

2. 线路的标注格式有哪些？

3. 简述电气施工图的识读方法。

五、实操题

根据所学内容编制教材附图的电气施工组织设计方案。

参考文献

[1] 边凌涛,吕东风,宋洁萱. 建筑设备安装工艺与识图[M]. 武汉:湖北科学技术出版社,2013.
[2] 文桂萍. 建筑设备安装与识图[M]. 北京:机械工业出版社,2010.
[3] 王东萍. 建筑设备安装[M]. 北京:机械工业出版社,2012.
[4] 核工业第二研究设计院. 给水排水设计手册　第 2 册　建筑给水排水[S]. 3 版. 北京:中国建筑工业出版社,2012.
[5] 徐荣晋. 给水排水设备工程师实务手册[M]. 北京:机械工业出版社,2006.
[6] 钱维生. 高层建筑给水排水工程[M]. 上海:同济大学出版社,1989.
[7] 王继明,等. 建筑设备 [M]. 2 版. 北京:中国建筑工业出版社,2007.
[8] 汤万龙. 建筑设备安装识图与施工工艺[M]. 3 版. 北京:中国建筑工业出版社,2019.
[9] 刘金言. 给排水·暖通·空调百问[M]. 北京:中国建筑工业出版社,2001.
[10] 朱向楠. 管工(初级)[M]. 北京:机械工业出版社,2005.
[11] 孙光远. 建筑设备与识图[M]. 北京:高等教育出版社,2005.
[12] 马铁椿. 建筑设备[M]. 3 版. 北京:高等教育出版社,2013.
[13] 中华人民共和国住房和城乡建设部. 建筑给水排水设计标准:GB 50015—2019[S]. 北京:中国计划出版社,2019.
[14] 广州市设计院,佛山市南海天雨智能灭火装置有限公司. 大空间智能型主动喷水灭火系统技术规程:CECS 263:2009[S]. 北京:中国计划出版社,2009.
[15] 中华人民共和国公安部. 消防给水及消火栓系统技术规范:GB 50974—2014[S]. 北京:中国计划出版社,2014.
[16] 辽宁省建设厅. 建筑给水排水及采暖工程施工质量验收规范:GB 50242—2002[S]. 北京:中国建筑工业出版社,2002.
[17] 中华人民共和国公安部. 自动喷水灭火系统施工及验收规范:GB 50261—2017[S]. 北京:中国计划出版社,2017.
[18] 中华人民共和国住房和城乡建设部. 民用建筑供暖通风与空气调节设计规范:GB 50736—2012[S]. 北京:中国建筑工业出版社,2012.
[19] 中华人民共和国住房和城乡建设部. 通风与空调工程施工质量验收规范:GB 50243—2016[S]. 北京:中国计划出版社,2017.
[20] 中国机械工业联合会. 低压配电设计规范:GB 50054—2011[S]. 北京:中国计划出版社,2012.

[21] 中华人民共和国住房和城乡建设部. 民用建筑电气设计标准:GB 51348—2019[S]. 北京:中国建筑工业出版社,2020.
[22] 中国机械工业联合会. 建筑物防雷设计规范:GB 50057—2021[S]. 北京:中国计划出版社,2021.
[23] 中华人民共和国公安部. 火灾自动报警系统设计规范:GB 50116—2013[S]. 北京:中国计划出版社,2014.
[24] 浙江省住房和城乡建设厅. 建筑电气工程施工质量验收规范:GB 50303—2015[S]. 北京:中国计划出版社,2016.